无人驾驶航空器系统工程高精尖学科丛书

主编　张新国　　执行主编　王英勋

# 系统工程中的实践创造与创新

# Practical Creativity and Innovation in Systems Engineering


[美] Avner Engel　著

赵　江　蔡志浩　王英勋　译

北京航空航天大学出版社

**图书在版编目(CIP)数据**

系统工程中的实践创造与创新 /（美）埃夫纳·恩格尔（Avner Engel）著；赵江，蔡志浩，王英勋译. -- 北京：北京航空航天大学出版社，2022.7

书名原文：Practical Creativity and Innovation in Systems Engineering

ISBN 978-7-5124-3836-1

Ⅰ. ①系… Ⅱ. ①埃… ②赵… ③蔡… ④王… Ⅲ. ①系统工程—教材 Ⅳ. ①N945

中国版本图书馆CIP数据核字(2022)第115029号



**系统工程中的实践创造与创新**

**Practical Creativity and Innovation in Systems Engineering**

[美] Avner Engel 著

赵 江 蔡志浩 王英勋 译

策划编辑 董宜斌 责任编辑 杨 昕

*

北京航空航天大学出版社出版发行

北京市海淀区学院路37号(邮编100191) http://www.buaapress.com.cn

发行部电话:(010)82317024 传真:(010)82328026

读者信箱:copyrights@buaacm.com.cn 邮购电话:(010)82316936

三河市华骏印务包装有限公司印装 各地书店经销

*

开本:710×1 000 1/16 印张:25 字数:533千字

2022年7月第1版 2022年7月第1次印刷

ISBN 978-7-5124-3836-1 定价:159.00元

---

First published in English under the title
Practical Creativity and Innovation in Systems Engineering
By Avner Engel

北京市版权局著作权合同登记号 图字：01－2020－5408 号

# 前　　言

本书的目的是让系统工程师熟悉创造和创新的实用艺术。创造的概念在整个人类历史中不断发展。古希腊人认为诗歌是唯一合法的创造活动。也就是说，与工匠、商人甚至贵族相比，诗人可以不受任何规则限制自由创作诗歌。后来，古罗马人也将视觉艺术视为一种创意实践。但是，在中世纪，创造演变为严格意义上的神的创造。因此，创造的概念不再适用于任何人类活动。此后，在文艺复兴时期及以后，创造逐渐发展，这意味着艺术表达的自由。直到 20 世纪初，人类才将创造的概念开始应用于科学和工程。

本书的一个前提是，人类的创造能力不是与生俱来的、固定的，而是在其一生中不断发展、变化的。例如，研究表明，孩子可表现出非凡的能力并提出新的、不同的和创造性的解决方案来解决问题。但是，随着他们长大成人，这些能力会大大降低。幸运的是，人们还可以学习创造性的技能。许多研究表明，精心设计的培训计划可以提高不同领域和标准的创造力。希望采用本书中讨论的一些创造性方法的工程师也能提高创造力。

本书的另一个前提是，许多有创造力的工程师在他们的创新努力中停滞不前，因为那些声称要促进创新的组织，实际上却粉碎了创新的努力。确实，作者(以及其他研究人员)的感觉是，除了夸夸其谈外，许多公司和组织都厌恶创造。当然，为这样的组织工作的创意工程师会感到沮丧和气馁。同样重要的是，由于忽视了许多创造性的想法，没有经过应有的考虑，给组织自身和整个社会造成了累积损失。本书试图探讨这种现象，并为组织以及许多士气低落的工程师提供实用建议。特别建议工程师扩大其专业和知识视野，寻求降低其新想法固有的风险，并学会获得同事的支持以及应对保守管理。简而言之，采取更加创新的态度。

本书分为 5 章：第 1 章　简介，包含有关本书原理及其内容的材料。第 2 章　系统工程，介绍系统工程基本的概念和标准——15288 系统生命周期流程，以及简短的摘要；此外，本章还为每个生命周期流程提供了一套创新方法；最后，本章提供了有关工程学的一些哲学思想。第 3 章　创造性方法，是本书的核心部分，提供了许多实用的、工程师可以使用的创新方法。第 4 章　促进创新文化，探讨在组织内部增强创新文化的方式方法；此外，本章还为非创意组织雇用的创意工程师提供建议。第 5 章　创造和创新案例研究，展示了一个创造和创新研究与实施工作的例子。

本书是针对两类读者来写的：第一类是一般的实践工程师，特别是系统工程师以及一线和二线技术经理。这些人可能从事制造业（例如，航空航天、汽车、通信、医疗设备等），也可能在各种民用机构（例如，NASA、ESA 等）工作或与军方（例如，空军、海军、陆军等）合作。第二类是大学和学院内从事系统、电气、航空、机械和工业工程的教师和学生。本书可作为与系统工程相关的创造和创新课程的研究生的补充教材。高校师生可在一到两个学期内完成对本书的相关学习。

最后，读者应注意，本书没有在创造和创新方面追求新的理论或论点；相反，作者试图让系统工程师熟悉行之有效的创造和创新方法。为了实现这一目标，作者提供了自己的工程经验，与许多人进行了交流，并从许多资源，例如书籍、文章、博客等收集了信息。本书各章最后的参考文献给出了宝贵的资料来源，读者可用于深入理解本书中讨论的各个主题。作者从这些资源中学到了很多知识，感谢创作它们的个人、研究人员和专家。

# 致　谢

许多人为本书的写作做出了重要的贡献,我要向他们所有人表示衷心的感谢。

特别要感谢来自以色列原航空航天工业公司的沙洛姆·沙迦(Shalom Shachar)和得克萨斯州基督教大学的泰森·布朗宁(Tyson Browning)教授,以及孜孜不倦的同事和朋友们,他们的许多科学知识、工程著作和智慧之语都被收入本书之中。

由欧洲委员会资助的 AMISA 项目,使我能够专注于系统工程的创造和创新。感谢所有团队成员,尤其是特拉维夫大学的约兰·赖希(Yoram Reich)教授的坚定支持和有益建议,也向 Adi Mainly Software(AMS)的迈克尔·加伯(Michael Garber)致敬,其开发了 DFA - Tool 软件包,展现了架构选项模型。

有两个人对这本书的手稿产生了直接影响。一位是特拉维夫大学的舒拉米思·克雷特勒(Shulamith Kreitler)教授,他鼓励了我,并就其结构向我提供了建议。另一位是挪威科学技术大学的塞西莉亚·哈斯金斯(Cecilia Haskins)教授,他自愿审读了本书手稿,并提出了许多宝贵的建议。另外,我还要感谢我的好朋友梅纳赫姆·卡哈尼(潘帕姆)(Menachem Cahani(Pampam)),他为这本书贡献了两个漫画。我还要对敬业且孜孜不倦的威利(Wiley)编辑团队,特别是维多利亚·布拉德肖(Victoria Bradshaw)、格蕾丝·波林(Grace Paulin),以及谢丽尔·弗格森(Cheryl Ferguson),在我准备手稿时给予的辛勤帮助表示深深的谢意。

有几位研究人员授权我与本书的读者分享他们的研究成果,我非常感谢他们:韩国浦项科技大学的李相俊(Sang Joon Lee)教授,他在韩国从事仿生工程研究;美国加州太平洋大学的名誉教授拉维·贾恩(Ravi Jain)教授,他负责研究、开发和创新管理;丹麦奥尔堡大学的克里斯蒂安·里希特·奥斯特加德(Christian Richter Østergaard)教授,他致力于创新和员工多样性研究;瑞典 Quadruple Learning 的英格·丹尼尔达(Inger Danilda)和瑞典政府创新局的珍妮·格拉纳特·索斯伦德(Jennie Granat Thorslund ),他们研究了性别化创新系统;还有纽约城市大学的 TK. DAS 教授,他研究了认知偏见。

我也对以色列标准协会(SII)表示深深的谢意。该机构允许我代表国际标准化组织(ISO)复制国际标准 ISO/IEC/IEEE 15288 的完整部分和删节部分。此外我也要感谢英国伦敦皇家工程学院的许可,允许我复制在 2010 年 6 月于该学院举行的工程哲学研讨会上发表的部分重要论文。

最重要的是,我要对我的妻子雷切尔(Rachel)和我的儿子奥弗(Ofer)、阿米尔(Amir)、乔纳森(Jonathan)和迈克尔(Michael)表示最深切的谢意,他们的建议、耐心和爱心鼓励我努力完成这本书。

埃夫纳·恩格尔(Avner Engel)
以色列特拉维夫

# 目　录

# 第1章 简　介

One must still have chaos in oneself to be able to give birth to a dancing star.

Friedrich Nietzsche (1844—1900)

## 1.1 概　述

本书的目的是让一般工程师，尤其是系统工程师熟悉创造和创新的实用技巧。系统工程师是具有理解许多工程、科学和管理学科知识能力的人员。此外，系统工程师倾向于用整个系统生命周期的整体方式来研究问题。这种能力的获取来源于正规的教育以及领导多学科团队在可持续环境中创建、制造和维护复杂系统的经验[①]。

本书的一个前提是，人类的创造能力不是天生的、固定的，而是在一生中不停变化的。例如，在20世纪60年代末和70年代初，乔治·兰德(George Land)测试了儿童和成年人的创造力水平[②]，如图1.1所示，其结果令人震惊。这项研究表明，根据

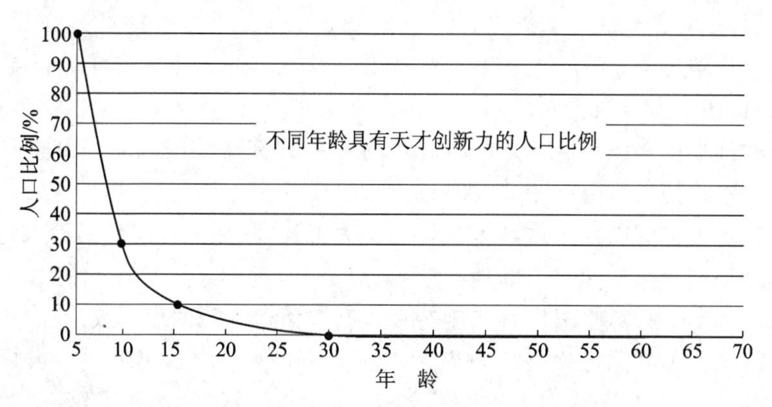


**图1.1　年龄与创造力的对比**

---

① 改编自：Urban Dictionary. http://www. urbandictionary. com/define. php? term = super-systems-engineer，访问日期：2017年7月。

② 参见：TEDxTucson George Land. The failure of success. https://www. youtube. com/watch?v = ZfKMq-rYtnc，访问日期：2017年7月。

他们看问题的能力以及提出新的、不同的和创造性的解决方案的能力，可以将98%的5岁儿童归为天才。在成年人中，这一比例下降到2%。兰德和贾曼(Jarman)(1998年)从这项纵向研究得出的结论是，非创造性行为是可以后天学习的。

幸运的是，创造也是可以学习的。例如，斯科特等人(2004年)分析了大约70项与创造力训练相关的研究，并得出结论，精心设计的训练项目促进了不同领域和标准不同的创造力。希望采用本书中讨论的一些创造性方法的工程师也能提高自己的创造性技能。

本书的另一个前提是，许多有创造力的工程师在他们的创新努力中停滞不前，因为那些声称要促进创新的组织，实际上却打碎了这些努力。确实，在作者(以及其他研究者①)的感觉中，除了夸夸其谈外，许多公司和组织都反对创造力。当然，为这样的组织工作的创新工程师会感到沮丧和气馁。同样重要的是，由于未经适当考虑而忽视许多创造性想法，是组织本身以及整个社会的损失。本书试图探讨这种现象，并为组织以及许多士气低落的工程师提供实用性建议。特别是，建议工程师扩大其专业和知识视野，寻求降低其新想法固有的风险，并学会获得同事的支持以及如何应对保守管理。简而言之，采取更加进取的态度。

除了本节之外，本章还提供了与其他4章相关的一些关键点和概述：①系统工程；②创造性方法；③促进创新文化；④创造和创新案例研究。此外，最后为本章的参考文献。如图1.2所示为本书的总体架构。

第1章：简介，顾名思义，其为本书提供了介绍性材料。第2章：系统工程，介绍了系统工程的基本概念，并对标准15288系统生命周期流程进行简单描述。此外，对于每个流程，都对创造性方法提出了一组相关的建议。最后提供了一些有关工程学的有趣哲学见解。第3章：创造性方法，提供了大量实用的创新方法。第4章：促进创新文化，描述了增强组织内部创新文化的方式和方法；此外，还为非创意组织雇用的创意工程师提供建议。第5章：创造和创新案例研究，描述了示例性创造和创新案例研究。本书的最后附有相关的附录。

本书包含大量的图片。这是因为作者认为工程师(甚至可能是其他人)更倾向于将视觉作为他们的直接和主要的理解来源。

最后，读者应注意，本书没有在创造和创新方面追求新的理论或论点；相反，作者试图让系统工程师熟悉已确立的创造性和创新性方法。为了实现这一目标，作者提供了自己的工程经验，与许多人进行了交流，并从许多资源，例如书籍、文章、博客等中收集了信息。在书中的延展阅读部分以及在各章结尾处的参考文献，为深入理解本书中讨论的各个主题提供了宝贵的资源。作者从这些资源中学到了很多知识，并感谢创作它们的个人、研究人员和专家。

---

① 参见 Amabile T. How to Kill Creativity. https://hbr.org/1998/09/how-to-kill-creativity，访问日期：2017年7月。

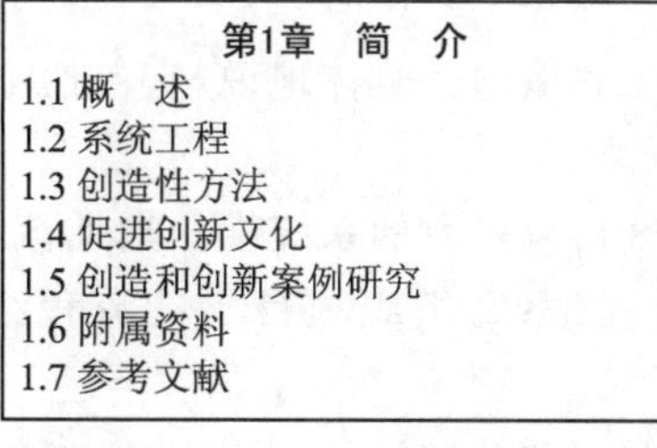


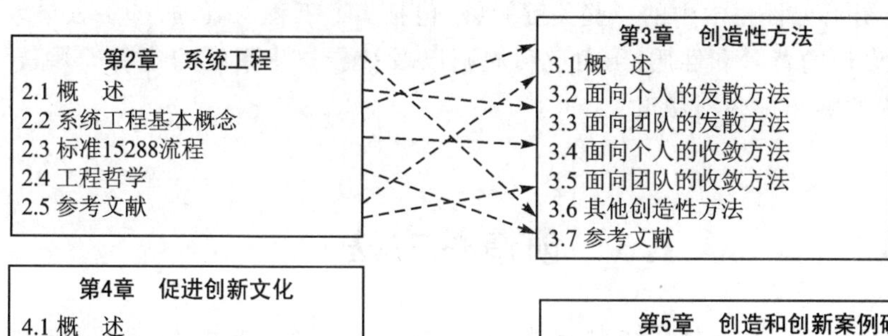


**第4章 促进创新文化**

4.1 概 述
4.2 系统演化
4.3 创新过程建模
4.4 衡量创造与创新
4.5 创新的障碍
4.6 促进组织的文化创新
4.7 推动工程师个人创新
4.8 人类多样性与性别化创新
4.9 认知偏见与决策制定
4.10 参考文献

**第5章 创造和创新案例研究**

5.1 概 述
5.2 寻求问题的解决方案
5.3 深入了解
5.4 项目计划
5.5 AMISA项目
5.6 架构选项理论
5.7 架构选项示例
5.8 AMISA文章末注
5.9 参考文献

**附属资料**

附录A：生命周期流程与推荐的创造性方法
附录B：技术系统演化的扩展法则
附录C：缩略语列表

图 1.2 本书的总体架构

# 1.2 系统工程

目前,有很多书籍研究系统工程技术的相关知识,所以本书未对这部分内容安排大量篇幅。因此,第 2 章的目的是构建系统工程领域与创造和创新领域之间的桥梁。作者通过介绍一些基本的系统工程概念,并根据简化的国际标准 ISO/IEC/IEEE 15288 描述了约 30 个系统的生命周期流程。然后,将每个生命周期流程与一组特定且相关的推荐的创造性方法相关联。系统工程师可以使用第 3 章中描述的方法以及文末提供的其他创造性方法来扩展其创造性技能并增强其工程输出能力。第 2 章最后提供了有关工程学的一些哲学思想。

2.2 节介绍了基本的系统工程概念。具体地说，它包括 4 个基本概念：①组织和项目；②系统；③生命周期；④流程。

2.3 节介绍了与标准 15288 协调一致的系统生命周期流程。该标准将这些生命周期流程分为 4 类：①协议流程组；②组织项目支持流程组；③技术管理流程组；④技术流程组。

2.4 节介绍了工程哲学中的一些关键问题，包括：①工程与真理；②工程设计的逻辑；③工程设计的背景和性质；④角色和规则以及社会技术系统的建模；⑤综合工程——做正确的事和正确地做事。

## 1.3 创造性方法

创造力可以定义为“超越传统观念、规则、模式、关系等的能力，以及创造有意义的新观念、形式、解释等的能力。”[①] 特蕾莎·阿玛比勒(Teresa Amabile)(1998 年)认为，创造力包括 3 个组成部分：专业知识、创造性思维和动机(见图 1.3)。专业知识包括一个人所知道的一切。其中，包括一个人可能拥有的技术、程序和知识。创造性思维是指人们创造有意义的新想法并将现有想法融合到新结构中的能力。最后，动机决定了人们实际要做的事情。一方面，外在动机来自外部，是通过向人提供诸如金钱、晋升等类似的便利来实现的。另一方面，内在动机源于一个人追求内心的热情和兴趣的内在渴望。

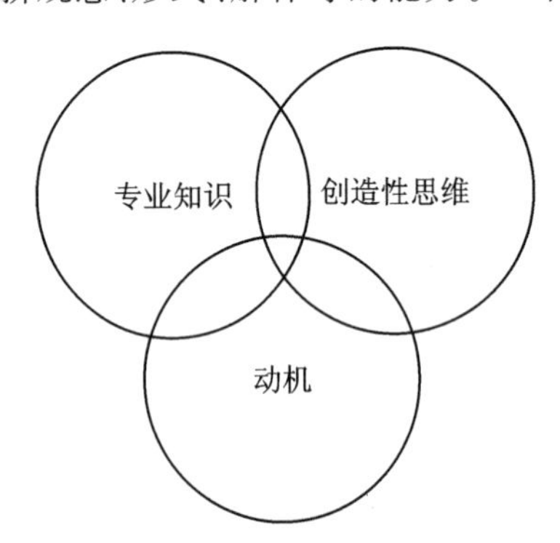


图 1.3　创造能力的三个组成部分

从根本上讲，创造性方法可以沿两个轴划分：①发散型创新方法与收敛型创新方法；②主要由个人或团队使用的创造性方法。沿着第一个轴，不同的创造性方法有助于生成多个创意解决方案，而收敛的创造性方法则有助于减少创意解决方案的数量。沿着第二个轴，一些创造性方法主要适合个人，而其他创造性方法主要适合团队。

3.2 节介绍了面向个人的发散方法，包括：①横向思维；②解决矛盾；③仿生工程学；④视觉创造力。

3.3 节介绍了面向团队的发散方法，包括：①经典的头脑风暴；②六顶思考帽；

① 参见：Dictionary. com. http://www. dictionary. com/browse/creativity，访问日期：2017 年 7 月。

③SWOT 分析;④SCAMPER 分析;⑤焦点小组。

3.4 节介绍了面向个人的收敛方法,包括:①PMI 分析;②形态分析;③决策树分析;④价值分析/价值工程;⑤帕累托(Pareto)分析。

3.5 节介绍了面向团队的收敛方法,包括:①Delphi(德尔菲)方法;②SAST 分析;③因果图;④卡诺模型分析;⑤群体决策。

3.6 节介绍了其他创新方法,包括:①流程图分析;②九屏分析;③技术预测;④设计结构矩阵分析;⑤失效模式影响分析(Failure Mode Effect Analysis,FMEA);⑥预期失效判定;⑦冲突分析和解决。

## 1.4 促进创新文化

创新可以定义为"将思想或发明转化为能创造价值或客户将为其付款的商品或服务的流程。"[①] 现在,读者可以理解创造和创新之间的根本区别了。创造是指构思新颖独特的思想,而创新意味着将新系统、人工制品、流程等引入市场的思想。

图 1.4 摩西,一个极具创造和创新精神的伟人

在创造者、梦想家和创新者与顶尖的、脚踏实地的领导者和经理之间存在天然的冲突。这就是为什么一个人很少会把这两种特质结合在一起。高于他们的摩西(约公元前 1390—1270 年),他是圣经中的先知,他提出了最基本、最简练的道德和敬拜,并提出了(且扩展为全人类)将以色列人从埃及的奴役中解脱出来的创意(见图 1.4)。然后,在沙漠中徘徊的40 年中,摩西打造了一个民族和一种文化,这种文化一直传播到今天。

创新文化是工程师和领导者在组织内部培养的工作环境,目的是培养个人主义思想并对新想法的实施给予公平对待。因此,本节研究以下问题:系统如何

① 参见:BusinessDictionary. com. http//www. businessdictionary. com/definition/innovation. html,访问日期:2017 年 7 月。

发展？我们应该如何为创新流程建模？如何衡量创造和创新？创新的障碍是什么？组织如何促进其创新文化？最重要的是，组织如何推动单个工程师的创意？最后，本书的4.8节和4.9节讨论了人类多样性与性别化创新，以及认知偏见与决策制定。

4.2节介绍了系统演化，包括：①系统演化建模——S曲线；②系统演化法则。

4.3节描述了创新过程的建模，包括：①创新的类别和类型；②技术创新过程；③创新资金。

4.4节描述了衡量创造和创新的方法，包括：①定义创新目标；②衡量创新过程；③创新能力成熟度模型。

4.5节描述了创新的障碍，包括：①人类习惯因素；②成本因素；③制度因素；④知识因素；⑤市场因素；⑥创新的障碍和创新的类别。

4.6节介绍了促进组织进步的文化创新，包括：①创新与领导力；②创新与组织；③创新与人；④创新与资产；⑤创新与文化；⑥创新与价值观；⑦创新与流程；⑧创新与工具；⑨迈向到创新文化的实际的步骤。

4.7节介绍了由工程师群体推动创新思想发展的方法，包括：①大型组织很少创新；②创新工程师的特点；③给创意工程师的创新建议。

4.8节介绍了人类的多样性和性别化创新，包括：①人类的多样性；②性别范式的转变；③性别差异对创新的影响；④推进性别化创新；⑤性别化创新范例。

4.9节介绍了认知偏见与决策制定，包括：①认知偏见；②认知偏见和战略决策。

## 1.5 创造和创新案例研究

第5章的目的是讲述一个从2003年开始一直持续到2016年的典型的创造和创新案例。随着时间的推移，出现了这样一个研究问题："如何将适应性[①]设计到系统中，以便为利益相关者提供最大的生命周期价值？"

Engel和Browning分别在2006年和2008年发表了论文，在这两篇论文中揭示了WOW因子，并提出使用公认的经济理论（金融期权理论（Financial Option Theory，FOT）和交易成本理论（Transaction Cost Theory，TCT））来解决该问题。将每种理论转化为工程领域，然后将它们融合在一起，被称为架构选项（Architecture Option，AO）。

为了向创新部分过渡，创建了一个由2所大学、4个行业和2个中小企业（Small

① 根据Merriam-Webster词典，适应是指"通常通过修改来适应"（…从外部）。适应性不同于"灵活性"，"灵活性"源自拉丁语"flexus"，字面上指的是能够承受压力的事物。

and Medium Enterprises,SME)组成的项目(AMISA[①])。随后,一项耗资 400 万欧元的为期 3 年的研究项目申请被提交给了欧洲委员会(European Commission,EC),在获得批准后,AMISA 项目于 2011 年 4 月启动,3 年后结束。

来自 AMISA 参与者的最终项目报告证实了 AO 方法确实有用,可以使参与者提高产品的适应性、成本效益、寿命和整体价值。根据 EC 进行的项目后审查,该研究为欧洲工业的绩效带来了"阶段性变化",其特点是对市场需求的反应性更高,并且在经济上兼容产品和服务。归根结底,AMISA 的合作伙伴似乎了解为将来无法预料的升级而设计系统的重要性,但没有一个合作伙伴将这种方法真正纳入其日常系统的设计运行中。

5.2 节描述了眼前的问题,包括:①问题及其产生;②初始资金投入。

5.3 节描述了参与这项工作的人们如何获得更深刻的见识,包括:①问题和对策法;②拟开展工作的主要思路;③可量化的项目目标;④预测目标的依据;⑤系统适应性——发展现状。

5.4 节描述了项目计划,包括:①项目计划的活动;②详细的工作模块说明;③风险和应急计划;④管理架构和程序;⑤项目参与者;⑥所需资源。

5.5 节介绍了 AMISA 项目,包括:①AMISA 启动;②确定 DFA 的发展现状;③建立 AMISA 要求;④实施软件支持工具;⑤开发 6 个试点项目;⑥生成可交付成果;⑦AMISA 之外的规划开发;⑧传播项目结果;⑨评估 AMISA 项目;⑩联盟会议;⑪EC 项目摘要。

5.6 节描述了架构选项理论,包括:①财务和工程选择;②交易成本和接口成本;③架构适应性价值;④设计结构矩阵;⑤动态系统价值建模。

5.7 节描述了一个 AO 示例,包括:①通用架构选择过程;②AO 示例——固态功率放大器(SSPA)。

5.8 节提供了 AMISA 项目的总结。

**注意:**

对案例研究的创造方面感兴趣的读者可关注第 5.2、5.3、5.6 和 5.7 节。对案例研究的创新方面感兴趣的读者可关注第 5.4 和 5.5 节。

## 1.6 附属资料

本书的最后部分包含几个相关的附录和索引。

附录 A:描述了将系统的生命周期过程与建议的创造性方法相关联的表格。

---

① AMISA 的全称为 Architecting Manufacturing Industries and Systems for Adaptability。

附录B：提供了一组扩展的技术系统演化法则。

附录C：提供了相关的缩写词列表。

## 1.7 参考文献

[1] Amabile. How to kill creativity. Harvard Business Review，1998.

[2] Cropley D H. Creativity in Engineering：Novel Solutions to Complex Problems. Academic Press，2015.

[3] Engel A，Browning R T. Designing Systems for Adaptability by Means of Architecture Options. INCOSE—2006，the 16th International Symposium. Florida，USA，2006.

[4] Engel A，Browning R T. Designing systems for adaptability by means of architecture options. Systems Engineering Journal，2008，11(2)：125-146.

[5] Kasser J E. Holistic Thinking：Creating Innovative Solutions to Complex Problems. 2nd ed. CreateSpace Independent Publishing Platform，2015.

[6] Land G，Jarman B. Breakpoint and Beyond：Mastering the Future Today. Leadership 2000 Inc.，1998.

[7] Ruggiero V R. The Art of Thinking：A Guide to Critical and Creative Thought. 11th ed. Pearson，2014.

[8] Scott G，Leritz L E，Mumford M D. The effectiveness of creativity training：a quantitative review. Creativity Research Journal，2004，16(4)：361-388.

# 第 2 章　系统工程

All you need in this life is ignorance and confidence; then success is sure.

Mark Twain (1835—1910)

## 2.1　概　述

本书假设，读者有足够的书籍并可通过其他方法学习系统工程，即作者希望读者对该领域有一定的了解。本章的主要目的是带领系统工程师进入本书的重点内容，即“第 3 章　创造性方法”和“第 4 章　促进创新文化”。本章通过描述一些基本的系统工程概念，然后对国际标准 ISO/IEC/IEEE 15288[①] 中定义的系统生命周期过程进行简明的描述。接着将每个生命周期过程都与一组特定的推荐的创造性方法相关联，例证了系统工程师利用创造方法可能获得的潜在利益。

其中，标准 15288 提供了 30 个流程，涵盖了几乎所有工程系统的生命周期。这些过程适用于系统级别，并表示满足各种需求的连贯和紧密的集合。此外，该标准还提供了用户可以轻松理解和应用的一致性标准。最后，该标准支持通过增加或减少过程或其组成部分来定制，使这些过程具有广泛的适用性，同时也能适应个体需求。

工程标准具有以下几个优点：首先，它们是由专家和实践者发展的。因此，他们掌握了广泛的公共工程知识和经验；其次，工程标准定义了通用术语，从而减少了混乱以及沟通困难的问题；最后，工程标准提供了一种有效的工具，可以有条不紊地指导各种工程的开展。

尽管如此，参与开发、制造、维护或处置工程系统的读者仍应使用真正的标准 15288，而不是用以下删减过的和部分的标准来代替它。

总的来说，本章介绍了关于工程和科学的一些哲学讨论。

本章由 5 节组成，如图 2.1 所示。

2.1 节概述，介绍了本章的内容和结构。

2.2 节系统工程基本概念，介绍了系统工程的基本概念，包括：①组织和项目概

---

① 国际标准 ISO/IEC/IEEE 15288 系统和软件工程系统生命周期过程的部分和节选部分，在以色列标准协会(SII)的许可下，代表国际标准化组织(ISO)进行了复制。版权归 ISO 所有。

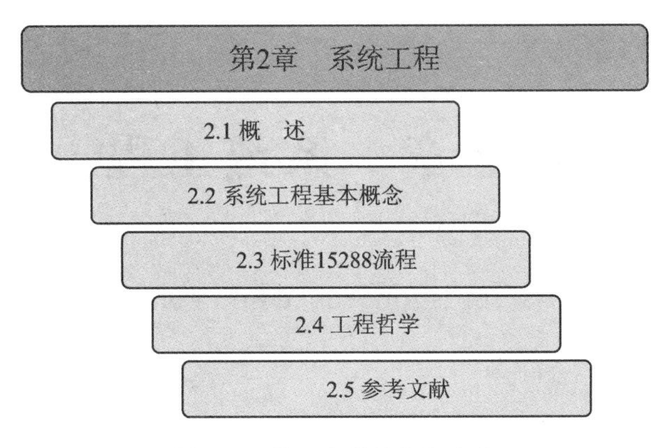


图 2.1　第 2 章的结构和内容

念；②系统概念；③生命周期概念；④流程概念。

2.3 节标准 15288 流程，总结了以下 4 个类别中的标准 15288 流程的部分：①协议流程；②组织项目支持流程；③技术管理流程；④技术流程。

2.4 节工程哲学，提供了有关工程的启发性哲学思想，包括：①工程与真理；②工程设计的逻辑；③工程设计的背景和性质；④角色和规则以及社会技术系统的建模；⑤工程综述——做正确的事和正确地做事。

2.5 节参考文献，提供了与本章主题相关的书目。

## 2.2　系统工程基本概念

### 2.2.1　系统工程的本质

根据国际系统工程理事会（International Council on Systems Engineering，INCOSE）的说法，系统工程[①]是“一种跨学科的方法和手段，可以实现成功的系统。它专注于在开发周期的早期定义客户需求和所需的功能，记录需求，然后在考虑整个问题的同时进行综合设计和系统验证。”

INCOSE 进一步主张：“系统工程将所有学科和专业团队整合为一个团队，形成了从概念到生产再到运营的结构化开发流程。系统工程师会考虑所有客户的业务和技术需求，并以提供满足用户需求的优质产品为目标。”

基于标准 15288，作者认为系统工程基于 4 个基本支柱：①组织和项目概念；②系统概念；③生命周期概念；④流程概念。

---

①　参见：What Is Systems Engineering?. http://www.incose.org/practice/whatissystemseng.aspx，访问日期：2017 年 7 月。

### 2.2.2 组织和项目概念

系统工程是一项多人参与的工作。其成败取决于每个科学家、工程师、经理和专业人员。因此，与组织和项目相关的过程就构成了标准 15288 的主要部分。

根据商业词典定义(Business Dictionary，BD)①，组织是"人类的一个社会单位，其结构和管理能够满足需求或追求集体目标。所有组织都具有某种管理结构，可以确定不同活动与成员之间的关系，并分配角色、职责和权限以执行不同的任务。组织是一个开放系统，其影响周围环境并受到环境的影响。"读者应注意，根据定义，组织的部分(例如，组织内的部门)由个人或组织构成。BD 将一个项目定义为："一组计划的相互关联的任务，这些任务将在固定的时间段内并在一定的成本和其他限制内执行。"

同样，读者应该注意到，组织为了获得/提供产品或服务而与其他组织达成协议(见图 2.2)。当一个组织签订这样的协议时，它有时被称为协议的一方。负责项目某些方面的一方通常被称为该责任方。例如，向项目提供某些原材料或子系统的组织通常称为供应商。

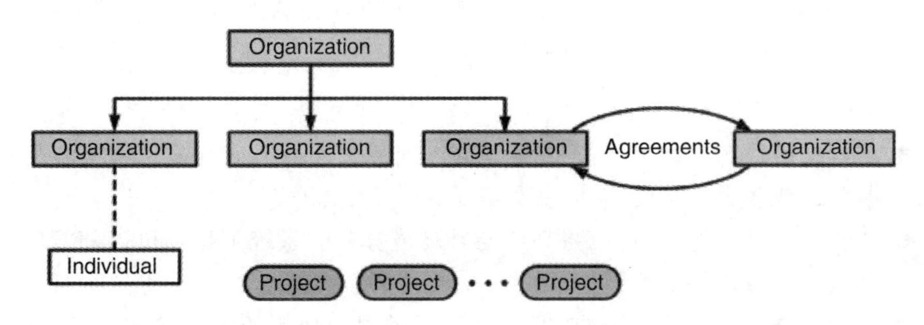


Organization—组织；Agreements—协议；Individual—个人；Project—项目

图 2.2 组织和项目概念

### 2.2.3 系统概念

实际上，本书中的系统一词指的是人造系统或工程系统，而不是所有系统(例如人体)。INCOSE 采纳了 Eberhardt Rechtin 对系统的定义，该定义指出："系统是不同元素的构建或集合，这些元素共同产生的结果是单独元素无法获得的。这些元素或部分可以包括人员、硬件、软件、设施、策略和文档；也就是说，产生系统级结果所需的所有条件。结果包括系统级别的质量、属性、特性、功能、行为和性能。整个系统所增加的价值，除各部分独立贡献的价值外，主要是由各部分之间的关系所创造的，即

① 参见：http://www.businessdictionary.com/definition/organization.html，访问日期：2017 年 7 月。

取决于它们是如何互连的”[①]。工程系统示例如图 2.3 所示。

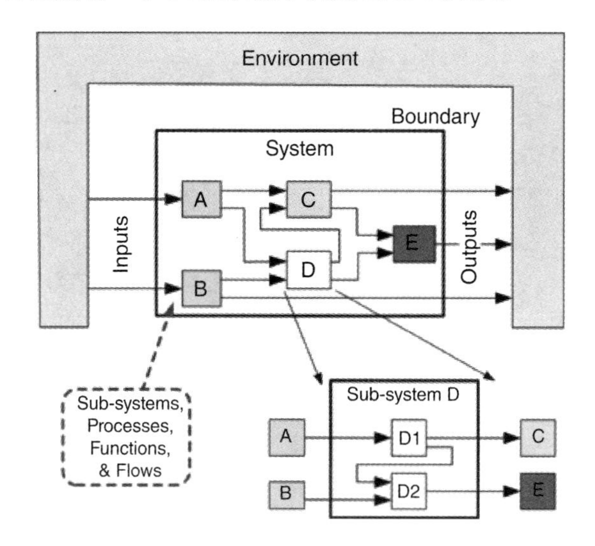


Environment—环境;Boundary—边界;System—系统;Inputs—输入;Outputs—输出;Sub-systems,Processes,Functions,& Flows—子系统、流程、功能、流量;Sub-system—子系统

**图 2.3 工程系统示例**

工程系统具有以下属性:

- 工程系统存在于给定环境中,系统以一种或另一种方式与之交互。环境可以是一个或多个定义的实体,例如其他系统、人员等。
- 工程系统具有边界,可以将系统与其环境分开。系统工程师可以随意定义系统与其环境之间的边界。
- 工程系统由各种实体组成,通常是执行过程和功能的子系统或零件,并且这些系统的实体之间存在特定的关系。
- 工程系统中有支持内部材料、能量和/或信息流动的输入和输出。类似地,几乎所有工程系统都有外部输入和输出流,包括系统和环境之间的材料、能量和/或信息。
- 工程系统中的任何实体都可以由一组层次结构的从属系统实体组成。

系统工程师区分了运营产品和支持产品;两者都是工程系统的组成部分,如图 2.4 所示。

运营产品是总体上执行系统运营功能的元素。运营产品并不直接促进系统的运行功能,而是在系统生命周期的不同阶段为系统提供基本服务,从而促进系统朝着设计者的目标前进。每个运营产品都在系统生命周期的一个或多个阶段发挥作用。例如,图 2.5 描绘了美国宇航局兰利研究中心的风洞试验,其为第二代空间发射系统

① 参见:Maier 和 Rechtin(2009 年)。

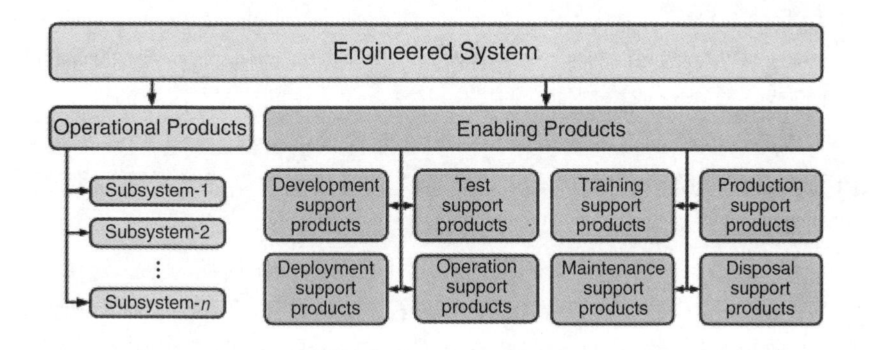


Engineered System—工程系统;Operational Products—运营产品;Subsystem—子系统;
Enabling Products—启用产品;Development support products—开发支持产品;
Test support products—测试支持产品;Training support products—训练支持产品;
Production support products—生产支持产品;Deployment support products—部署支持产品;
Operation support products—操作支持产品;Maintenance support products—维护支持产品;
Disposal support products—处理支持产品

**图 2.4 工程系统:运营和启用产品示例**

(Space Launch System,SLS)的深空任务准备提供支持。这项活动验证广泛的系统设计概念,可能在后期系统设计阶段进行。

**图 2.5 对 NASA 的风洞设施进行概念测试(NASA 照片)**

## 2.2.4 生命周期概念

系统生命周期是一种用于创建、维护和淘汰工程系统的结构化方法。在分析不同领域工程师所承担的典型任务的基础上,定义了多种生命周期模型。这种方法的目的是使这些任务适合管理计划和控制传统的技术。例如,美国国防部(US Department of Defense，DoD)、美国国家航空航天局(National Aeronautics and Space Administration，NASA)和各种行业(例如，汽车、电子、电信、航空等)的不同组织定义了不同的系统生命周期模型。

通常，生命周期模型由阶段组成。每个阶段代表了系统生命中的一个重要时期。具体地说，生命周期阶段定义了其对工程系统从摇篮到坟墓发展的独特贡献。顺便说一句，标准 15288 不主张任何特定的生命周期模型。

图 2.6 和表 2.1 描绘了本书采用的通用且实用的生命周期模型。这个通用模型结合了 Barry Boehm 在 1970 年提出的 V 形模型，其描述了系统生命周期的发展部分。V 形模型的左侧对应于满足利益相关者的要求以及所需系统及其组件的设计。其右侧包括了各个组件的构建和集成，以及对整个系统的验证。此外，通用模型还描述了生命周期的后期开发部分。

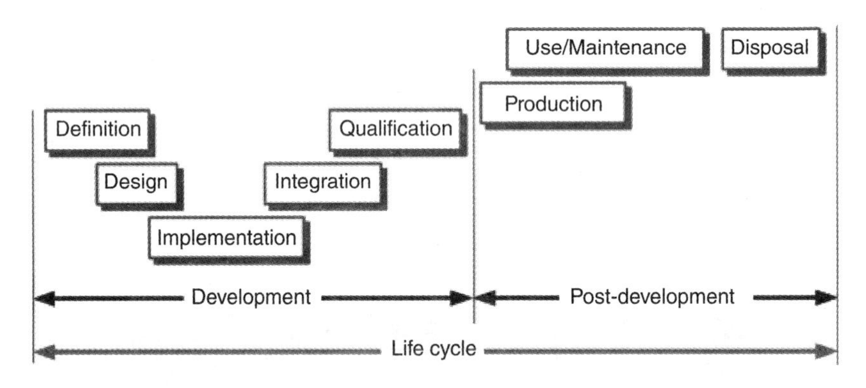


Definition—定义；Design—设计；Implementation—实施；Integration—集成；
Qualification—质检；Production—生产；Use/Maintenance—使用/保养；Disposal—报废；
Development—开发；Post-development—后期开发；Life cycle—生命周期

**图 2.6　通用系统的生命周期模型**

**表 2.1　通用系统的生命周期模型**

| 阶　段 | | 目　的 |
|---|---|---|
| 开发 | 定义 | 制定系统操作概念和系统要求 |
| | 设计 | 为系统创建技术概念和架构 |
| | 实施 | 构建系统的元素(例如，子系统、组件等)。若每个元素均已构建或采购，则进行测试以确保其独立满足其分配的要求 |
| | 集成 | 将已实现的元素连接到一个完整的系统中 |
| | 质检 | 在完整的系统上执行正式操作和测试，以确保系统执行其预期的功能并确保整个系统的质量 |

续表 2.1

| 阶　段 | | 目　的 |
|---|---|---|
| 后期开发 | 生产 | 生产适当数量的完整系统 |
| | 使用/保养 | 在预期的环境中操作系统，以完成预期的功能，维护系统并纠正任何缺陷 |
| | 报废 | 生命周期结束后，请正确处置该系统及其元素 |

### 2.2.5　流程概念

标准 15288 定义了反映工程系统生命周期演变的流程框架。具体地说，这些过程代表了一个全面的超集，它提供：①支持项目的组织环境；②系统生命周期中任何阶段的项目管理过程；③整个生命周期中的所有技术过程。用户（例如，组织、项目等）可以采用适当的流程集，从而根据其目的和理论来定义个性化系统的生命周期实践。下面根据以下属性描述标准 15288 中的每个流程。

**流程**　是一组将输入转换为输出的相互关联或交互的活动。

**标题**　概括了整个流程的范围。

**目的**　描述了执行给定流程的高级目标。

**输入**　由信息、工件或服务组成，流程使用这些信息、工件或服务来生成指定的结果。

**活动**　封装了一组内聚的流程任务。

**任务**　定义了一组要求、建议或行动，旨在帮助实现流程的一个或多个结果。

**结果**　是可观察到的结果，源于成功的过程绩效。

图 2.7 显示了概念图，描述了标准 15288 流程的元素。图像应按以下方式进行“读取”：“标准 15288 流程包含标题、目标、接收输入，其由活动组成，这些活动进一步由任务组成，产生可以实现预期流程输出的结果。”

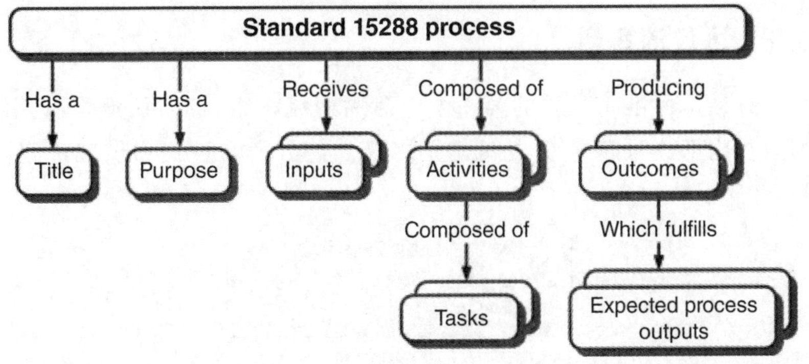


Standard 15288 process—标准 15288 流程；Has a—具有；Title—标题；Purpose—目的；Receives—收到；Inputs—输入；Composed of—由…组成；Activities—活动；Tasks—任务；Producing—产生；Outcomes—结果；Which fulfills—满足；Expected process outputs—预期过程输出

**图 2.7　流程要素：以概念图的方式呈现**

### 2.2.6 延展阅读

- Blanchard and Blyler, 2016
- Blanchard and Fabrycky, 2010
- Boehm, 1979
- de Weck et al. , 2011
- Holt et al. , 2016
- INCOSE, 2015
- ISO/IEC/IEEE, 2015
- Kossiakoff et al. , 2011
- Maier and Rechtin, 2009
- Micouin, 2014
- Morse and Babcock, 2013
- NASA, 2007
- Sage and Rouse, 2014
- Wasson, 2015

## 2.3 标准15288流程

以下内容总结了标准15288流程[①]的各个部分。该标准将系统的生命周期流程分为4个流程组：①协议流程；②组织项目——授权流程；③技术管理流程；④技术流程。在此概要中，每个个体生命周期流程的描述如下：①给定流程的目的；②实现此目的所需的活动和任务。此外，对于每个流程，本书还列出了一组相关的创造性方法（请参见附录A：生命周期流程与推荐的创造性方法）。

读者应注意，第3章中描述的大多数创造性方法都可以帮助系统工程师执行大多数生命周期流程。尽管如此，本书还是提供了一套推荐的创造性方法集，这些方法更适用于特定的生命周期流程。

### 2.3.1 协议流程组

本小节总结了标准15288的第一个生命周期流程组，即协议流程组。该流程组讨论了如何在内部或外部组织之间建立协议。它由采购过程和供应过程两部分组成，如图2.8所示。

**2.3.1 协议流程组**

- 采购过程
- 供应过程

图2.8 协议流程组中的各个流程

① 经以色列标准协会（SII）代表国际组织的许可，复制了国际标准ISO / IEC / IEEE 15288（系统和软件工程，系统生命周期流程）的部分和缩写版本，用于标准化（ISO），版权归ISO所有。

#### 2.3.1.1 采购过程

**目的** 此过程的目的是根据约定的合同获得产品或服务。

**活动和任务** 收购方应当执行以下活动和任务：

1）通过定义采集参数来准备采集，然后准备适当的投标请求（Request for Proposal，RFP）。

2）选择所需产品或服务的供应商。

3）通过制定、协商和维护协议来建立和维护收购协议。

4）通过评估协议的执行情况并及时解决未解决的问题来监控协议。

5）通过确认产品或服务符合协议并提供付款或其他约定的补偿来接受该产品或服务。

**推荐的创造性方法**

- 3.2.2 解决矛盾
- 3.2.4.1 概念图
- 3.2.4.2 概念扇
- 3.3.1 经典头脑风暴
- 3.3.5 焦点小组

#### 2.3.1.2 供应过程

**目的** 此过程的目的是根据约定的合同提供产品或服务。

**活动和任务** 供应商应执行以下活动和任务：

1）通过确定相关收购方的存在和身份来准备供应以及确定适当的供应策略。

2）通过确定其可行性和其适当的反应，对RFP或投标做出反应。然后，准备一个满足要求的响应。

3）通过制定、谈判和维持必要的协议，建立和维持供应协议。

4）根据既定的项目计划执行并评估协议。

5）根据（IAW）协议，通过向收购方提供援助来交付和支持产品或服务。此外，接受并承认支付或其他约定赔偿。

**推荐的创造性方法**

- 3.2.2 解决矛盾
- 3.2.4.1 概念图
- 3.2.4.2 概念扇
- 3.3.1 经典头脑风暴
- 3.3.5 焦点小组

### 2.3.2 组织项目——授权流程组

本小节总结了标准15288的第二个生命周期流程组，即组织项目——授权流程组。该流程组包括有助于确保组织通过启动、支持和控制项目来获取和提供产品或服务能力的流程。它由6个部分组成，如图2.9所示。

| 2.3.2 组织项目——授权流程组 | |
| --- | --- |
| • 生命周期模型管理流程 | • 人力资源管理流程 |
| • 基础架构管理流程 | • 质量管理流程 |
| • 项目组合管理流程 | • 知识管理流程 |

图 2.9　组织项目支持流程中的各个流程

### 2.3.2.1　生命周期模型管理流程

**目的**　此流程的目的是定义、维护和确保政策、生命周期流程、生命周期模型和流程的可用性，以供组织使用。

**活动和任务**　组织应实施以下活动和任务：

1）建立一个流程，其中应包括：①定义流程管理和部署的政策和程序；②定义能实现 15288 标准并与组织政策一致的流程；③定义流程相关者的角色、责任和问责制；④定义将在整个项目生命周期中控制项目进展的业务标准；⑤为组织创建标准的生命周期模型。

2）通过监控整个组织的执行情况，以及对项目使用的生命周期模型进行定期审查来评估流程，以找出改进机会。

3）通过对改进机会的优先排序和规划以及实施来改进流程。

**推荐的创造性方法**

| | |
| --- | --- |
| • 3.2.4.3 思维导图 | • 3.5.1 Delphi 法 |
| • 3.3.2 六顶思考帽 | • 3.6.1 流程图分析 |
| • 3.4.4 价值分析/价值工程 | • 3.6.3 技术预测 |

### 2.3.2.2　基础架构管理流程

**目的**　此流程的目的是提供基础设施和服务，包括设施、工具、通信和信息技术等，以支持整个项目生命周期的组织。

**活动和任务**　组织应实施以下活动和任务：

1）通过定义项目的基础架构需求以及确定并提供所需的基础架构资源来建立基础架构。

2）通过评估现有基础架构资源对于项目需求的适用性，并在项目需求变更时识别并提供基础设施资源的改进或更改，从而维护基础结构。

**推荐的创造性方法**

| | |
| --- | --- |
| • 3.2.4.3 思维导图 | • 3.5.3 因果图 |
| • 3.3.2 六顶思考帽 | • 3.6.5 失效模式影响分析 |
| • 3.3.5 焦点小组 | |

#### 2.3.2.3 项目组合管理流程

**目的** 此流程的目的是启动和维持必要、充分和适当的项目,以实现组织的战略目标。

**活动和任务** 组织应实施以下活动和任务:

1)定义和授权新的业务计划:①识别潜在的新项目或修改后的项目;②优先考虑并建立新的业务机会;③定义项目的责任和权限;④确定预期的目标和目的,以及每个项目的结果;⑤识别和分配资源以实现项目目标;⑥确定每个项目要管理的任何多项目依赖关系;⑦指定项目里程碑和报告要求;⑧授权每个项目开始执行。

2)通过评估每个项目来评估项目组合,以确认持续的可行性。此外,采取行动继续开展成功的项目,或者重定向或终止失败的项目。

**推荐的创造性方法**

- 3.2.1 横向思维
- 3.3.1 经典头脑风暴
- 3.3.2 六顶思考帽
- 3.4.5 帕累托分析
- 3.5.1 Delphi 法
- 3.5.3 因果图
- 3.6.3 技术预测
- 3.6.7 冲突分析与解决

#### 2.3.2.4 人力资源管理流程

**目的** 此流程的目的是为组织提供必要的人力资源,并根据业务需求保持其能力。

**活动和任务** 组织应实施以下活动和任务:

1)根据当前和预期的项目确定战略技能,并确定和记录组织中现有的技术人员。

2)开发技能:①制定技能开发策略;②获得或开展培训和教育;③提供计划的技能开发;④保存技能开发记录。

3)获得和提供技能:①聘请合格的员工;②保持人才储备;③根据员工发展,进行项目分配;④通过职业发展来激励员工;⑤控制多项目管理接口以解决人员冲突。

**推荐的创造性方法**

- 3.2.4.3 思维导图
- 3.4.3 决策树分析
- 3.4.5 帕累托分析
- 3.6.3 技术预测
- 3.6.7 冲突分析与解决

#### 2.3.2.5 质量管理流程

**目的** 此流程的目的是确保产品和服务达到组织和项目质量目标。

**活动和任务** 组织应实施以下活动和任务:

1)计划质量管理(Quality Management,QM):①建立质量管理政策、目标和程序；②定义实施质量管理的责任和权限；③定义质量评估标准和方法，④为质量管理提供资源和信息。

2）评估质量管理：①收集和分析质量数据；②评估客户满意度；③进行定期审查和监控项目质量数据。

3）通过计划预防和纠正行动以及监测这些行动来完成并告知利益相关者，执行QM纠正和预防行动。

**推荐的创造性方法**

- 3.2.3 仿生工程
- 3.3.1 经典头脑风暴
- 3.3.4 SCAMPER 分析
- 3.5.4 卡诺模型分析
- 3.6.2 九屏分析

#### 2.3.2.6 知识管理流程

**目的** 此流程的目的是创造能力和资产，使组织能够通过重新应用现有的知识来开发的机会。

**活动和任务** 组织应实施以下活动和任务：

1）计划知识管理：①定义知识管理策略；②确定要管理的知识、技能和知识资产；③确定可以从中受益的项目。

2）在整个组织内共享知识和技能：①建立和维护一个分类，以便在整个组织中获取和共享知识；②捕获或获取知识；③在整个组织内共享知识。

3）管理知识资产：①维护知识资产；②监控和记录知识资产的使用；③定期重新评估对于知识资产的市场需求。

**推荐的创造性方法**

- 3.2.1 横向思维
- 3.2.4.3 思维导图
- 3.3.3 SWOT 分析
- 3.3.5 焦点小组
- 3.4.4 价值分析/价值工程
- 3.6.4 设计结构矩阵分析

### 2.3.3 技术管理流程组

本小节总结了15288标准的第三个生命周期流程组，即技术管理流程。该流程组用于建立、发展和执行计划，根据计划评估实际成果和进度，并控制项目的执行直至完成。它由8个部分组成，如图2.10所示。

#### 2.3.3.1 项目计划流程

**目的** 此流程的目的是制定和协调有效且可行的项目计划。

**活动和任务** 项目应实施以下活动和任务：

1）定义项目：①确定项目目标和约束；②确定项目范围；③定义和维护合适的

| 2.3.3 技术管理流程组 | |
| --- | --- |
| · 项目计划流程 | · 配置管理流程 |
| · 项目评估与控制流程 | · 信息管理流程 |
| · 决策管理流程 | · 测量流程 |
| · 风险管理流程 | · 质量保证流程 |

图 2.10　技术管理流程中的各个流程

生命周期模型；④建立合适的工作分解结构(Work Breakdown Structure，WBS)；⑤定义和维护合适的正式流程。

2）规划项目和技术管理：①根据管理和技术目标以及工作估计确定和维护项目时间表；②定义生命周期决策门、交付日期和对外部输入的依赖关系；③确定和规划合适的预算；④界定角色、责任、义务和权限；⑤确定所需的基础设施和服务；⑥规划材料的采购，使项目外部提供的产品和服务能够实现；⑦制定和沟通项目并进行技术管理和执行。

3）通过获取项目内部授权，以及获取实施项目所需资源的管理承诺来激活项目。

**推荐的创造性方法**

| | |
| --- | --- |
| • 3.2.4.1 概念图 | • 3.5.2 SAST 分析 |
| • 3.4.2 形态分析 | • 3.6.4 设计结构矩阵分析 |
| • 3.4.4 价值分析/价值工程 | • 3.6.6 预期失效分析 |

### 2.3.3.2　项目评估与控制流程

**目的**　此流程的目的是评估项目的状态，以确保其绩效符合计划、进度、预算和技术目标。

**活动和任务**　项目应执行以下活动和任务：

1）项目评估和控制计划，确定项目评估和控制战略。

2）评估项目：①评估项目目标和计划与项目技术之间的一致性；②根据项目目标评估管理和技术计划；③评估角色的胜任度、责任、义务和权限以及项目资源是否充分；④使用可衡量的绩效和里程碑完成情况评估进度；⑤进行必要的管理和技术审查、审计和检查；⑥衡量和分析关键流程以及新技术并提出适当建议；⑦记录和公开项目状态；⑧监控项目内部的流程执行。

3）通过以下方式来控制项目：①采取必要的行动以解决已确定的问题，特别是由于收购方或供应商请求的影响而对成本、时间或质量进行合同变更；②在合理的情况下，授权项目进行下一个里程碑或事件。

**推荐的创造性方法**

- 3.2.2 解决矛盾
- 3.4.1 PMI 分析
- 3.5.2 SAST 分析
- 3.5.5,3.5.6 群体决策(理论背景,实践方法)
- 3.6.7 冲突分析与解决

### 2.3.3.3 决策管理流程

**目的** 此流程的目的是提供一个结构化的框架,以便客观地确定、描述和评估决策备选方案,并选择其中最有益的方案。

**活动和任务** 项目应实施以下活动和任务:

1) 通过定义决策管理策略以及确定决策过程涉及的利益相关者的情况,为决策做好准备。

2) 分析决策信息:①选择并宣布每个决策的决策管理战略;②确定预期结果和可衡量的选择标准;③确定可能做出的备选决策;④根据所选标准评估每个备选方案。

3) 通过以下方法制定和管理决策:①确定每个决策的首选备选方案;②记录所选决策、理由、相关的假设,以及跟踪和评估过去的决定。

**推荐的创造性方法**

- 3.3.3 SWOT 分析
- 3.3.4 SCAMPER 分析
- 3.4.2 形态分析
- 3.5.4 卡诺模型分析
- 3.6.1 流程图分析

### 2.3.3.4 风险管理流程

**目的** 此流程的目的是持续识别、分析、处理所有相关风险。

**活动和任务** 项目应实施以下活动和任务:

1) 通过定义风险管理策略以及记录风险管理流程的上下文来规划风险管理。

2) 通过以下方式管理风险状况:①定义和记录可接受风险级别的风险阈值和条件;②建立和维护风险状况;③定期向利益相关者提供合适的风险概况以进行评估。

3) 通过以下方式分析风险:①识别风险管理上下文中描述的风险类别;②预估每个已识别风险发生的可能性和后果;③根据风险阈值评估每个风险;④确定和记录每个风险的建议补救策略。

4) 通过实施最合适的风险处理替代方案来处理风险。这应在与相关利益相关者协调并获得其同意后进行。

5) 通过以下方式监控风险:①持续监控所有风险的变化,并在其状态发生变化时评估风险;②通过实施和监测措施以评估风险处理的有效性;③持续监控整个生命周期中出现的新风险。

**推荐的创造性方法**

- 3.2.3 仿生工程
- 3.4.3 决策树分析
- 3.5.3 因果图
- 3.5.4 卡诺模型分析
- 3.6.5 失效模式影响分析
- 3.6.6 预期失效判定

### 2.3.3.5 配置管理流程

**目的** 此流程的目的是管理和控制系统元素，并确保产品与其相关配置定义之间的一致性。

**活动和任务** 项目应实施以下活动和任务：

1）计划配置管理（Configuration Management，CM），方法是定义CM策略，以及定义配置项和其他相关工件的存档和检索。

2）执行配置标识：①识别系统元素和作为配置项的信息项；②确定所有配置项的层次和结构；③建立系统、系统元素和信息项标识符；④确定整个生命周期的基线；⑤获得收购方和供应商对此基线的认同。

3）执行配置更改管理：①识别、记录变更请求（Requests for Change，RFC）和方差请求（Requests for Variance，RFV）；②协调、评估和处置此类RFC和RFV；③提交审核和批准请求；④ 跟踪和管理已批准的基线变更。

4）通过开发和维护CM状态信息，以及捕获、存储和报告CM状态，执行配置状态核算。

5）执行配置评估：① 确定对CM审核的需要并安排事件；②验证产品配置是否符合配置要求；③监控已批准的配置更改的状态；④评估系统是否满足基线功能和性能以及是否符合操作和配置信息项目；⑤记录CM审核结果和处置操作项。

6）通过批准系统发布和交付，执行发布控制，并跟踪和管理系统发布和交付。

**推荐的创造性方法**

- 3.4.3 决策树分析
- 3.6.4 设计结构矩阵分析

### 2.3.3.6 信息管理流程

**目的** 此流程的目的是生成、获取、确认、转换、保留、检索、传播和处置信息给指定的利益相关者。信息包括：技术、项目、组织、协议和用户信息。

**活动和任务** 项目应实施以下活动和任务：

1）为信息管理做好准备：①确定信息管理战略；②确定要管理的信息项目；③指定信息管理的权限和职责；④确定信息项目的内容、格式和结构；⑤确定信息维护操作。

2）通过以下方式执行信息管理：①获取、开发或转换已确定的信息项；②维护信息项；③发布、分发和向指定的利益相关者提供对信息项访问的方法；④存档指定信息；⑤处置不需要或无效的信息。

**推荐的创造性方法**

- 3.2.3 仿生工程
- 3.4.1 PMI 分析
- 3.5.1 Delphi 法
- 3.5.4 卡诺模型分析
- 3.5.5，3.5.6 群体决策（理论背景，实践方法）
- 3.6.4 设计结构矩阵分析

#### 2.3.3.7 测量流程

**目的** 此流程的目的是收集、分析和报告客观的数据和信息，以支持有效的管理，并提供关于产品、服务和过程质量的定量估计。

**活动和任务** 项目应实施以下活动和任务：

1）准备测量：①确定测量战略；② 描述与测量相关的组织特征；③ 确定信息需求并确定其优先顺序；④选择和指定满足信息需求的措施；⑤ 确定数据收集、分析、访问和报告程序；⑥确定评估信息项目和测量流程的标准；⑦确定和规划必要的支持系统或服务使用。

2）执行测量：①将数据收集、分析和报告程序集成到相关流程中；②收集、存储和验证数据；③ 分析数据；④ 记录结果，并告知相应利益相关者。

**推荐的创造性方法**

- 3.3.2 六顶思考帽
- 3.3.5 焦点小组
- 3.5.2 SAST 分析
- 3.6.5 失效模式影响分析
- 3.6.6 预期失效分析

#### 2.3.3.8 质量保证流程

**目的** 此流程的目的是帮助保证组织的质量管理（Quality Management，QM）过程对项目的有效应用。这将增强质量要求得到满足的信心。

**活动和任务** 项目应实施以下活动和任务：

1）通过定义一个 QA（Quality Assurance，QA）策略，以保证 QA 团队与其他生命周期过程的独立性，为质量保证做好准备。

2）进行产品或服务评估：①评估产品和服务是否符合既定标准、合同和法规；②对生命周期流程的输出进行验证和确认，以确定是否符合规定的要求。

3）通过以下方式进行产品或服务评估：①评估项目生命周期流程的一致性；②评估支持符合性流程的工具和环境；③评估供应商流程是否符合流程要求。

4）管理 QA 记录和报告：①创建与 QA 活动相关的记录；②维护和分发这些记录给利益相关者；③识别与产品、服务和流程评估相关的事件和问题。

5）处理事件和问题：①分析、分类和解决问题；②优先处理问题并跟踪解决；

③注意并分析事件和问题发生的趋势；④向相应的利益相关者通报事件和问题的现状。

**推荐的创造性方法**

- 3.2.3 仿生工程
- 3.3.1 经典头脑风暴
- 3.3.2 六顶思考帽
- 3.5.4 卡诺模型分析
- 3.5.5,3.5.6 群体决策（理论背景，实践方法）
- 3.6.5 失效模式影响分析

## 2.3.4 技术流程组

本小节总结了15288标准的第四个生命周期流程组，即技术流程组。技术流程组用于定义系统需求，将需求转换为有效的系统，在必要时支持系统的一致复制，利用系统以提供所需的服务以及维持这些服务所需的服务，最后，在系统退出服务时处置该系统。它由14个部分组成，如图2.11所示。

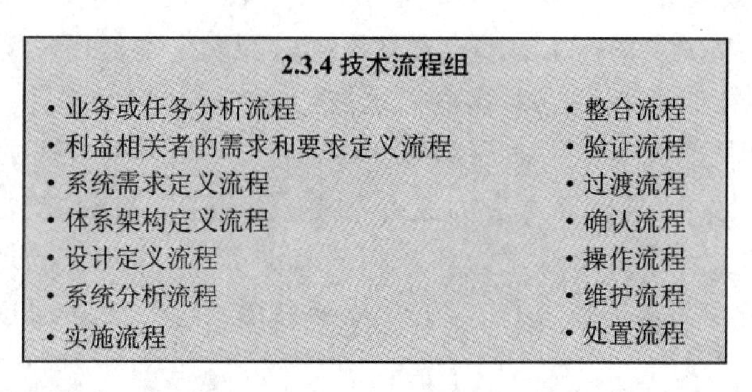


**图2.11 技术流程组中的各个流程**

### 2.3.4.1 业务或任务分析流程

**目的** 此流程的目的是定义业务或任务的问题或机会，描述解决方案的特征，并确定可以定位问题或抓住机会的潜在解决方案类别。

**活动和任务** 项目应实施以下活动和任务：

1）准备业务或任务分析：①评估组织战略中发现的问题和机会；②定义组织的战略任务；③识别和规划支持任务或任务所需的系统或服务；④获得对此类系统或服务的访问权限。

2）通过分析相关问题和机会以及定义任务、业务或运营问题或机会，来定义问题或机会空间。

3）通过定义初始操作概念和生命周期阶段的其他概念，以及确定备选解决方案类，来描述解决方案。

4）通过评估每个解决方案类并选择首选的解决方案类来评估备选解决方案类。

5）通过保持业务或任务分析的可追溯性并提供已选择的关键信息项，来管理业务或任务分析。

**推荐的创造性方法**

- 3.2.1 横向思维
- 3.2.3 仿生工程
- 3.2.4.2 概念扇
- 3.3.3 SWOT 分析
- 3.3.4 SCAMPER 分析
- 3.4.5 帕累托分析
- 3.5.4 卡诺模型分析
- 3.6.2 九屏分析
- 3.6.7 冲突分析与解决

#### 2.3.4.2 利益相关者的需求和要求定义流程

**目的** 此流程的目的是定义系统及其环境的利益相关者需求。

**活动和任务** 项目应实施以下活动和任务：

1）满足利益相关者的需求和要求：①识别在整个系统生命周期中对该系统感兴趣的利益相关者；②定义利益相关者的需求和要求；③确定和规划支持利益相关者所需的扶持系统或服务；④取得对这些支持系统或服务的访问权。

2）定义利益相关者的需求：①定义系统生命周期内的使用环境；②确定实际的利益相关者的需求和合理性；③对这些需求进行优先级排序和选择。

3）开发运营概念和其他生命周期概念：①定义一组具有代表性的场景，其与预期的操作和其他生命周期概念对应的能力相关；②识别用户与系统之间的交互。

4）将利益相关者的需要转化为利益相关者的需求：①识别系统解决方案上的约束；②定义利益相关者的需求，并与生命周期概念、方案、交互、约束和关键质量特征保持一致。

5）分析利益相关者需求：①分析完整的利益相关者需求；②定义能够评估技术成就的关键绩效指标；③将分析后的需求反馈给相应的利益相关者，以验证利益相关者的需求和期望已得到充分体现；④解决利益相关者的需求问题。

6）管理利益相关者的需求和要求定义：①在利益相关者的要求上达成明确的协议；②保持利益相关者的需求和要求的可追溯性；③提供已选择的用于基准的关键信息项。

**推荐的创造性方法**

- 3.2.1 横向思维
- 3.2.3 仿生工程
- 3.2.4.2 概念扇
- 3.3.3 SWOT 分析
- 3.3.4 SCAMPER 分析
- 3.4.5 帕累托分析
- 3.5.4 卡诺模型分析
- 3.6.2 九屏分析

#### 2.3.4.3 系统需求定义流程

**目的** 此流程的目的是将利益相关者和以用户为导向的期望能力的观点转变为满足用户操作需求的解决方案的技术观点。

**活动和任务** 项目应实施以下活动和任务：

1）通过以下方式准备系统需求定义：①定义系统与其环境之间的功能边界、行为和属性；②定义系统需求、策略；③识别和规划必要的使能系统或服务，支持系统需求定义；④获得或获取对这些使能系统或服务的访问权限。

2）通过以下方式定义系统要求：①定义系统需要执行的每个功能；②定义所有实施约束；③识别与系统风险、系统关键性或关键质量特征相关的系统要求；④定义系统要求及其理由。

3）通过以下方式分析系统需求：①分析整套系统需求；②定义能够评估技术成果的关键性能指标；③将分析后的需求反馈给适用的利益相关者进行审核；④解决系统需求问题。

4）通过以下方式管理系统需求：①获得关于系统需求的明确协议；②保持系统需求的可追溯性；③提供已为基准选择的关键信息项。

**推荐的创造性方法**

- 3.2.1 横向思维
- 3.2.2 解决矛盾
- 3.3.1 经典头脑风暴
- 3.3.2 六顶思考帽
- 3.4.2 形态分析
- 3.4.3 决策树分析
- 3.6.1 流程图分析
- 3.6.6 预期失效分析

#### 2.3.4.4 体系架构定义流程

**目的** 此流程的目的是生成系统体系架构替代方案，以及选择一个或多个满足在统一框架中表达其系统要求的备选方案。

**活动和任务** 项目应实施以下活动和任务：

1）架构定义准备：①审查相关信息并确定架构的主要驱动因素；②确定利益相关者的需求；③定义架构方法和策略；④根据利益相关者的要求定义评估标准；⑤确定和规划支持架构定义过程所需的支持系统或服务；⑥获得或获取对这些使能系统或服务的访问权限。

2）通过以下方式开发体系架构观点：①根据利益相关者的需求选择、改编或开发观点和模型；②建立或识别用于开发模型和视图的潜在体系架构框架；③掌握选择方案的理由框架、观点和模型；④选择或开发支持的建模技术和工具。

3）通过以下方式开发候选架构的模型和视图：①定义系统上下文和边界以及与外部实体的接口和交互；②确定满足关键利益相关者要求的实体之间的架构和关系；③分配概念、属性、特征、行为、功能或对这些架构实体的约束；④选择、改编或开发系统候选架构的模型；⑤从这些模型中组合视图以满足利益相关者的需求；⑥协调架构模型和视图。

4）通过以下方式将系统体系架构与其设计相关联：①识别与体系架构实体相

关的系统元素以及这些关系的本质；②定义系统元素与外部实体之间的接口和交互；③分配需求到体系架构实体和系统元素；④将系统元素和体系架构实体映射到系统设计；⑤定义系统设计和演化的原理。

5）通过以下方式评估架构候选者：①根据约束和要求评估每个候选架构；②使用评估标准根据利益相关者的要求评估每个候选架构；③选择首选架构并获取关键决策和基本原理；④建立系统的架构基线。

6）通过以下方式管理选定的体系架构：①规范体系架构方法，并确定其设计、质量、安保、安全性等方面的角色、职责、责任和权限；②从系统的利益相关者那里获得对体系架构的明确接受；③维护体系架构实体及其体系架构特征的完整性；④组织、评估和控制体系架构模型和视图的演化；⑤维护体系架构的定义和评估策略；⑥保持体系架构的可追溯性；⑦提供为基准选择的关键信息项。

**推荐的创造性方法**

- 3.2.1 横向思维
- 3.2.2 解决矛盾
- 3.2.3 仿生工程
- 3.2.4.1 概念图
- 3.4.1 PMI 分析
- 3.4.4 价值分析/价值工程
- 3.5.3 因果图
- 3.6.2 九屏分析
- 3.6.3 技术预测

#### 2.3.4.5 设计定义流程

**目的** 此流程的目的是提供有关系统及其元素的足够详细的数据和信息，以使其与体系架构模型和视图一致。

**活动和任务** 项目应实施以下活动和任务：

1）通过以下方式准备设计定义：①确定每个系统元素所需的技术；②定义设计演进的原理；③定义设计策略；④识别和规划支持设计过程所需的必要的使能系统或服务；⑤获得或获取对这些使能系统或服务的访问权。

2）通过以下方式确定与每个系统元素相关的设计特征和设计促成因素：①将系统需求分配给系统元素；②将体系架构特征转换为设计概念；③定义必要的设计促成因素；④检查设计备选方案；⑤定义系统元素之间的接口以及系统与其环境之间的接口；⑥建立设计工件。

3）通过以下方式评估获得系统要素的备选方案：①确定非发展项目（Non Developmental Items，NDI）候选者；②确定这些 NDI 解决方案中的首选替代方案。

4）通过以下方式管理设计：①将设计特征映射到系统元素；②捕获设计及其原理；③保持设计的可追溯性；④提供已经获得的关键信息项选择作为基准。

**推荐的创造性方法**

- 3.2.4.1 概念图
- 3.3.1 经典头脑风暴
- 3.4.3 决策树分析
- 3.5.1 Delphi 法
- 3.5.3 因果图
- 3.6.1 流程图分析

### 2.3.4.6 系统分析过程

**目的** 此流程的目的是为数据和信息提供严格的基础，以便对系统进行全面的技术了解，从而在整个生命周期中协助决策过程。

**活动和任务** 项目应实施以下活动和任务：

1）通过以下方式准备进行系统分析：①识别需要进行系统分析的问题或疑问；②识别相应的利益相关者；③定义范围、目标和保真度以及系统策略分析；④识别和规划支持系统分析所需的必要使能系统或服务；⑤获得或获取对这些使能系统或服务的访问权；⑥收集分析所需的数据。

2）通过以下方式进行系统分析：①识别和验证相关假设；②应用选定的分析方法进行所需的系统分析；③审查分析结果的质量和有效性；④建立结论和建议；⑤记录结果。

3）通过维护分析结果的可追溯性来管理系统分析，并提供已经为基线选择的关键信息项。

**推荐的创造性方法**

- 3.2.4.2 概念扇
- 3.4.1 PMI 分析
- 3.4.5 帕累托分析
- 3.5.3 因果图
- 3.6.2 九屏分析
- 3.6.3 技术预测
- 3.6.4 设计结构矩阵分析

### 2.3.4.7 实施流程

**目的** 此流程的目的是实现指定的系统元素。

**活动和任务** 项目应实施以下活动和任务：

1）准备实施：①定义实施策略；②识别实施策略和实施技术的约束；③识别和规划支持实施所需的必要的使能系统或服务；④获得或获取对这些使能系统或服务的访问权限。

2）通过以下方式实施：①根据策略、约束条件和定义的实施程序来实现或调整系统元素；②包装和存储系统元素；③记录客观证据证明系统元素符合系统要求。

3）通过记录遇到的任何异常并保持已实施系统元素的可追溯性来管理实施的结果。

**推荐的创造性方法**

| | |
|---|---|
| • 3.2.1 横向思维 | • 3.5.2 SAST 分析 |
| • 3.2.2 解决矛盾 | • 3.6.1 流程图分析 |
| • 3.2.4.2 概念扇 | • 3.6.3 技术预测 |
| • 3.3.1 经典头脑风暴 | • 3.6.6 预期失效分析 |
| • 3.4.2 形态分析 | |

#### 2.3.4.8 整合流程

**目的** 此流程的目的是将一组系统元素集成到一个满足系统需求、体系结构和设计的实现系统或服务中。

**活动和任务** 项目应实施以下活动和任务：

1）通过以下方式为集成做好准备：①为组装接口的正确操作以及选定的系统功能确定一组检查点；②定义集成策略；③确定和规划支持集成所需的必要使能系统或服务；④获得或获取对这些使能系统或服务以及要使用材料的访问权限；⑤标识要纳入相关系统文档中的所有相关集成约束。

2）通过依次集成系统元素直到集成完整的系统来执行集成。这将通过以下方式完成：①根据约定的时间表获取已实施的系统元素；②组装已实施的系统元素；③检查接口、所选功能以及所需的质量特征。

3）通过以下方式管理集成结果：①记录集成结果和遇到的任何异常情况；②保持集成系统元素的可追溯性；③提供选择用于基准的相关信息项。

**推荐的创造性方法**

| | |
|---|---|
| • 3.4.3 决策树分析 | • 3.5.3 因果图 |
| • 3.4.4 价值分析/价值工程 | • 3.6.1 流程图分析 |
| • 3.4.5 帕累托分析 | • 3.6.4 设计结构矩阵分析 |

#### 2.3.4.9 验证流程

**目的** 此流程的目的是提供客观证据，证明系统元素以及整个系统都满足指定的要求和特征。

**活动和任务** 项目应实施以下活动和任务：

1）通过以下方式进行验证准备：①确定验证范围和相应的验证措施；②确定可能限制验证措施可行性的约束；③为每个验证措施选择适当的验证方法和相关标准；④定义验证策略；⑤识别和规划支持验证所需的必要使能系统或服务；⑥获得或获取对这些使能系统或服务的访问权限。

2）通过定义每个系统元件或整个系统的验证程序，执行这些程序来执行验证。

3）通过以下方式管理验证结果：①记录验证结果和遇到的任何异常情况；②记

录运行事件和问题并跟踪其解决方案；③获得有关系统状态的利益相关者协议；④保持验证系统元素的可追溯性；⑤提供为基准选择的关键信息项。

**推荐的创造性方法**

- 3.2.2 解决矛盾
- 3.4.3 决策树分析
- 3.4.4 价值分析/价值工程
- 3.5.4 卡诺模型分析
- 3.5.5,3.5.6 群体决策（理论背景，实践方法）
- 3.6.1 流程图分析
- 3.6.5 失效模式影响分析
- 3.6.6 预期失效分析

#### 2.3.4.10 过渡流程

**目的** 此流程的目的是为系统建立一种功能，以在其运行环境中提供由利益相关者要求指定的服务。

**活动和任务** 项目应实施以下活动和任务：

1）通过以下方式为过渡做好准备：①定义过渡策略；②确定任何需要更改的设施或场所；③确定并安排对操作员、用户和其他利益相关者的培训，以确保系统的使用和支持；④针对过渡过程确定系统约束，以将其纳入相关系统文档中；⑤识别和规划支持过渡所需的必要使能系统或服务；⑥获得或获取对这些使能系统或服务的访问权；⑦确定并安排所有相关系统的运行和支持产品的发送与接收。

2）通过以下方式执行过渡：①根据安装要求准备运行地点；②准时将系统交付安装在所需的位置；③将系统安装在其运行位置并进行连接；④确认系统正确安装；⑤对操作员、用户和其他利益相关者进行培训，以正确使用和支持系统；⑥进行系统的激活和检查；⑦确认已安装的系统能够提供其所需的功能；⑧确认使能系统可维持系统提供的功能；⑨审查系统的运行准备状态；⑩调试系统以实现操作。

3）管理过渡结果：①记录过渡结果和遇到的异常来管理过渡结果；②记录运行事件和问题并跟踪其解决方案；③保持过渡后系统元素的可追溯性；④提供已为基准选择的关键信息项。

**推荐的创造性方法**

- 3.2.4.3 思维导图
- 3.4.2 形态分析
- 3.4.4 价值分析/价值工程
- 3.5.1 Delphi 法
- 3.6.3 技术预测

#### 2.3.4.11 确认流程

**目的** 此流程的目的是提供客观证据，以证明该系统在使用时可以满足其业务或任务目标以及利益相关者的要求，并在预期的运行环境中实现预期的用途。

**活动和任务** 项目应实施以下活动和任务：

1）通过以下方式进行验证准备：①确定验证范围和相应的验证措施；②确定可

能限制验证措施可行性的约束条件；③为每个验证措施选择适当的验证方法或技术以及相关标准；④定义验证策略；⑤识别和规划支持验证所需的必要使能系统或服务；⑥获得或获取对这些使能系统或服务的访问权限。

2）通过以下方式执行验证：①定义验证程序，每个程序都支持一个或一组验证操作；②在定义的环境中执行验证程序；③审查验证结果，以确认所有涉及的要求均得到满足。

3）通过以下方式管理验证结果：①记录验证结果和遇到的任何异常情况；②记录运行事件和问题并跟踪其解决方案；③获得利益相关者同意，使该系统满足利益相关者的需求；④保持验证系统元素的可追溯性；⑤提供选择用于基准的关键信息项。

**推荐的创造性方法**

- 3.2.2 解决矛盾
- 3.4.3 决策树分析
- 3.4.4 价值分析/价值工程
- 3.5.4 卡诺模型分析
- 3.5.5，3.5.6 群体决策（理论背景，实践方法）
- 3.6.1 流程图分析
- 3.6.5 失效模式影响分析
- 3.6.6 预期失效分析

### 2.3.4.12　操作流程

**目的**　此流程的目的是利用系统来交付其服务。

**活动和任务**　项目应实施以下活动和任务：

1）通过以下方式为正在进行的操作做准备：①定义一种运行策略；②针对要纳入系统文档中的正在进行的操作确定系统约束；③识别和规划支持该操作所必要的使能系统或服务；④获得或获取对这些使能系统或服务的访问权；⑤为操作系统所需的人员定义培训和资格要求；⑥指派训练有素的合格人员担任操作员。

2）通过以下方式执行正在进行的操作：①在预期的运行环境中使用系统；②根据需要的应用材料和其他资源来运行系统并维持其服务；③监视系统运行；④识别和记录不在可接受参数范围内的系统服务性能；⑤在必要时执行系统应急操作。

3）通过以下方式管理正在进行的操作结果：①记录操作结果和遇到的任何异常情况；②记录运行事件和问题并跟踪其解决方案；③保持运行元素的可追溯性；④提供为基准选择的关键信息项。

4）通过以下方式为客户提供支持：①根据要求向客户提供帮助和咨询；②记录和监控请求以及随后的支持行动；③确定所交付的系统服务满足客户需求的程度。

**推荐的创造性方法**

- 3.3.1 经典头脑风暴
- 3.3.2 六顶思考帽
- 3.3.5 焦点小组
- 3.4.4 价值分析/价值工程
- 3.6.6 预期失效分析
- 3.6.7 冲突分析与解决

#### 2.3.4.13 维护流程

**目的** 此流程的目的是维持系统提供其预期服务的能力。

**活动和任务** 项目应实施以下活动和任务：

1）通过以下方式进行维护准备：①定义维护策略；②从维护的角度确定系统限制，以便将其纳入系统文档中；③确保承担得起、可运行、可支持和可持续的系统维护；④识别和规划支持维护所需的必要使能系统或服务。

2）通过以下方式进行维护：①查看事件和问题报告，以确定未来的纠正、适应性、完备性和预防性维护需求；②记录维护事件和问题并跟踪其解决方案；③执行纠正程序随机故障或按计划更换系统组件；④在遇到导致系统失效的随机故障时采取行动，将系统恢复到其运行状态；⑤根据计划的时间表和维护程序，通过在故障发生前更换或维修系统组件来执行预防性维护；⑥在系统出现不正常情况时执行故障识别动作；⑦识别何时需要适应性或完备性的维护。

3）通过以下方式提供物流支持：①执行采购物流和业务物流；②实施生命周期中所需的任何包装、装卸、存储和运输；③确认物流活动满足所需的补货要求，以便存储的系统元素符合计划时间表的维修率；④确认物流行动包含计划、资源和实施的保障性需求。

4）通过以下方式管理维护和物流的结果：①记录维护和物流的结果以及遇到的任何异常情况；②记录运行事件和遇到的问题并跟踪其解决方案；③识别并记录事件、问题以及维护和后勤行动的趋势；④保持维护元素的可追溯性；⑤提供选择用于基准的关键信息项；⑥通过系统和维护支持来确定客户满意度。

**推荐的创造性方法**

- 3.4.3 决策树分析
- 3.4.5 帕累托分析
- 3.5.1 Delphi 法
- 3.6.1 流程图分析
- 3.6.5 失效模式影响分析
- 3.6.6 预期失效分析

#### 2.3.4.14 处置流程

**目的** 此流程的目的是终止系统或系统元素的存在，以满足特定的预期用途，妥善处理已替换或已退役的元素，并妥善处理已确定的关键处置需求。

**活动和任务** 项目应实施以下活动和任务：

1）通过以下方式进行系统处置准备：①定义系统以及每种系统元素和任何产生废物的处置策略；②在系统文档中针对处置过程确定系统约束；③确定和规划支持处置所必要的使能系统或服务；④获得或获取对将要使用的这些使能系统或服务的访问权；⑤如果要存储系统，则应指定容量设施、存储位置、检查标准和存储期限；⑥定义预防方法，以排除不应重新进入供应链的已处置的要素和材料。

2）通过以下方式进行系统处置：①停用系统或系统元件以准备将其卸下；②从使用或生产中移除系统、系统元件或废料，以便进行适当的处置；③从系统或系统元素中撤出受影响的操作人员并记录相关的操作知识；④将系统或系统元素分解为可管理的部分，以方便其拆卸或重新使用、回收、翻新、大修、归档、销毁；⑤处理系统元素及其不打算重复使用的部分，以确保它们不会重新进入供应链；⑥必要时对系统元素进行销毁，以减少产生的废物量或减少浪费使其更容易处理。

3）通过以下方式完成处置流程的确定：①确认处置后存在的环境安全、有保障、没有有害健康的；②使环境恢复到原始状态或相关协议指定的状态；③归档在系统寿命期内收集的信息，以便在长期危害健康、安全或保障的环境中进行审计和审查。

**推荐的创造性方法**

- 3.2.1 横向思维
- 3.2.2 解决矛盾
- 3.2.3 仿生工程
- 3.2.4.2 概念扇
- 3.3.2 六顶思考帽
- 3.4.3 决策树分析
- 3.5.4 卡诺模型分析
- 3.6.3 技术预测

### 2.3.5 延展阅读

- INCOSE，2015
- ISO / IEC / IEEE 15288，2015

## 2.4 工程哲学

科学和工程学是我们人类从事的最令人印象深刻的活动之一，因此，通过一些哲学思想尝试更好地了解工程学活动的实际运作方式是非常有必要的。为此，作者改编了在2010年伦敦皇家工程学院举行的系列研讨会上发表的5篇哲学论文的精简版[①]。

### 2.4.1 工程与真理

本文的目的是讨论科学和工程之间的区别究竟在哪里。也就是说，如果我们关注工程而不是科学，那么哲学问题就会改变。尽管科学与工程之间没有明确的界线，

① 参见：工程哲学（*Philosophy of Engineering*），2010年在伦敦皇家工程学院举行的系列研讨会的会议记录的第1卷，论文的原作者是：P. Lipton，T. Hoare，J. Turnbull，M. Franssen和C. Elliott，经英国伦敦皇家工程学院许可可转载。

但纯理论工作和应用工作之间似乎存在着极其重要的相关哲学意义。这是科学与工程之间的三个候选差异：输出差异、知识差异和驱动力差异。

第一个对比，正如许多科学哲学家所愿，科学的最终产出是理论——一组命题、一组方程、一组断言。也许这种科学观点是站得住脚的，但它显然不能公正地对待工程学。当然，如果其不提出主张(例如在指定设计中)，就无法进行工程设计，但是最终输出的是工件而不是陈述。它是一种有形的、人工制造的。人们当然会期望，最终结果的这种对比会对一个恰当的哲学分析所采取的形式产生影响。

第二个对比涉及知识。认识论者①区分“知道”和“知道如何做”。知道这是命题知识——这就是事实。知道陈述是正确的或假设是正确的。相比之下，知道某种才能或技巧，例如知道如何架桥。知道与知道如何做之间的对比表明科学与工程之间的对比与理论与人工制品之间的对比相当。研究科学知识的哲学家集中于知识，但如果我们想要公正地对待工程学，哲学家们似乎需要更加重视如何去理解它。

第三个对比具有不同的特征。其想法是，科学和工程学中问题选择的驱动因素不同。在纯科学中，驱动程序通常是科学界内部的，科学家通常可以选择自己的问题。相比之下，在工程领域内，执行者通常不在从业者团队。工程师通常不会选择自己的问题，而是由政府、行业或其他外部资源来选择。在这里，我们又有一个不同之处，因为选择问题的方式可能会与解决问题的方式有所不同。因此，在某种程度上或多或少地适合科学的哲学解释，就目前的情况而言，并不能公正对待工程实践的现实。

### 2.4.2 工程设计的逻辑

工程学中的第一个问题是：系统做什么？更详细地说：它的特性和行为是什么？它如何与用户和外部环境互动？在这里，工程师给出的技术答案比一般对系统感兴趣用户所需要的技术答案更详细。答案可能包含普通用户不会理解的科学技术术语，例如欧姆和法拉。可能有人认为，实际设计和实现系统的工程师应该发现这个问题非常容易回答。出乎意料的是，对于像计算机程序这样的复杂系统，情况并非如此。即使是刚写完程序的人也常常对它的实际作用感到困惑：如果您问一个尴尬的问题，他们将不得不进行实验，只有实际运行该程序才能发现它的作用。理想情况下，这不是必需的。原则上，可以在项目开始时就预先编写程序运行的规范，并且应该在设计、实现、制造和使用过程中保持其准确性。

第二个问题肯定是所有工程师都感兴趣的，这可能是他们选择工程学作为研究主题的最初动机。它是：系统如何工作？发动机是如何工作的？如何驱动汽车的车轮？飞机如何飞行？通常通过描述系统的结构及其组件来给出该问题的答案，包括对组件连接在一起的方式的描述，以及它们交互的方法。另外，我们知道许多优秀的

① Epistemology，源自希腊文，意为“知识”，而 logos，意为“逻辑话语”，是哲学中与知识理论有关的分支。

软件工程师都面临着严峻的挑战，要回答有关自己程序的此类问题。编写程序几周后，他们不再知道它是如何工作的。这会导致在试图诊断和修复稍后发现的错误时出现问题。当需要产生其程序的下一版本时，或当需要使其做一些稍有不同或更好的修改时，就会导致更严重的问题。然后，程序员必须再次通过实验找出程序的实际工作方式。

两个问题“做什么？”和“如何做？”，同样与自然科学各分支的追求相关。例如，分类生物学家可能会问，Axolotl 蝾螈或 Newt 蝾螈是做什么的？它与环境有什么关系？下一个问题问该生物如何构造：其肢体和器官是什么，它们如何相互作用？只关注这两个问题的科学通常被定性为仅仅是描述性的。

#### 2.4.2.1 科学的基本问题

当然，更成熟的科学分支以准确描述为基础。但随后他们继续解决一些更深层次的问题。其中第一个是：系统为什么起作用？系统的工作实际上取决于哪些基本科学原理、方程和自然规律？因此，航空工程师研究了空气动力学，从而明确解释了飞机飞行的有关定律。根据这些定律，可以对飞机如何响应其控制做出预测。现代工程师利用此类定律来优化系统质量并降低成本。

现代科学最重要的、最鲜明的特点是其追求知识的确定性。科学家的目标是收集大量令人信服的证据，证明对所有先前问题的回答实际上都是正确的。工程师同样在系统交付之前进行了广泛的测试，以确保它可以满足利益相关者的需求并且交付后不会失败。测试还用于检测和消除实施后经常出现的产品中的任何剩余缺陷。在体系架构中，这称为“障碍[①]”，在编程中，其称为“调试”。

#### 2.4.2.2 工程设计的逻辑

有人可能会说，合理的工程设计过程的正确性遵循与数学证明相同的命题演算规则。然而，证明中的每一行比一般数学定理的表述要大得多；它们中的每一个都是对系统的工程描述，要么是部分的，要么是整体的。证明本身也比大多数数学证明要长得多，它包含了记录系统整个设计过程的整个工程文档集合，这些工程文档以不同的方式从不同的角度、不同的目的以及不同的细节和抽象级别来描述系统。最抽象的文档是总体系统规范，就其用户感兴趣的系统属性而言，回答问题：“它是做什么的？”。

### 2.4.3 工程设计的背景和性质

设计工程师在塑造社会及其生活方式和价值观，尤其是在这个现代的、技术驱动

① 障碍是在建筑行业中广泛使用的词语，用于定义必要的检查过程，以编制建筑工程中的轻微缺陷或遗漏清单，以使承包商进行纠正。

的时代中起着举足轻重的作用。但是，自 Telford[①]、Stephenson[②] 和 Brunel[③] 以后，工程师似乎已经退居幕后，基本上成了默默无闻的背景人物。

#### 2.4.3.1 什么是工程学？

工程学的一个定义是："工程学是为特定目的的构想、设计、制造、建造、操作、维持、回收或报废所需知识和应用的过程——概念、模型、产品、设备、过程、系统、技术。"该定义旨在囊括所有方面，但这种教条的做法似乎有误导性。它确实描述了许多工程师的工作，但是也掩盖了真正的核心和基础工程活动，即设计。

如果剖析定义，我们可以说"应用知识和技能"可以指任何专业。"制造、建造、操作、维持"所涵盖的活动实质上是管理活动，需要熟练、训练有素的人员根据设计师的方案和说明进行工作。但是，系统的概念和设计是工程学的基础。

#### 2.4.3.2 什么是"设计"？

根据韦伯斯特的词典，设计是："选择方法并设计要素、步骤和程序以满足某些需求的过程。"但是，我们可以通过倾听智能设计的拥护者反对进化论的观点来了解许多人对设计的看法。这种见解与得出的结论是分开的。似乎智能设计的支持者把达尔文的自然选择概念看作是一种随机的、无结构的过程，在这个过程中，机遇所起的作用远远大于创造构成宇宙的动态的、复杂的生命片段的逻辑作用。他们担心这剥夺了人类存在的意义，并且认为自然世界的纯粹复杂性，甚至证明了"设计师"的存在。在他们看来，目的值得特别强调，似乎是自然选择中缺失的东西。无论如何，很明显，他们认为设计是一种非常高水平的活动，可以给生活带来秩序和意义。工程师们应该感谢他们！

#### 2.4.3.3 工程设计过程

应该强调设计及其过程的关键性。其中包括与各种客户进行深入的双向对话。[④] 必须在客户的业务计划和风险模型与拟议设计的战略要素之间建立紧密的联系。设计人员和客户都必须在预定系统的边界上达成共识，并且不仅在形式方面而且在时间方面都必须做到这一点。"该系统预计运行多长时间？"是一个关键问题。考虑到不可避免的不确定性，每个参与人员都需要分享一个共同的风险评估和管理过程。这对于要采用技术以及需要创意和判断力的设计领域尤其重要。最后，它必须包括一个财务模型，该模型可以从客户和设计师的角度表达和解决关键的经济不确定性。

总之，这是设计工程师确保对项目要交付系统的目的及其交付能力有清晰了解

---

① 托马斯·特尔福德(Thomas Telford，1757—1834 年)，苏格兰著名的土木工程师、建筑师和石匠，以及道路、桥梁和运河建造者。

② 罗伯特·斯蒂芬森(Robert Stephenson，1803—1859 年)，英国著名的铁路和土木工程师。

③ Isambard Kingdom Brunel(1806—1859 年)，英国著名的机械和土木工程师。

④ 实际上，是指所有利益相关者。

的时期。像大多数专业人士一样,工程师的失败或成功程度可以在0%~100%之间进行衡量。但是工程师通常要经过非常透明和公开的测试。工程设计人员必须设计出有效的系统和流程。我们都知道,如果桥梁倒塌、飞机无法飞行或者汽车无法启动,后果不堪设想。设计错误的后果比神经外科医师、律师或会计师错误的后果更为严重。

#### 2.4.3.4 社会风险

设计工程师不仅要考虑技术和经济因素,而且要考虑大量的非经济利益和弊端。此外,工程师还必须承认各种利益相关者之间的议程往往会完全不同。他们可能会以不同的方式看待系统的边界。当壳牌(Shell)计划让布伦特·斯帕(Brent Spar)退役时,这一点就以戏剧性的方式展现出来。绿色和平组织与壳牌公司的议程完全不同,其成功地破坏了壳牌公司的原始设计①。

#### 2.4.3.5 美学与实用性

在更广泛的团队中讨论"设计"时,工程设计并不是最初的想法或示例,甚至可以邀请朋友为设计师命名,他们很可能会用安东尼·高迪(Antoni Gaud,建筑师和室内设计师,1852—1926年)、克里斯汀·迪奥(Christian Dior,时装设计师,1905—1957年)、乔纳森·艾夫(Jonathan Ive,工业设计师,1967— )等的名字命名。

例如,一家银行最近推出了一张现金卡,它说这是由斯特拉·麦卡特尼(Stella McCartney)"设计"的。作者很惊讶地发现,一个服装设计师已经掌握了高分子材料及其压印和叠层技术,更不用说压印磁条、芯片和必要的加密技术。但是,在进一步了解时发现,银行"设计"的意思是她提供了一张漂亮的图片放在卡片的正面。不过,工程师们不能忽略或否定这种解释,因为良好的美学受到重视和尊重。另一方面,"实用性"被认为是理所当然的,主要是因为工程师做得很好。建筑师可以将实用和美学结合在一起,但是工程师可以吗?他们应该这样做吗?当然应该,而且通常应该这样做。

#### 2.4.3.6 工程与美学

汽车是高度工程化的系统,但我们深知购买它们的原因不仅在于外观和风格,还在于其性能。协和飞机是一个出色的例子,说明即使为性能而设计,也可以收到美学上令人满意的效果。甚至在今天,人们惊讶地发现,很多人仍然用感性的、怀旧的术语谈论那台漂亮而绝妙的机器。他们说,那真的是一架漂亮的飞机,他们对它表示赞赏。当然,他们也会赞赏它的性能,但是他们真正强调的是它的外观。

另一个例子是法国米约高架桥(见图2.12)。读者可能会问它是谁实际设计的,

---

① Brent Spar(布伦特·斯帕)是英国壳牌公司在布伦特油田的北海储油和油轮装载浮标。到1991年,该设施被认为已经过时,壳牌计划将其弃置在距苏格兰西海岸约250 km大西洋水域,深度约为2.5 km,面对主要由绿色和平组织发起的公众和政治反对,壳牌放弃了最初的计划(源自维基百科)。

它是由诺曼·福斯特(Norman Foster,1935— )设计的。当然,诺曼·福斯特对桥梁的轮廓和形状做出了巨大的贡献,但是实际上确保那座桥站起来并能承受交通压力和抵抗各种因素的人是米歇尔·维洛格(Michel Virlogeux,1946— )。毫无疑问,公众中没有人听说过米歇尔·维洛格的名字。

图 2.12 法国南部的米约高架桥

### 2.4.3.7 目的和其他价值

但是,我们在思考目的性的时候,除了实用性、可用性、美学以外,其他一些价值也开始出现。其中肯定有道德;社会关心的健康、教育和照顾老人;环境责任与可持续发展;发展中国家的互动。

当然,令人欣慰的是,现在这些问题越来越多地出现在工程议程上。虽然我们还无法列举完整,但是这些问题已受到全世界工程师的关注。为解决这些问题,出现了越来越多的报告和研究。这种趋势很可能有助于提高公众对工程的认识和重视,因为它解决了在社会中占重要地位的工程领域的问题。通过解决这些问题,工程师被认为对社会更广泛议程做出了回应。

### 2.4.3.8 工程的社会维度

事实上,工程学不应该是技术驱动的,技术只是促进者,是工具包中的关键组件,但这不是一个成为工程师的原因。真正的推动力是社会责任,因为工程师们希望改善社区的生活质量。然而,工程学与其他同样受到社会驱动的专业的不同之处是工程学的活动范围,是它将科学与判断力和直觉相结合,而且所有这些都是在严格的技术框架内进行的。工程师具有根据久经考验的规则设计复杂系统的技能和能力,可以将科学技术与社会见识相结合,以改善生活质量。

最后,工程的形成需要我们认识到专业工程师所需要的社交技能,并给予其更多的空间。实际上,有人说工程是100%的技术,这是歪曲事实。工程师的任务一定是为社区服务,为此,工程师需要具有沟通和辩论的技能,并吸引社区参与,以达到解决和教育社区的需要和愿望。

### 2.4.4 角色和规则以及社会技术系统的建模

系统一词本身含义并不是很丰富。它在20世纪40年代被引入工程领域,直到五六十年代才引起系统工程学术界的重视,同时在生物学和其他科学领域也占据了中心位置。文献中的普遍解释是,系统是一个复杂的整体,由彼此相关的元素或组件组成。这种解释几乎使任何技术工件成为一个系统。

由于系统模型应包含与系统功能相关的所有要素,因此社会技术系统的模型必须包括操作员。在文献中,对于如何做到这一点,可以分为两种:一种通常称为硬系统思维,另一种称为软系统思维。直到20世纪70年代早期,硬系统思维一直是系统分析的主要(事实上是唯一)形式。在那之后,重点从硬系统工程转移到了软系统工程。

如图2.13显示了大型航空运输系统中的一部分飞机系统模型,该系统同样与国家交通运输超级系统有关。对组成飞机系统的各个子系统的特性描述中并没有说明有些操作和控制是否是由人而不是机器来完成的。飞机系统模型的一个组成部

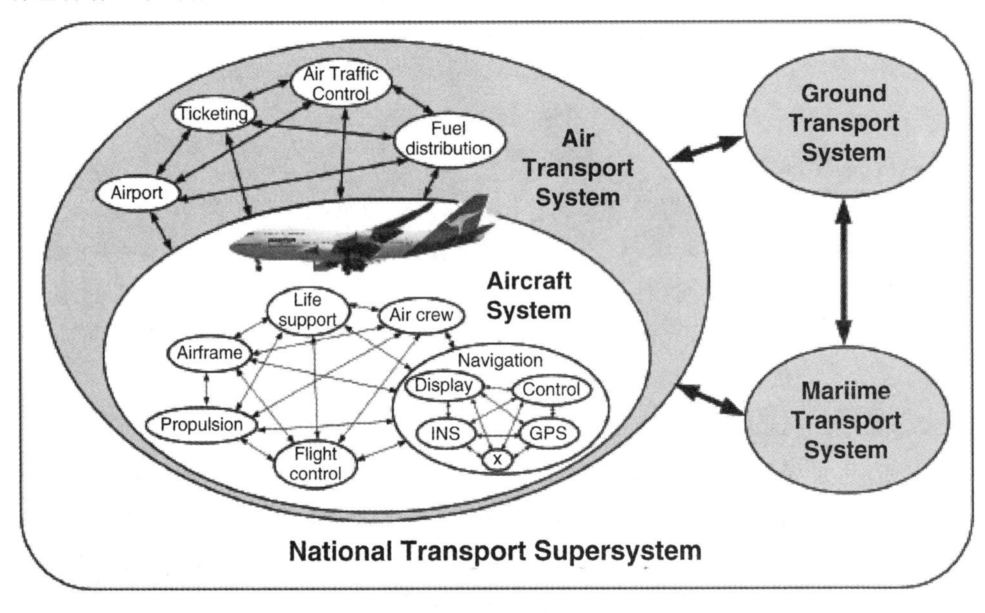


Airport—机场;Ticketing—票务;Air Traffic Control—空中管制;Fuel distribution—燃油分配;Air Transport System—航空运输系统;Aircraft System—飞机系统;Airframe—机身;Propulsion—推力;Life support—生命保障;Flight control—飞行控制;Air crew—空勤人员;Display—显示;Navigation—导航;INS—惯导;Control—控制;GPS—全球定位系统;Ground Transport System—地面运输系统;Mariime Transport System—海运系统;National Transport Supersystem—国家交通运输超级系统

图2.13 国家交通运输超级系统中的飞机系统

分——机组人员，是一个全人的子系统，与其他全部由硬件组成的子系统完全相同。航空运输系统中的空中交通管制系统是由人(空中交通管制员)操控的，起支撑作用的是硬件系统，但是从模型中看不出是这样的，或者说对于空中交通管制系统是这样的，但是对于其他系统就不是，比如票务系统，它是一个完全自动化的子系统。

但是，尤其是在社会技术系统的设计中，如果没有考虑到人与机器本质不同的事实，可能会造成严重的后果。问题的关键是，是不是人类作为生物有机体与机器的本质不同，这还有待观察。关键也不在于人类会犯错误，而是，当一个特定的情况出现时，人类选择了错误的行动，或者他们没有意识到这个情况出现时应该采取特定的行动。

由于我们并不完全了解自然，所以无法排除硬件故障。问题的关键在于，人们可以对这样一种判断提出异议，即实际情况与他们的指示清单中的某一特定条件完全相同，因此可以对他们是否应该选择或必须选择某一特定的行动方案提出异议。人们与其扮演的角色不一致；相反，他们是由个人的目标和愿望、信念和期望所界定的。因此，他们的判断将比任何指令列表所包含的范围更广。最后，人是作为个体的人，是社会系统的一部分。他们有责任，无论是履行的角色，还是作为个人，他们都对自己的行为负责。这严重影响了他们的选择。结论：

- 社会技术系统使人们同时扮演了操作员和用户的角色。操作员是在较大系统中执行操作的子系统，因此包含在系统中。用户不属于系统，他们可以自由使用该系统，或者说在社会技术系统中参与使用该系统。
- 社会技术系统的正常运行需要协调所有相关人员的行为，包括操作员和用户。通常，要通过规则来完成，因此，设计规则是设计系统工作中必不可少的部分。
- 人们决定是否遵循特定规则，首先需要判断情况是否适用该规则。但是，即便操作员确定该规则适用时，也可以期望他或她判断遵循该规则是否符合个人利益。
- 技术的历史很大程度上在于试图消除由操作员的自由所引起的系统“摩擦”，且许多尝试都是成功的。减少这种摩擦的方法之一是提高系统的自动化程度，并尽可能地减少操作员，操作员在不断地被完整的硬件系统所取代。当然，这种方法并不是万能的，即使硬件系统有所不同，但也会失败。此外，这种方法存在制度上的限制，与职责、问责制和责任的分配有关。
- 最后，无论自动化程度如何，由于系统用户的解释和反思自由而产生的摩擦仍将存在。系统用户的自动化是永远无法实现的，因为该系统的存在是为了达到用户的目标。自动化用户没有任何目标。尽管不能将用户视为系统的一部分，但是构成用户的人通常以操作员的身份出现在系统中，就像驾驶员沿着交通网络道路驾驶他或她的汽车。我们所能做的就是尽可能地将用户角色和操作员角色分离。人们对开发全自动化的交通系统越来越感兴趣，最终,用户就可以睡着从 A 点到 B 点。

## 2.4.5 综合工程——做正确的事和正确地做事

### 2.4.5.1 综合工程

本质上讲,可以说工程等于设计。在工程学的范畴下完成的所有工作,要么是应用科学技术,要么是手工制品。使工程不同于科学和工艺的要素是设计。这在大学院系中并不流行,因为这些院系通常由科学家或那些真正致力于研究制造工艺的人组成。二者都应得到最大的尊重。尽管如此,本书的论点仍然认为工程就是设计。

工程主要是一门社会学科,而不是一门技术学科。但事实并非如此。举一个航空方面的例子:假如你正在跨越大西洋的途中,你想知道支撑引擎的螺栓的直径是经过计算的吗,你想知道选择的材料是否足够坚固,或者它的存在是正确的?工程就是让东西工作起来,如果它们不工作——人就会死。

下面是 20 世纪最著名的科学哲学家之一道格拉斯·亚当斯(Douglas Adams,1952—2001 年)的一段话。该段话出自 *Hitch-Hiker's Guide* 系列的一部分"The Restaurant at the End of the Universe",描述了一群被困在地球上的美发师和管理顾问,他们成立了委员会来发明新事物以改善生活。他们这样回顾自己的工作:"这个轮子怎么样?"船长说。"这听起来是个非常有趣的项目。""啊。"营销女孩说,"我们在那儿遇到了点困难。""困难?"福特说道,"困难指什么?它是全宇宙中最简单的机器。"营销女孩狠狠看了一眼说"好吧,聪明先生,既然你这么聪明,你告诉我们它应该是什么颜色。"

道格拉斯·亚当斯是个十分有趣的人,同时他也发表了许多有见地的评论。例如,执着于"它应该是什么颜色?",而忽略了它是否会转动并承受载荷,这似乎是对优先顺序的错误认识。工程学就是要让工作顺利进行,我们永远不要忽视这个目标。

一条受欢迎的工程规则应该是"形式服从功能。"但事实并非总是如此,例如,千年穹顶的设计,它就是功能服从形式(见图 2.14),当时首先考虑的是它的面积,其次是屋顶的材料。这时才有人问:"那太好了,但是它有什么作用?"这是个很好体现了功能服从形式的例子。

每个人对工程都有自己的定义,而作者的定义是:"改变自然世界,使其更好地满足人类的需求。"工程师们正着手对自然世界进行改造,以使其更好地满足至少一部分人的需求。

这就引出了中心思想。在实践中,除非工程学对社会需要和将要使用的东西很敏感,否则它是毫无用处的。如果你被困在史前地球上,那么任何一种轮子都很有用。然而,如果你试图为下一代昂贵的豪华汽车设计车轮,那么如果它不能满足名牌汽车客户的所有需求,它是卖不出去的。工程设计必须对所设计产品的社会环境和如何建造敏感。

图 2.14 英国伦敦千年穹顶

#### 2.4.5.2 工程设计过程

可以说,设计是妥协的艺术。自从宣称工程等于设计之后,人们开始问工程是否真的意味着妥协。显然,是的。因为很少有正确的答案、正确的设计,因为有太多的利益相关者有相互冲突的目标——性能、交付时间、成本、风险和许多其他的。如果项目的规模大到政治层面,那么谈论的就是工作保障、民族自豪感和国际关系。在大多数工程项目中,有很多的方向要研究,工程师必须都考虑进去。

我们可以将工程设计师的工作描述为找到所有相关者都能接受的最佳的妥协方案。把它理解成在维恩图①上画出他们的需求,然后试着找到他们的重叠点,使每个人都能接受。当然,在几乎所有实际工程设计挑战中,都没有重叠点。若没有共同立场,则工程师的外交任务就是说服某人改变立场(即重新定义他的需求),否则项目就会被放弃。

在工程学中,有一个迭代原理——一个人提出一个想法,如果这个想法不可行或客户不喜欢,那就不断地进行调整并与所有利益相关者进行讨论,直到提出一个可行的想法。如果所有其他方法都失败了,那就放弃它,这是工程师非常不擅长的事情。即使在没有意义的情况下,工程师也坚持不懈。通常的问题是客户想要一座豪宅,直到有人告诉他这将花费多少,然后又重来一遍。机构客户尤其如此。威利·梅塞施米特(Willy Messerschmitt,1898—1978 年)曾说过:"我们可以制造满足航空部任何要求的飞机。当然,它不会飞。"客户要求不可能的事情是一个全球普遍存在的问题。设计师不得不权衡各种利弊,最终达成一个每个人都能接受的折中方案——速度、可靠性、可维护性、成本、时间尺度、质量、舒适度,等等。

① 参见:https://en.wikipedia.org/wiki/Venn_diagram,访问日期:2018 年 2 月。

工程设计是众多学科的集合,并不全都是纯粹的技术学科。大多数项目涉及广泛的工程学科,包括机械、电气、电子、计算机、材料等。然后是项目管理,包括规划、施工、测试、操作和处置。为此,我们必须加上许多主观的人类问题,例如生物力学、形状、颜色和形式。

创造不是被动的过程,也不仅仅遵循规则。首先分析,回到螺栓支撑发动机必须根据计算而不是手动摆动;然后判断,一个人不可能找出所有问题的答案,他必须最终做出价值判断。领导是非常重要的。如果工程师不打算领导项目,那么谁来领导?考虑史前地球的营销人员,你不会希望他们作为领导吧。

这为工程师在设计过程中遵循的6条原则奠定了基础,这些原则既涉及人类,也涉及技术问题:

① 辩论、定义、修改和追求目的;

② 整体思考;

③ 有创造力;

④ 遵守纪律和秩序;

⑤ 为人民着想;

⑥ 管理项目和关系。

#### 2.4.5.3 系统工程师

人们通常被分为两类,类似于"刺猬"和"狐狸"。"刺猬"有一个武器,它们做得很好——它们有尖刺。"狐狸"有很多小把戏,它们很狡猾。流行的观点是,工程师是刺猬,他们在某些方面非常擅长;而项目经理是狐狸,在许多方面都相当出色。

但是,系统工程师必须两者兼具。他们的简历是T字形的:所涉专业广泛,而且至少有一项:"在这个项目中至少有一项我是专家。"如果工程师不能这样说,那么除此之外,他在其他人那里就没有任何可信度。这些工程师必须能够详细完成项目的一部分,并在大纲中全部完成,从而设定了他们的教育议程。他们必须了解很多基础科学和工程学——物理、化学、数学,这是工程学的基础学科。他们还必须具有分析精神——一种对问题建模的方法,而不仅仅是头脑风暴。他们需要了解对项目有用的许多学科。最后,他们需要能与所有人进行交流——从客户到组装设计的技术人员。我们试图向工程教育传达的信息是,请思考如何培养符合这种模式的工程师。这是很难做到的,对于传统的工程思维来说是不舒服的,但如果我们需要设计出能运行的复杂系统,这是至关重要的。

这里我们回到本书的题目。它从探索和做正确的事情开始——人们不希望引擎被个人的善意所保留——但是,实际上,做正确的事情是工程系统更广泛的背景。

### 2.4.6 延展阅读

- Adams, 1995
- RAENG, 2010

## 2.5 参考文献

[1] Adams D. The Hitchhiker's Guide to the Galaxy. Del Rey: Mass Market Paperback,1995.

[2] Blanchard B S, Blyler J E. System Engineering Management. 5th ed. Hoboken, NJ: John Wiley & Sons, Inc. , 2016.

[3] Blanchard B S, Fabrycky W J. Systems Engineering and Analysis. 5th ed. Englewood Cliffs, NJ: Pearson, 2010.

[4] Boehm B W. Guidelines for Verifying and Validating Software Requirements and Design Specifications. http://csse. usc. edu/TECHRPTS/1979/usccse79-501/usccse79-501. pdf, 1979.

[5] deWeck O L, Roos D, Magee C L. Engineering Systems: Meeting Human Needs in a Complex Technological World. Cambridge, MA: MIT Press, 2011.

[6] Holt J, Perry S, Brownsword M. Foundations for Model-Based Systems Engineering: From Patterns to Models. The Institution of Engineering and Technology, 2016.

[7] Walden D D. INCOSE Systems Engineering Handbook: A Guide for System Life Cycle Processes and Activities, 4th ed. Hoboken, NJ: John Wiley & Sons, Inc. , 2015.

[8] ISO/IEC/IEEE 15288:2015. Systems and Software Engineering—System Life Cycle Processes. International Organization for Standardization (ISO), 2015.

[9] Kossiakoff A, Sweet W N, Seymour S J, et al. Systems Engineering Principles and Practice. 2nd ed. Hoboken, NJ: John Wiley & Sons, Inc. , 2011.

[10] Maier M W, Rechtin E. The Art of Systems Architecting. 3rd ed. Boca Raton, FL: CRC Press, 2009.

[11] Micouin P. Model Based Systems Engineering: Fundamentals and Methods. Hoboken, NJ: John Wiley-ISTE, 2014.

[12] Morse L C, Babcock D L. Managing Engineering and Technology. 6th ed. Englewood Cliffs, NJ: Pearson, 2013.

[13] NASA. NASA Systems Engineering Handbook. Washington, DC: National Aeronautics and Space Administration, 2007.

[14] RAENG. Philosophy of Engineering, Volume 1 of the proceedings of a series of seminars held at The Royal Academy of Engineering. Royal Academy of Engineering (RAENG), London, 2010.

[15] Sage A P, Rouse W B. Handbook of Systems Engineering and Management. 2nd ed. Hoboken, NJ: John Wiley-Interscience, 2014.

[16] Wasson C S. System Engineering Analysis, Design, and Development: Concepts, Principles, and Practices. Hoboken, NJ: John Wiley & Sons, 2015.

# 第3章　创造性方法

The true sign of intelligence is not knowledge but imagination.

Albert Einstein (1879—1955)

## 3.1　概　述

从根本上讲，创造性方法可以沿两个轴划分：发散的创造性方法和收敛的创造性方法，即主要适合个人的创造性方法和主要适合团队的创造性方法。这些常规的划分方法并不是绝对的，但是将创造性方法划分为这4类更为方便。

沿第一个轴，发散的创造性方法有助于产生具有以下特性的多个创造性解决方案：①熟练性——生成许多回应或想法；②灵活性——更改形式或修改信息或改变视角；③独创性——产生不寻常或新颖的想法；④详细性——用细节充实思想。收敛的创造性方法与发散的创造性方法有本质的区别，它们试图从给定问题的一组较多的可用解中找出一个或很少的最优解。沿第二个轴的一些创造性方法主要适合个人，而其他一些创造性方法则主要适合团队。

本章描述了21种创造性方法，这些创造性方法分为4节(3.2～3.5节)，如图3.1所示。

此外，还有其他一些创造性方法，但并不是传统意义上的“创造性”，但作者认为它们是创造性工程师武器库中的重要工具。在3.6节中描述了7种此类方法。最后，3.7节提供了与这一部分内容相关的参考文献(见图3.2)。

如前所述，本书的目的不是开发新的创造性方法；同样，也不打算用详尽的细节来描述和教授每一种创造性方法。本书的主要目的是让系统工程师和广大工程师熟悉相关的创造性方法。因此，在可能的情况下，将用一些篇幅描述创造性方法，这些方法涵盖4个部分：①理论背景；②实现过程；③示例；④延展阅读。一些读者可能会发现给定的创造性方法的详细程度足以理解和实施。其他对创造性方法感兴趣并且想要进行深入理解的读者，可以根据“延展阅读”部分提供的信息，到相关参考文献中学习，这些文献在每一章的末尾提供。

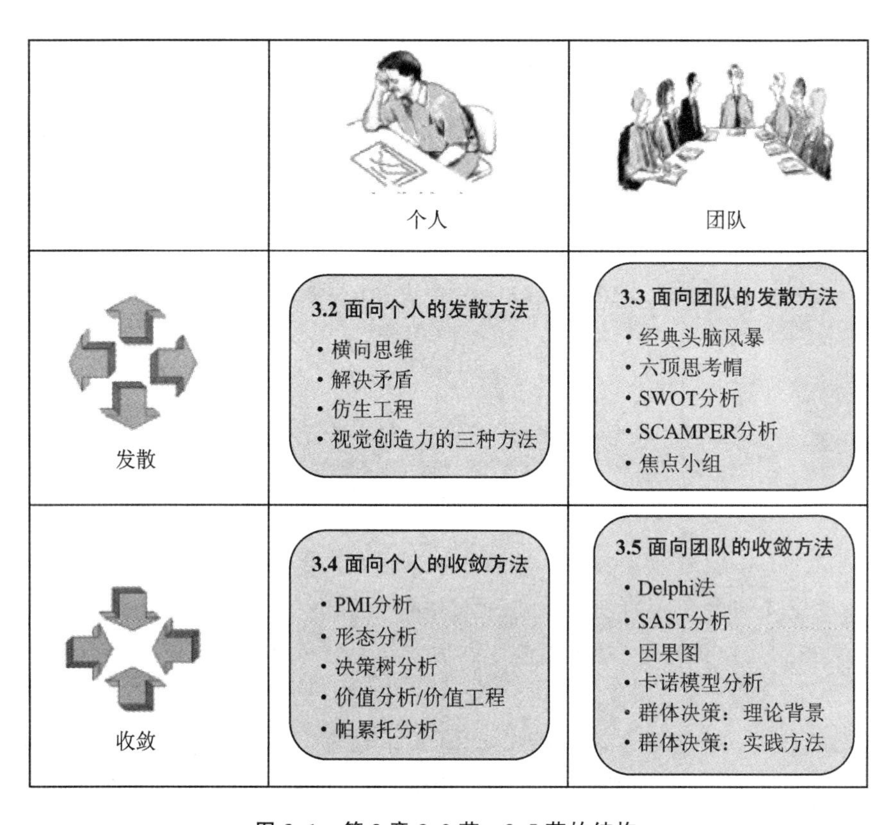


图 3.1　第 3 章 3.2 节～3.5 节的结构

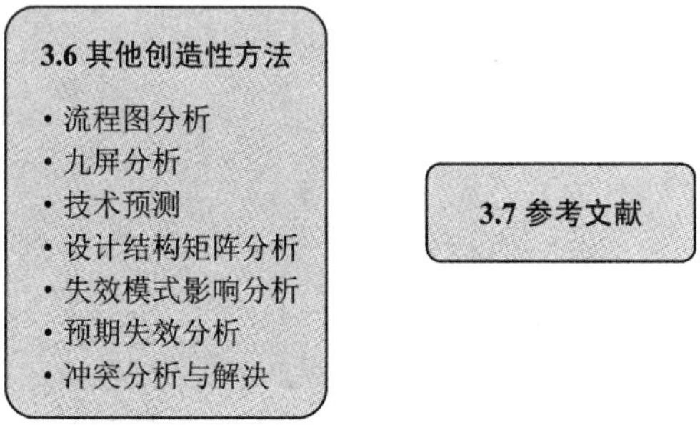

**3.6 其他创造性方法**

- 流程图分析
- 九屏分析
- 技术预测
- 设计结构矩阵分析
- 失效模式影响分析
- 预期失效分析
- 冲突分析与解决

**3.7 参考文献**

图 3.2　第 3 章最后两节的结构

最后，任何选择都是任意的，作者的选择也不例外。创造性方法的选择，首先是基于其对工程师，特别是对系统工程师的适用性；其次要考虑的是，通过工程师在整个系统生命周期中开展的业务来检验每种创造性方法的可行性；最后要考虑的是所选创造性方法的成熟度和鲁棒性，即应选择已经在许多工程和其他项目中得到深入研究和实施的方法。

# 3.2 面向个人的发散方法

本节介绍针对个人的不同创造性方法的集合，如图 3.3 所示。

图 3.3 面向个人的发散方法

## 3.2.1 横向思维

### 3.2.1.1 理论背景

从小学到大学的学校系统教育都要求儿童和成人具有纵向思维，即在循序渐进的基础上寻求问题的逻辑解决方案和特定解决方案，进而探究解决方案的结果。纵向思维的一个很好的例子体现在人们下棋的方式上。在任何时候，人们都清楚地知道参与游戏的棋子的位置以及控制游戏的确切规则。在此基础上，可以预测他或她的未来行动与对手的任何潜在行动。但是，在现实生活中很少出现这种情况，并且老师很少向学生传授其他全面的策略来解决这个混乱无序的世界中的问题。

爱德华·德·波诺（Edward de Bono，1967 年）的创造性是横向思维（Lateral Thinking，LT），它是一种通过间接和创造性的方式来解决问题的方法，使用的是不明显的推理。总的来说，LT 涉及“水平”图像的生成，鼓励生成多种解决方案，而在开始时忽略了它们的详细实现。它揭示了一个人隐藏的假设和内边界条件，为问题的解决过程带来了新的见解。它突破了陈旧观念的束缚，通过产生新的模式来引入创造力。简而言之，它是基于一个人的心理信息的重新排列。这反过来又能使人从一生中建立的僵硬的大脑模式中解脱出来。横向思维的结果是一系列广泛的替代解决方案，每一个方案都可以接受进一步的纵向思维。

在 Edward de Bono 定义的 4 种思维工具群（即想法产生工具、聚焦工具、收获工具和治疗工具）中，本书只讨论第一个——旨在打破常规思维模式的想法产生工具集群。对剩下的思考工具，感兴趣的读者可以参考本书结尾的参考资料。接下来，我们将用一个脑筋急转弯的例子来检验下面的 6 种 LT 策略。

#### 3.2.1.2 示例：在摇晃桥上的4个人

为了便于理解，我们在横向思维方法描述之前提供了关于常规解决方案的示例。

4个人(A、B、C、D)计划在晚上过一个摇摇欲坠的桥。他们只有一个手电筒，桥太危险了，没有手电筒无法穿过。桥一次最多可支撑2个人(见图3.4)。过桥的每个人具有以下特征：A需要1 min；B需要2 min；C需要7 min；D需要10 min。这4个人过桥所需的最短时间是多少？

图3.4 一个摇摇欲坠的桥[①]

此处显示了“正确的”或传统的解决方案。然而，在回顾了语言教学策略之后，读者可能会提出一些创造性的想法，无论是个人的还是小组的。

**步骤**1：A和B过桥⇒到目前为止的时间为2 min；

**步骤**2：B随手电筒返回⇒到目前为止的总时间为4 min；

**步骤**3：C和D过桥⇒到目前为止的总时间为14 min；

**步骤**4：A随手电筒返回⇒到目前为止的总时间为15 min；

**步骤**5：A和B过桥⇒到目前为止的总时间为17 min。

#### 3.2.1.3 横向思维方法

横向思维可以通过多种方式实现。本书建议执行以下6个LT策略：

**策略**1：掌握手头的问题。

**策略**2：提出基本问题。

① 资料图片：位于奥地利阿尔卑斯山脉的Drahtsteg人行天桥。

**策略3**：认识与控制假设。

**策略4**：打破规则。

**策略5**：拓宽视野。

**策略6**：运用挑衅性的想法。

我们可以使用这些策略来考虑摇晃桥示例的可能解决方案。

**策略1：掌握手头的问题**

这种横向思维策略的相关格言是："三思而后行"。它建议人们应深入研究眼前的问题，并在开始采取行动之前就思考该如何做。这也暗示了那些不听从这个建议的人的潜在弱点。掌握问题需要：①弄清问题；②分析问题。弄清问题需要确定有关问题的已知信息。这应包括但不限于相关事实、推论、推测和意见，以及确定问题的未知内容。通常，分析问题需要回答以下相关问题，例如：

- 有什么问题？
- 为什么存在问题？
- 谁造成了问题？
- 问题首次出现是什么时候？
- 问题产生的影响是什么？

在这一分析过程中，我们可以充分认识到问题的所在，从而可以避免在解决问题时遇到的各种陷阱。

以桥梁为例，人们可以分析问题，提出诸如："为什么这些人需要过桥？他们能走另一条路吗？"等问题。

**策略2：提出基本问题**

LT的下一个策略是提出许多无威胁的，看似显而易见的问题，这些问题可能会带来对问题真正本质的新见解。目标是能够挑战对问题及其周围问题的基本看法，并且希望这能带来新的想法。典型的基本横向思维的问题可能是：

- 是否可以重述该问题？
- 我们是否处理了真正重要的问题？
- 问题是否由我们的操作程序/策略引起的？

提出的基本问题为我们提供了一种机制来研究手头问题的必要性、有效性和唯一性。因此，它可以说明问题的某些方面，否则将被忽视。关于摇摇欲坠的桥梁这个例子，人们可以问一些看似毫无关联的问题，比如：目标（即尽量减少穿过整个桥梁的时间）是否真正重要？是否还有其他更重要的问题要处理（例如有关人员或未来旅行者的安全）？

**策略3：认识与控制假设**

假设一词起源于拉丁语假定一词，意思是"采纳或接受"。假设可以定义为"被认为是理所当然的假设”。假设在我们的生活中起着重要的作用，是根据过去的经验、社会文化以及塑造我们生活的人和事件而产生的。此外，人们很少意识到内在假设对其行为的影响。假设使我们的大脑常常忽略与我们不相符的信息，从而扭曲了现实。分析假设可以确定我们为什么要以某种方式思考和采取行动，而控制假设可以使我们抛弃先前的信念并以更客观的方式看待问题。

个人和小组成员需要认识到自己的假设，以便能够评估与给定问题相关的所有问题。特别是，心理学家观察到一种被称为能力假设的普遍现象。从本质上说，大多数人都认为自己比实际情况更能干、更可靠。换句话说，我们的大脑倾向于假设我们知道的比我们实际知道的更多。那么我们能做些什么呢？

- **采取一些怀疑的措施**。首先，必须认识到每个人对每种情况都有根深蒂固的假设。合理的怀疑可以让人们认为他可能是错的，但仍然对此感到满意。我们必须以合理的方式运用怀疑。太多的怀疑会使我们无所作为，而过度的自信很容易使我们误入歧途。
- **提问并倾听**。提出大量的基本问题可能是填补空白、从虚构中剔除事实的最佳机制。在控制假设的过程中，倾听一个人的谈话，真实地在场，是一个必要的因素。还有，真正的倾听包括接受对方，诚实耐心地等待，不间断地等待所要呈现的所有证据。
- **列出假设**。当遇到问题时，往往可取的是写出手头问题所固有的假设，以及提出的解决方案。这一过程使我们能够以一种确定的方式来捕捉我们的理解，从而获得对情境的透彻理解。

关于摇晃桥的例子，人们可能会问一个关于我们假设的问题：所陈述的问题是“4 个人过桥所需的最短时间是多少？”。我们可以假设必须立即过桥，但情况未必如此。过桥操作可以推迟到白天吗？在这种情况下，两个人(A 和 B)将过桥，然后另外两个人(C 和 D)将过桥，总共只需要 12 min。

**策略 4：打破规则**

一些老师喜欢那些毫无疑问、遵守规则并且不会打扰课堂的学生。许多管理者则看重那些能够接受公司规定、不挑战权威或对分配任务没有意见、不问任何问题的员工。抵制变化是人类的一种特性。在稳定且可预测的环境中，我们通常最舒适。但是，创造和创新总是与现状的变化有关。如果人们从不质疑规范或挑战惯例，那么这个世界上几乎不会有任何进步。

根据斯特恩伯格(Sternberg，1999 年)的观点，创造性贡献者主要分为三类：接受当前范式的人；拒绝当前范式的人；试图将多种当前范式整合到新范式中的人。拒绝当前范式的创造性贡献通常是基于打破规则的，并且被接受的可能性最小。因此，这些人可能会经常被视为麻烦的制造者。但是，他们创造的想法通常是最具创造和创新性的。

在工程中，制定规则来建立标准，主要是为了确保实现既定目标。因此，根据我们的训练、经验和自然的心理倾向，遵循规则是我们大多数工程师都非常熟悉的。总而言之，违反规则可能会很棘手，因为其中涉及到风险，但这种观点的另一面是，人们经常违反“规则”，事实上，这些规则只是一套惯例。以下是一些具有启发性的打破规则的建议：

- **规则识别**。解决问题的一个很好的起点是列出尽可能多的相关规则。该清单应区分本国法律、明确规则和标准、不成文的规则、隐含的规则以及日常惯例。
- **概念可行性评估**。必须对要打破的规则和提出的创意进行深入的评估。我们应该仔细研究这些规则的性质、起源、存在的理由以及这种创意可能引起的阻力。同样，应针对所有利益相关者（同事、经理、客户、整个社会等）仔细分析拟议创意的利弊。
- **风险和结果评估**。工程师在继续工作之前必须完全熟悉行业的法律法规。当涉及到行业要求时，粗心大意可能会带来危险的结果，有时会对公众、公司以及个人的职业生涯产生毁灭性的影响。因此，应该仔细权衡打破既定规则的潜在不利因素，并考虑自己是否愿意为可能发生的一切承担责任。
- **道德与价值评估**。如果工程师认为自己没有道德或道义上的异议，则建议工程师考虑违反既定规则。换言之，他首先要对同事、经理、客户、公司、职业和其他人承担责任。

关于摇晃桥的例子，人们可能会打破规则并问：“桥的载荷极限规定（即一次两个人）是否成立？也许三个人也可以一次安全地过桥？”

**策略5：拓宽视野**

在本书中，透视图是“在有意义的关系中看到所有相关数据的潜力”，换句话说，透视图是从现有位置退后并获得对情况的更广泛理解的能力。这种“重构”情境的过程扩展了一个人产生新创意的能力。对此我们能做些什么？

- **显而易见**。拓宽视野始于显而易见的事情：广泛阅读、提问和聆听、花时间和新朋友在一起，并且通常向世界开放（例如，上网、看电视、参观博物馆、去剧院和音乐厅、旅行等）。最后，保持谦虚，以便知识可以真正渗透到每个人的思想和内心。
- **考虑不同的观点**。考虑其他利益相关者如何看待给定的情境（如个体的同事和管理者、顾客、供应商等）。

关于摇晃桥的例子，可以考虑其他尝试过桥的旅行者的观点。他们可能是夜晚来，不知道桥的状态。他们可能不知道桥梁的最大允许载荷等。固定桥梁或安装明确的警告标志可能比原始问题中提出的任务更为重要。

**策略6：运用挑衅性的想法**

通俗点说，挑衅是一种旨在使某人生气或心烦意乱的行为或言论。但是，在本书的上下文中，挑衅的想法(可能是激进的和不现实的)旨在强行使人的思想脱离其舒适区，从而使人们可以考虑到可能的、令人惊讶的解决方案。

挑衅的想法是故意荒谬的。这种想法通常与头脑风暴中提出的想法不同，在头脑风暴中，参与者提供的解决方案没有积极的判断力，但是在问题领域内是可行的。有几种挑衅的创造技术，如如意算盘、夸张、现实扭曲等。

原则上，挑衅性想法可以解决相关问题，但大体上是不现实的。因此，需要采取的对等步骤是进行思想上的转变，将挑衅性的想法转变为明智的解决方案。有几种方法可以做到这一点——例如，通过原则执行转换。在这里，人们从挑衅性的思想中提取出关键原则，然后，可以根据这些原则设计一种现实的解决方案。

总而言之，实施基于挑衅性想法的创造性解决方案需要以下几点：

- 提出一个或多个解决眼前问题的挑衅性想法。
- 确定挑衅的基本原则。
- 根据已确定的原则，转向切合实际的解决方案。

这项技术的另一个重要组成部分是寻求一个超过一种以上的挑衅性的想法和基本原则。最好的策略是不断寻找包含挑衅性思想的集合的合理数目及其互惠原则。可以合理地预期，若干这样的集合将使一个人能够提出更好的解决办法。

关于摇晃桥的例子，可以提出一个挑衅性的想法，其中涉及建造一个大型弹射器，将所有4个人一举扔向桥的另一侧。这一想法的前提是，所有4个人有可能同时高速过桥。基于这一前提的一个解决方案是固定或扩大桥梁，以便4个人可以全速或使用快速车辆一起安全地穿过桥梁。

#### 3.2.1.4 延展阅读

- De Bono，2015
- Richardson，2016
- Sloane，2006
- Sternberg，1998
- Sternberg，1999

### 3.2.2 解决矛盾

#### 3.2.2.1 理论背景

TRIZ是俄语的缩写，意为“创造性问题解决理论”。它是由Genrikh Altshuller

和他的同事在20世纪下半叶在苏联提出的。[①] TRIZ并不是基于个人或团体的直觉创造力，而是基于对大约300万个注册专利的精心研究，确定可预测突破性解决方案的特定模式，然后将其编入TRIZ。更具体地说，TRIZ提出以下3个假设：

① 问题和解决方案在各行业和科学领域反复出现。

② 技术演进模式在各行业和科学界之间重复。

③ 创造性的创新可能在其发展的领域之外产生科学效应。

这3个假设促进了通用问题解决程序，如图3.5所示。如果障碍影响了人们通过传统方法解决问题的能力，那么应该：①分析问题并将其重新表述为一般的TRIZ问题；②使用以下一种或多种TRIZ策略和工具来产生一个通用的TRIZ解决方案；③通过类比的方式开发出具体的解决方案。

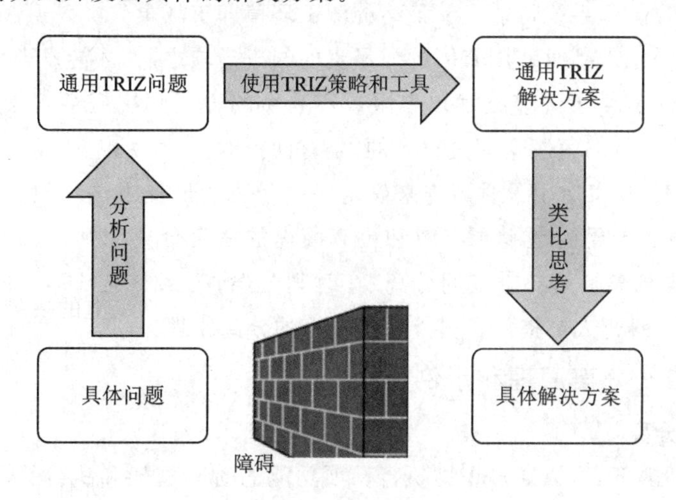


**图3.5 TRIZ广义问题解决过程**

TRIZ是一种丰富的方法论，由多种工具和技术组成，这些工具和技术为创造性的技术思维开辟了新的前景。但是，介绍关于TRIZ的新内容并不在本书的讨论范围之内。因此，本章各节仅讨论TRIZ的选定部分。

解决矛盾是TRIZ最有用的工具之一，因为它极大地拓宽了解决方案的空间。它使人们能够解决矛盾，从而在不损害系统其他方面的情况下改进系统的一个方面。大多数矛盾的核心是两个或两个以上相互矛盾的系统要求，而这些要求是可以满足的。例如，设计一种飞机，该飞机可以：①运载500名乘客；②飞行8 000 km；③飞行时间不超过5 h；④每位乘客每100 km最多使用1 L燃油。显然，这些都是相互矛盾的要求，很难或可能无法满足。在工程中，处理此类矛盾常用的方法是在相互矛盾的

① 请参阅：Brands R.（2016年4月6日）。介绍了TRIZ理论用于新产品开发的过程。http://www.robertsrulesofinnovation.com/2016/04/new-product-development-process-triz-theory/，访问日期：2017年11月。

需求之间确定最佳折中方案(见图 3.6)。

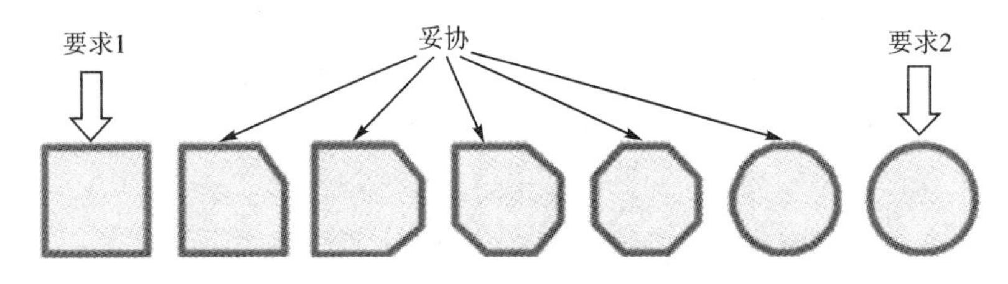


图 3.6 对两个相互矛盾的需求进行妥协的选择

这是一种常见的策略,在整个行业中广泛使用。这种策略有两个问题:第一,选择折中方案永远无法满足原始要求;第二,人们总是冒着选择错误的“最佳”折中的风险。在这种情况下,系统可能在其最终的测试环境即市场上失败。遗憾的是,只有在设计、制造和分销产品时使用有限的或昂贵的纠正措施之后,才能发现危险折中的实际后果。TRIZ 提供了许多技术以有限或不妥协的方式解决现存的矛盾。因此,问题解决者所能获得的解决空间是很大的,是有回报的。

一些 TRIZ 专家使用矛盾矩阵来确定解决矛盾的最佳方法。但是,本书将描述作者认为在解决矛盾问题上更有效和更有前途的一套分离原则。历史上,TRIZ 学者定义了 3 类分离原理:①空间分离;②时间分离;③部分与整体之间的分离。但是,当代 TRIZ 研究人员提出了另外一些独特的分离原理。

### 3.2.2.2 分离原理和示例

**1. 时间分离**

在时间间隔下,可以通过识别执行一项功能的时间框架和执行另一项功能的另一个时间框架来解决矛盾。只要时间间隔不重叠,就可以解决矛盾。在某些情况下,矛盾的分离可以在特定条件下实现,而不需要改变现有的制度。在其他情况下,可能需要向系统添加新的功能或元件,这可能增加所述系统、产品或服务的复杂性或成本。

**示例:水龙头**

水龙头的矛盾要求是:①水必须被堵住;②水必须流动。这些矛盾要求可以及时分离:①水龙头在关闭时水应该被堵住;②水龙头在打开时水应该流动(见图 3.7)。

**2. 空间分离**

空间上的分隔可以解决矛盾。在这种矛盾中,必须同时满足两个或两个以上相互矛盾的系统要求。也就是说,如果一个对象需要具有属性“A”和不需要具有属性“A”,则可以将其分为两个对象,每个对象都有其自己的属性;相反,如果对象的一部分具有属性“A”而另一部分不具有属性“A”,则可以解决矛盾。

水龙头(关闭)

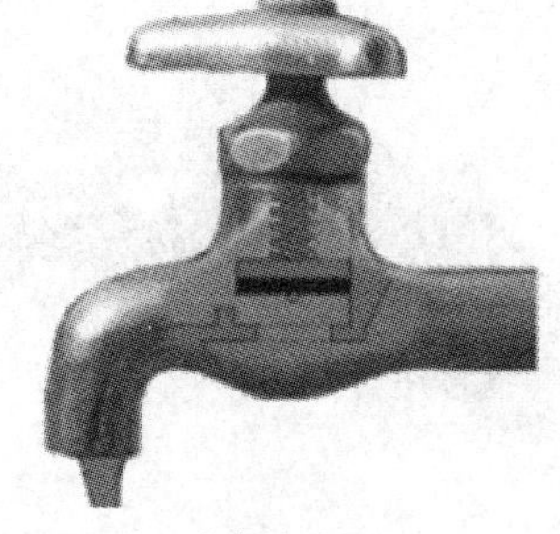

水龙头(打开)

图 3.7　示例：水龙头

**示例：安全火柴**

在19世纪中叶之前，人们发明和设计了各式各样的火柴并申请了专利。早期的设计很烦琐，而且最重要的是火柴容易自燃。该问题源于两个相互矛盾的要求：①火柴应该点燃；②火柴不应该点燃。该问题通过空间分离来解决，即将火柴头和火柴盒外侧表面之间进行撞击产生化学反应所需要的物质分开(见图3.8)。

图 3.8　示例：安全火柴盒

**3. 部分与整体之间的分离**

当矛盾要求表明系统具有特定性质，同时又有空间、一个或多个部件显示出相反的性质时，可以采用部分与整体分离的方式来解决矛盾。解决这一矛盾的方法之一是对它们进行排列，以使部件可以在各自不同的比例下相互作用，即一种性质可以用较大的宏观尺度来表达，而另一种性质可以用较小的微观尺度来表达。只要这两个或两个以上的性质不相互干扰，矛盾就解决了。

**示例：摩托车链**

摩托车发动机链轮和后轮链轮之间的机械力系统的矛盾要求是：①传递系统必须为刚性的(RIGID)，以便传递力并与两个链轮正确匹配；②传递系统必须是柔性的，方便包裹两个旋转的链轮（见图3.9）。

图3.9　示例：摩托车链

用铰链销的方式使链条与链轮齿相互之间接触时，在微观层次（链节）所表达的属性是刚性的，但是，在宏观层面（即摩托车链条）所表达的整体系统行为是灵活的。

**4. 逐步分离**

当矛盾的要求适用于一个系统时，通过逐渐分离的方式来解决矛盾。在这个系统中，属性逐渐转变为其他属性。换句话说，不存在系统属性突变的尖锐区域；相反，初始的属性集合往往是逐渐变化的，直到表现出对新属性的充分转化。

**示例：螺丝钉**

螺丝钉的矛盾要求是：①螺丝钉必须是锋利的，才能快速将其钉入木板中；②螺丝钉必须是钝的，以承受所需的机械负载。为了满足上述两个相互矛盾的要求，螺丝钉被设计为圆锥形（见图3.10）。

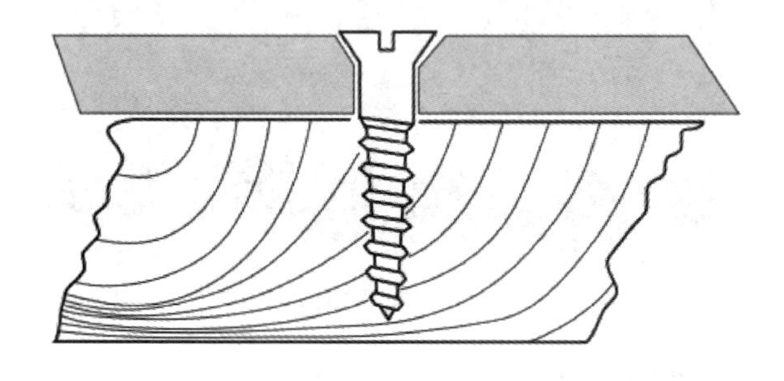

图3.10　示例：螺丝钉

**5. 按方向分离**

当在同一空间和时间内，相互矛盾的要求适用于需要不同性质系统的不同内轴线时，可以通过方向分离来解决矛盾。在这种情况下，系统在一个方向上显示一种属性，而在另一个方向上显示另一种属性；相反地，系统可以被构建或修改以使其可行。这种现象可能会被利用为自身的优势。

**示例：绳子**

绳子是由一组天然或合成纤维缠绕在一起形成一条更大更强的缆绳。对绳子的矛盾要求是：①绳子在拉紧方向上必须是刚性的；②绳子在其他任何方向上弯曲时必须为柔性的。由于其结构，所以一根绳子应既具有抗拉强度又具有柔性，但它不能提供侧向强度。因此，它满足了以上两个矛盾的要求（见图 3.11）。

**图 3.11 示例：绳子**

**6. 按视角分离**

当物体的新特性在同一空间和时间内依赖于感知时，可以通过视角分离来解决矛盾。更具体地说，被考虑的系统并不改变其属性，而是被暴露的系统的属性可能从一个角度有用，从另一个角度无用甚至有害。

**示例：电视屏幕**

电视屏幕的矛盾要求是：①由于其结构，从短视角度观看时，电视屏幕显示了无意义图像；②从正常角度观看时，电视屏幕必须显示有意义图像（见图 3.12）。

**图 3.12 电视屏幕**

**7. 按参考系分离**

当系统的属性取决于在同一空间和时间范围内所采用的特定参考系时，可以通过分离参考系来解决矛盾。因此，可以通过更改手头的系统或更改所使用的参考系来解决系统的矛盾要求。通常，更改系统是昂贵且耗时的，因此更改参考系可能是解决该矛盾的一个诱人方法。

**示例：老人机**

小型(100～200 g)手持式手机于20世纪90年代后期在日本推出。它们的内存和屏幕非常有限，可以支持手机通话(GSM)和FM广播接收。但是，它们具有大键盘，并且制造起来更简单，价格更低。在当今的智能手机大众市场中，此类设备几乎没有任何价值，因此此类电话的制造商必须满足以下相互矛盾的要求：①在市场上卖老年机；②这款电话是有价值的。例如，某公司生产"老年人专用电话"，并以不到30美元的价格宣传此类手机(见图3.13)。

图3.13 示例：老人机

在传统的参考框架下(当今的智能手机大众市场)，该设备实际上没有购买者。但是，在不同的参考框架下(老年人以及亚洲、南美洲和非洲部分地区等发展中国家的市场)，类似的设备非常有价值。

**8. 按场响应分离**

在TRIZ理论中，"场"的概念涵盖了多种现象，例如：光及电磁辐射(无线电波、微波、红外光、可见光、紫外线、X射线、伽马射线等)、静电场、磁场、力(机械力、重力、离心力、惯性、摩擦力、附着力、科里奥利力(coriolis)、核力等)等。当两个或多个场在同一空间和时间内对一个系统的性质做出不同的反应时，可以通过场响应分离来解决矛盾。

**示例：紫外线防护太阳镜**

长时间暴露在太阳的紫外线下会导致眼睛受损(例如白内障、黄斑变性、针状疱疹、翼状胬肉和光性角膜炎)，从而导致部分或全部视力丧失。因此，戴上防紫外线太阳镜将保护眼睛免受太阳辐射。这种防紫外线太阳镜的矛盾要求是：①可见光必须穿过太阳镜的镜片；②紫外线必须被太阳镜的镜片阻挡。这些矛盾的要求可以通过眼镜的镜片来解决。

当太阳光谱被分成不同的频率区域时，通过场响应进行分离。更具体地说，夹层玻璃完全阻挡了紫外线辐射，而可见光的绝大部分则通过了眼镜(见图3.14)。

**9. 物质与场的分离**

物质是指具有质量、占据空间并具有特定成分和特定属性的任何事物。当组成一个系统的物质具有一种性质，而影响该系统的场在同一时空内具有相互冲突的性质时，就可以用物质与场分离的方式来解决矛盾。

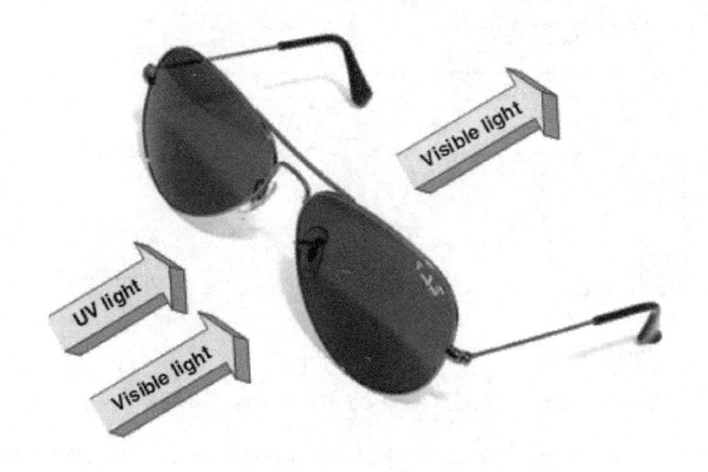


UV light—紫外线；Visible light—可见光

**图 3.14 示例：紫外线防护太阳镜**

## 示例：变压器

变压器是一种通过可变电磁感应来增大或减小输入与输出之间电势(电压)的装置。具体地说，变压器初级线圈中的交流电会在变压器铁芯内部产生变化的磁通量，进而在次级线圈处产生交流电势。变压器的矛盾要求是：①主线圈产生的磁场必须波动，以便在变压器铁芯内产生可变的磁通量；②主线圈和副线圈以及变压器铁芯在物理上必须是静止的。

这些矛盾的要求通过变压器的构造方式以及交流电对主线圈和副线圈的影响(即交变磁场(见图 3.15))得以解决。

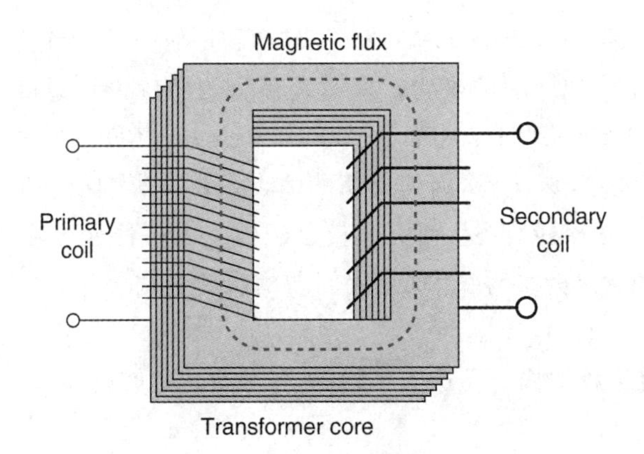


Magnetic flux—磁通量；Primary coil—主线圈；

Secondary coil—副线圈；Transformer core—变压器铁芯

**图 3.15 示例：变压器**

#### 3.2.2.3 延展阅读

- Altshuller，1996
- Fey and Rivin，2005
- Salamatov，1999
- San，2014
- Savransky，2000

### 3.2.3 仿生工程

#### 3.2.3.1 理论背景

仿生一词来源于古希腊语 bios，意思是“生命”和“模仿”，意思是“去模仿”。因此，仿生学的意思是“去模仿生命”。此词在 Janine Benyus 的著作 *Innovations Inspired by Nature* 中被提出，之后广为流行。这种方法假设自然可以被视为人类的榜样和老师。大自然创造了有利于维持生物体的条件，即能量仅来自太阳，且这种条件是在适宜环境温度下使用地球上的材料创造的，没有毒污染，且废物最少。值得特别注意的是，当人们研究人类如何以惊人的速度耗尽地球的自然资源时，不仅污染了地球的各个角落，也造成了栖息地丧失、很多动物濒临灭绝。

大自然已经解决了人类面临的许多技术问题和可持续性问题，我们可以从中吸取教训。因此，仿生工程学的思想是以可持续的方式模拟自然界数十亿年所做的工作来设计和构建系统，这包括：①模拟自然系统的物理形式或设计；②模拟自然系统的发生流程；③模拟生态系统，即将系统集成到其环境中。

#### 3.2.3.2 实施过程

当设计师们从生物系统中寻求工程解决方案时，他们经常与生物学家合作，后者可能会找出解决了类似问题的生物。此过程被称为仿生设计螺旋（Biomimicry Design Spiral，BDS），由 Carl Hastrich 于 2000 年初开发。BDS 是一个分步过程，通常以非线性和动态方式反复进行，因此后期的输出经常会影响前一阶段。这种现象需要迭代的反馈和优化循环。仿生研究人员已经开发出一种程序，工程师和生物学家可以通过这种程序确定和模拟针对工程问题的自然解决方案。此过程的步骤如下（见图 3.16）：

**步骤 1：确定工程挑战**。在这一步骤中，将确定特定问题或人员的需求以及系统必须完成的功能。

**步骤 2：从生物学角度解读设计**。在这一步中，将探索自然有机体和生物系统解决上述问题的机制。

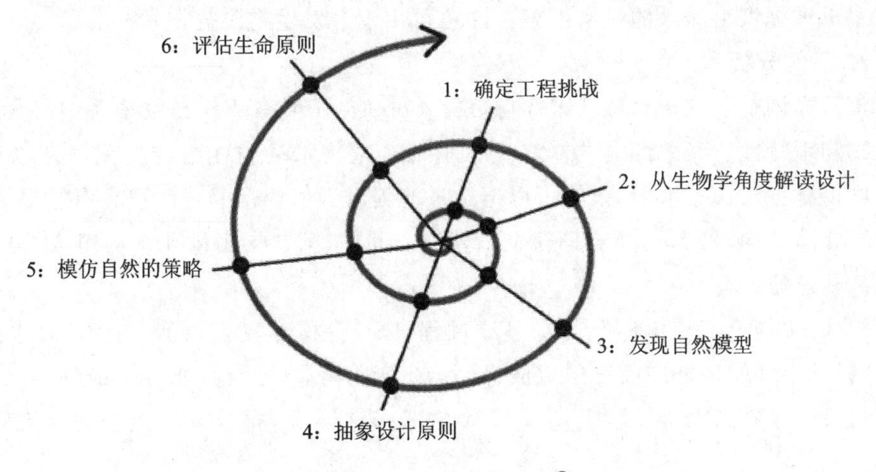


**图 3.16 仿生实施过程**[①]

**步骤3：发现自然模型**。在这一步骤中，将确定符合规定功能的自然模式和策略。特别地，人们考虑了其生存取决于所述功能的生物。

**步骤4：抽象设计原则**。在这一步骤中，确定实现上述功能的工程设计原则。

**步骤5：模仿自然的策略**。在这一步骤中，将根据所识别的模型来开发思想和解决方案，然后将其转换到适当的工程领域。该过程考虑以下因素：①生物系统的结构或形状；②生物系统的原理、过程、策略或机制；③不同生物在满足所述功能的同时相互作用。

**步骤6：评估生命原则**。在这一步骤中，将针对原始问题或人类需求来评估设计解决方案。此外，还应根据以下生命原则检查设计解决方案[②]：①确保资源的有效利用；②使用生活友好的化学物质；③整合开发和增长；④适应当地情况；⑤适应不断变化的条件；⑥进化以生存。最后，应该制定策略，以确定如何使用仿生设计螺旋的下一圈。

### 3.2.3.3 示例：海水淡化

#### 1. 示例背景

在工业规模上建立大量传统的海水蒸馏和反渗透系统的目的是为了解决世界上许多地方淡水短缺的问题。然而，传统方法受到严重限制。特别是，高能耗、有限的系统耐用性，需要经常处理的膜结垢问题，以及大量的运行成本。这里描述的仿生示例是基于韩国科学家团队进行的研究（Kim 等人，2016 年）。这项研究对盐生植物根

① 由 Carl Hastrich（2005 年）通过仿生研究改编。

② 改编自仿生学组，2011 年。

系滤水机理提供了深入的见解。该方法也可用于开发生物脱盐技术①。

**2. 示例分析**

该研究调查了红树林针状根瘤菌(Rhizophora Stylosa,RS)植物根系中海水过滤的生物物理特性。其思路是探索一种利用RS植物水动力能力的新型海水淡化方法。红树林生长在盐水中,植物可以通过过滤提取近似淡水的水。根具有层次结构,即三层孔隙结构,将 $Na^+$ 离子捕获在最外层。此外,第二层由微孔结构组成,也有助于钠离子过滤。

图3.17描绘了红树林根部水过滤过程:(a)将根部浸入盐渍(NaCl)海水溶液中,红树林根部的最外层由三层组成;(b)当负吸力跨过该层时,水穿过最外层。$Na^+$ 离子自身附着在最外层,作为离子扩散的选择性屏障,排斥 $Cl^-$ 离子进入红树林根部。

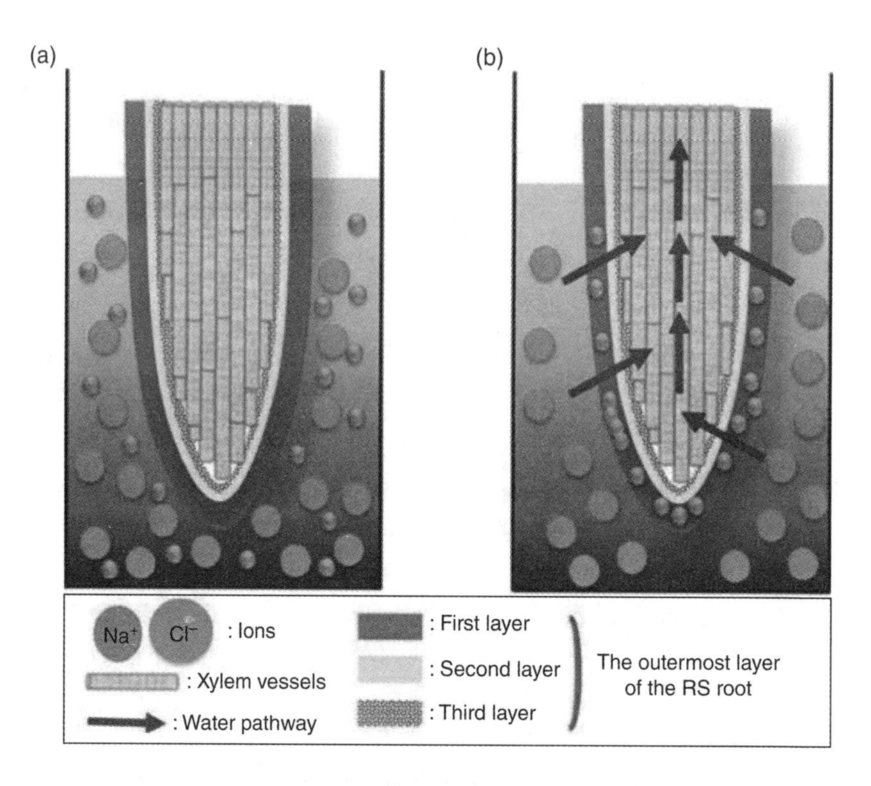


Ions—离子;Xylem vessels—木质导管;Water pathway—水路;First layer—第一层;Second layer—第二层;Third layer—第三层;The outermost layer of the RS root—RS根的最外层

**图3.17 红树林根系中水过滤的示意图**

---

① 研究中讨论的观点构成了相关科学家提交专利申请的基础。

#### 3.2.3.4 延展阅读

- Bar-Cohen，2005
- Benyus，2002
- Kim et al.，2016
- Lakhtakia and Martín-Palma，2013
- Passino，2004

### 3.2.4 视觉创造力的三种方法

简单地说，创造力就是思考新思想的能力。视觉思维是用图片解决问题、思考问题、清晰交流的实践。更具体地说，视觉思维在以下方面发挥了作用：①仅以图形方式查看明显的模式和联系；②分析复杂的问题，查看其组成部分并识别其潜在影响；③激发新的可能性和想法；④与他人有效地交流思想并建立共识。关于视觉创造力的部分描述了以下方法：①概念图；②概念扇工具；③思维导图。

#### 3.2.4.1 概念图

**1. 理论背景**

概念图[①]是由约瑟夫·诺瓦克(Joseph D. Novak)在20世纪70年代初期开发的。概念图是用于组织和表示信息的图形方式。它们包括描述概念的节点，这些节点通常用圆圈或正方形包围，并连接指示概念之间关系的定向边。这些边是通过连接箭头和短语来实现的，这些箭头和短语指定了概念之间关系的性质。概念图是捕获当前知识以及创建和集成新知识的有效工具。这种新知识可能包括原始见解、独特概念以及与现有知识的异常联系。最后，概念图也是利益相关者之间进行交流的一种极好的方式，因此，它们通常采用灵活的概念词汇和链接词。

**2. 实施方式**

概念图具有以下特征：

**重点问题**。创建概念图的一个很好的起点是定义焦点问题。此处的目的是清楚地指定概念图的上下文以及应该帮助解决的问题。总体而言，明确的焦点问题可以带来出色的概念图。例如，图3.18所示的焦点问题是："本书的目标读者是谁？它的哲学是什么？内容是什么？"

**命题格式**。概念图应该表达概念集之间的关系。通过链接形成可识别命题的短语来描述每种关系。这意味着每两个概念及其链接短语应组成一个简短的句子。因此，概念图由图形实体的集合组成，这些图形实体表示与当前焦点问题有关的一组命题。例如，在图3.18中，"本书"的概念与"实践系统工程师和工程专业学生"的概念

① 另见：A. J. Cañas and J. D. Novak，*What is a Concept Map*? Last updated September 2009：http://www.the-aps.org/APS-Storage/APS-Education/Pedagogy-Resources/Concept-Map.pdf，访问日期：2017年5月。

的关系是通过“意向受众”这一连接词来界定的，形成了“实践系统工程师和工程系的学生”这一命题。

**层次结构**。总的来说，概念图是从主要概念（单根）开始的分层结构，然后分支出来以显示每个概念如何与其他概念链接。因此，通常最一般的概念绘制在层次图的上面，而更具体的概念布置在下面。所以，通常从上面开始阅读概念图，然后向下阅读。因此，在图 3.18 所示的概念图的框架内，“本书”的概念比“系统工程”、“创造”和“创新”的概念更为笼统，然而，概念图可以有多个初始根源，有时可以沿着一个圆形结构组织（例如，描绘蝴蝶生命周期的概念图：卵、幼虫、蛹和成虫）。

**交叉链接**。交叉链接是概念图不同部分中概念之间的附加关系。它们通常是在构建概念图的第一次迭代完成后创建的，并且源于创造性的飞跃，在这种飞跃中，人们可能会发现最初并未想到的新主张。总而言之，交叉链接有助于我们可视化概念图的一个部分中的一个概念如何与另一部分中的另一个概念相关联。例如，在图 3.18 中，“本书”的概念最初与“第 3 章　创造性方法”相关联。但是，在进一步审查中，通过“实践”的命题将“系统工程师可以通过创造与创新知识来提高他们的技能”概念的新链接添加到“第 3 章　创造性方法”中。

概念图有多种用途，可为创新工程师提供独到之处。它们帮助工程师集思广益，并发现将它们联系在一起的概念和主张。另外，该方法鼓励用户发现最初没有想到的概念之间的新关系。最后，概念图为工程师交流想法、思想和信息提供了有效的手段。

**3. 示例：本书**

图 3.18 是一个概念图的示例，描述了本书的目标读者、理念和内容。

### 3.2.4.2　概念扇

**1. 理论背景**

爱德华·德·波诺（Edward de Bono）在他的著作 *Serious Creativity*（1993 年）中提出了概念扇。当所有明显的解决方案都无法解决该问题时，可以使用此方法。在这样的情况下，概念扇拓宽了寻找解决方案的有效途径，因为它通过“退一步”的方式拓宽了一个人的视角，以便获得对问题的新鲜看法。

**2. 实施程序**

可以通过执行以下步骤来创建概念扇：

**步骤 1：定义问题**。圈出手头的问题（见图 3.19）。

**步骤 2：确定解决方案**。接下来，绘制一条或多条向外辐射的线，其中应识别一种或多种潜在的解决方案（见图 3.20）。

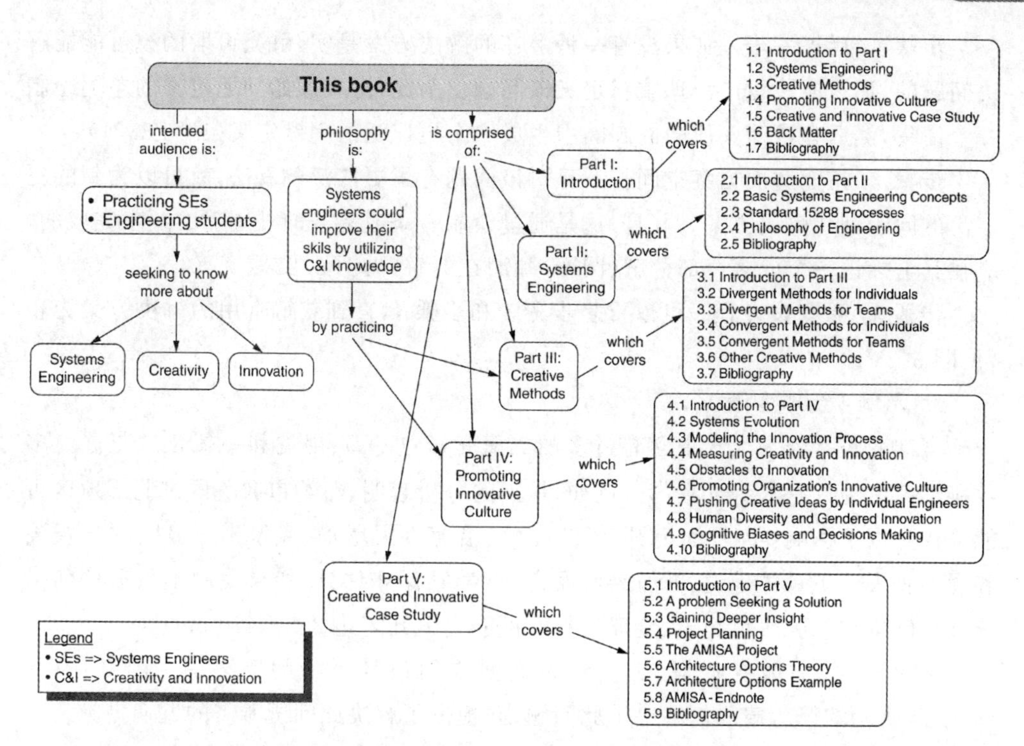


This book—本书；intended audience—目标读者；Practicing SEs—实习系统工程师；Engineering students—工程系学生；seeking to know more about—寻求更多了解；Systems Engineering—系统工程学；Creativity—创造；Innovation—创新；philosophy—哲学；Systems engineers could improve their skils by utilizing C&I knowledge—系统工程师可以利用创造和创新知识来提高技能；by practicing—通过练习；is comprised of—由...构成；Part Ⅰ：Introduction—第1章：简介；which covers—涵盖；1.1 Introduction to Part Ⅰ—1.1 概述；1.2 Systems Engineering—1.2 系统工程；1.3 Creative Methods—1.3 创造性方法；1.4 Promoting Innovative Culture—1.4 促进创新文化；1.5 Creative and Innovative Case Study—1.5 创造和创新案例研究；1.6 Back Matter—1.6 附属资料；1.7 Bibliography—1.7 参考文献；Part Ⅱ—第2章；Systems Engineering—系统工程；2.1 Introduction to Part Ⅱ—2.1 概述；2.2 Basic Systems Engineering Concepts—2.2 系统工程基本概念；2.3 Standard 15288 Processes—2.3 标准15288流程；2.4 Philosophy of Engineering—2.4 工程哲学；2.5 Bibliography—2.5 参考文献；Part Ⅲ—第3章；Creative Methods—创造性方法；3.1 Introduction to Part Ⅲ—3.1 概述；3.2 Divergent Methods for Individuals—3.2 面向个人的发散方法；3.3 Divergent Methods for Teams—3.3 面向团队的发散方法；3.4 Convergent Methods for Individuals—3.4 面向个人的收敛方法；3.5 Convergent Methods for Teams—3.5 面向团队的收敛方法；3.6 Other Creative Methods—3.6 其他创造性方法；3.7 Bibliography—3.7 参考文献；Part Ⅳ—第4章；Promoting Innovative Culture—促进创新文化；4.1 Introduction to Part Ⅳ—4.1 概述；4.2 Systems Evolution—4.2 系统演化；4.3 Modeling the Innovation Process—4.3 创新过程建模；4.4 Measuring Creativity and Innovation—4.4 衡量创造与创新；4.5 Obstacles to Innovation—4.5 创新的障碍；4.6 Promoting Organization's Innovative Culture—4.6 促进组织的文化创新；4.7 Pushing Creative Ideas by Individual Engineers—4.7 推动工程师个人创新；4.8 Human Diversity and Gendered Innovation—4.8 人类多样性与性别化创新；4.9 Cognitive Biases and Decisions Making—4.9 认知偏见与决策制定；4.10 Bibliography—4.10 参考文献；Part Ⅴ—第5章；Creative and Innovative Case Study—创造和创新案例研究；5.1 Introduction to Part Ⅴ—5.1 概述；5.2 A Problem Seeking a Solution—5.2 寻求问题的解决方案；5.3 Gaining Deeper Insight—5.3 深入了解；5.4 Project Planning—5.4 项目计划；5.5 The AMISA Project—5.5 AMISA 项目；5.6 Architecture Options Theory—5.6 架构选项理论；5.7 Architecture Options Example—5.7 架构选项示例；5.8 AMISA-Endnote—5.8 AMISA 文章末注；5.9 Bibliography—5.9 参考文献；Legend—说明；SEs⇒Systems Engineers—SEs⇒系统工程师；C&I⇒Creativity and Innovation—C&I⇒创造性与创新性

**图3.18 描绘了目标读者、理念和本书内容的概念图**

**步骤3：后退一步**。如果没有一种潜在的解决方案是实际的、可取的或可能能解决问题的，那么应该更广泛地重新定义该问题。为此，可在原始问题定义的左侧绘制一个箭头，然后在该箭头所附的圆圈中生成一个更广泛的问题定义(见图3.21)。

**步骤4：拓宽解决方案空间**。一旦对该问题有了更广泛的看法，就可以为新的更广泛的问题创建解决方案。并且，这是通过绘制一条或多条向外辐射的线来完成的，应在其上标识一个或多个部分解(圆圈)和潜在的解(见图3.22)。

**步骤5：重复该过程**。可以重复步骤3和步骤4，直到获得有用的解决方案为止(见图3.23)。

**3. 示例：全球变暖**

全球变暖是因为大气中含有过多的二氧化碳($CO_2$)、甲烷和一氧化二氮。大多数科学家认为这是人为导致的。例如，最近的分析表明，纽约市和美国东北部地区可能会受到以下影响：海平面上升、洋流变化、沿海洪灾增加、风暴潮、侵蚀、财产损失和湿地丧失。更具体地说，就纽约市而言，科学家保守估计，如果我们不采取任何措施减少碳排放，到21世纪末，全球海平面可能会上升多达2.3 ft(70 cm)。

毫无疑问，全球变暖是21世纪人类面临的最棘手的问题之一。图3.19～图3.23所示的概念扇示例解决了此问题，并提供了解决此问题所需的近期措施。①

图3.19 解决全球变暖问题：步骤1

图3.20 解决全球变暖问题：步骤2

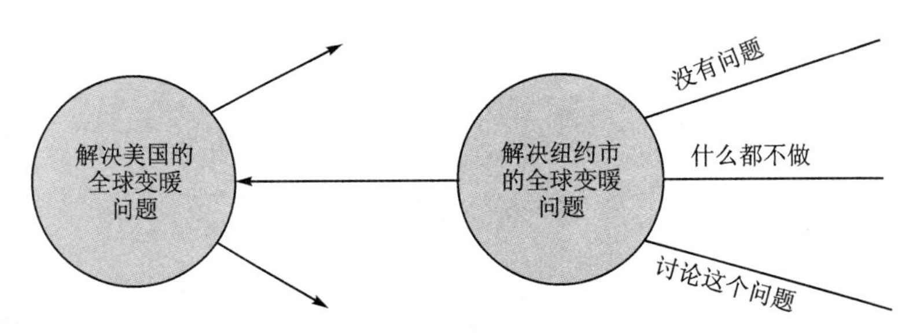


图3.21 解决全球变暖问题：步骤3

① 更多关于全球变暖的信息：Union of Concerned Scientists(科学家联盟)，http://www.climatehotmap.org/global-warming-locations/，访问时间：2017年7月。

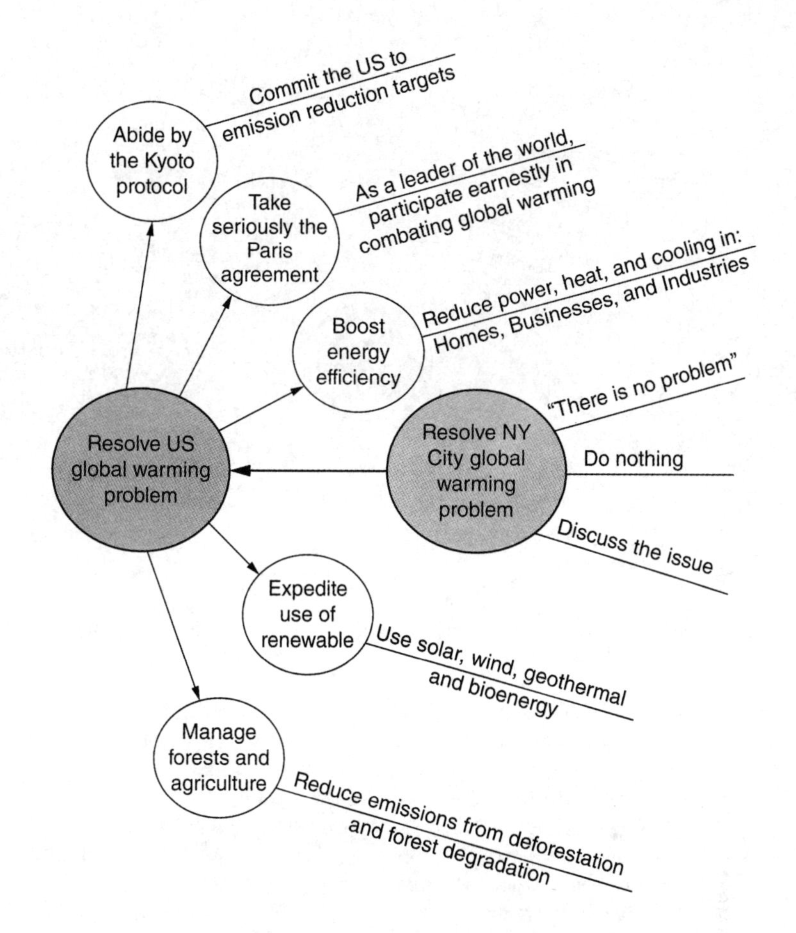


Resolve US global warming problem—解决美国的全球变暖问题；
Abide by the Kyoto protocol—遵守《京都议定书》；
Commit the US to emission reduction targets—美国承诺减排目标；
Take seriously the Paris agreement—认真对待巴黎协议；
As a leader of the world, participate earnestly in combating global warming—作为世界的领导者，认真参与对抗全球变暖；Boost energy efficiency—提高能源效率；
Reduce power, heat, and cooling in: Homes, Businesses, and Industries—减少家庭、企业和工业的电力、供暖和制冷；Resolve NY City global warming problem—解决纽约市的全球变暖问题；
There is no problem—没有问题；Do nothing—什么都不做；Discuss the issue—讨论这个问题；
Expedite use of renewable—加快使用可再生能源；
Use solar, wind, geothermal and bioenergy—利用太阳能、风能、地热和生物能源；
Manage forests and agriculture—管理森林和农业；
Reduce emissions from deforestation and forest degradation—减少因砍伐森林和森林退化而产生的排放

**图 3.22 解决全球变暖问题：步骤 4**

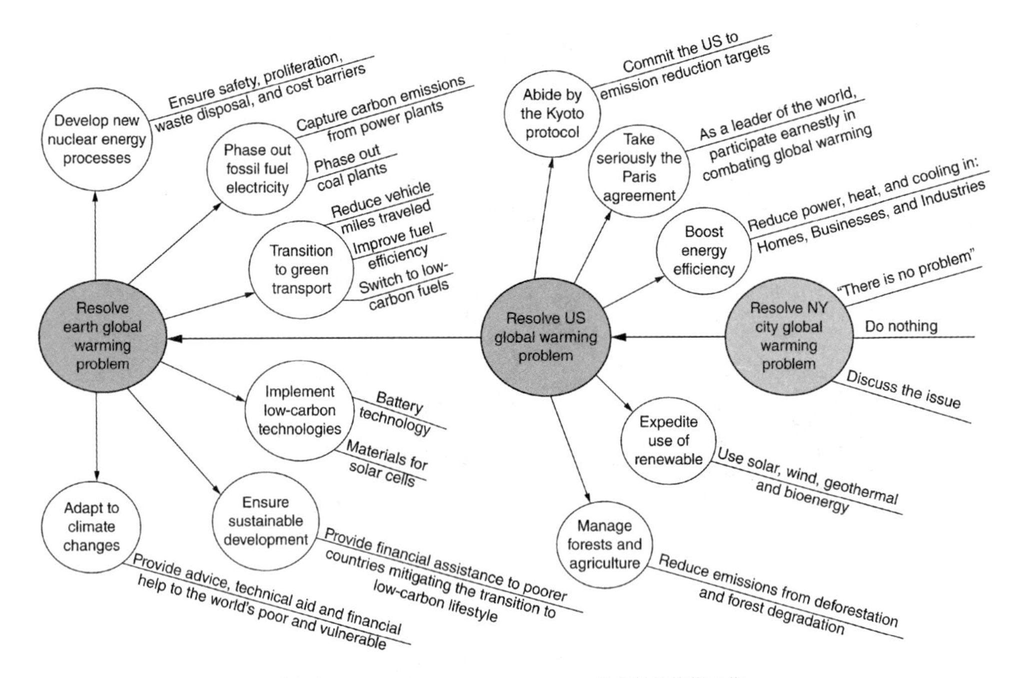


Develop new nuclear energy processes—开发新的核能工艺；
Ensure safety，proliferation，waste disposal，and cost barriers—确保安全、扩散、废物处理和成本障碍；
Resolve earth global warming problem—解决地球全球变暖问题；
Phase out fossil fuel electricity—逐步淘汰化石燃料发电；
Capture carbon emissions from power plants—从发电厂捕获碳排放；
Phase out coal plants—逐步淘汰燃煤电厂；Transition to green transport—向绿色交通转型；
Reduce vehicle miles traveled—减少车辆行驶里程；
Improve fuel efficiency—提高燃油效率；Switch to low-carbon fuels—改用低碳燃料；
Implement low-carbon technologies—实施低碳技术；Battery technology—电池技术；
Materials for solar cells—太阳能电池材料；Ensure sustainable development—确保可持续发展；
Provide financial assistance to poorer countries mitigating the transition to low-carbon lifestyle—向缓慢朝低碳生活方式过渡的较贫穷国家提供财政援助；Adapt to climate changes—适应气候变化；
Provide advice，technical aid and financial help to the world's poor and vulnerable—向世界上的穷人和弱势群体提供建议、技术援助和财务帮助；Resolve US global warming problem—解决美国的全球变暖问题；
Abide by the Kyoto protocol—遵守《京都议定书》；
Commit the US to emission reduction targets—美国承诺减排目标；
Take seriously the Paris agreement—认真对待巴黎协议；
As a leader of the world，participate earnestly in combating global warming—作为世界的领导者，认真参与对抗全球变暖；
Boost energy efficiency—提高能源效率；
Reduce power，heat，and cooling in：Homes，Businesses，and Industries—减少家庭、企业和工业的电力、供暖和制冷；
Resolve NY City global warming problem—解决纽约市的全球变暖问题；
There is no problem—没有问题；Do nothing—什么都不做；Discuss the issue—讨论这个问题；
Expedite use of renewable—加快使用可再生能源；
Use solar，wind，geothermal and bioenergy—利用太阳能、风能、地热和生物能源；
Manage forests and agriculture—管理森林和农业；
Reduce emissions from deforestation and forest degradation—减少因砍伐森林和森林退化而导致的排放

**图 3.23　解决全球变暖问题：步骤 5**

### 3.2.4.3 思维导图

**1. 理论背景**

思维导图是一种在层次和空间结构中直观地组织信息的图。该图中心绘制了一个关键的概念或问题,并以放射状的结构排列了有关此概念或问题的一系列相关主题。思维导图是 Tony Buzan 在 1974 年主持的 BBC 电视剧 *Use Your Head* 中提出的,还有一本同名的书。

思维导图可用于探索和发展解决特定概念或问题的想法。出于多种原因,思维导图通常比线性笔记更有效。①它是一种图形工具,可以整合文本、数字、图像和颜色;②它提供了个人以及元素组之间的联系和自然关联;③可以在不同的粒度级别上创建它们,从而为给定情况提供最佳信息量;④它促进了有关新思想和思想过程的简便交流;⑤思维导图提供了一种非常直观的组织思维方式,因为思维导图模仿了人类大脑的运作方式。

**2. 实施程序**

开发思维导图包含以下步骤:

**步骤 1:定义主要的概念或问题**。使用简短的短语或句子来确定要探索的主要概念或问题。此外,还可以添加图画或图片来表示手头的概念或问题。

**步骤 2:定义主要分支**。创建尽可能多的与主要概念或问题直接相关的主要分支,并将它们置于放射状层次结构中。选择"正确的"主要分支很重要,因为这将有助于在较低层次上进行思考。如果这些主要分支过于笼统或过于具体,则会限制人们的思维和创造力。

**步骤 3:定义子分支**。根据需要创建多个分支。子分支源自主要分支,以便进一步扩展给定的概念。此过程可以继续进行,直到达到所需的粒度级别为止。

思维导图以其最基本的形式,即以图形和分层方式呈现信息,并且可以以任何树形格式绘制。它是一种有益的学习和交流工具,可帮助用户扩大视野并进行创造性思考。

**3. 示例:如何购买二手车?**

图 3.24 是一个典型的思维导图示例,描述了对以下问题的分析:"如何购买二手车?"该示例是使用 XMIND 工具的免费版本(http://www.xmind.net/)生成的。

### 3.2.4.4 延展阅读

- Buzan, 2006
- de Bono, 1993
- Karl et al., 2009
- Novak, 2009
- Novak and Musonda, 1991

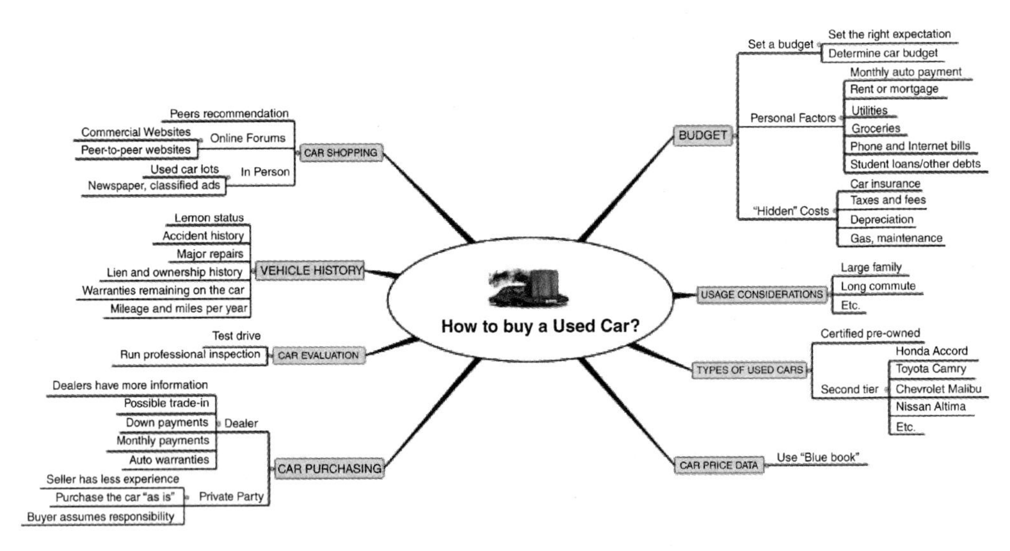


CAR SHOPPING—购车；Peers recommendation—同事推荐；Online Forums—网上论坛；
Commercial Websites—商业网站；Peer-to-peer websites—点对点网站；In Person—当面；
Used car lots—二手车市场；Newspaper，classified ads—报纸分类广告；
VEHICLE HISTORY—汽车的历史；Lemon status—Lemon 状态；
Warranties remaining on the car—汽车剩余的保修期；
Lien and ownership history—留置权和所有权历史；Major repairs—主要维修；
Accident history—事故历史；Mileage and miles per year—每年的里程和英里数；
CAR EVALUATION—汽车评估；Test drive—试驾；Run professional inspection—进行专业检查；
Possible trade-in—可以以旧换新；Auto warranties—汽车保修；Monthly payments—每月付款；
Down payments—首付；Dealer—经销商；Private Party—私人聚会；
Seller has less experience—卖方经验不足；Purchase the car "as is"—按原样购买汽车；
Buyer assumes responsibility—买方承担责任；CAR PURCHASING—购车；BUDGET—预算；
Set a budget—设定预算；Set the right expectation—设定正确的期望；
Determine car budge—确定汽车预算；Personal Factors—个人因素；
Monthly auto payment—每月自动付款；Rent or mortgage—租金或抵押；
Utilities—实用工具；Groceries—杂货；
Phone and Internet bills—电话和互联网账单；Student loans/other debts—学生贷款/其他债务；
"Hidden" Costs—"隐藏"成本；Car insurance—汽车保险；Taxes and fees—税费；
Depreciation—折旧；Gas，maintenance—燃气、维修；USAGE CONSIDERATIONS—使用注意事项；
Large family—大家庭；Long commute—长途通勤；Etc. —等等；
TYPES OF USED CARS—二手车的类型；Certified pre-owned—认证二手；
Second tier—第二层；Honda Accord—本田雅阁；Toyota Camry—丰田凯美瑞；
Chevrolet Malibu—雪佛兰马里布；Nissan Altima—日产天籁；
CAR PRICE DATA—汽车价格数据；Use "Blue book"—使用"蓝皮书"

**图 3.24　思维导图示例：如何购买二手车？**

# 3.3 面向团队的发散方法

本节描述了如图3.25所示的面向团队的不同创造性方法的集合。

图3.25 面向团队的发散方法

## 3.3.1 经典头脑风暴

### 3.3.1.1 理论背景

亚历克斯·奥斯本(Alex Osborn)在其1953年的著作*Applied Imagination*中提出了头脑风暴的思想,这可能是最著名的创意工具。头脑风暴是一种产生创意的方法,广泛用于工程界和其他地方。该方法直观且易于实施,它利用思维的能力通过团队环境中的自由联想来解决问题。与横向思维类似,集思广益的过程鼓励人们贡献出奇怪且不成熟的想法,因此这可能会触发参与者的一连串新鲜想法。因此,头脑风暴的基本原则是避免由于批评或奖励而阻碍想法的生成和避免限制创造力。头脑风暴的目的有两个:①尽可能多地产生解决问题的想法或解决方案;②分析然后组合、消除和完善结果,以提炼出最适合问题的想法或解决方案。

头脑风暴的好处是:它通常以轻松和相对非正式的方式进行。每个团队成员都可以将他/她的丰富经验带入讨论中,从而增加了新兴思想的丰富性和多样性。同样,如果:①他们在塑造问题时发挥了作用;②已经以准民主的方式讨论并提出了这些想法,则工程师更有可能接受问题的解决方案。

但是,头脑风暴不是万能药。它有其自身的局限性。有时,会议可能会被强势的人掌控,他们可能会拒绝别人的建议,而对自己的想法却过于执着。有时人们胆怯,只能提出安全的想法。如果出于政治原因,太多的人选择安全保守,则团队可能陷入困境,屈从于集体思维综合征。而且,有时眼前的问题过于棘手,更容易被一个或多个单独工作的特定个体解决。

### 3.3.1.2 实施程序

典型的头脑风暴可以遵循以下步骤(见图3.26):

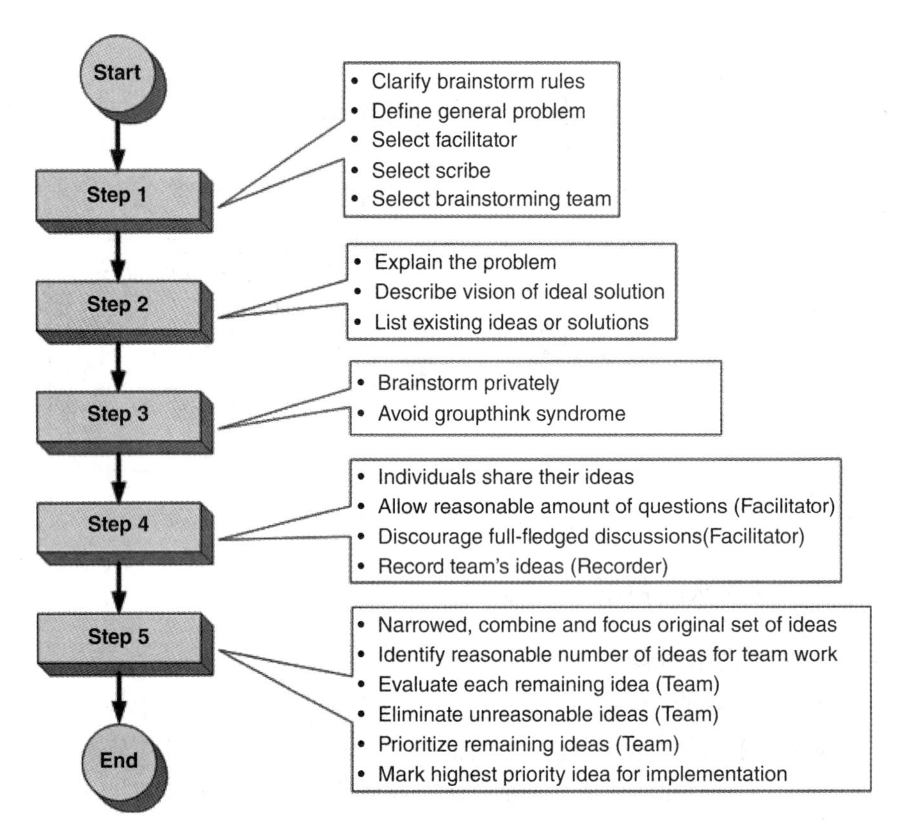


Start—开始；Step 1—步骤 1；Clarify brainstorm rules—阐明集体讨论规则；
Define general problem—定义一般问题；Select facilitator—选择主持人；
Select scribe—选择抄写员；Select brainstorming team—选择集思广益团队；
Step 2—步骤 2；Explain the problem—说明问题；
Describe vision of ideal solution—描述理想解决方案的愿景；
List existing ideas or solutions—列出现有的想法或解决方案；
Step 3—步骤 3；Brainstorm privately—私下头脑风暴；
Avoid groupthink syndrome—避免集体思维综合征；
Step 4—步骤 4；Individuals share their ideas—个人分享他们的想法；
Allow reasonable amount of questions (Facilitator)—允许合理数量的问题(主持人)；
Discourage full-fledged discussions(Facilitator)—阻止全面的讨论(主持人)；
Record team's ideas (Recorder)—记录团队的想法(记录员)；Step 5—步骤 5；
Narrowed, combine and focus original set of ideas—缩小、合并和集中原始想法；
Identify reasonable number of ideas for team work—确定合理的团队合作思路；
Evaluate each remaining idea (Team)—评估其余的想法(团队)；
Eliminate unreasonable ideas (Team)—消除不合理的想法(团队)；
Prioritize remaining ideas (Team)—优先考虑其余的创意(团队)
Mark highest priority idea for implementation—标记实施的最高优先级想法；End—结束

**图 3.26　头脑风暴过程**

**步骤1**：定义一般问题并指定主持人。主持人负责选择抄写员，并领导头脑风暴的过程和执行规则。抄写员的工作是记录在头脑风暴过程中产生的想法。

**步骤2**：发起头脑风暴会议。通常，在此类会议之前先进行初步讨论，然后由主持人解释有关头脑风暴过程的规则，这样，这些会议将最有成效。此外，团队可以分享他们对问题的理解、问题的根本原因、实现变革的障碍、当前情况的特定性以及理想解决方案的愿景。一旦问题被陈述或明确定义，便开始集思广益，首先是对熟悉的旧想法进行盘点或罗列。当团队通过将原有的解决方案进行创造性地调整、拆分或组合成新的解决方案时，头脑风暴通常最有效。

**步骤3**：给团队一些时间以便私下进行头脑风暴。也就是说，将他们关于问题的想法写在一张纸上。这是捕捉自己想法的有效方法。这项技术还有助于避免群体思维综合征，即整个团队在没有探索所有可能性的情况下朝着一个方向前进。

**步骤4**：要求团队中的每个成员与团队中的其他成员分享他或她的想法。如前所述，主持人确保不发表任何批评或愤世嫉俗的评论。但是，应该允许进行合理的提问以更好地理解这些想法。同时，主持人不应该对这些想法进行全面的讨论。通常，一个人(记录员)会在黑板上或与投影仪相连的笔记本电脑上记录团队的想法。

**步骤5**：通过集中并组合所有的想法来缩小团队产生的想法集。该活动还可以在团队工作中研究出的新想法。这可以通过团队讨论每个想法的实用性和可取性来实现。有些想法会被整个团队认为完全不可接受，因此将其消除。其余想法应优先考虑。一种有效的优先级排序方法是基于一种方案，通过该方案，团队中的每个成员都会对每个想法进行评级。一些综合得分最高的想法将被讨论，从而进一步得出关于最佳解决方案的最终决定。

#### 3.3.1.3 示例：计算机内存数据恢复

**1. 示例背景**

在20世纪70年代初期，IBM(International Business Machine)公司利用集成电路(IC)存储器开发了第一台计算机(即IBM－370/3147)。工程团队面临的主要挑战是在主电源中断的情况下保持系统的完整性(即捕获所有易损坏的数据并在恢复电源后正常运行)。

**2. 示例分析**

几次经典的头脑风暴会议在IBM举行，并提出了一些想法，由于技术或经济原因，这些想法最终被否定了。最后，一位工程师惊呼："Eureka，我找到了！"他的解决方案原理如图3.27所示。三相交流电会转换成直流电，并且在发生功率损耗时会被转换为直流电。压降测试仪识别事件并激活恢复软件，该软件将内存转存到(非易失性)磁盘上。在不到1 s的处理时间里，电容器提供所需的电量让磁盘持续旋转一会儿。一旦电源可用，该软件将上传整个内存并自动恢复操作。IBM获得了这项发明的专利，并在其所有未来的大型机上实施了该方案。

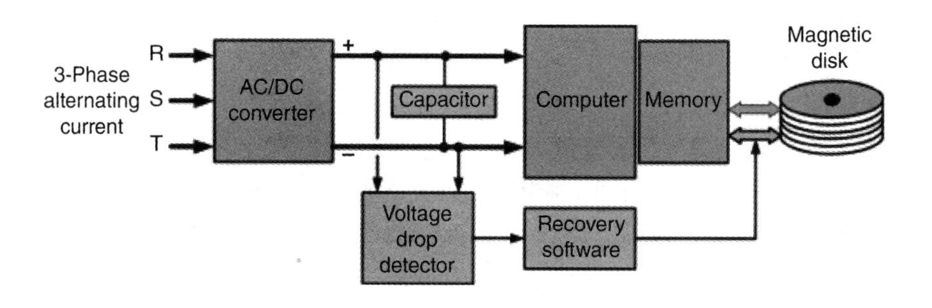


3-Phase alternating current—三相交流电;AC/DC converter—交流/直流 转换器;
Capacitor—电容器;Voltage drop detector—电压降测试仪;Computer—计算机;
Memory—存储器;Recovery software—恢复软件;Magnetic disk—磁盘

**图 3.27 断电情况下的计算机内存恢复**

#### 3.3.1.4 延展阅读

- Gallagher, 2008
- Janis, 1972
- Osborn, 1979

## 3.3.2 六顶思考帽

### 3.3.2.1 理论背景

六顶思考帽(Six Thinking Hats,STH)的概念由爱德华·德·波诺于 1985 年提出。STH 主要用于举办有效的研讨会和小组会议。STH 基于这样的思想,即人类不知不觉地沿着几种独特的动态操作模式来构建自己的思维。在给定时刻意识到自己的操作方式对个人很有帮助。此外,告知小组有关其工作方式的信息,可以大大改善小组间的沟通。

波诺确定了 6 种不同的操作模式,并为每种模式分配了一个隐喻的彩色帽子。戴上彩色帽子,无论是在字面意义上还是在象征意义上,都会向整个小组发送一条消息,说:"我过渡到特定的操作模式。"此方法的另一个好处是:它可以使某些情况下可能不合适的操作模式合法化。例如,在技术会议上,工程师可以自由地谈论事实和数据,但常常不愿表达自己的感受。这在政治上根本不正确,但是,在 STH 的领导下,人们可能会公开地说:"戴着我的红色帽子(情感帽子),我觉得这种方法使我发疯。"

### 3.3.2.2 实施方法

不同的组织按照不同的程序实施了"六顶思考帽",但总的来说,该技术可能在进行有效的会议中发挥了重要作用。戴上任何特定颜色的帽子可以使人们从 6 个不同角度之一讨论问题、想法或解决方案。

**1. 白帽：信息搜寻模式**

在这种思维模式下，人们寻求获得与眼前问题有关的事实、客观信息。典型的白帽子问题是："我们知道什么？""我们需要找出什么？""我们将如何获得所需的信息？""谁负责获取这些数据？"。会议的负责人或主持人应鼓励小组在会议的早期阶段（从字面上或象征意义上）戴上白帽，以便小组进行理性的讨论，将事实与假设、推测和一厢情愿区分开。

**2. 绿帽：创造力模式**

在这种思维模式下，人们专注于创造力、潜在的可能性、替代方案和新想法。绿色帽的典型贡献是开箱即用，具有挑衅的概念、新的观念以及对当前问题的解决方案。

**3. 黄帽：正面逻辑模式**

在这种思维模式下，人们试图在团队中建立和谐与乐观的氛围。典型的黄帽子评论将在逻辑上说明所提出的想法或问题的解决方案的价值、有用性和好处。黄帽思维补充了黑帽思维，强调了思想的积极方面，提出了解决问题的方案。

**4. 黑帽：负面逻辑模式**

在这种思维模式下，人们在小组中承担起了恶魔拥护者的角色，确定了谨慎和保守的理由。典型的黑帽理论将在逻辑上解释为什么某个想法或问题的解决方案可能行不通的原因。黑帽的作用是提醒团队注意潜在的问题和特定方法中隐藏的困难、弱点和潜在风险。黑帽思维补充了黄帽思维，强调了思想的弊端，提出了解决问题的方案。

**5. 红帽：情感模式**

在这种思维模式下，鼓励人们表达情感而不必以逻辑方式证明其合理性。典型的红帽言论可能只是预感、本能的反应或直觉，并且可能表达出希望、恐惧、爱、恨等情感。尽管情绪在会议中扮演着重要的角色，但工程师们发现他们经常很难以富有成效的方式表达情绪。因此，技术会议的领导者或推动者应鼓励小组成员时常戴上红色帽子。

**6. 蓝帽：管理和控制模式**

在这种思维模式下，人们专注于计划、管理和控制团队的思维过程。蓝帽子的典型贡献是放眼全局。这就为小组提供一种控制机制，以确保会议能够很好地进行，并且参与者知道并坚持其议程和目标。

### 3.3.2.3 示例：典型的六顶思考帽

**1. 白帽：信息搜寻模式**

- "事实是什么？"
- "涉及多少人？"

**2. 绿帽：创造力模式**

- "我们可以修理桥，而不是建造新桥。"

- “我们可以使用其他推进剂为火箭提供动力吗?”

**3. 黄帽：正面逻辑模式**

- “该团队可以解决眼前的问题。”
- “基于电化学电池的解决方案是可行的且具有成本效益的。”

**4. 黑帽：负面逻辑模式**

- “建议的解决方案将不被管理层所接受。”
- “我担心此解决方案对环境有影响。”

**5. 红帽：情感模式**

- “我最喜欢第三种方法。”
- “我很沮丧,因为小组一再无视我的建议。”

**6. 蓝帽：管理和控制模式**

- “我们今天必须涵盖 3 个主题。”
- “请再发表一轮评论。午餐在 30 min 内送达。”

#### 3.3.2.4 延展阅读

| • de Bono，1999 | • de Bono，2017 |
|---|---|

### 3.3.3 SWOT 分析

#### 3.3.3.1 理论背景

SWOT(Strength，Weakness，Opportunity and Threat,优势、劣势、机会和威胁)分析的起源有点晦涩难懂,但它的创建通常归功于 20 世纪 60 年代后期的阿尔伯特·汉弗莱(Albert Humphrey)。SWOT 分析是用于评估指定目标、系统、项目或企业价值的定性和定量战略方法。定性 SWOT 通常以 2×2 矩阵图形表示。$y$ 轴表示内部和外部因素,$x$ 轴表示影响达成预期目标的可能性的有益因素和有害因素。内部因素包括组织的优势和劣势,外部因素包括组织外部环境所带来的机遇和威胁(例如竞争地位的变化以及经济、技术、法规等的变化)。定性 SWOT 矩阵中的 4 个单元格代表以下观点(见图 3.28)。

| | 有益于实现目标 | 不利于实现目标 |
|---|---|---|
| 内部因素(组织) | 优势 | 劣势 |
| 外部因素(环境) | 机会 | 威胁 |

**图 3.28　SWOT 2×2 矩阵**

**优势**。计划目标的特征,在组织内部使其比其他目标更具优势。

**劣势**。计划目标的特征,在组织内部使其比其他目标更具劣势。

**机会**。组织外部的计划目标可以发挥其优势的要素。

**威胁**。组织外部的因素可能会阻碍计划目标的成功。

但是,传统的SWOT分析基于定性方法。本书提出了几种定量的SWOT方法,其中包括增加定性SWOT分析的各种计算策略。例如,可以为4个SWOT透视图的每个透视图创建加权分数矩阵(Weighted Score Matrix,WSM)。每个WSM可以从4个视角中的每个视角为每个组件定义以下加权方案。

**权重**。表示给定因素的相对重要性。将权重0.00~1.00的范围分配给各个因子,其中0表示无关紧要的因子,而1表示非常重要的因子。为简单起见,每个单个WSM的总权重应为1.00。

**等级**。捕获达到预期目标的可能性。例如,一个人可以使用从1~3的等级评分(即次要=1,中级=2,主要=3)。

**加权分数**。通过将每个因素的权重乘以其等级进行计算。

**总加权分数**。通过将给定视角内每个因素的加权得分相加来计算。

最后,对于每对WSM,可以计算:

**内部因素比例**。计算方法为优势加权总分除以劣势加权总分。

**外部因素的比例**。计算方法为机会加权总分除以劣势加权总分。

对于内部或外部情况,比率越高则表示达到预期的可能性越大。定量SWOT分析很重要,因为它可以表明一群人是否认为目标可行。如果目标不可行,则可以尝试提高组织的优势与劣势比率。也就是说,增强组织的实力或减少组织的劣势或两者兼而有之。在没有这些补救措施的情况下,人们应该改变目的的性质,或者放弃实现目的的追求。

#### 3.3.3.2 实施程序

以下是进行定性和定量SWOT分析的程序(见图3.29)。

**步骤1:设定目标**。制定组织要实现的特定目标。

**步骤2:进行内部评估**。对组织进行内部评估,包括确定组织内所有有助于发挥组织的优势和规避劣势的因素。

**步骤3:进行外部评估**。对可能影响组织的要素进行外部评估,包括识别组织外部对组织造成机会和构成威胁的所有因素。

**步骤4:创造定性演示**。简明扼要地以2×2 SWOT矩阵图形表示。

通过执行以下步骤来扩展处理定量SWOT分析的程序:

**步骤5:产生加权分数矩阵**。为4个SWOT透视图中的每一个SWOT创建WSM。

**步骤6:估算权重和等级**。对于每个WSM中的每个因素,估计因素的权重值和等级值。

**步骤7:计算加权分数**。对于每个WSM中的每个因子,通过将每个因子的权重乘以其等级来计算加权分数。

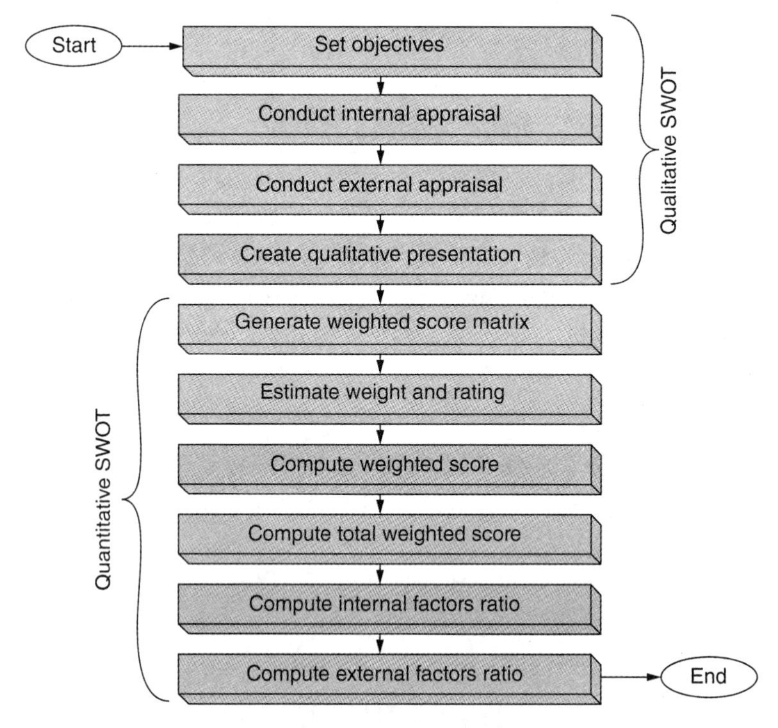


Start—开始；Set objectives—设定目标；
Conduct internal appraisal—进行内部评估；Conduct external appraisal—进行外部评估；
Create qualitative presentation—创建定性演示文稿；Qualitative SWOT—定性的 SWOT；
Quantitative SWOT—定量 SWOT；Generate weighted score matrix—生成加权分数矩阵；
Estimate weight and rating—估计权重和等级；Compute weighted score—计算加权分数；
Compute total weighted score—计算总加权分数；Compute internal factors ratio—计算内部因素比率；
Compute external factors ratio—计算外部因素比率；End—结束

**图 3.29　SWOT 定性和定量实施程序**

**步骤 8：计算总加权分数**。对于每个 WSM，通过对加权分数求和来计算总加权分数。

**步骤 9：计算内部因素比率**。对于每对 WSM，通过将优势总加权得分除以劣势总加权得分来计算内部因子比率（Internal Factors Ratio，IFR）。

**步骤 10：计算外部因素比率**。对于每个 WSM，通过将机会总加权分数除以威胁总加权分数来计算外部因素比率（External Factors Ratio，EFR）。

### 3.3.3.3　示例：申请研究经费

#### 1. 示例背景

此示例的目的是成功申请欧盟委员会（European Commission，EC）的研究资金，其中涉及为期 3 年的通用方法和工具的开发，旨在将定制产品的制造期缩短 50%，提前完成。该目标是由一所大型的、信誉卓著的大学的工程学院的成员构思的，在过去的几年中进行了两个由EC资助的大型研究项目。

**2. 示例分析**

**SWOT定性矩阵**。表3.1给出了SWOT定性矩阵的一个示例。

**表3.1 SWOT定性矩阵示例**

| | 有益于实现目标 | 不利于实现目标 |
| --- | --- | --- |
| 内部因素 | 优势：<br>● 熟悉研究主题；<br>● 优秀的国际合作伙伴；<br>● 提供学术和工业设施；<br>● 研究人员和学生的人数；<br>● 具有管理研究项目的经验 | 劣势：<br>● 国际项目中的有限合作；<br>● 联盟设置内的有限控制；<br>● 不兼容的合作伙伴的内部目标；<br>● 缺乏知识产权管理；<br>● 高级别的行政机构；<br>● 有限的行政支持 |
| 外部因素 | 机会：<br>● EC资金对合作伙伴在财务上很重要；<br>● 研究将减少制造周期；<br>● 研究将拓宽大学的专业知识；<br>● 大学研究人员可以发布结果 | 威胁：<br>● EC极端竞争限制了赢得项目的可能性；<br>● 潜在的财务问题可能会影响少量伙伴；<br>● 通货膨胀可能会减少项目的净资金；<br>● EC的资助政策变更可能危及项目；<br>● 外币的使用阻碍了资金的筹措 |

**SWOT定量矩阵**。表3.2～表3.5给出了4个SWOT加权得分矩阵。

**表3.2 SWOT加权得分矩阵：优势**

| 优势因素 | 权　重 | 等　级 | 加权分数 |
| --- | --- | --- | --- |
| 熟悉研究主题 | 0.30 | 3 | 0.90 |
| 优秀的国际合作伙伴 | 0.20 | 2 | 0.40 |
| 学术和工业设施的可用性 | 0.20 | 2 | 0.40 |
| 研究人员和学生人数 | 0.10 | 1 | 0.10 |
| 有管理研究项目的经验 | 0.20 | 3 | 0.60 |
| 总　计 | 1.00 | | 2.40 |

**表3.3 SWOT加权得分矩阵：劣势**

| 劣势因素 | 权　重 | 等　级 | 加权分数 |
| --- | --- | --- | --- |
| 国际项目中的有限合作 | 0.30 | 2 | 0.60 |
| 联盟设置中的有限控制 | 0.30 | 2 | 0.60 |
| 不兼容的合作伙伴的内部目标 | 0.20 | 3 | 0.60 |
| 知识产权管理经验不足 | 0.10 | 1 | 0.10 |
| 行政官僚化程度高 | 0.05 | 1 | 0.05 |
| 有限的行政支持 | 0.05 | 1 | 0.05 |
| 总　计 | 1.00 | | 2.00 |

表 3.4　SWOT 加权得分矩阵：机会

| 机会因素 | 权　重 | 等　级 | 加权分数 |
|---|---|---|---|
| 在财务上，EC 资金对合作伙伴很重要 | 0.30 | 3 | 0.90 |
| 研究将减少制造周期 | 0.40 | 3 | 1.20 |
| 研究将拓宽大学的知识面 | 0.20 | 2 | 0.40 |
| 大学研究人员可以发布 | 0.10 | 1 | 0.10 |
| 总　计 | 1.00 | | 2.60 |

表 3.5　SWOT 加权得分矩阵：威胁

| 威胁因素 | 权　重 | 等　级 | 加权分数 |
|---|---|---|---|
| EC 极端竞争限制了获奖项目的可能性 | 0.70 | 3 | 2.10 |
| 潜在的财务问题可能会影响少量合作伙伴 | 0.10 | 3 | 0.30 |
| 通货膨胀可能会减少项目的净资金 | 0.05 | 2 | 0.10 |
| EC 的资金政策变更可能危及项目 | 0.10 | 3 | 0.30 |
| 外币的使用阻碍了资金的筹措 | 0.05 | 2 | 0.10 |
| 总　计 | 1.00 | | 2.90 |

**内部和外部因素比率**。最大总加权得分为 3.00，最小总加权得分为 1.00。因此，最大因子比率为 3/1=3.00，最小因子比率为 1/3=0.33，因此盈亏平衡因子比率为 1.50。计算本示例的内部因素比率和外部因素比率，如下：

$$\text{内部因素比率(IFR)}=\frac{2.40}{1.95}=1.23$$

$$\text{外部因素比率(EFR)}=\frac{2.60}{2.90}=0.90$$

我们可以得出这样的结论：从组织内部的角度，甚至从外部的角度来看，实现预期目标的可能性很低。

#### 3.3.3.4　延展阅读

- Bensoussan and Fleisher，2015
- Fine，2009

### 3.3.4　SCAMPER 分析

#### 3.3.4.1　理论背景

SCAMPER 是一种创新技术，可以激发思想并有助于产生新的想法。最初的想法是 1953 年由亚历克斯·奥斯本（Alex Osborne）提出的，他确定了操作主题的 9 种方法。然后在 1971 年，鲍勃·埃勒尔（Bob Elerle）将这些原则重新排列为

SCAMPER 的缩写，代表以下 7 个动词：替换、组合、适应、修改、再利用、消除和反向(Substitute，Combine，Adapt，Modify，Put，Eliminate and Reverse)。通过使用以上 7 个条目中的每一个条目来询问有关主题的问题从而实现 SCAMPER 分析。提出针对 SCAMPER 的问题有助于提出一些创意，如下：

**替换**。为解决问题而提出与现有问题、系统或过程中的零件替换的有关问题，有人会问："我们可以使用________替换________吗？"

**组合**。为解决一个问题而在一个现存的问题、系统或过程中提出与两个或多个元素相结合的问题。有人可能会问：我们能否组合________并实现________？"

**适应或调整**。为解决问题而提出与现有问题、系统或过程中调整或调整要素有关的问题。有人可能会问："我们能以某种方式适应或调整________以达到________吗？"

**修改或放大**。为解决问题而提出的与修改或放大现有问题、系统或过程中的元素有关的问题。有人可能会问："我们能以某种方式修改(放大)________以达到________吗？"

**再利用**。为解决问题而提出的与现有问题、系统或过程中使用不同元素有关的问题。有人可能会问："我们是否可以通过________这样重复使用________？"

**消除**。为解决相关的问题而提出和消除现有问题、系统或过程中的组件。有人可能会问："我们可以通过做________来消除________吗？"

**反向或重新排列**。为解决问题而提出与从现有问题、产品或系统中反转或重新排列元素有关的问题。有人可能会问："我们能像这样________重新排列________，以便________吗？"

### 3.3.4.2 实施流程

SCAMPER 分析可以使用以下流程实现：

**步骤 1：找出问题所在**。在小组会议上确定手头的问题、产品或过程。

**步骤 2：生成 SCAMPER 问卷**。生成 SCAMPER 问卷(见表 3.6)，最好是小组的每个成员都将问卷归档，然后整合数据，并创建一份填写完整的、全小组范围的 SCAMPER 问卷。

**表 3.6 SCAMPER 问卷**

| 助记符号 | 问 题 | 助记符号 | 问 题 |
| --- | --- | --- | --- |
| 替代 | | 再利用 | |
| 组合 | | 消除 | |
| 适应或调整 | | 反向或重新排列 | |
| 修改或放大 | | | |

**步骤 3：产生创造性的答案**。进行一次头脑风暴会议，并尝试根据 SCAMPER

组织范围内的问卷调查产生创造性的答案。

#### 3.3.4.3 示例：按时交付高品质软件

**1. 示例背景**

一家大型工业公司中的实时软件部门始终在创建包含错误数量不可接受的软件产品。此外，软件交付经常滞后于计划。这种情况的结果是：软件密集型产品错过了交付日期。所以，该公司的声誉受损。管理层召集了 SCAMPER 分析会议来处理此问题。

**2. 示例分析**

**SCAMPER 问卷**。表 3.7 提供了与上述情况相关的、已填充的 SCAMPER 问卷示例。

表 3.7 SCAMPER 问题示例

| 助记符号 | 问　题 |
| --- | --- |
| 替代 | ● 我们可以用能力更强的经理替换软件部门主管吗？<br>● 我们可以替换一些软件工程师吗？<br>● 我们可以更改某些软件部门的操作程序吗 |
| 合并 | ● 我们是否可以将不同公司部门之间的负载合并，将一些软件开发负载转移到另一个软件组 |
| 适应或调整 | ● 我们能否对软件部门周围的基础架构进行调整（例如与其他部门的交互、管理、内部准则和程序、物理结构等） |
| 修改或放大 | ● 我们可以扩大软件部门的规模吗？<br>● 我们可以增加质量保证部门的规模吗？<br>● 我们是否可以通过对员工进行物质奖励来鼓励按时提交高质量的软件产品 |
| 再利用 | ● 我们是否可以再培训部门的软件工程师，让他们按照更高级的软件标准来开发软件 |
| 消除 | ● 我们是否可以找出并开除导致故障和软件交付延迟的软件工程师 |
| 反向或重新排列 | ● 我们可以重新安排软件部门与其他相关部门之间的现有接口和流程吗？<br>● 我们可以在软件部门内部进行重大人员调动吗 |

**SCAMPER 决定**。做出以下决定，试图确保软件产品将包含可接受数量的故障并及时可用：

① 根据更高级的软件标准开发软件，对部门的软件工程师进行再培训。

② 找出并开除导致故障和软件交付延迟的软件工程师。

③ 将一些软件开发负担转移到另一个软件组，将跨不同公司部门的负担合并在一起。

④ 调整软件部门周围的基础架构，尤其是修改软件开发的内部准则，并改善软

件部门内的计算基础架构。

#### 3.3.4.4 延展阅读

- Brostow,2015
- Eberle, 2008
- Michalko,2006

### 3.3.5 焦点小组

#### 3.3.5.1 理论背景

焦点小组是一种创意生成技术,在被培训过的领导者的指导下,利益相关者小组讨论他们对指定主题或问题的观点。第二次世界大战后,社会学家罗伯特·默顿(Robert Merton)在1956年出版的*The Focused Interview*一书中引入了焦点小组的概念。焦点小组的目的是:①激发新想法;②收集关于参与者对手头某个具体问题的感受和倾向的定性数据。在积极、共享的团体气氛中,通过与其他人的互动,使这种态度得到发展。总的来说,当一个人想探索一个在书面文件或调查中不容易回答的问题时,应该考虑到焦点小组。

这个过程始于选择主持焦点小组的主持人以及焦点小组参与者。主持人应具有处理此类任务的心理技能和小组控制能力。应根据对主题的熟悉程度以及类似的人口统计和心理特征来招募参与者。他们应该足够成熟,能够听别人说话,可以自由表达自己的观点并且可以互相学习。

在本书范围内,焦点小组过程是定性工程小组研究。其解决了需要深入了解的问题,而这些问题基本上是无法通过定量方法解决的。总的来说,焦点小组是一个灵活的过程,它以相对较低的成本提供一个快速的结果,同时获得的信息是用参与者自己的语言表达的。此外,焦点小组通常会产生创造力和意想不到的想法。

另一方面,组建有效的焦点小组并领导顺利的流程可能是一个挑战。此外,促进者的技能对于焦点小组的动态性以及最终对所获得信息的效用至关重要。另外,对获得的数据进行分析并不容易,需要经验丰富的分析师。焦点小组的其他缺点是:必须认真使用此类数据使其产生有意义的结论,以避免超出焦点小组本身的极限。针对焦点小组方法的其他批评是:该过程缺乏匿名性,这意味着参与者无法保持其保密性。因此,参与者可能会采取群体思维的态度,因为小组的目的是取悦被授权者,而不是提出自己的意见。

最后,应通过正式报告将焦点小组的讨论结果传达给管理层(或客户),详细说明过程和获得的结果。

#### 3.3.5.2 实施程序

焦点小组可以通过以下步骤实现:

**步骤1:在小组会议之前进行的活动**。首先确定需要讨论的主题,并找到合适的主持人或领导来主持焦点小组；然后邀请合适的人作为过程的参与者，同时，准备一个或多个问题，在焦点小组会议上讨论。

**步骤 2：在小组会议期间进行的活动**。首先通过回顾小组的目的和目标开始小组讨论；然后解释会议应如何进行，以及参会者应如何作出贡献；接着一次回答一个问题，确保每个参与者都能提供自己的观点，并且小组中的任何人都有机会表达自己的观点，此外，还要确保这些对话被记录下来，以便日后分析；最后，告知小组下一步的计划以及他们对焦点小组的责任。

**步骤 3：在小组会议后进行的活动**。首先检查焦点会议的记录或书面摘要，寻找模式、新想法或应提交小组进一步讨论的其他问题；然后生成一份总结报告并提交给焦点会议以供最终审批；最后，将报告交给管理层（或客户）以采取具体行动。

### 3.3.5.3 示例：销售部门焦点小组

**1. 示例背景**

销售部门在一个大的市场营销问题上总是不能预测未来的销售目标。此外，还制定了无效的广告策略，针对竞争对手提出了错误的定价策略，并经常受到客户的批评。

**2. 示例分析**

市场营销副总裁被选中，让其领导一个焦点小组来调查这些问题。他选择了一个 8 人小组来进行实际的焦点小组活动。该小组包括 2 名营销代表、1 名财务代表、1 名销售代表、1 名运营代表和 1 名公司技术部门代表。此外，在焦点小组中增加了两名代表客户的外部顾问。

最初，焦点小组成员采访了公司内外的销售部门人员及其同事；然后，经过几次小组审议，一致认为最初确定的问题确实存在。此外，双方一致认为，销售部门的士气和人际关系扰乱了日常运营。

焦点小组建议对整个销售部门进行整顿和改革。销售部的负责人和部门的几名成员被调到其他部门。该部其余成员接受了广泛的专业再培训，并参加了几次团队凝聚力训练。结果，原来的问题大大减少或完全消失。

### 3.3.5.4 延展阅读

- Merton，1990

## 3.4 面向个人的收敛方法

本节描述了一系列针对个人的收敛创新方法，如图 3.30 所示。

|  |  | **3.4 面向个人的收敛方法**<br>• PMI分析<br>• 形态分析<br>• 决策树分析<br>• 价值分析/价值工程<br>• 帕累托分析 |
|---|---|---|

图 3.30　面向个人的收敛方法

## 3.4.1　PMI 分析

### 3.4.1.1　理论背景

传统决策过程中的一个常见问题是：人们将注意力集中在如何维护自己的原始观点上。缓解这种趋势的一种方法是使用添加-删减-兴趣点(Plus-Minus-Interesting,PMI)分析技术。PMI 是 Edward de Bono 在 20 世纪 90 年代早期提出的一种决策工具。相对于传统的两栏式利弊分析法,PMI 分析增加了另一列“兴趣点”,为其他两列中不容易容纳的相关信息提供了空间。从本质上讲,项目管理信息是一种机制,通过尽可能多地考虑特定问题的各个方面,用最少的先入为主的观念或偏见,对特定主题进行决策和产生想法。

在 PMI 分析下,首先确定要做出的决策。下一步,在“加”的标签下,列出做出决定可能产生的所有积极后果,包括预期的收益、效果或结果。接下来,在“减号”的标签下,列出做出决定可能产生的所有消极后果,包括预期的问题、不利的效果或结果。然后,在“有趣”的标签下,列出相关的主题或有趣的点,以及不适合放在加号或减号栏下的好奇心或不确定性等。这些有趣的话题可能会引发人们去研究从最初的加号和减号栏中衍生出来的其他想法。同时,我们可以考虑如何增加加号栏中项目的影响,反之亦然。

到目前为止,我们已经讨论了处理“通过/不通过”类型的决策(例如,“我们应该把生产线移到密歇根还是原地不动?”)。然而,有时决策涉及从几个备选方案中进行选择(例如,“我们应该把生产线移到密歇根州还是加利福尼亚州,还是原地不动?”)。在这种情况下,可以通过将传统 PMI 表划分为几个部分加以扩展,每个部分处理不同的“替代”(创建 APMI 表)。然后,对于每个部分,我们可以开发出一组独特的 PMI 参数。

传统 PMI 分析的另一个扩展是通过给每个参数赋值(正或负)来实现。创建这些分数的方法之一是使用 Likert 量表,这是一种广泛使用的量化各种调查结果的方法。这种方法在团队投票中可以确保每个单独的声音都会影响最终的分数值。人们可以使用扩展的 Likert 量表(见图 3.31)将正值分配给加号列中的项目,将负值分配给负号列中的项目。同样,可以为感兴趣的列中的项指定正值或负值(或无)。最后,把所有栏目的分数相加。总分为正意味着应该做出积极的决定,而总分为负则意味着应该做出消极的决定。

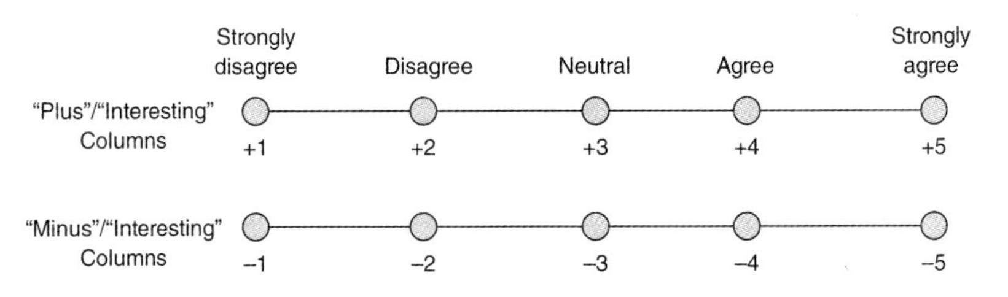


Strongly disagree—强烈不同意;Disagree—不同意;Neutral—中立;Agree—同意;
Strongly agree—强烈同意;"Plus"/"Interesting" Columns—"加号"/"有趣"栏;
"Minus"/"Interesting" Columns—"减号"/"有趣"栏

**图 3.31　扩展 Likert 量表**

#### 3.4.1.2　实施程序

实施传统 PMI 分析的程序包括以下步骤(见图 3.32)。

**步骤 1:确定主题**。确定需要决策的主题或问题。

**步骤 2:找出积极的因素**。确定与当前问题相关的所有积极因素。

**步骤 3:找出消极的因素**。确定与当前问题相关的所有消极因素。

**步骤 4:找出有趣的因素**。确定所有有趣的观点以及与当前问题相关的好奇心或不确定性。

**步骤 5:做出决策**。根据前面的步骤,确定是否要做出决策。

扩展程序,实现一个量化的、扩大的 APMI 分析包括以下步骤:

**步骤 6:添加替代部分**。通过添加一个或多个"替代"部分来扩展传统的 PMI 表,然后针对每一个决策备选方案,制定一套独特的 PMI 论据集。

**步骤 7:分配分数**。对于每个决策选择,为列中的每个正负相关参数分配一个分数(正或负)。

**步骤 8:合计分数**。对于每个决策备选方案,合计 PMI 分数。

**步骤 9:做出决定**。选择与最高总分相关联的决策备选方案。

#### 3.4.1.3　示例:无人驾驶汽车

**1. 示例背景**

一家成熟的公司,参与无人机(Unmanned Air Vehicles,UAV)的开发和制造多年。管理层希望通过开发和制造无人地面车辆(见图 3.33)或自主水下航行器(见图 3.34)来扩大这一业务领域。

**2. 示例分析**

表 3.8 和表 3.9 描述了此示例的 APMI 表。

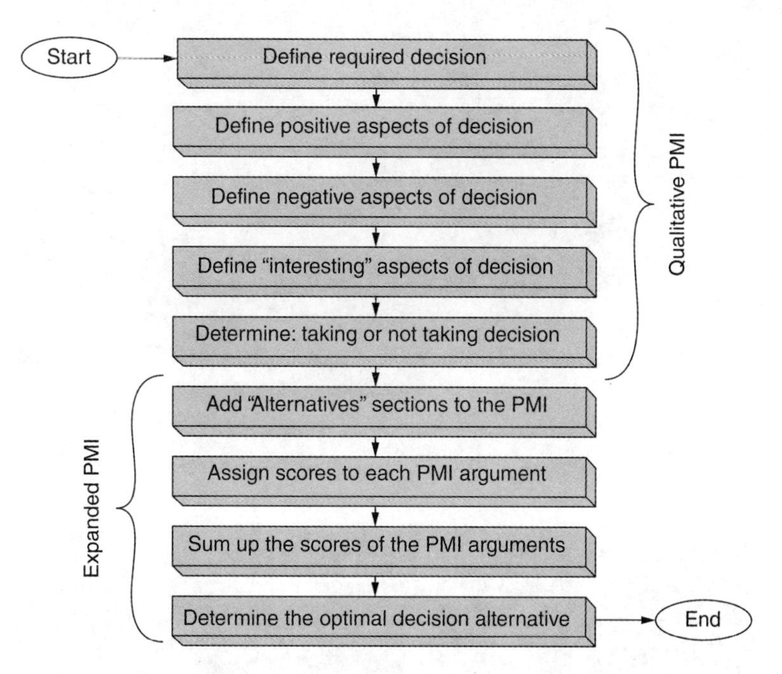


Start—开始;Define required decision—定义所需的决策;
Define positive aspects of decision—定义决策的积极因素;
Define negative aspects of decision—定义决策的消极因素;
Qualitative PMI—定性 PMI;Expanded PMI—扩展的 PMI;
Define "interesting" aspects of decision—定义决策的"有趣"因素;
Determine:taking or not taking decision—确定:做出或不做出决策;
Add "Alternatives" sections to the PMI—将"替代"部分添加到 PMI;
Assign scores to each PMI argument—给每个 PMI 参数分配分数;
Sum up the scores of the PMI arguments—总结 PMI 参数的分数;
Determine the optimal decision alternative—确定最佳决策选择;End—结束

**图 3.32 PMI 分析方法实施过程**

**表 3.8 用于扩展 UGV 业务的 APMI**

| 加 | 减 | 兴趣点 |
|---|---|---|
| 该公司具有一定的 UGV 经验(+4);<br>UGV 系统的商业前景相对较好(+3);<br>进行现场测试的物理条件非常好(+5) | 导航精度要求存在实质性问题(-5);<br>在某些地形条件下,UGV 可能会失去通信(-4);<br>许多操作问题必须解决(-4);<br>UGV 市场的国际竞争非常激烈(-4) | 该公司可以结合几个独立的全球定位系统(例如 GPS、GLONASS、Galileo、北斗)来精确的导航(+5);<br>该公司可以对以廉价成本开发但以正常成本安装在商用车辆中的 UGV 套件进行技术和商业前景评估(+3) |
| 总分=+3 | | |

图 3.33 无人地面车辆(UGV)

图 3.34 自主水下航行器(AUV)

表 3.9 用于扩展 AUV 业务的 APMI

| 加 | 减 | 兴趣点 |
|---|---|---|
| AUV 是公司潜在的新兴业务领域(+4);<br>进行现场测试的物理条件相当好(+2) | 该公司没有 AUV 经验(−4);<br>AUV 可以独立运行,这将妨碍其实时控制和恢复前景(−4);<br>通常,AUV 需要使用电缆来维持控制、实时通信和恢复操作(−4) | AUV 系统的商业前景需要进一步研究(−2) |
| 总分=−8 | | |

从两个 APMI 表中可以看出,扩展 UGV 业务的总体得分为+3,而扩展 AUV (Autonomous Underwater Vehicle,AUV)业务的总体得分为−8。显然,扩大无人地面车辆(UGV)的业务更有希望。

#### 3.4.1.4 延展阅读

- Proctor, 2013

### 3.4.2 形态分析

#### 3.4.2.1 理论背景

形态分析是 Fritz Zwicky 在20世纪60年代开发的[①]。该方法可用于在多属性(通常不可量化)的问题空间中合成替代的整体系统解决方案。分析涉及创建二维矩阵,其中在矩阵的第一行中列出了相关属性,在每个属性下列出了相关参数。例如,分析可能涉及将系统功能放置在矩阵的最上一行,并在每个系统功能的下方放置一组设计解决方案(见图3.35)。接下来,可以确定最佳和期望的系统解决方案。

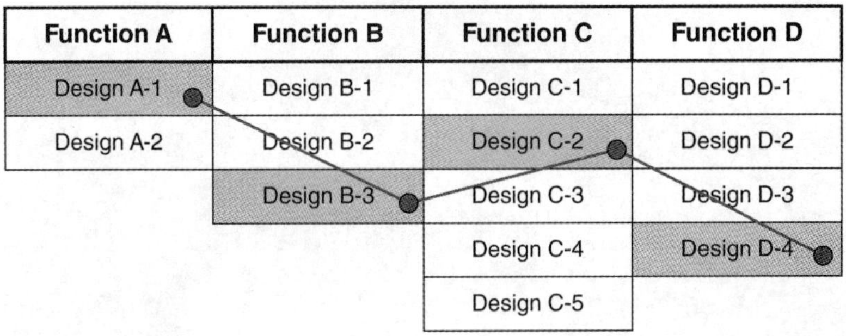

| Function A | Function B | Function C | Function D |
| --- | --- | --- | --- |
| Design A-1 | Design B-1 | Design C-1 | Design D-1 |
| Design A-2 | Design B-2 | Design C-2 | Design D-2 |
| | Design B-3 | Design C-3 | Design D-3 |
| | | Design C-4 | Design D-4 |
| | | Design C-5 | |

Function—功能;Design—设计

**图3.35 典型形态图**

可以看出,理论系统的排列有很多种(即在此示例中,总共有 2×3×5×4=120 个系统解)。但是,也会有许多系统解决方案是不切实际的。但是,尽管如此,形态分析仍不失为一种创新技术,它不仅能解决问题,而且能为系统和服务找到创新的想法。

#### 3.4.2.2 实施程序

为创建形态分析,应使用以下步骤:

**步骤1:确定系统**。识别要分析的系统或过程。

**步骤2:定义属性**。定义影响被考虑系统的所有关键属性。

**步骤3:创建矩阵**。创建一个二维矩阵并将属性放在矩阵的第一行。

**步骤4:定义参数**。在矩阵中的每个属性下放置一组相关参数。

**步骤5:确定可能的解决方案**。评估形态空间的所有实际解决方案。

**步骤6:最终确定解决方案**。选择最佳和理想的解决方案。

① 形态分析是对 Robert Platt Crawford 在20世纪30年代早期开创的属性列表技术的阐述。

### 3.4.2.3 示例：T-38 Talon飞机航空电子设备升级

**1. 示例背景**

T-38 Talon战机(最初是诺斯罗普F-5)是超声速战斗机家族的一员，最初是由诺斯罗普公司于20世纪50年代末设计的。T-38 Talon是一架相对较小且更简单的飞机，其采购和运营成本更低，使其成为畅销飞机出口到世界许多国家(见图3.36)。

图3.36　T-38 Talon战机

某国的国防部决定升级其老旧的T-38 Talon机队的航空电子设备。本示例描述了一种形态学分析，用于为这些飞机选择最佳航空电子套件配置。

**2. 示例分析**

图3.37和图3.38描绘了T-38 Talon飞机的航空电子设备升级形态分析的结果。

| 显示单位 | 平视显示器(HUD) | 头盔展示 | 空中数据系统(ADS) | 导航 | 雷达系统 |
|---|---|---|---|---|---|
| 一台显示器 | 未安装 | 未安装 | 高度计+速度计 | 姿态/航向/滚转系统(AHRS)+GPS | 低性能雷达 |
| 两台显示器 | 安装HUD | 光电头盔 | 模拟空中数据系统(AADS) | 惯性导航系统(INS) | 可移动天线 |
| 玻璃座舱 |  | 光电头盔 | 航空数据计算机(ADC) | 嵌入式GPS惯性导航系统(EGI) | 固定(相控阵)天线 |

图3.37　形态分析1

所选的航空电子设备升级套件包括：①两台显示器；②平视显示器；③无头盔显示器；④空中数据计算机；⑤嵌入式GPS惯性导航系统；⑥具有可移动天线的雷达系

| 飞行计划 | 无线电通信 | 辨别敌友(IFF) | 电子战(EW) | 前视红外(FLIR) |
|---|---|---|---|---|
| 基于GPS的系统 | 语音 | 未安装 | 未安装 | 未安装 |
| GPS+任务计算机系统(MCS) | 语音+数据 | 整合现有的IFF | 被动-威胁检测系统 | 安装FLIR |
| | 加密语音和数据 | 提供新的IFF系统 | 主动-威胁对策技术 | |

图 3.38 形态分析 2

统;⑦基于 GPS 和任务计算机系统的飞行计划能力;⑧支持非加密语音和数据的无线电通信;⑨集成现有的识别敌友系统;⑩基于主动威胁对策技术的电子战系统;⑪无前视红外系统。这种特定的航空电子设备升级配置源自 3×2×3×3×3×3×2×3×3×3×2=52 488 个理论航空电子设备套装组合。

#### 3.4.2.4 延展阅读

- Eisner, 2005
- Parsch, 2016
- Zwicky, 1969

### 3.4.3 决策树分析

#### 3.4.3.1 理论背景

决策树分析是一种支持工具,它使用树状分支图来实现决策或统计概率的可能结果[①]。决策树可帮助人们可视化和理解潜在选择并权衡每个操作过程。更具体地说,决策树通过将复杂问题划分为一系列独立的决策点来简化复杂问题的处理。另外,决策树的结构允许用户观察不同事件或决策之间的关系。

决策树由 3 种类型的节点组成,节点之间由一组分散的边或分支连接。树节点可能包括:①决策节点,其中一个必须在多个结果之间做出决策(通常由正方形表示);②机会节点,其中结果取决于统计概率(由圆圈表示);③叶节点(在树枝的最末端),表示要执行的某些操作。

另外,决策树可以线性化为一组分类规则,从树根到给定叶节点的每条路径代表一个规则。通常,每个规则的格式为:"如果{条件 1 和条件 2 和……和条件 $n$},则执行在相关叶节点中定义的操作。"

总之,决策树易于理解和解释,即使在有限的硬数据下也具有可视化价值。它们

① 参见:John F. Magee,"Decision Trees for Decision Making, Harvard Business Review"(1964 年7 月),https://hbr.org/1964/07/decision-trees-for-decision-making,访问日期:2017 年 5 月。

可以提供重要的见解,并帮助确定不同情况下的最差值、最佳值和期望值。此外,它们为定量分析决策的可能后果提供了方法。

### 3.4.3.2 实施程序

决策树分析可以通过以下步骤实现:

**步骤 1:绘制决策树**。通常,通过识别页面或显示屏左侧(代表树的根)的可能预期结果开始创建决策树。从根部开始,在右侧画出单独的线,表示要做出的不同决策。在每一行的末尾,可以放置一个决策节点(正方形)或机会节点(圆形)。如果结果是决策节点,则应重复相同的过程。如果结果是机会节点,则将绘制代表可能结果及其概率(总计 1.00)的线。如有必要,应重复此过程。

**步骤 2:计算机会节点的值**。在这一步中,通常为每个可能的树结果分配货币值;然后向后工作并计算所有连接的机会节点的结果值(见图 3.39)。

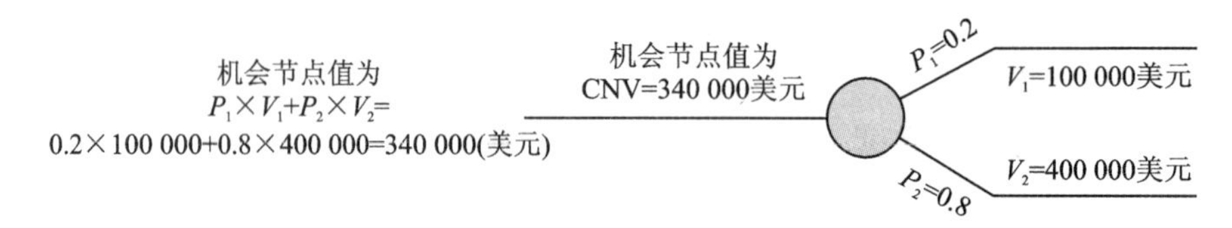


图 3.39 示例:机会节点值

**步骤 3:计算决策节点的值**。在该步骤中,通常沿决策线的相应上游机会节点或决策节点的值导出新的决策节点的值。这是通过从上游机会节点值中减去相关决策成本来完成的(见图 3.40)。

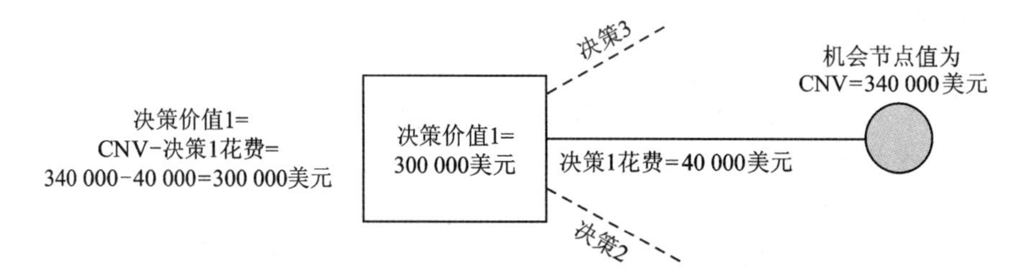


图 3.40 示例:决策收益的价值

**步骤 4:优化决策策略**。通过将这种技术应用于所有可能的结果,可以优化决策策略。

### 3.4.3.3 示例:建设汽车装配厂

#### 1. 示例背景

一家汽车公司计划建造一个新的汽车装配厂。管理层必须决定是建造相对大型的工厂还是小型的工厂,将来可能会扩大,也可能不会扩大。为简单起见,该示例将假设时间范围为 10 年,并且可能会在 4 年后扩建工厂。其他简化假设包括:①零利率;②零通胀率;③静态年度产品需求。

总而言之，管理层现在必须做出一个甚至可能是两个决定：①在一个大工厂和一个小工厂之间，如果公司选择建造一个小工厂，然后发现需求足够高，管理层必须在未来做出决定；②在4年内扩大或不扩大工厂。图3.41描述了计划汽车装配厂第一阶段的决策树。

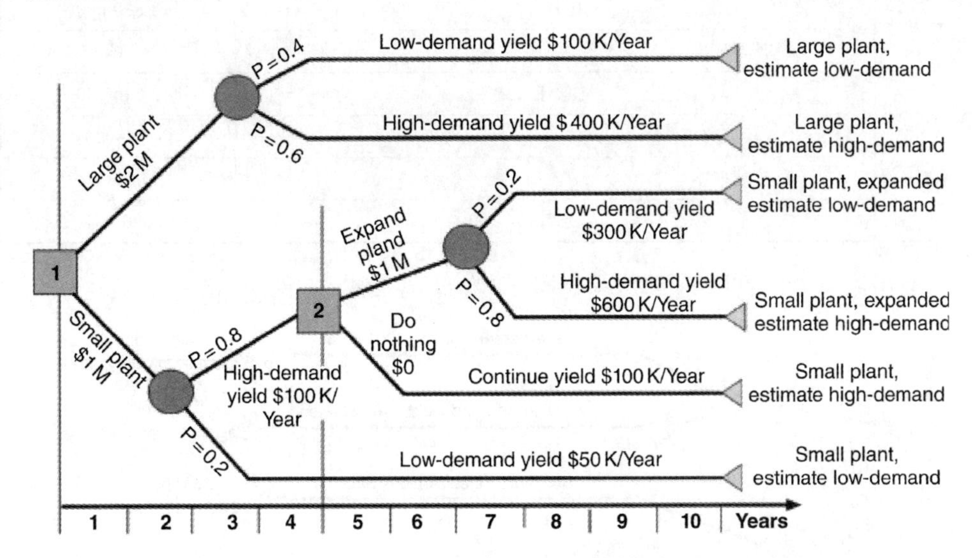


Large plant ＄2M—大型工厂200万美元；

Low-demand yield ＄100K/Year—低需求收益10万美元/年；

High-demand yield ＄ 400K/Year—高需求收益40万美元/年；

Large plant，estimate low-demand—大型工厂，估计低需求；

Large plant，estimate high-demand—大型工厂，估计高需求；

Small plant ＄1M—小工厂100万美元；

High-demand yield ＄100K/Year—高需求收益10万美元/年；

Low-demand yield ＄300K/Year—低需求收益30万美元/年；

Small plant，expanded estimate low-demand—小型工厂，扩大估计低需求；

High-demand yield ＄600K/Year—高需求收益60万美元/年；

Small plant，expanded estimate high-demand—小型工厂，扩大估计高需求；

Continue yield ＄100K/Year—持续产出10万美元/年；

Small plant，estimate high-demand—小型工厂，估计高需求；

Low-demand yield ＄50K/Year—低需求收益50万美元/年；

Small plant，estimate low-demand—小型工厂，估计低需求

**图3.41 决策树：第一阶段**

**2. 示例分析**

解决此问题的策略是通过回滚方法进行的，即首先解决决策2并简化决策树图。表3.10描述了此分析。因此，“扩展”替代方案的总预期价值为224万美元，而“无扩展”替代方案的总预期价值为60万美元。显然，扩展方案是可取的。

表 3.10　决策 2 分析

| 选　择 | 随机事件 | 概　率 | 年收益/美元 | 年 | 期望值/美元 |
|---|---|---|---|---|---|
| 扩展 | 6 年低需求 | 0.2 | 300 000 | 6 | 360 000 |
| | 6 年高需求 | 0.8 | 600 000 | 6 | 2 880 000 |
| | 工厂扩建成本 | | | | −1 000 000 |
| | 总计 | | | | 2 240 000 |
| 无扩展 | 连续 6 年的需求 | 1 | 100 000 | 6 | 600 000 |
| | 工厂扩建成本 | | | | 0 |
| | 总计 | | | | 600 000 |

做出决策 2 后，可以简化决策树图，如图 3.42 所示。

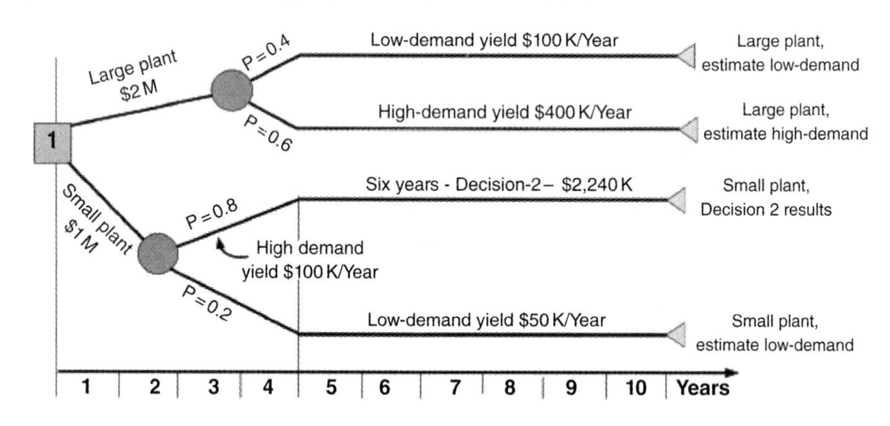


Large plant $2M—大型工厂 200 万美元；
Low-demand yield $100K/Year—低需求收益 10 万美元/年；
High-demand yield $400K/Year—高需求收益 40 万美元/年；
Large plant，estimate low-demand—大型工厂，估计低需求；
Large plant，estimate high-demand—大型工厂，估计高需求；
Small plant $1M—小型工厂 100 万美元；
High demand yield $100 K/Year—高需求收益 10 万美元/年；
Six years - Decision-2，$2，240K—采用第二种决策，6 年周期获得 2 240 000 美元；
Small plant，Decision 2 results—小型工厂，第 2 号决定的结果；
Low-demand yield $50K/Year—低需求收益 50 万美元/年；
Small plant，estimate low-demand—小型工厂，估计低需求

图 3.42　决策树：第二阶段

接下来，表 3.11 描述了决策 1 分析。因此，大型工厂的预期价值为 80 万美元，而小型工厂的期望值是 121.2 万美元。显然，小工厂选项是可取的。

表 3.11 决策 1 分析

| 选择 | 机会事件 | 概率 | 年收益/美元 | 年 | 期望值/美元 |
|---|---|---|---|---|---|
| 大型工厂 | 10 年低需求 | 0.4 | 100 000 | 10 | 400 000 |
| | 10 年高需求 | 0.6 | 400 000 | 10 | 2 400 000 |
| | 大型工厂成本 | | | | −2 000 000 |
| | 总计 | | | | 800 000 |
| 小型工厂 | 6 年决策 2 | 0.8 | 2 240 000 | | 1 792 000 |
| | 4 年高需求 | 0.8 | 100 000 | 4 | 320 000 |
| | 10 年低需求 | 0.2 | 50 000 | 10 | 100 000 |
| | 小工厂成本 | | | | −1 000 000 |
| | 总计 | | | | 1 212 000 |

总之，根据上述分析，第一个决定是建造一个小型工厂，第二个决定(假设所选参数与未来现实相对应)是扩大工厂。

#### 3.4.3.4 延展阅读

- Magee，1964
- Quinlan，1987
- Skinner，2009

### 3.4.4 价值分析/价值工程

#### 3.4.4.1 理论背景

价值很难衡量，因为不同的人会用不同的标准来衡量。最客观的衡量标准也许是货币[①]。价值分析(Value Analysis，VA)的概念是 20 世纪 40 年代中期由 Lawrence Miles 提出的。通常，VA 是通过将物品的价值除以其成本来实现的。工程学中的等效术语是价值工程(Value Engineering，VE)。工程师的特定意图是通过改善系统对利益相关者的价值(即功能、性能和质量)与其生命周期成本之间的关系来增加系统的价值。同样，价值和成本之间的差异被称为价值差距。价值差距越大，价值提升的潜力就越大，因此，价值工程可以定义为“对系统价值进行有组织的研究，以便以最低的生命周期成本满足用户的需求，并为其提供优质的产品”，即

$$\text{系统值}=\frac{\text{系统价值}}{\text{系统成本}}\approx\frac{\text{功能}+\text{绩效}+\text{质量}}{\text{生命周期成本}}$$

我们应该意识到系统价值的 4 种增加方式：①增加系统价值；②降低系统成本；③增加系统成本，增加更多系统价值；④降低系统价值，降低更多系统成本。

① “公认的七大价值类别：经济、道德、审美、社会、政治、宗教和司法”(Rumane，2010 年)。

将价值工程-质量功能调度(Value Engineering - Quality Function Deployment, VE - QFD)整合到一个矩阵中,就为分析一个系统的价值提供了一种有效的方法。在这种方法下,人们构建了一个矩阵,其中包含一个系统的功能及其子系统以及所有相关组合的成本和价值。每个功能都用动词和名词两个词来描述,先描述其基本功能,后描述其辅助功能。接下来,列出支持各种功能的子系统,然后确定每个子系统相对于每个功能的成本和价值(见表 3.12)。

**表 3.12 集成 VE - QFD 矩阵**

| 系统功能 | 子系统 | | | | | | | |
|---|---|---|---|---|---|---|---|---|
| | 子系统 1 | | 子系统 2 | | … | | 子系统 $n$ | |
| | 成本 | 价值 | 成本 | 价值 | 成本 | 价值 | 成本 | 价值 |
| 功能 1 | | | | | | | | |
| 功能 2 | | | | | | | | |
| ⋮ | | | | | | | | |
| 功能 $n$ | | | | | | | | |
| 总计 | | | | | | | | |
| 总成本 | | | | | | | | |
| 总价值 | | | | | | | | |
| 系统价值 | | | | | | | | |

整个价值工程流程应在系统的生命周期内尽早开始,以最大限度地降低成本(见图 3.43)。

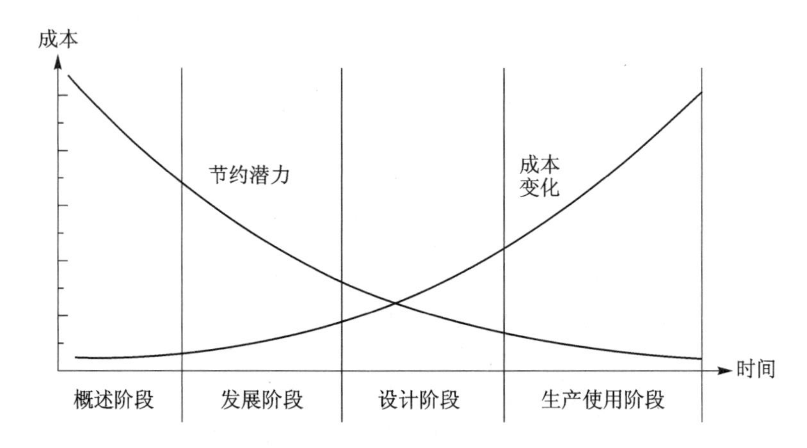


**图 3.43 价值工程节约潜力随成本的变化**

### 3.4.4.2 执行程序

以下过程可以实现价值分析/价值工程。

**步骤1：识别系统和环境**。确定要分析系统的边界和环境。

**步骤2：识别子系统**。识别子系统，并在集成的VE－QFD矩阵的标题中列出它们。

**步骤3：确定系统的功能**。在集成的VE－QFD矩阵的最左列中列出构成系统主要目的的功能及其支持功能或辅助功能。

**步骤4：将成本分配给子系统和功能**。确定每个子系统的成本(包括开发、制造、分销、维护等)，并将其分配给给定子系统执行的各种功能。因此，要更新集成的VE－QFD矩阵。

**步骤5：为子系统和功能分配价值**。通过简化，我们可以假定稳定系统的价值等于其价格。仅当系统进行更改或修改时(例如，在价值工程过程中)，其价格和价值才可能产生差异。因此，要更新集成的VE－QFD矩阵。

**步骤6：计算系统值**。计算每个子系统的成本和价值，再计算整个系统的总成本和价值。然后计算出整个系统的价值并更新集成的VE－QFD矩阵。

**步骤7：更新子系统和功能的成本和价值**。分析每个子系统，找出任何可以提高价值与成本比率的变化规律。在此基础上，将更新的成本和价值值插入到集成的VE－QFD矩阵中。

**步骤8：计算升级后的系统值**。计算每个子系统的成本和价值，再计算整个系统的总成本和价值。然后重新计算升级后的系统总值。相应地，更新集成的VE－QFD矩阵。

### 3.4.4.3 示例：吹风机设计

**1. 示例背景**

手持吹风机是一种机电设备，旨在将热空气吹到潮湿的头发上使其干燥(见图3.44)。该系统由以下子系统组成：①电线；②开关；③风扇转速开关；④电动机；⑤风扇；⑥加热开关；⑦加热元件；⑧套管。环境由电和空气组成。

分析该系统的目的是提高其与当前设计相关的价值。表3.13描绘了当前吹风机顶部的集成式VE－QFD矩阵，要求单价为135美元，系统价值1.0。

**2. 示例分析**

通过对每个子系统的彻底分析表明：

① 加热元件的改进设计可以提高该子系统的效率，因此可以利用更多的热量，从而改善用户体验，并因此提高系统的价值。

② 另一家电机制造商可以降低价格提供相同质量的电机。这一更改将降低系统的整体价格。

③ 新的机壳设计将消除系统中石棉的使用。这将略微增加一个单位的价格，但会大大提高其安全性。

表3.14描述了升级系统的集成VE－QFD矩阵。可以看出，更新后系统的成本降低到127美元，而系统的价值增加到175美元，系统价值为1.4。

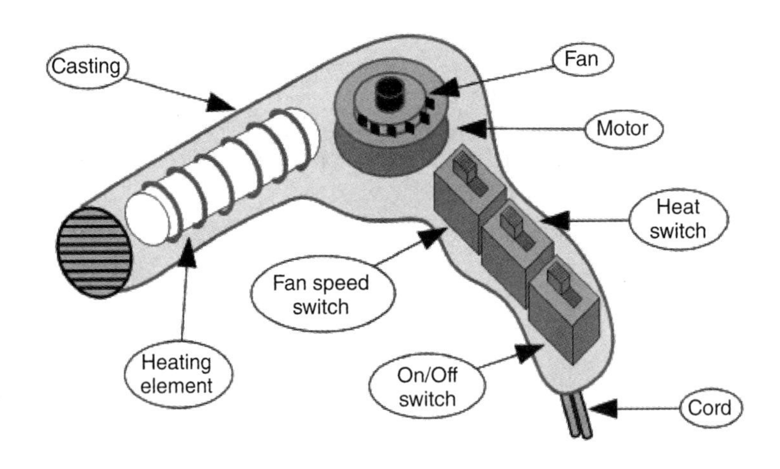


Heating element—加热元件；Casting—外壳；Fan speed switch—风扇转速开关；Fan—风扇；
On/Off switch—开/关；Motor 电机；Heat switch—调温开关；Cord—电线

**图 3.44　手持式吹风机及其组件**

**表 3.13　吹风机当前设计**

| 吹风机<br>系统功能 | 子系统(当前设计) | | | | | | | | | | | | | | | |
|---|---|---|---|---|---|---|---|---|---|---|---|---|---|---|---|---|
| | 电线 | | 开/关 | | 风扇<br>转速开关 | | 电机 | | 风扇 | | 调温开关 | | 加热元件 | | 外壳 | |
| | 成本 | 价值 | 成本 | 价值 | 成本 | 价值 | 成本 | 价值 | 成本 | 价值 | 成本 | 价值 | 成本 | 价值 | 成本 | 价值 |
| 加热空气 | | | | | | | | | | | | | 20 | 20 | | |
| 吹气 | | | | | | | 30 | 30 | 10 | 10 | | | | | | |
| 变化的热量 | | | 2 | 2 | | | | | | | 5 | 5 | | | | |
| 改变气流 | | | 2 | 2 | 5 | 5 | | | | | | | | | | |
| 便携式设备 | 5 | 5 | 5 | 5 | | | 5 | 5 | 5 | 5 | | | | | 5 | 5 |
| 使用电力 | 5 | 5 | 5 | 5 | | | 2 | 2 | | | | | 2 | 2 | | |
| 保护用户 | | | 2 | 2 | 2 | 2 | 2 | 2 | 2 | 2 | 2 | 2 | 2 | 2 | 10 | 10 |
| 总计 | 10 | 10 | 16 | 16 | 7 | 7 | 39 | 39 | 17 | 17 | 7 | 7 | 24 | 24 | 15 | 15 |
| 总成本/美元 | 135 | | | | | | | | | | | | | | | |
| 总价值/美元 | 135 | | | | | | | | | | | | | | | |
| 系统价值 | 1.0 | | | | | | | | | | | | | | | |

**表 3.14　吹风机更新设计**

| 吹风机<br>系统功能 | 子系统(更新设计) | | | | | | | | | | | | | | | |
|---|---|---|---|---|---|---|---|---|---|---|---|---|---|---|---|---|
| | 电线 | | 开/关 | | 风扇<br>转速开关 | | 电机 | | 风扇 | | 调温开关 | | 加热元件 | | 外壳 | |
| | 成本 | 价值 | 成本 | 价值 | 成本 | 价值 | 成本 | 价值 | 成本 | 价值 | 成本 | 价值 | 成本 | 价值 | 成本 | 价值 |
| 加热空气 | | | | | | | | | | | | | 20 | 30 | | |
| 吹气 | | | | | | | 20 | 30 | 10 | 10 | | | | | | |

续表 3.14

| 吹风机系统功能 | 子系统(更新设计) | | | | | | | | | | | | | | | |
|---|---|---|---|---|---|---|---|---|---|---|---|---|---|---|---|---|
| | 电线 | | 开/关 | | 风扇转速开关 | | 电机 | | 风扇 | | 调温开关 | | 加热元件 | | 外壳 | |
| | 成本 | 价值 | 成本 | 价值 | 成本 | 价值 | 成本 | 价值 | 成本 | 价值 | 成本 | 价值 | 成本 | 价值 | 成本 | 价值 |
| 变化的热量 | | | 2 | 2 | | | | | | | 5 | 5 | | | | |
| 改变气流 | | | 2 | 2 | 5 | 5 | | | | | | | | | | |
| 便携式设备 | 5 | 5 | 5 | 5 | | | 5 | 5 | 5 | 5 | | | | | 5 | 5 |
| 使用电力 | 5 | 5 | 5 | 5 | | | 2 | 2 | | | | | 2 | 2 | | |
| 保护用户 | | | 2 | 2 | 2 | 2 | 2 | 2 | 2 | 2 | 2 | 2 | 2 | 2 | 12 | 40 |
| 总计 | 10 | 10 | 16 | 16 | 7 | 7 | 29 | 39 | 17 | 17 | 7 | 7 | 24 | 34 | 17 | 45 |
| 总成本/美元 | 127 | | | | | | | | | | | | | | | |
| 总价值/美元 | 175 | | | | | | | | | | | | | | | |
| 系统价值 | 1.4 | | | | | | | | | | | | | | | |

#### 3.4.4.4 延展阅读

- Kassa，2015
- Rumane，2010
- Miles，2015

### 3.4.5 帕累托分析

#### 3.4.5.1 理论背景

帕累托分析是一种可用于确定优先次序并选择有效的行动方案的简单技术，在这个过程中许多替代方法都在相互竞争。帕累托效应是以19世纪末至20世纪初的经济学家和社会学家维尔弗雷多·帕累托(Vilfredo Pareto)的名字命名的。在理论上，它说明了所花费的努力与所获得的结果之间的不对称性。一般而言，对于许多事件，大约80%的影响仅来自于20%的原因。因此，帕累托分析将指导遇到问题的系统工程师专注于真正重要的20%的问题，从而影响80%的结果。

帕累托分析是一种发现问题的最重要原因的创造性方法，可以采取更直接的纠正措施。这包括识别和列出问题及其原因，然后对每个问题进行分级，并按其原因将它们分组。最后，可以将与最高级别小组相关的问题作为解决目标。

#### 3.4.5.2 实施程序

以下过程可以实现帕累托分析。

**步骤1：找出并列出问题**。审查当前的问题，确定并列出所有需要解决的问题。

**步骤2：对问题进行评分**。使用常见的评分技术(例如Likert量表)对每个已识别的问题进行评分。

**步骤 3：找出每个问题的根本原因**。确定每个问题的根本原因。

**步骤 4：按根本原因对问题进行分类**。将问题按根本原因归类。

**步骤 5：总结每个小组的分数**。将每个小组的分数相加，以确定解决每个问题的优先级。

**步骤 6：按分数等级解决问题**。通常，应首先解决得分最高的组的问题。

#### 3.4.5.3 示例：软件项目开发问题

**1. 示例背景**

这是一个综合的例子，一个非常大的软件系统正在被开发，然而每个人都认为该项目遇到许多与以下方面有关的问题：①参与该项目的人员；②软件团队使用的流程；③所开发的系统本身及其配套基础结构；④团队使用的技术。

**2. 示例分析**

进行帕累托分析，结果如表 3.15 所列。单个软件开发问题已分为 4 类：①与人有关的问题；②与过程有关的问题；③与系统有关的问题；④与技术有关的问题。

表 3.15 示例：项目开发中的软件问题

| 序 号 | 组 | 典型问题① | 项目损失② |
|---|---|---|---|
| 1 | 人 | 动力不足；<br>员工问题；<br>非生产性的工作环境；<br>低效率的项目管理风格；<br>缺乏利益相关者的兴趣；<br>无效的项目赞助 | 50% |
| 2 | 流程 | 不切实际的计划；<br>身份证明不足；<br>不合适的生命周期模型选择；<br>在压力下放弃质量；<br>非结构化软件开发 | 25% |
| 3 | 系统 | 系统范围变更；<br>研究型软件开发；<br>定义 3 的范围；<br>模糊用户 | 15% |

① 引用 ZeePedia.com，Software Project Management（CS615），Problems in Software Projects，Process-related Problems。参见：http://www.zeepedia.com/，访问日期：2017 年 8 月。

② 基于作者经验。

续表 3.15

| 序　号 | 组 | 典型问题 | 项目损失 |
|---|---|---|---|
| 4 | 技术 | 可重用软件节省的成本被高估；<br>中途切换工具；<br>集成无关软件产品 | 10% |
| 总计　100% | | | |

如图 3.45 所示，大约 50%的软件项目损失归因于与人有关的问题，因此，管理层应首先处理这些问题。我们可以进行第二次帕累托分析，以便区分与人相关的问题中的 6 个典型问题，从而确定哪些问题对 50%的损失有更大的贡献，并首先解决它们。

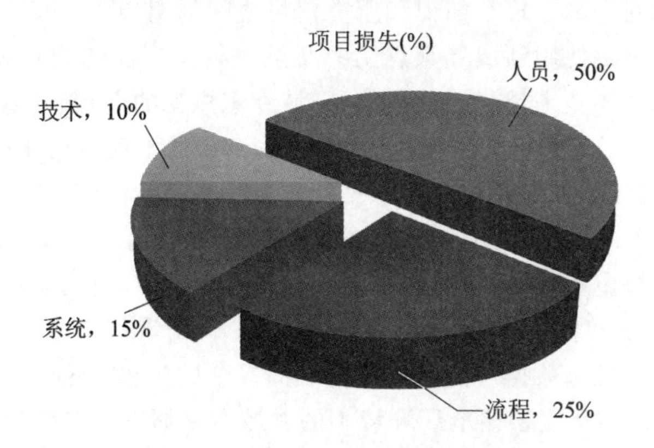


图 3.45　示例：软件项目分类损失

### 3.4.5.4　延展阅读

- Koch，1999

## 3.5　面向团队的收敛方法

本节描述了面向团队的收敛的创造性方法集合，如图 3.46 所示。

图 3.46　面向团队的收敛方法

## 3.5.1 Delphi 法

### 3.5.1.1 理论背景

**1. 一般讨论**

Delphi(德尔菲)法是20世纪50年代初由兰德公司的Norman Dalkey和Olaf Helmer开发的,该公司为美国国防部执行了研发计划[①]。该方法的名称与古代希腊阿波罗神庙女祭司德尔菲的甲骨文有关,她以预测未来的能力而闻名。该方法对于收集领域专家的意见和分析提供了结构化的框架,然后将其汇总为一个统一的共识响应。

此过程的目的是弥合现有知识和所需信息之间的鸿沟。Cooke(1991年)对在科学探究和政策制定中使用领域专家意见的文献进行了广泛的调查和批判性的审查。由于先进的技术需要越来越复杂的决策,领域专家意见的引用、表示和使用变得越来越重要。Cooke考虑了当今如何使用专家意见,专家的不确定性如何表示,人们如何用不确定性进行推理,如何评估专家意见的质量和有用性,以及几个专家的意见如何结合。Loveridge(2002年)对Cooke的开创性工作进行了扩展,并涵盖了诸如专家委员会人员选拔等主题,因为这更为重要。Vose(2008年)描述了基于各种概率分布(如三角形、beta)的建模技术。

从领域专家中挑选数据可能是一个困难而复杂的过程。Keeney和von Winterfeld(1991年)讨论了从复杂核电厂环境中的领域专家那里获取故障概率的过程。专家必须估计与两个关键阀门相关的故障概率,其中两个同时发生的故障可能会引发灾难性的堆芯熔毁事故。启发式地获取故障概率需要几个月的时间来完成,且不确定性很大,在已知概率的情况下通常覆盖几个数量级,在有一些不确定量的情况下通常覆盖物理可行范围的50%～80%。

问卷被分发给一个领域专家小组,回答之后汇总并与小组共享(匿名)。专家可以调整其答案并添加相关反馈,以在随后的每一轮中进一步讨论。该过程可能会重复几次,因此意见会改变,随着时间的推移可以达成共识。请注意,每位专家提供的匿名性至关重要,因为它减轻了捍卫原始立场的必要性,并允许逐渐转移到新的观点而不会招致无休止的社会压力。最后,Delphi过程假设由结构化的个人小组做出的决策比由个人做出的决策更准确。这句话通常是正确的,但也应该有所保留。

**2. 三角分布下的 Delphi 法**

Delphi流程的一种版本是在三角分布范式下获取数据,也就是说,专家为每个所需数量创建3个值(最小值($a$),最有可能值($m$)和最大值($b$)),然后,为了在这种情况下汇总原始数据,可以采用以下方法:

① 假设研究的现象是随机的,限制在一定的最小值($a$)和最大值($b$)范围内。

---

① Delphi法最终于在1963年被解密。

② 假设表示现象的随机变量在 $a \leqslant m \leqslant b$ 的范围内具有最可能值($m$)。

③ 将 $n$ 个领域专家的集合视为测量能力存在内在误差的测量仪器。最可能值($m$)代表仪器的实际测量值,最小值($a$)和最大值($b$)分别代表仪器测量的上下边界。

④ 假设 $n$ 种仪器中的每一种都引入了无偏的、随机的测量误差,然后使用数值分析(例如蒙特卡洛模拟)将结果汇总[①]。

基于上述内容,我们会汇总所有回复,并将结果呈现给小组会议。在会议期间,每位专家都有机会根据小组的汇总数据查看其原始回复。关于某些问题的确切含义,可能会发生一些争论。但是通常情况下,所有专家都对该问题达成了共识。一些专家可能会根据小组的意见改变他们最初的观点。但是,即使他们的数据与小组的数据完全不同,大多数人通常也不会改变观点。假定每个专家具有正确的概率 $p_{k,i}$,$p_{k,i}$ 与代表单个专家 $i$ 的响应簇 $k$ 相关联。

对于总共 $n$ 位专家,聚合响应集群由广义离散分布表示为

$$F_k(x) = \{(p_{k,1}, f_{k,1}(x)), (p_{k,2}, f_{k,2}(x)), \cdots, (p_{k,n}, f_{k,n}(x))\}$$

这意味着对于总共 $n$ 位专家,响应簇 $k$ 中的值 $x$ 的合计概率密度函数为

$$F_k(x) = \sum_{i=1}^{n} (p_{k,i}, f_{k,i}(x))$$

该方程满足 Clemen 和 Winkler(1999 年)讨论的数学和行为方法。请注意,几个三角形分布的总和不是三角形分布,并且这种非线性表明,针对聚合分布的统计矩的闭合数学表达式是不切实际的。因此,可以通过数值分析来实现可靠的数据汇总,例如通过 Monte Carlo 模拟[②](Vose,2008 年)。另外,请注意,通常假定处理所有响应组的 $n$ 位专家中的每位专家都具有同等的正确率,因此:

$$p_{k,i} = \frac{1}{n} \forall k, i$$

### 3.5.1.2 实施程序

以下步骤可用于实现 Delphi 过程:

**步骤 1:培训参与者**。向 Delphi 小组招募人员,解释 Delphi 的过程,并正式描述当前的问题。

**步骤 2:征求意见并收集意见**。分发包含相关问题的调查表,提供 Delphi 组成员所需的任何答案,然后收集每个问题的答案。

**步骤 3:汇总结果**。将响应聚合成单个匿名响应集。然后将聚合后的匿名答复交给专家进一步审查。

---

① 有关蒙特卡洛(Monte Carlo)统计方法的详细说明,请参见 Robert and Casella,2005。

② 有几种商业工具支持专家数据的汇总和分析,例如 Oracle Crystal Ball (http://www.oracle.com/us/products/applications/crystalball/overview/index.html) 和 RISK (http://www.palisade.com),访问日期:2017 年 10 月。

**步骤 4：清理数据**。根据需要重复此过程。如果寻求共识，并有相互冲突的回应，那么这可能需要：进行集体投票或召集专家（不论是物理上还是网络上）面对面讨论问题。

### 3.5.1.3 示例：估计任务的持续时间

**1. 示例背景**

在此示例中，向 10 位领域内的专家提出以下问题："要完成一个带有半卷线圈的 RSA 化学反应器的设计需要每月多少人？"（见图 3.47）。

**2. 示例分析**

专家使用 Delphi 三角分布法生成 10 个最小值（Min）、最可能值（ML）和最大值（Max）的结果，总共有 30 个单独值。两次会议后的 Delphi 处理结果如图 3.48 所示。请注意图中的异常值：{Min=1，ML=2.5，Max=5}。这 3 个值分别由 10 个专家们聚合成一个单一值。

图 3.47 RSA 化学反应器

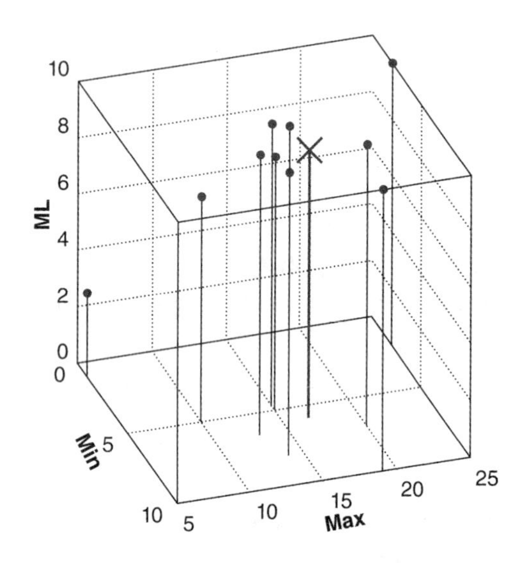


图 3.48 10 位专家的 Delphi 反应

图 3.49 描述了 10 位专家对上述问题的答复汇总概率分布函数，在每位专家进行 10 000 次蒙特卡洛迭代之后，该图表明最小值为 1.0 人/月，最大值为 25.0 人/月，平均值为 9.81 人/月，标准偏差为 3.68。

### 3.5.1.4 延展阅读

- Cooke, 1991
- Engel, 2010
- Garson, 2013
- Keeney and von Winterfeld, 1991
- Loveridge, 2002
- Robert and Casella, 2005
- Vose, 2008

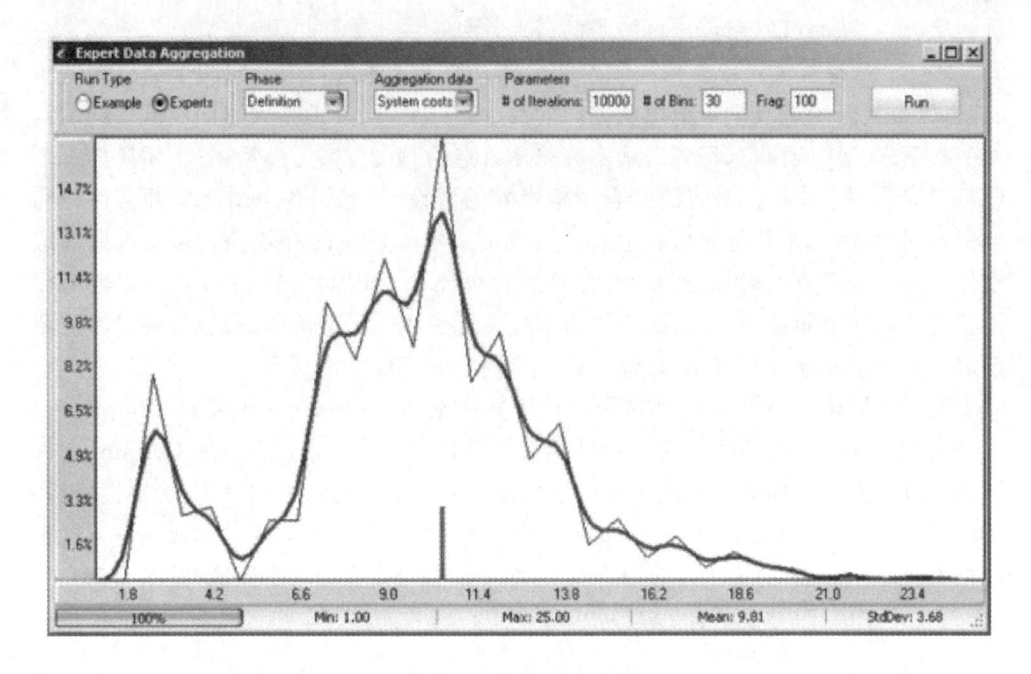


图 3.49 专家回复汇总图

## 3.5.2 SAST 分析

### 3.5.2.1 理论背景

SAST(Strategic Assumptions, Surfacing, and Testing)方法是一种解决结构混乱问题的方法,首先将隐含人们洞察力的假设表面化,然后通过分析[①]来质疑它们。早期的 SAST 概念由 Charles Churchman 进行研究,之后在 Richard Mason 和 Ian Mitroff 的共同努力下得到了发展。SAST 方法的主要目的是评估不同的观点,并系统地将隐含的假设代入并进行显式检验,然后对其进行质疑。在这一过程中,人们将能够分析基本假设与由此产生的工程政策和解决问题的方法之间的关系。最后,SAST 方法提供了制定新的和新颖的工程构想的机制。总的来说,SAST 包含以下主要原则:

**对抗性**。该原则基于这样的理念,即对结构异常问题的审查最好是在考虑了对立的观点之后进行。

**参与式**。该原则的前提是,组织内不同职位和不同专业背景的不同群体和个人最适合解决结构异常的问题。

**综合**。该原则的前提是,可以将对抗过程中产生的不同观点再次整合到更高层

① 参见:McDonald 等人,2011 年。

次的综合中，从而可以制定出可接受的行动计划。

SAST 过程从收集参与解决问题的个体开始。这些人员应分成两个或更多的小团队，以最大限度地减少每个团队之间的冲突，并最大限度地扩大不同团队之间的差异。接下来，每个团队都将尝试确定并采用首选的解决方案。然后，每个团队的每个成员都应该探索并提出对自己观点产生影响的假设。此后，各个团队应开会讨论和辩论不同的观点，尤其是分析和检查团队成员提出的假设的有效性。探索人们的假设似乎是 SAST 方法论的核心，因为此过程可能会发现大量错误和不合逻辑的假设。其中一些可能会被丢弃，从而消除了创造性解决方案的障碍。最后，要求参与者敲定一个实用而综合的方法，最终达成一个商定的解决方案。

有助于简化 SAST 和类似方法的有效方法是利用拉尔夫·斯泰西(Ralph Stacey)在 20 世纪 90 年代设计的一致性与确定性图(Agreement Versus Certainty)[①]。该图可以帮助人们理解一个想法或一个假设可能位于"一致性"相对于"确定性"谱系的位置。基于这一知识，人们可以选择与确定性程度以及就当前问题达成的一致性程度相关的最有效的解决策略。从本质上讲，Stacey 模型定义了 5 个区域(见图 3.50)。

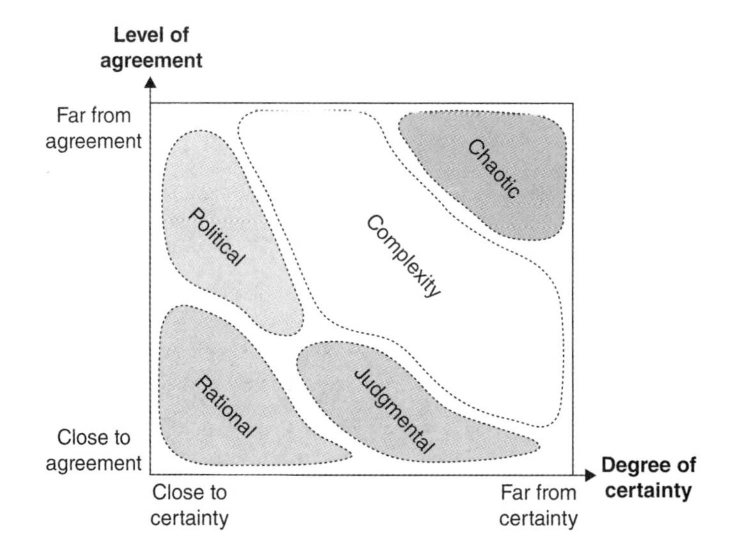


Level of agreement—一致性程度；Far from agreement—不一致；
Close to agreement—接近一致；Degree of certainty—确定性程度；
Chaotic—混乱的；Complexity—复杂；Political—分歧；Judgmental—评判；
Rational—合理的；Close to certainty—接近确定；Far from certainty—不确定

**图 3.50 一致性与确定性 Stacey 模型**

① 参见：The Stacey Matrix。改编自 B. J. Zimmerman 的 *R. D. Stacey*。http://adaptknowledge.com/wp-content/uploads/rapidintake/PI_CL/media/Stacey_Matrix.pdf，访问日期：2017 年 11 月。

**“合理”区域**。在该区域，人们可以使用过去的经验信息来预测未来。因此，此处的策略是计划某人的行动，以产生特定的结果，然后根据原始计划监视结果。

**“分歧”区域**。该区域在如何产生结果方面存在确定性，但在具体需要的结果方面存在高度分歧。因此，前进的道路是通过谈判达成妥协，并为组织及其利益相关者的利益建立一个商定的解决方案。

**“评判”区域**。本区域处理的问题在很大程度上达成了一致，但在如何执行上却不太确定。因此，本区域的目标是寻求对未来方向的普遍一致意见，尽管无法完全预测具体的路径。

**“混乱”区域**。这个区域处理的情况是，高度的不确定性和分歧经常导致失败。在这些情况下，传统的计划和谈判方法通常是不够的。因此，工程师和计划人员应尽其所能避免该区域。

**“复杂”区域**。在混乱区域和传统管理方法的区域之间，一致性图和确定性图存在很大的区域。不幸的是，在这一区域，传统的管理方法非常有限。因此，建议工程师和管理人员在这一区域内找到自己的位置，采用创新的经营策略。

#### 3.5.2.2 实施程序

可以按照以下步骤实施 SAST 方法。

**步骤1：组建团队**。许多具有不同专业背景的人应组成两个或(最好是)更多的小团队，目的是最大限度地提高每个团队内部观点的相似性，并使不同团队之间的观点差异性最大化。

**步骤2：表面假设**。每个团队应单独开会，以发现其首选策略和解决手头问题的方法。接下来，每个团队都应尝试确定并分析其首选策略和解决方案所基于的假设。应该注意的是，这些列出的假设：①应该对所选策略的结果有重要影响(即满足重要性标准)；②应尽可能可验证(即满足确定性条件)。此外，建议对每个假设进行排名，这样对于每个团队来说，更重要的假设将被放在假设列表的首位。

**步骤3：深思熟虑和辩论**[①]。接下来，所有的团队都将在一次全体会议上聚集，每个团队都会提出自己的首选战略以及支持它的假设。活动的目的是让每个团队都了解所有建议的策略及其相关的假设。全体会议过程中的休息时间应该被安排好，使每个小组都有机会审查和调整其假设。最后，应确定商定的假设，同时将进一步讨论和解决有问题的假设。

**步骤4：综合**。此步骤的目的是就假设及其优先级达成折中，以便可以实现统一的最终策略。如果商定假设的列表足够长，则可以删除有争议的假设，并可以制定派生的策略。如果无法达成一致的综合结论，则应指出分歧点，并可以通过其他方式做出决定。

---

① 审议通常被认为是协作，而辩论通常被认为是对抗过程。

### 3.5.2.3 示例：无人机动力装置配置

**1. 示例背景**

美国陆军联合项目办公室(the US Army Joint Project Office's,JPO)早期的无人机采购工作是短航程(Short-Range,SR)无人机,其后称为 RQ－5 猎人。1988 年,美国国防部(the US Department of Defense,DoD)发出了招标书(RFP),并从 5 个竞标者中选出 2 个竞标者来竞争 5 个无人机系统的开发和部署。最终,由汤普森·拉莫·伍尔德里奇(Thompson Ramo Wooldridge,TRW)参与的以色列航空航天工业(IAI)赢得了胜利。到 1995 年该计划结束时,采购了大约 52 架无人机系统,其中包括大约 416 架猎人飞机和其他相关设备,大约耗资 21 亿美元。

**2. 示例分析**

在最初的招标阶段,IAI 参与无人机 SR 项目的工程师就如何应对招标书进行了辩论。一个工程阵营选择小的单引擎无人机,类似于 IAI 研发的 RQ－2 先锋无人机,该无人机已被美国海军、海军陆战队和陆军广泛使用。第二个工程阵营选择了大型双引擎无人机,某些 IAI 的工程师有时会模仿这种无人机。IAI 管理层命令无人机初步设计部门针对这两种配置开发两种替代设计,并将其提交给管理层,以对所需的投标配置做出最终决定(见表 3.16)。

**表 3.16 一般特征：单引擎和双引擎配置**

| 一般特征 | 单引擎 | 双引擎 |
| --- | --- | --- |
| 有效载荷/kg | 45 | 90 |
| 长度/m | 4 | 7 |
| 翼展/m | 5.2 | 11 |
| 高度/m | 1 | 1.9 |
| 毛重/kg | 200 | 727 |
| 速度/(km·h$^{-1}$) | 200 | 90～160 |
| 范围/km | 200 | 125 |
| 耐力/h | 10 | 21 |
| 上限/m | 4 600 | 5 500 |
| 燃料容量/L | 50 | 300 |

这两种设计构型的巨大差异反映了这两个工程派别对美国陆军 JPO UAV－SR 计划的期望能力所持的严格划分假设(见表 3.17)。

表 3.17 假设：单引擎和双引擎配置

| 单引擎假设 | 双引擎假设 |
| --- | --- |
| 更轻、更小的无人机；<br>低油耗；<br>较小的雷达横截面；<br>陆地和小型舰载部署通过网络捕获(后置引擎)；<br>更简单的集成物流支持(ILS)；<br>显著降低了航空器的成本；<br>降低了单个无人机的成本 | 显著提高了无人机动力可靠性；<br>无人机有效载荷重量加倍；<br>无人机的任务寿命翻倍；<br>配置双发动机，使可靠性得到提高；<br>陆地和大型航母的部署 |

然而，在这种特殊情况下，实际上并未进行过多的 SAST 讨论和辩论。正如事情发生的那样，在 IAI 的管理层不知情的情况下，无人机初步设计部门很少有工程师按照 RFP 的要求来进行单引擎无人机变型设计。该部门的其他工程师都被分配到双引擎无人机型号。毫不奇怪，随着决策时间的到来，只有双引擎变型设计才足以进行招标。单引擎设计还不够成熟，因此不能被选为竞标选项，IAI(与 TRW 一起)凭借双引擎 RQ－5 猎人赢得了 UAV－SR 竞赛。

图 3.51 为第二代无人机猎人 MQ－5B。最重要的是，这架无人机使用了两台 Mercedes 发动机，需要美军武装部队通常使用的 HFE 柴油，从而减轻了其无人机机队携带轻质燃料(常规汽车汽油)的负担。

图 3.51 无人机猎人 MQ－5B

### 3.5.2.4 延展阅读

- Flood and Jackson, 1991
- Mason and Mitroff, 1981
- McDonald et al., 2011
- Midgley, 2000
- Rodrigues, 1997
- Stacey, 2012

## 3.5.3 因果图

### 3.5.3.1 理论背景

因果图(也称为鱼骨图或石川图)最初是由石川薰(Kaoru Ishikawa)在20世纪60年代后期开发的一种质量控制工具。该技术可用于发现问题的根本原因以及发现给定过程中的瓶颈等。而且原因既可以按时间顺序排列,也可以根据其重要性级别排列,这些原因可以描述事件的关系和层次结构。因果图可以帮助工程师找到问题的根本原因,并权衡不同原因的相互影响。因果图的构建从识别问题开始。头脑风暴的过程是可取的,因此一旦团队同意问题的陈述,就有可能进入下一阶段。同样,团队应在因果图中识别出主要的因果关系类别或"主要骨骼"。这也可以通过头脑风暴会议或其他创造性的小组过程来完成。最后,小组应确定具体的可能原因,并将其附加到适当的分支机构。

### 3.5.3.2 实施过程

可以使用以下过程创建因果图:

**步骤1:找出问题所在**。在小组内进行讨论,并就确切而简洁的问题陈述达成共识。

**步骤2:找出主要的因果类别**。集体讨论问题的原因类别。通常,此类别可能包括方法、设备、人员、材料、度量以及环境等。

**步骤3:找出特定的可能原因**。对于上述每个因果类别,确定导致问题的特定可能原因。

**步骤4:绘制因果图**。绘制因果图,并分析其正确性和完整性。如果图表太拥挤,则可考虑拆分相关分支。

### 3.5.3.3 示例:泰坦尼克号海难

#### 1. 示例背景

皇家邮轮泰坦尼克号是英国的一艘客船,从英国到纽约,这是它的第一次航行。1912年4月14日晚,泰坦尼克号撞上了北大西洋的一座冰山,并在不到3个小时的时间内就沉没了。超过1 500人丧生,泰坦尼克号的乘客和船组人员中有三分之二丧生,主要是因为没有足够的救生艇来救助船上的所有人(见图3.52)。

#### 2. 示例分析

图3.53描述了导致泰坦尼克号海难的因果图。

### 3.5.3.4 延展阅读

- Ishikawa, 1990

图 3.52　泰坦尼克号沉没(Willy Stower 版画创作)

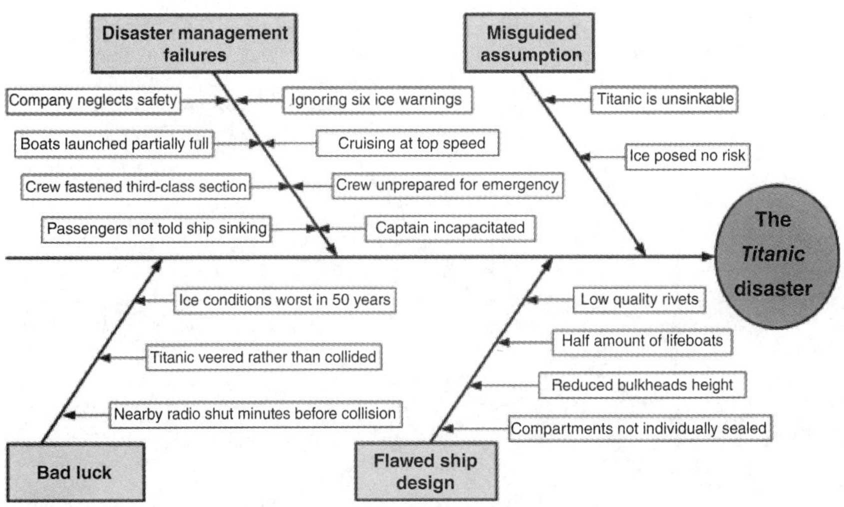


The Titanic disaster—泰坦尼克号灾难；Disaster management failures—灾难管理失败；
Company neglects safety—公司忽视安全；Boats launched partially full—船只半满下水；
Crew fastened third-class section—船员固定了三等舱；Passengers not told ship sinking—未告知乘客沉船事件；
Ignoring six ice warnings—忽略冰山警告；Cruising at top speed—高速巡航；
Crew unprepared for emergency—机组人员未做好应急准备；Captain incapacitated—船长无能为力；
Misguided assumption—错误的预判；Titanic is unsinkable—泰坦尼克号不会沉；Ice posed no risk—冰山没有危险；Bad luck—厄运；Ice conditions worst in 50 years—50 年来最恶劣的冰情；
Titanic veered rather than collided—泰坦尼克号调转方向而不是撞向冰山；
Nearby radio shut minutes before collision—碰撞发生前几分钟附近的收音机关闭；
Flawed ship design—有缺陷的船舶设计；Low quality rivets—低质量铆钉；
Half amount of lifeboats——半的救生艇；Reduced bulkheads height—降低舱壁高度；
Compartments not individually sealed—船舱未单独密封隔室

图 3.53　因果分析：泰坦尼克号海难

## 3.5.4 卡诺模型分析

### 3.5.4.1 理论背景

有时,新系统的设计者会收到有关他们要设计和构建的系统的详细规范。但是,有时不存在这样的规范,或者规范是粗略的,或者总是会发生相当大的变化。在这种情况下,设计师面临一个根本的难题：设计中应包括哪些功能,不应该包括哪些功能？如果不包括重要功能,那么客户将不接受该系统。如果系统加入良好的功能,但却使系统昂贵了,那么客户也会拒绝使用该系统。

**1. 定性卡诺模型**

解决此问题的一种方法是利用卡诺(Kano)模型,该模型是由卡诺在20世纪80年代开发的。为了更好地理解客户的喜好和满意度,可以使用卡诺模型,该模型可以识别对某种功能可用性或在给定系统中不存在的5种情绪反应。这些情感反应可以显示在图3.54的曲线上,其中 $x$ 轴是给定系统中功能实现的程度,而 $y$ 轴是满意度(见图3.54)。

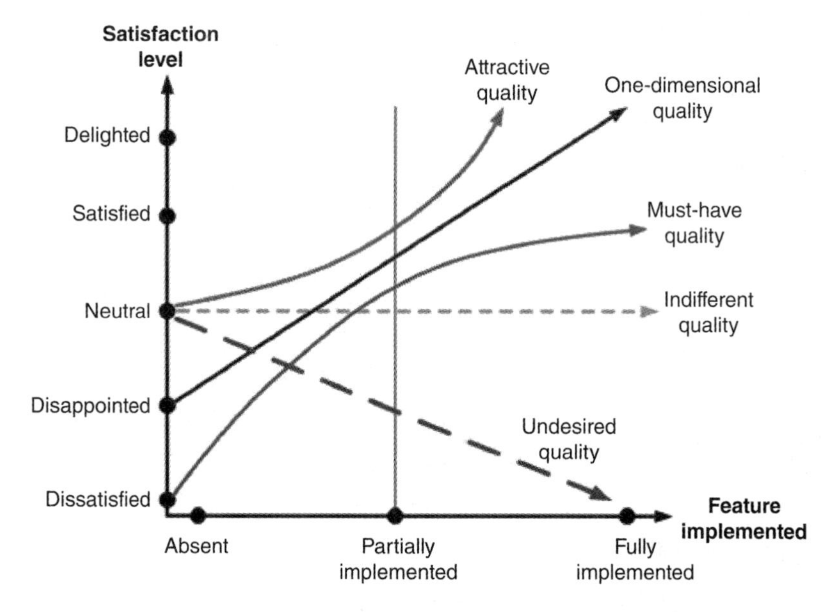


Satisfaction level—满意程度;Delighted—非常满意的;Satisfied—满意的;Neutral—中立的;Disappointed—失望的;Dissatisfied—非常失望的;Absent—功能未实现;Partially implemented—功能部分实现;Fully implemented—功能完全实现;Attractive quality—魅力品质;One-dimensional quality——维品质;Must-have quality—必备品质;Indifferent quality—无差异品质;Undesired quality—不良品质;Feature implemented—功能实现程度

**图 3.54 卡诺模型：对功能实现的情感反应**

**魅力品质**。客户通常不会期望这样的属性，但是它的存在会带来满足感和愉悦感。一个具有吸引力的质量的例子是具有精美外形的太阳镜。一般来说，吸引人的特征满足了以前未被满足但往往未被识别的需求。

**一维品质**。这样的属性会导致满足时的满意和不满足时的不满。也就是说，该产品的功能与满意度之间存在线性关系。一维品质的一个例子是给定产品的成本。成本越低，客户或用户将越满意，反之亦然（当然，要达到一定程度）。

**必备品质**。这种属性是客户希望产品包含的一种属性。但是，如果不包括在内，那么客户和用户将不满意。必备品质的一个例子是普通镜子。当镜子光滑时，客户会正常接受。然而，当镜子粗糙时，会使图像失真，从而使客户不满意。

**无差异品质**。这种属性表示客户和用户都不关心这两种方式的产品功能。因此，它们不会影响客户满意度或不满意度。关于无差异品质的一个例子是手机的内部设计。实际上，大多数人对这个相当复杂的问题一无所知。

**不良品质**。这种属性指的是产品的功能，而大多数客户和用户都不需要使用这些功能。例如手持电视遥控器，由于某些原因，它包含了太多按钮。

**2. 定量卡诺模型**

几位学者曾将卡诺模型扩展到包括定量特征。这种扩展在群体设置中尤其有效，每个成员的意见应该有助于一个系统的整体设计（即应该设计和构建哪些特征，哪些特征不应该）。

可以使用以下定量模型[①]：

$$\mathrm{SI}=\frac{A+O}{A+O+M+I+U}$$

$$\mathrm{DI}=\frac{-(A+M)}{A+O+M+I+U}$$

$$\mathrm{ASC}=\frac{|\mathrm{SI}|+|\mathrm{DI}|}{2}$$

式中：SI为满意指数；DI为不满意指数；ASC为平均满意度系数；$A$为魅力品质；$O$为一维品质；$M$为必备品质；$I$为无差异品质；$U$为不良品质。

### 3.5.4.2 实施程序

可以使用以下步骤来实施定量卡诺模型分析：

**步骤1：确定预期功能**。确定所考虑的系统或产品的预期功能，建议设置小组。

**步骤2：调查所需的系统功能**。进行一项调查，小组中的每个人将把每个预期系统的特性分为以下之一：有吸引力的品质、一维品质、必备品质、无差异品质、不良品质。

**步骤3：生成卡诺表**。整理调查答复并生成一个卡诺功能分类表。

**步骤4：为品质属性分配值**。根据以下评估规则，为每个质量属性分配值：必

① 参见：Mkpojiogu和Hashim，2016年。

备品质＞一维品质＞魅力品质＞无差异品质＞不良。例如，按 Likert 类型的评分量表：必备品质＝5，一维品质＝4，魅力品质＝3，无差异品质＝2，不良品质＝1。

**步骤 5：创建满意度表**。产生用户/客户满意度表格，最终得出每个预期系统功能的满意度指数（SI）和不满意度指数（DI）。

**步骤 6：确定系统功能的优先级**。根据其平均满意度系数（ASC），优先考虑每个预期系统的功能。

### 3.5.4.3 示例：新车的首选功能

#### 1. 示例背景

一家轿车制造商正计划开发和制造一种新型轿车。由 10 名成员组成的卡诺团队进行了评估，以评估预期汽车的 5 个顶级功能组（见表 3.18）。

表 3.18 乘用车的功能组和个人功能[①]

| 功能组 | 个体特征 |
| --- | --- |
| 底盘电子设备 | ● ABS：防抱死制动系统；<br>● TCS：牵引力控制系统；<br>● EBD：电子刹车分配；<br>● ESP：电子稳定程序 |
| 被动安全 | ● 安全气囊；<br>● 下坡辅助控制；<br>● 紧急制动辅助系统 |
| 驾驶员辅助 | ● 车道辅助系统；<br>● 速度辅助系统；<br>● 盲点检测；<br>● 停车辅助系统；<br>● 自适应巡航控制系统；<br>● 预碰撞安全系统 |
| 乘客舒适度 | ● 自动空调控制；<br>● 带记忆的电子座椅调节；<br>● 自动雨刮器；<br>● 自动大灯，自动调整光束；<br>● 自动冷却温度调节 |
| 信息娱乐 | ● 导航系统；<br>● 车载音响；<br>● 信息访问 |

① 为了简化卡诺示例，使用乘用车的功能组代替了单个功能。读者请参阅：汽车电子产品，维基百科，https://en.wikipedia.org/wiki/Automotive_electronics，访问日期：2017 年 12 月。

**2. 示例分析**

表 3.19 描述了生成的卡诺特征组分类表。这里,每列描述了为每个系统特征选择给定属性的团队成员的数量。

**表 3.19 卡诺功能组分类表**

| 特　征 | 必备品质(M) | 一维品质(O) | 魅力品质(A) | 无差异品质(I) | 不良品质(U) | 总　计 |
|---|---|---|---|---|---|---|
| 底盘电子设备 | 3 | 2 | 5 | | | 10 |
| 被动安全 | 4 | 2 | 2 | 2 | | 10 |
| 驾驶员辅助 | 5 | 4 | | 1 | | 10 |
| 乘客舒适度 | | 3 | 2 | 5 | | 10 |
| 信息娱乐 | 1 | 3 | 1 | 3 | 2 | 10 |

表 3.20 描述了最终的用户/客户满意度。从最右边的一列可以看出,底盘电子设备功能组的 ASC 得分最高,信息娱乐功能组的 ASC 得分最低。

**表 3.20 用户/客户满意度表**

| 特　征 | 必备品质(M) | 一维品质(O) | 魅力品质(A) | 无差异品质(I) | 不良品质(U) | 满意指数(SI) | 不满指数(DI) | 平均满意度系数(ASC) |
|---|---|---|---|---|---|---|---|---|
| 底盘电子设备 | 15 | 8 | 15 | 0 | 0 | 0.61 | −0.79 | 0.70 |
| 被动安全 | 20 | 8 | 6 | 4 | 0 | 0.37 | −0.68 | 0.53 |
| 驾驶员辅助 | 25 | 16 | 0 | 2 | 0 | 0.37 | −0.58 | 0.48 |
| 乘客舒适度 | 0 | 12 | 6 | 10 | 0 | 0.64 | −0.21 | 0.43 |
| 信息娱乐 | 5 | 12 | 3 | 6 | 2 | 0.54 | −0.29 | 0.41 |

### 3.5.4.4 延展阅读

- Berger et al., 1993
- Moorman, 2012
- Mkpojiogu and Hashim, 2016

## 3.5.5 群体决策:理论背景

本小节和下一小节的目的是使工程师熟悉团队决策过程的理论和实践。[①] 当一个群体必须从多个选项中选择一个行动路线时,这是一个重要的问题。

① (a) 做出集体决策。请参阅:https://www.uvm.edu/crs/resources/citizens/decision.htm,访问日期:2017年8月。

(b) 集体思考。请参阅:http://www.blendedbody.com/GroupThink/Groupthink-PatternOfThought,Characterizedby-Self-Deception.htm,访问日期:2017年8月。

### 3.5.5.1 理论背景

通常由技术专家制定小组决策,收集解决特定的工程和管理问题。这些组可以在整个系统生命周期中部分活跃,并且可以被安排在需要时采取行动。例如,可以选择一个小组来决定系统的最优设计、适当的测试和鉴定策略、生产策略等。一般,技术审查通常是通过此类决策小组进行的。他们为经理、系统设计师、制造商、测试工程师和生产工程师提供了有关他们所涉及的系统状态的宝贵见解。与以下人员进行的类似过程相比,在此类小组中进行的评估和决策过程具有明显的优势:

- 研究表明,群体作为决策者的有效性一般优于群体中的每个成员。小组可以讨论问题和处理信息,并且更有可能识别逻辑和事实中的错误,并拒绝不正确的解决方案。
- 从本质上讲,小组将各种个性和观点呈现在桌面上,以便产生更多的想法并增加评估的空间。此外,与成员相比,小组代表着更多的信息资源,且拥有更准确的事实和事件记忆。
- 小组通常会制定评估和决策标准。通常,遵循正式程序可以巩固流程,并确保已解决问题的所有方面。定义明确决策规则(例如多数规则、一致决定、量化决策程序)至少在一定程度上确保所有小组成员都有机会发表自己的观点,以便以明智的方式解决悬而未决的问题。
- 总体来说,如果决策是通过公认的团队流程做出的,则人们更有可能去遵循。这增加了执行的承诺,促进了勤勉和便利,以及小组成员之间更好的合作。

本小节提供与以下内容有关的理论背景信息:①制定团队决策;②影响团队决策的因素;③领导风格和团队决策;④团队决策中的风险(见图 3.55)。

### 3.5.5.2 制定团队决策

这个讨论的基本假设是,决策小组的成员在专业和智力上都适合完成他们的任务。例如,如果任务涉及审查技术问题,则所有小组成员都应具有适用于所涉及技术的专业知识。基于此假设,典型的团队决策过程涉及以下 4 个基本阶段。

**阶段 1:确定手头的问题**

小组决策过程的第一个阶段是以群体为导向,发展问题的共享心理模型。进一步来说,该小组试图对手头的系统有一个准确的了解。这可以通过讨论以及交换意见和共享相关信息来实现。

如果对小组可获得的数据进行初步评价,识别出问题,那么可以分析出问题的性质、问题严重性程度,以及问题的可能原因和不能有效处理的可能后果。基于这一分析,小组通常会产生许多适当和可行的替代行动方案,其中应存在一个或多个行动的可接受选择。

**阶段 2:做出决定**

在这个阶段,小组使用几个决策方案中的一个,从小组最初提出的各种备选方案

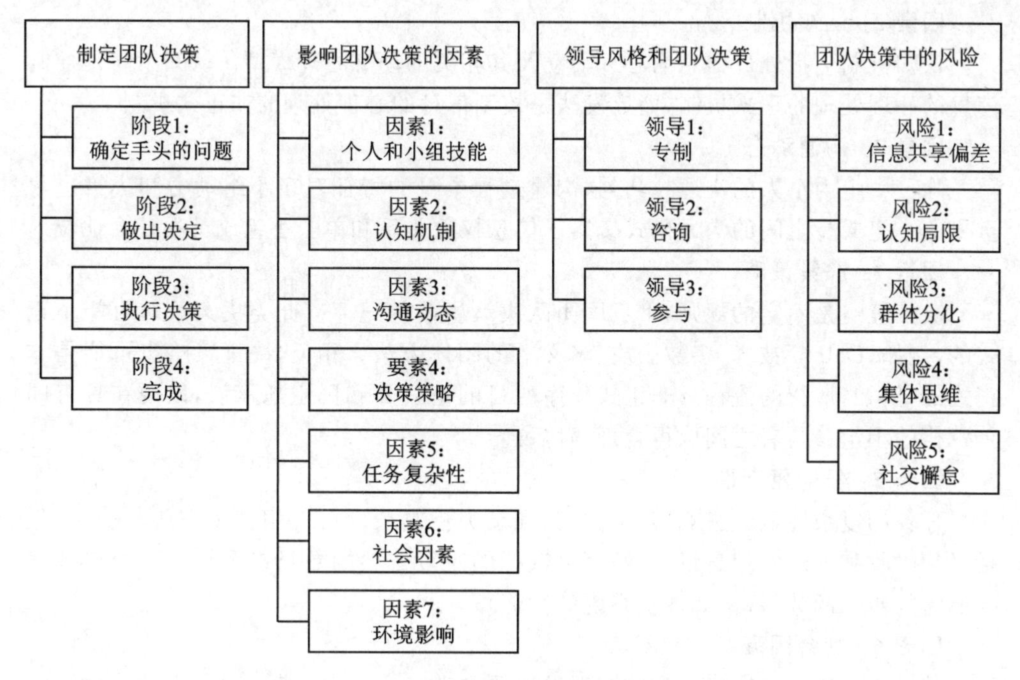


图 3.55　群体决策：理论背景

中选择一条备选行动路线。典型的决策方案可能是：①为该组做出决策的个人（通常是经理）；②使用多数规则或共识规则（该组的所有成员必须同意特定的决策），进行投票，等等。

**阶段 3：执行决策**

在这一阶段，小组对所采纳的解决方案的执行情况进行了审查，并对该决定的后果进行了评估。

**阶段 4：完成**

该团队需要充分了解每种可用替代方案的相对优缺点，以便了解该团队今后如何能更有效地工作。更具体地说，事后（即解决问题之后）的讨论为小组提供了宝贵的学习经验，便于回顾过去的决策和决策过程本身。

### 3.5.5.3　影响团队决策的因素

对多个学科（例如经济学、商业、工程学、心理学）的研究表明，个人和群体特征都会影响群体动力和决策过程。当前的研究表明，在决策速度、正确性或准确性方面，团队流程的有效性通常取决于以下因素：

**因素 1：个人和小组技能**

小组成员之间的个人和小组技能、沟通技巧以及解决问题的能力是有效的小组决策过程的重要组成部分。同样，小组技能，如解决冲突、制定群体目标或平等领导等，都能促进有效的团队绩效。

**因素 2：认知机制**

认知机制包括处理信息的心理活动及其相关的动态心理模型。认知策略是控制信息的心理处理的正式机制，而启发法是控制信息的心理处理的非正式机制。

**因素 3：沟通动态**

除了小组内个人的沟通技巧外，沟通过程本身的特征对于小组动力和决策也很重要。小组成员之间的沟通模式暴露了信息权力关系和单个小组成员的社会地位。

**因素 4：决策策略**

决策策略是商定的规则，可巩固团队决策所需的纪律。此类决策策略可能是正式的，例如，Delphi 技术、多数表决、名义上的团体方法。相反，决策策略也可能是非正式的，例如，广泛的流程。非正式程序的目的是公开和民主地审议，以便在具有同等资格的小组参与者之间取得合理的协议。

**因素 5：任务复杂性**

任务的复杂性显著影响团队的行为和动力。复杂性可以用许多方法来衡量，包括必须吸收和处理的信息量、小组可供选择的决策选项的数目以及执行每个单独任务所需的步骤的数目(例如评价系统的性能)。

**因素 6：社会因素**

社会因素决定了小组中人际关系的性质和动态。它们通常包括人际交往的影响力和权力，以及团体的凝聚力和每个团体成员承担的个人角色。

**因素 7：环境影响**

环境因素影响小组的决策。诸如规模、形式结构和文化等组织特征会影响决策过程。此外，工作环境、财务或时间等因素也会产生压力，这也将会影响小组的行为。

#### 3.5.5.4 领导风格和团队决策

通常，决策小组的领导者是决策过程的关键组成部分。在相当广泛和笼统的方式下，领导者可以分为以下 3 种领导风格：

**领导 1：专制**

在专制领导风格下，领导者倾向于根据当时可用的信息自行解决问题。仅当小组成员提供的信息或建议与他们自己的想法一致时，或当领导者遇到无可辩驳的证明他/她错了的证据时，方可使用该信息或建议。否则，他们很少向小组成员寻求信息或建议。

**领导 2：协商**

协商领导者倾向于与小组成员分享解决问题的过程。但是，他们仍然严重依赖于自己的知识、经验和意见。

**领导 3：参与**

参与式领导与小组成员讨论问题，领导和成员一起制定适当的应对措施。在这种管理方式下，领导者担任委员会的主席，并大体上接受集体决策，而集体决策通常是基于多数制或共识的决策而得出的。

### 3.5.5.5 团队决策中的风险

小组评估和决策过程并不总是成功的。首先，所有此类分组过程都很耗时。如果派生的解决方案和适当的缓解解决方案不及时，则分组过程可能会失败。此外，有时小组会做出错误的决定。导致错误决策的原因可能包括信息共享的偏见、认知局限性、群体两极分化，以及最著名的群体思维现象。下面描述了这些陷阱，这些陷阱通常出现在团队做出的错误决策中。

**风险1：信息共享偏差**

信息共享偏差是小组倾向于讨论所有成员都熟悉的问题，并有避免检查只有少数成员知道的信息的趋势。由于该小组对重要事实的无知，导致决策不力。例如，在某些成员已知某些故障但未告知给其他成员的情况下评估系统测试信息，可能会导致判断错误和启发式偏差。

**风险2：认知局限**

沟通技巧不佳以及个人的认知和动机上的偏见通常会导致小组中个人的判断错误。个人的另一个认知局限性是倾向于寻找能够证实他们的推论而不是否认他们的推论的信息。同样，这可能导致判断错误和失败的决策过程。此外，个人倾向于高估自己的判断准确性，因为他们大多记得自己的决定得到确认的时间。最后，一些小组参与者缺乏询问和解决问题的能力，或者他们的信息处理相对于其他人而言是有限的，从而影响了他们的认知能力。

**风险3：群体分化**

社会比较理论的研究确定了群体两极分化的现象，即当做出选择作为群体的一部分时，会有以更极端的方式做出反应的趋势。在这种情况下，一个小组很难理性地评估事实，并且常常无法做出所有人都可以接受的决定(见图3.56)。

图3.56 极化：不是有效的小组策略

团体极化事件有多种可能的解释：首先，极少数人选择可能会花费更多的团体讨论时间。其次，极端的人常常在争论中变得更加极端。通常，当群体①缺乏成熟度和异质性时；②包含趋向于自我中心主义的人时；③由缺乏解决冲突技能的人管理时，就会出现群体分化。

**风险 4：集体思维**

欧文·詹尼斯(Irving Janis，1972 年)的集体思维理论指出，决策团队有时会屈从于群体思维现象。当小组成员专注于达成共识以至于寻求共识超过了对其他观点的任何现实评估时，就会发生这种情况。受集体思维影响的群体会忽略替代方案，并倾向于采取非理性的行动。当集体与外界意见隔离并且具有高度凝聚力时，集体特别容易受到集体思维的影响。集体思维的特征是集体趋向于统一的压力，无论是对任何不同意见的公开或秘密批评，都总是表现为集体压力。

通常，该组织倾向于高估自己的力量和无懈可击性，并表现出对该组织外部世界的近距离和刻板印象。应引起小组思考的其他典型原因包括：小组组成中的结构性失败和沉没成本的陷落，由专制领导人或小组中某个专横的成员控制，最后是明显存在缺陷的决策过程。集体思维是一种特别不好的现象，会导致系统无法满足要求或包含未正确解决的问题。

通过执行以下步骤，可以预防集体思维或大大减轻其影响：

① **加强小组的决策过程**。这需要将“坏人”角色分配给小组中的一个或几个成员。这样以来，一个人在小组讨论中会更容易表达不同或矛盾的观点。此外，增强的集体流程应规定始终为最终选择和采用首选方法创建多个备选方案的义务。它还需要重新检查小组讨论的每种替代方案的优势、劣势和潜在风险。最后，增强的集体流程应要求制定应急计划，以防止当前方法出现问题。

② **求助外部专家**。该小组应尝试获得专家或外部建议。这对于纠正小组的误解和偏见很重要。应当指出的是，这种外部建议应该从不同背景、说服力和信念的人那里获得，他们不会屈服于现有的团体动力和压力。

③ **采取有效的决策技术**。小组应采取有效的决策技术，以消除小组陷入刻板印象的趋势。一种可能有效的技术是将决策组分成两个或更多的、较小的组，这将分别讨论问题，然后在联合会议上提交他们的调查结果。

④ **选择参与领导**。最后，专制领导人应采取更加开放的领导方式。此外，在其他成员发表意见后，必须说服该小组的固执的成员后再提出建议。

人们还应该意识到，集体思维现象很少被这些集体成员所认识。结果，该小组通常不会采取措施来纠正这种趋势。不幸的是，只有在小组做出特别灾难性的判断错误之后,才会采取纠正措施[①]。

**风险5:社交懈怠**

研究表明,有时人们在集体工作中的努力程度不如单独工作。在简单的任务中尤其如此,在这些任务中,个人贡献混在一起并变得难以区分。例如,在拉绳实验中,Maximilien Ringelmann[②](1861—1933年)表明,小组越大,个人展开的努力就越少(例如,1个人拉100根绳子的绳索,2个人拉186根绳索,3个人拉255根绳索,以及8个人拉392根绳索)。研究者提出以下导致社会懈怠的原因:

① **责任的扩散**。在一个小组中,对最终结果的责任分散在小组成员之间。更具体地说,该组成员通常较少承担个人责任,这可能会减少工作量。

② **搭便车的效果**。有时,一个团体的成员在声誉和权力方面:一方面感觉到属于一个团体的好处,另一方面又感到自己的个人贡献不被赞赏。结果,他们可能提供的回报很少,并且经常练习决策回避倾向(例如,逃避责任、忽略替代方案、拖延等)。

③ **吸盘效果**。在集体的情况下,每个人都在受益并获得信誉。通常,个人成员不希望自己成为没有明确认可就从事所有工作的成员。因此,有时成员愿意做他们认为应该做的事,但不会超过这个限度。换句话说,贡献越少越好。

基于这种现象,可以得出一个合理的结论,即决策小组中的某些参与者往往没有充分发挥其作用。但是,研究表明,当人们认为自己的努力将有助于他们实现个人重视的成果时,他们会做出最大的贡献。因此,有可能找出几个社会因素,可以消除或至少减少社会懈怠的倾向。

从积极的角度来看,小组工作应包括对每个人的个人努力和贡献的公开认可。社会研究表明,当任务具有挑战性和吸引力时,人们会欣然接受。因此,小组领导者和相关的外部人士应该在小组内部灌输这样的观念,即参加这样一个小组是一项有意义而重要的任务。影响社会懈怠的另一个因素是小组人数、小组成员之间的熟悉程度以及小组内部的凝聚力。通常,人们更喜欢与好友合作,而不是与陌生人合作,在一个较小且整齐的小组中,人们可以自由发表意见。

从消极的角度来看,如果一个团队中的个人预见他们或整个团队会因表现不佳而受到惩罚,他们往往会竭尽全力地去努力工作。

---

① 例如,在"猪湾入侵"惨剧(1961年)之后,美国总统约翰·肯尼迪(John Kennedy)试图在内阁会议上避免集体决策。他鼓励内阁成员在各自部门内讨论可能的解决方案,并邀请外部专家分享他们的观点。有时,他将内阁分为几个小组,以破坏小组的凝聚力,有时为了避免发表自己的意见,他故意离开内阁一段时间。后来,1962年9月,苏联政府在古巴投放了进攻性核导弹,这加剧了最接近战略核战争的危机。曾经闯入猪湾的组织以杰出的智慧和创造力应对了这一政治和军事挑战。

② 请参阅:The Ringelmann effect,https://en.wikipedia.org/wiki/Ringelmann_effect,访问日期:2017年8月。

#### 3.5.5.6 延展阅读

- Best，2001
- Gallagher，2008
- Hirokawa and Poole，1996
- Ishizaka and Nemery，2013
- Jahan et al.，2016
- Janis，1972
- Lu et al.，2007
- Torrence，1991
- Vroom and Yetton，1976

### 3.5.6 群体决策：实践方法

本小节介绍了3种集体评价和决策方法：①非正式方法；②正式方法；③定量方法（见图3.57）。

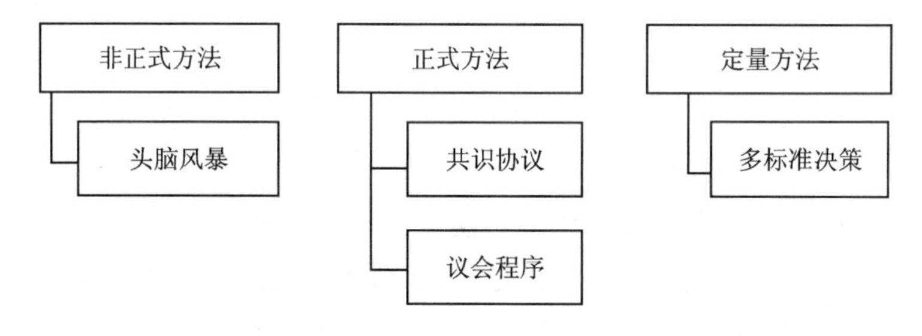


图3.57 群体决策：实践方法

#### 3.5.6.1 非正式方法：头脑风暴

头脑风暴是一种非正式但有效的方法，以在小组设置中做出决定。尽管头脑风暴通常被认为是团队的发散性创造方法，但是这种评价和决策的头脑风暴形式的独特之处在于，群体参与了趋同思维，寻求将解答空间缩小为单一的、最恰当的结果。研究人员指出，集思广益小组的成员在处理相对简单的问题时，通常会利用逻辑、既定标准、概率和知识来以一种或另一种方式左右他们的同伴。常识在此过程中起着至关重要的作用。它提供了解决问题的途径以及选择吸引人的结果的标准。但是，当问题变得复杂时，头脑风暴小组的成员会诉诸抽象手段，例如感觉或直觉。

#### 3.5.6.2 正式方法：共识协议

正式的集体决策过程与通过传统的头脑风暴来获取想法和得出结论完全相反。通常，由于评估复杂的技术问题非常困难，因此采用正式方法是有利的。首先，这种困难源于与现代系统相关的技术问题的复杂性。其次，议程的多样性和参与设计、构建、评估、审查和决策的人员使整个过程变得更加困难。

共识协议是就特定技术问题达成协议的过程。通常，以协商一致方式进行的小组决策会议不太正式，团队负责人必须愿意共享控制权，并在小组讨论中留出更多的回旋余地。

通常，提出讨论的问题将在小组讨论之前进行辩论，以达成各方都能接受的协议。换言之，除非小组中的每个成员都同意，否则不能采取行动。共识不一定意味着一致，也不意味着各方都对解决方案感到满意，但至少每个人都必须同意他们可以“与之共处”并支持这一决定，因为这是该小组可接受的最佳解决方案。共识取决于民族文化、个性和特定问题，达成共识需要花费大量时间，但结果通常是值得的①。

① 共识协议促进公开交流。人们就即将到来的技术问题以及他们关于可能的解决方案的想法互相交谈。这种交换为设计可行且可接受的替代方案提供了基础。

② 共识协议鼓励做出更明智的决定。它基于在开放气氛中发表的各种意见，并鼓励更大的创造力和更多的选择，从而得到更令人满意的决策。

③ 通过互动来理解问题并使用共识选择最佳解决方案的人将看到特定决定背后的推理，一旦达成共识，成员就会倾向于接受该决策。结果是，该小组的所有成员都倾向于在实施方面进行合作，并为拟议的决定提供了足够的成功机会。

在某些情况下，共识协议似乎不是进行小组决策的最审慎的方法。例如，有时问题根本不那么重要，或者替代解决方案对问题的影响没有显著差异；可以以最小的风险做出单方面的管理决策；有时，极端相反的情况发生在团队两极分化和情绪激动至无法进行富有成效的面对面讨论的情况下；另一个例子偶尔出现在必须立即做出决定的时候，因为错误的决定比迟做的决定好。

#### 3.5.6.3 正式方法：议会程序

议会程序也是就特定技术问题达成协议的过程，其目的还在于帮助一个团体在保持和谐精神的同时有效地评估技术主题。它基于在国家层面实行的民主投票原则，即多数人的决定得到维护，但仍有不同意见存在。议会程序很简单，易于实施。首先，决策小组的每个成员都享有平等的权利（这使团队负责人无法拥有单方面的决策权）；其次，对提交给小组的每个问题都有权讨论。

当采用议会程序时，决策小组内部的动态通常十分宽松和非正式。但是，有时情况并非如此。例如，当技术问题复杂或存在争议时，分歧可能导致僵局；另一个例子是当决策组很大或代表不同组织采用不同议程时。在这种情况下，团队领导者解决冲突的技巧以及对决策过程的精心管理至关重要。

共识协议与议会程序之间的主要区别在于，在议会程序中，投票结果往往会造成“双输局面”。结果是，失败者经常不愿意支持获胜者，这阻碍了决策的执行。相反，在协商一致的协议下，通常价值观和思想能综合体现出来，而不是一方获胜而另一方失败。

---

① 例如，在北美大陆，存在着远古时代的社会。1600年之前，莫霍克、阿尼达斯、奥南达加斯、卡尤加斯和塞内卡斯这5个国家组成了豪迪诺索尼联盟，该联盟至今仍在协商一致的基础上做出决定。请参阅：http//www.haudenosauneeconfederacy.com/index.html，访问日期：2017年11月。

### 3.5.6.4 定量方法：多标准决策

多标准决策(Multiple Criteria Decision Making，MCDM)是运筹学的一个分支，是一种基于不同人的意见做出定量决策的正式定量方法。通常情况下，人们最感兴趣的是在一个群体中聚集多种意见，而这个群体的成员往往持有截然不同或相反的意见。

在一个小组中，每个人都有各自的偏好，因此他或她可以在给定的一组备选方案之间进行选择。更准确地说，每个人都可以从每个替代方案中选择自己喜欢的替代方案。例如，给定三个备选方案：a、b 和 c，每个人可以在这三个备选方案之间进行选择，例如组合{a>b、a>c 和 c>b}可以是群体中个体的有效偏好集。

社会选择，或者说，更适合我们的领域，是工程选择(Engineering Choice，EC)，是所有可能性的集合以及它们各自的选择集，以及各个偏好的集合。也就是说，假设每个人都有一定的偏好配置，则工程选择是一项功能，可将集合转换为集合的级别。

各种 MCDM 方法的哲学和理论是在多个领域(例如，运筹学和经济学)进行深入研究的主题，这超出了本书的范围。有兴趣的读者可以参考本小节末尾的其他文献部分，以及本章的参考文献。下面为希望熟悉一种 MCDM 方法的读者提供了一个简单的示例。

### 3.5.6.5 简单示例：多标准决策

有许多数学方法可以从小组中的每个人获取数据，然后将其汇总为统一的小组决策。让我们通过以下示例直观地展示一种做出集体决策的简单方法：召集一个技术委员会来决定如何应对工程开发项目中严重的预算超支和重大的进度延迟。该委员会由 13 名成员组成，其必须对 4 个替代动作进行排名：

**行动 A**：更换主承包商。

**行动 B**：重新设计和重建一个有问题的子系统。

**行动 C**：分两个版本进行开发和生产，将有问题的推迟一年解决。

**行动 D**：终止整个项目。

每个委员会成员在决策组中具有同等的投票权。他或她按重要性顺序对 4 个备选方案(A、B、C、D)进行排名。通过为最支持的动作分配 4 个点，为下一个替代方案分配 3 个点，依此类推。表 3.21 列出了委员会成员的投票结果。

可以看出，备选方案 A 是最有价值的选择。尽管如此，看到这些结果还是很令人困惑的(例如，4 个成员选择了第一个排名集，3 个成员选择了第二个排名集，6 个成员选择了第三个排名集)。一般来说，人们预期，具有诚信的独立个体在其替代行动排名中会表现出更大的差异。

表 3.21　第一个例子：委员会成员表决

| 组 | 成　员 | 替代/点 | | | |
|---|---|---|---|---|---|
| | | A | B | C | D |
| 主要支持 A | 1 | 4 | 2 | 1 | 3 |
| | 2 | 4 | 2 | 1 | 3 |
| | 3 | 4 | 2 | 1 | 3 |
| | 4 | 4 | 2 | 1 | 3 |
| 主要支持 B | 5 | 3 | 1 | 4 | 2 |
| | 6 | 3 | 1 | 4 | 2 |
| | 7 | 3 | 1 | 4 | 2 |
| 主要支持 C | 8 | 2 | 4 | 3 | 1 |
| | 9 | 2 | 4 | 3 | 1 |
| | 10 | 2 | 4 | 3 | 1 |
| | 11 | 2 | 4 | 3 | 1 |
| | 12 | 2 | 4 | 3 | 1 |
| | 13 | 2 | 4 | 3 | 1 |
| 总　计 | | 37 | 35 | 34 | 24 |

让我们来检查结果。人们可能会问，如果每个排名集都具有相等的概率，那么出现这种结果的可能性是多少？（这是不现实的，但仍然是一个有趣的尺度。）请注意每个委员会成员共有 4！＝24 种可能的排名组合。因此，13 个成员共有 $S=24^{13}$ 种排名集组合。

首先我们从 24 个组合中选择 3 个组合，再从 3 个组合中进一步选择 1 个组合，并将其分配给 13 个个体中的第 4 个组合。然后，我们从其余 2 个成员中选择 1 个组合，并将其分配给其余 9 个成员中的由 3 个人组成的第二组。最后，我们从其余 1 个成员中选择 1 个组合，并将其分配给最后 6 个委员会成员，即

$$N_1=\binom{24}{3}\binom{3}{1}\binom{13}{4}\binom{2}{1}\binom{9}{3}\binom{1}{1}\binom{6}{6}$$

$$=2\,024\times3\times715\times2\times84\times1\times1=729\,368\,640$$

可以看出，此结果的概率（基于我们作为尺度的采样空间）非常低，即

$$p_1=\frac{N_1}{S}=\frac{729\,368\,640}{24^{13}}=8.32\times10^{-10}$$

上述结果可能与每个委员会成员选择唯一排名解决方案的假设情况形成对比。在这种情况下，我们从 24 个中选择 13 个组合，并将其分配给 13 个委员会成员，即

$$N_2=\binom{24}{13}\times13!=2\,496\,144\times6\,227\,020\,800=1.554\times10^{16}$$

可以看出，此结果的可能性似乎“在预期范围内”即

$$p_2=\frac{N_2}{S}=\frac{1.554\times 10^{16}}{24^{13}}=0.0177$$

因此，我们观察到 $p_1$ 比 $p_2$ 小大约 7 个或 8 个数量级，这是非常显著的差异。解释这种令人困惑的情况的方法之一是推测，委员会成员并没有投票作为自由代理人，完全致力于项目的利益，但可能知道什么决定会被各自的老板接受①。

对投票模式的进一步分析带来了群体决策中常见的另一种“欺骗性”策略。也就是说，添加一个不切实际的替代方案以扭曲投票结果②。如果我们消除第四个（欺骗性）替代方案，我们来看看投票模式。现在，每个委员会成员将为最有吸引力的替代方案分配 3 分，为下一个替代方案分配 2 分，以此类推。表 3.22 说明了委员会成员的投票结果。现在，替代方案 B 得分最高，而替代方案 A 得分最低。

**表 3.22 第二个例子：委员会成员表决**

| 组 | 成　员 | 替代/点 | | |
|---|---|---|---|---|
| | | A | B | C |
| 主要支持 A | 1 | 3 | 2 | 1 |
| | 2 | 3 | 2 | 1 |
| | 3 | 3 | 2 | 1 |
| | 4 | 3 | 2 | 1 |
| 主要支持 C | 5 | 2 | 1 | 3 |
| | 6 | 2 | 1 | 3 |
| | 7 | 2 | 1 | 3 |
| 主要支持 B | 8 | 1 | 3 | 2 |
| | 9 | 1 | 3 | 2 |
| | 10 | 1 | 3 | 2 |
| | 11 | 1 | 3 | 2 |
| | 12 | 1 | 3 | 2 |
| | 13 | 1 | 3 | 2 |
| 总　计 | | 24 | 29 | 25 |

① 一些读者可能不同意这个例子的有效性。使用上述标准是否合理？由此产生的猜测有效吗？19 世纪英国首相本杰明·迪斯雷利(Benjamin Disraeli)描绘了三种谎言：“谎言、该死的谎言和统计数据”。我们知道，数学家可能会对统计推论的适用性保持谨慎的态度，因为他们知道有时现实可能不符合构建这些推论模型的假设。不过，我们认为在工程设计中，这个例子说明了一切。正如拉普拉斯(概率分析理论，1820 年)所观察到的那样——“概率论的底线是将常识简化为微积分。”

② 肯尼斯·约瑟夫·阿罗(Kenneth Joseph Arrow)是 1972 年诺贝尔经济学奖的联合获奖者之一。他以对社会选择理论的贡献而闻名，尤其是阿罗的不可能定理。无关选择的独立性(Independence of Irrelevant Alternatives，IIA)的条件最早是由阿罗于 1951 年提出的。

#### 3.5.6.6 延展阅读

- Al-Shammari and Masri，2015
- Arrow et al.，2002
- Kaliszewski et al.，2016

## 3.6 其他创造性方法

本节介绍了其他传统上不被认为是“创造”的创造性方法，但作者认为，这些方法是创意工程师库中的重要工具（见图 3.58）。

3.6 其他创造性方法

- 流程图分析
- 九屏分析
- 技术预测
- 设计结构矩阵分析
- 失效模式影响分析
- 预期失效分析
- 冲突分析与解决

图 3.58 其他创造性方法

### 3.6.1 流程图分析

#### 3.6.1.1 理论背景

流程是一组将输入转化为输出的结构化活动[①]。流程流向是构成整个流程的活动和流向的网络（即材料、信息或能源），而流程图以图形方式描述了该网络。创建流程图是为了更好地了解流程本身，建立更有效的沟通，澄清流程边界并帮助组织提高效率。最后，流程图可以打破流程的复杂性，为计划即将到来的项目提供了一个出色的平台。

实际上，所有流程图都遵循供应商、输入、过程、输出、客户（Supplier，Input，Process，Output，Customer，SIPOC）的构造。此处：①供应商是为流程提供输入的实体；②输入是用于从流程产生输出的全部实体；③流程是为了将输入转换成输出而执行的一组步骤或活动；④输出是从过程中产生的结果或实物；⑤客户是使用上述流程输出的实体。流程图可以分为以下几类：

**1. 顶层流程图**

顶层流程图的目的是通过简化和通用的方式说明给定流程，即①供应商；②输入；③流程；④输出；⑤客户。通常，故意隐藏顶层流程图的内部结构，以区别其普遍的本质。

**2. 详细的层次流程图**

详细的层次流程图以较高的级别但以更高的分辨率描述了流程。例如，详细级

① 根据《梅里亚姆-韦伯斯特词典》，“流程”的定义是“导致最终的一系列动作或操作；特别是：在制造过程中的连续操作或处理。”

别的流程图将显示子流程的开始和结束，完成的活动及决策点，以及适当的标签、回流、并行流程等。此外，界面、详细信息的内部和外部信息流通常以适当的粒度显示。

**3. 泳道图**

当一个流程需要两个或多个人员、部门或子流程的贡献时，通常使用泳道图。泳道图有助于弄清谁负责生产每个流量元素，以及预期谁会接收它。

在泳道图中，流程在视觉上分为单个（通常）水平“车道”，每个车道均由标签标识（例如，人员姓名、部门名称、子流程 ID 等）。通过绘制生产商和用户车道之间的垂直线，在图表上识别出各个过流部件。

#### 3.6.1.2 实施程序

多年来，流程图已经变得很简单，因为许多软件包提供了除绘图之外的多种功能。通常，构建流程图涉及以下步骤：

**步骤 1：定义流程边界**。也就是说，定义每个流程的开始和结束位置以及流程的环境，从中接收输入并从中传输输出。

**步骤 2：定义地图参数**。确定所需的地图类别以及所需的详细程度。

**步骤 3：定义流程步骤**。确定处理步骤的特定顺序。

**步骤 4：绘制流程图**。根据上述步骤，绘制流程图。

#### 3.6.1.3 示例：研究项目的运作

**1. 示例背景**

在此示例中，由大学、大型工业公司和中小企业（Small and Medium Enterprises，SME）组成的财团承担了一项研究项目。预计该项目将生成软件包以及研究论文和报告。

**2. 示例分析：顶层**

图 3.59 描绘了顶层流程图。该项目从资助机构以及其他客户那里获得了科学和管理目标。它使用来自科学界、其他相关项目和相关标准（即该项目的供应商）的最新信息。该项目会为资助机构生成持续状态报告，并向科学界、其他相关项目和相关标准（即该项目的客户）提供新的科学知识。

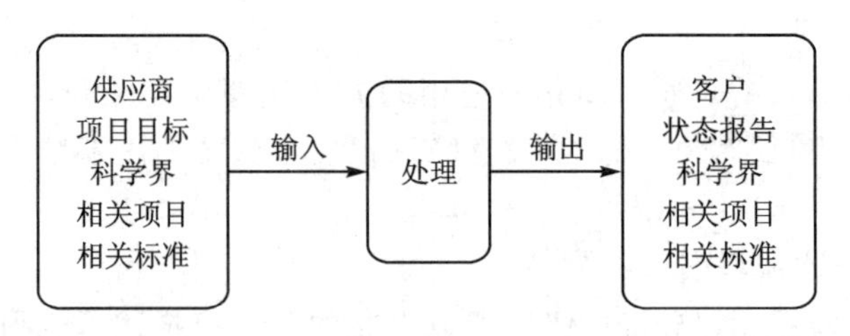


图 3.59 研究项目：顶层流程图

**3. 示例分析：详细层次**

绘制详细流程图的格式很多。图 3.60 给出了一个详细级的流程图示例。可以看出，各个子过程以及这些子过程之间的各个过流部件都是专门指定的。例如，子进程 WP2(方法发展)产生过流部件 D2.2，由子进程 WP3(工具开发)和 WP4(试点项目)使用。

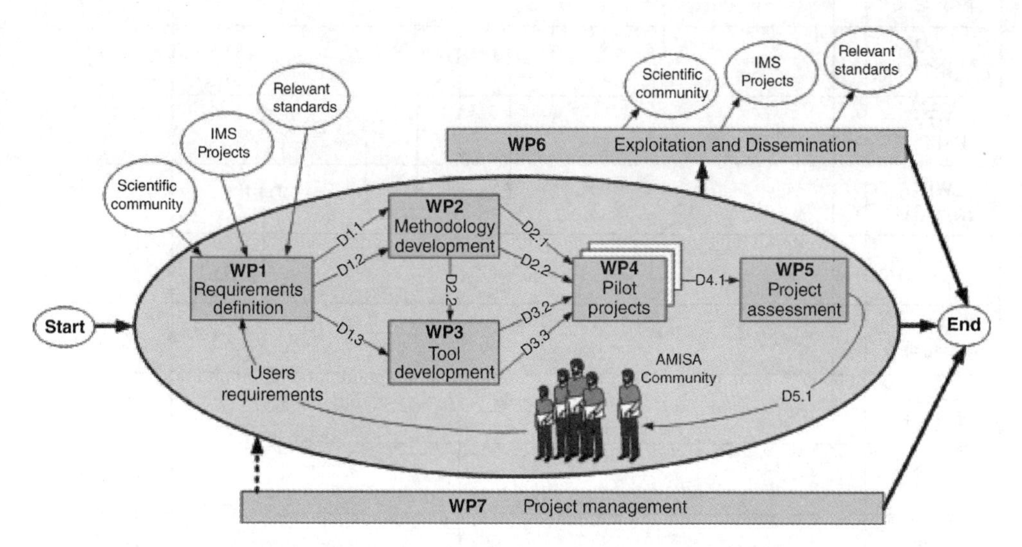


Start—开始；Scientific community—科学界；IMS Projects—IMS 项目；
Relevant standards—相关标准；WP1 Requirements definition—WP1 需求定义；
WP2 Methodology development—WP2 方法论的发展；
WP3 Tool development—WP3 工具开发；WP4 Pilot projects—WP4 试点项目；
WP5 Project assessment—WP5 项目评估；WP6 Exploitation and Dissemination—WP6 开发与传播；
WP7 Project management—WP7 项目管理；Users requirements—用户要求；
AMISA Community—AMISA 团队；End—结束

**图 3.60 研究项目：详细级的流程图**

**4. 示例分析：泳道图**

图 3.61 描绘了一个典型的泳道图。在这里，每个子流程以及供应商和客户都被分配了一个水平"通道"，并通过生产者通道与用户通道之间的垂直线来标识各个过流部件。在此，子流程 WP2(方法开发)再次产生过流部件 D2.2，子流程 WP3(工具开发)和 WP4(试点项目)将使用它。

### 3.6.1.4 延展阅读

- Damelio，2011

## 3.6.2 九屏分析

### 3.6.2.1 理论背景

当工程师开发系统或寻求解决某些系统问题时，他们目前自然倾向专注于系统

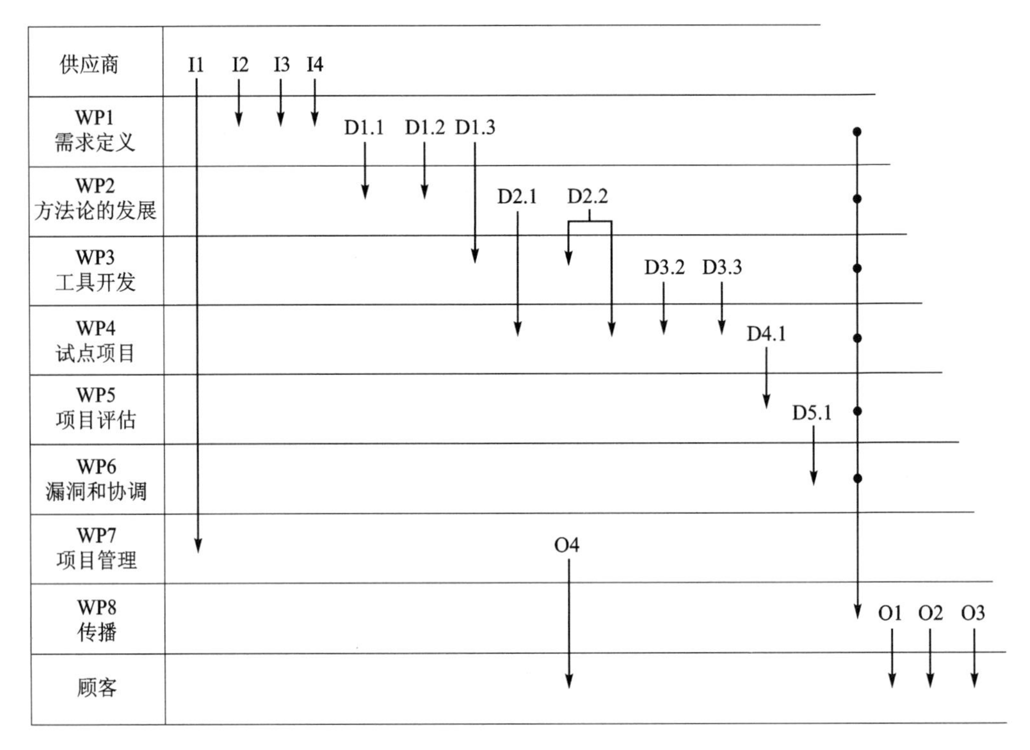


图 3.61　研究项目：泳道图

本身。G. Altshuller 在 20 世纪 80 年代提出的九屏分析法中提供了一种从 9 个或更多不同的有利角度检查系统的方法①。这包括按原样查看系统以及查看较高和较低的系统级别。此外，这种方法还描述了系统的时间空间，即它的过去、现在和将来，创建了一个具有 9 个屏幕的 3×3 矩阵(见图 3.62)。

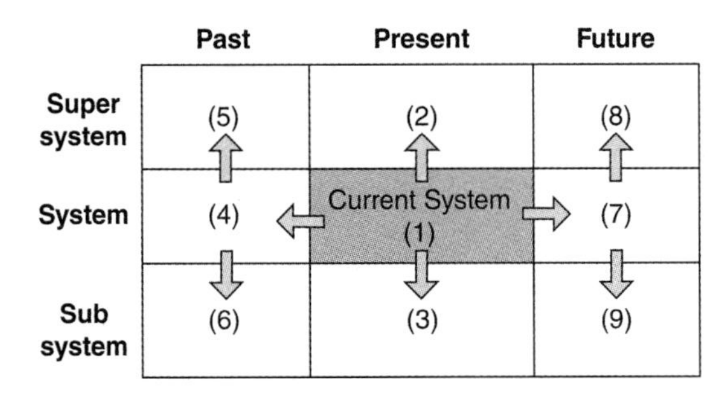


Past—过去；Present—当下；Future—未来；Super system—超级系统；
System—系统；Sub system—子系统；Current System—当前系统

图 3.62　九屏矩阵

① 通过考虑更大的时间空间(例如，遥远的过去、过去、现在、未来、遥远的未来等)和/或更大的系统阶段(例如，超级系统、系统、子系统、组件等)，可以扩展屏幕的数量。

九屏分析法鼓励工程师从系统的级别和时间的角度检查系统，并通过超越当前的设计要求来激发新的想法。更具体地说，通过检查系统在从过去到现在的发展过程中如何增加其理想性，工程师可以设想该系统如何继续其发展直到未来。这个过程可以扩大他们的视野，激发相对于当前系统的创造力。

#### 3.6.2.2 实施程序

实施九屏分析法的过程可由以下步骤组成：

**步骤1：识别系统**。确定正在调查的系统或问题，并将此信息放置在3×3矩阵(即当前系统)的中心。

**步骤2：确定超级系统(环境)**。确定系统的环境，并将此信息放置在矩阵的顶部中间单元(即当前超级系统)中。

**步骤3：确定子系统**。确定主要子系统并将此信息放置在矩阵的底部中间单元(即当前子系统)中。

**步骤4：对过去的系统重复上述步骤**。步骤1、步骤2和步骤3应该相对于当前系统的过去进行重复。结果应放置在矩阵的最左侧的3个(过去)单元格中。

**步骤5：分析系统的理想性**。应该分析系统的理想性的增加(或减少)。具体来说，应该对有用函数(Useful Functions，UF)和无用函数(Nonuseful Functions，NUF)都进行估算。

**步骤6：为将来的系统设计项目**。根据步骤5的结果，对未来的系统、其环境和主要子系统进行预测。此后，结果应放在矩阵的最右边的3个(未来)单元格中。

**步骤7：寻求见解**。可以根据九屏分析法中累积的数据来提取对系统或正在调查的问题的进一步理解。

#### 3.6.2.3 示例：火箭发动机设计

**1. 示例背景**

需要设计先进的火箭发动机。设计过程应以九屏分析为支撑。

**2. 示例分析**

表3.23和以下文本描述了高级火箭发动机设计的九屏分析法。

**表3.23 火箭发动机设计的九屏分析法**

| | 过 去 | 现 在 | 将 来 |
|---|---|---|---|
| 超级系统 | 地球大气中的飞机 | 靠近地球的火箭 | 星际空间中的航天器 |
| 系统 | 喷气发动机 | 火箭发动机设计 | 星际离子推进器 |
| 子系统 | ● 进气风扇；<br>● 压缩机；<br>● 燃烧室；<br>● 涡轮机；<br>● 喷嘴 | ● 燃油/氧化剂泵；<br>● 涡轮机；<br>● 气体发生器；<br>● 推力室；<br>● 喷嘴延长 | ● 星际气体指示器；<br>● 等离子加速器；<br>● 聚变反应堆 |

火箭发动机①是喷气发动机的一种特殊类型。但是，与喷气发动机相反，火箭发动机使用车载存储的燃料（例如，液态氢）和氧化剂（例如，液态氧），因此火箭可以在真空中行进，从而将有效载荷推向太空。火箭发动机按照牛顿第三定律提供推力，即它们通过排出热气体而产生推力，这些热气体已经通过推进喷嘴加速到高速。与喷气发动机相比，火箭发动机相对较轻，推力较高，但推进剂效率较低。"九屏"矩阵中的三个垂直单元显示了典型火箭发动机的环境和子系统（见图 3.63）。

喷气发动机②是内燃机、呼吸式发动机，燃烧石油基燃料。该发动机快速运转并进行喷射，产生推力推动飞机前进。发动机由发动机芯和中心轴组成，3 个关键元件（即进气风扇、压缩机和涡轮）在其上高速旋转。进气风扇或涡轮风扇从环境中吸入大量空气。一些空气流过发动机核心，其余空气则绕过核心，对发动机产生附加推力并冷却发动机（见图 3.64）。压缩机将进入的空气推入越来越小的区域，导致气压和能量潜力的增大。

**图 3.63　典型的火箭发动机**

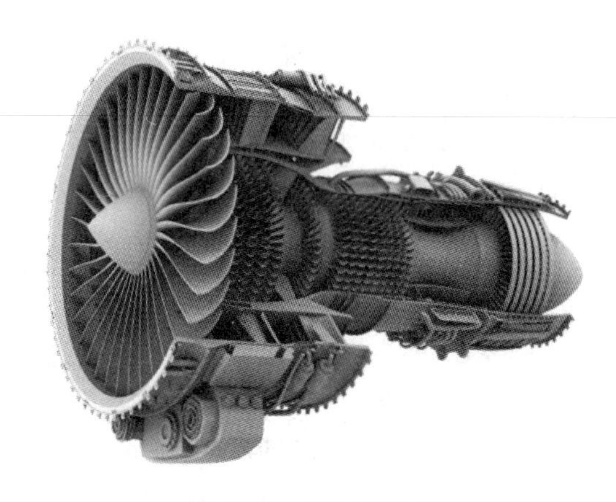

**图 3.64　喷气发动机**

加压的热空气被迫进入燃烧室，在燃烧室中与燃料混合。燃料与压缩空气中的氧气结合，产生高强度火焰并使热气膨胀。这些气体通过涡轮叶片运动，导致中心轴旋转，进而导致前部的压缩机和进气风扇随之旋转。最终，喷嘴，即产生推力的发动

① 参见：火箭引擎，维基百科，免费百科全书。https://zh.wikipedia.org/wiki/Rocket_engine#Throttling，访问日期：2017 年 11 月。

② 参见：Jet 引擎，维基百科，免费百科全书。https://zh.wikipedia.org/wiki/Jet_engine，访问日期：2017 年 11 月。

机部件，将从涡轮机排出的热气体与旁通的冷空气结合在一起，产生推力，将飞机向前推进。

火箭发动机的优点是其上携带燃料和氧化剂，因此它独立于超级系统（就推进源而言）。这与喷气发动机相反，喷气发动机是一种呼吸机。这是理想化的标志吗？不一定，因为每个引擎都能完美地实现其自身超级系统内的功能。尽管如此，这种能力对于未来的发动机仍至关重要，接下来将进行讨论。

拟议的理论星际离子推进发动机[①]是基于使用巨型星际气体侦察器（直径从几千米到数百万米）的喷气发动机。来自星际空间的氢作为唯一的燃料源被收集起来，在航天器的高速度和适当构造的磁场的结合下，被迫进入一个逐渐缩小的空间，直到发生热核聚变。当宇宙飞船排出能量时，磁场就会引导能量，从而使宇宙飞船在星际空间中加速。从根本上说，如果发动机的推力明显大于发动机产生的阻力，则该发动机将能使航天器加速到令人难以置信的速度（见图3.65）。

图3.65 星际离子推进引擎

假设离子推进发动机是可行的，并且进一步假设可以解决其他星际旅行问题（例如，建造合适的航天器，解决导航问题，寻找使航天器减速的方法，安全降落在所需行星上，以及解决长期的人工交互难题），那么这种方法将使人类能有机会登上其他星球。在这方面，该系统的理想性相对于化学推进火箭提高了几个数量级。当然现有技术还远未达到此类发动机的任何实际应用。

#### 3.6.2.4 延展阅读

- Berk，2013
- Hunecke，2010
- Long，2012

### 3.6.3 技术预测

#### 3.6.3.1 理论背景

通常，技术预测的目的是帮助评估潜在的未来发展的可能性以及重要性，以便工程师和管理人员可以制定有效且高效的计划。目前，已经开发出了用于技术预测的

① 参见：星际旅行、维基百科、自由百科。https://en.wikipedia.org/wiki/Interstellar_travel，访问日期：2017年11月。

多种技术,例如:①监测,即检查最新技术水平并找到创新来源;②专家意见,即寻求专家就该主题提供的建议;③趋势分析,即遵循时间序列数据和确定相似系统背后的进化模式和驱动力;④建模和仿真,即使用仿真预测工具估算系统如何演化;⑤场景分析,即检查可能的未来事件和演化模式。

在这里,根据 TRIZ 的技术系统演化法则,从现有系统开始,提供了一种实用的预测方法,该系统会在指定的时间内进行演化。

#### 3.6.3.2 实施程序

使用 TRIZ 方法进行技术预测的流程可能包括以下步骤:

**步骤 1:研究技术和管理环境**。首先应该研究技术水平,这包括识别和分析现有公司的产品、市场、客户习惯和不断变化的经济趋势。此外,应该分析内部组织的愿景和当前定义的任务。

**步骤 2:确定要分析的系统**。在这一步骤中,应确定特定的系统,这将成为技术预测的重点。

**步骤 3:确定顶级系统和环境**。在此步骤中,应定义顶级系统及其边界和环境(即超级系统)。

**步骤 4:确定详细的系统和接口**。接下来,应定义子系统及其接口(即内部接口),定义系统及其环境(即外部接口)。

**步骤 5:确定系统演化阶段**。使用适合于每个子系统的 S 曲线模型(参见 4.2.1 小节"系统演化建模——S 曲线")定义系统演化阶段。例如,可以使用表 3.24 中描述的通用 S 曲线模型。

**表 3.24　通用 S 曲线阶段**

| 阶　段 | 名　称 | 含　义 |
|---|---|---|
| 1 | 初始概念 | 观察并报告了基本的科学概念 |
| 2 | 第一次实施 | 技术的首次商业化实施和使用 |
| 3 | 社会认可 | 技术得到了整个社会的认可 |
| 4 | 资源下降 | 支撑该技术的资源开始下降 |
| 5 | 技术最大化 | 技术发挥最大潜力 |
| 6 | 技术下降 | 技术使用率下降 |
| 7 | 新兴技术 | 出现了新的和改进的技术 |

**步骤 6:定义相关的时间范围**。应该确定系统演化的相关时间范围。通常,来自管理、财务、市场、销售和工程部门的代表将讨论这些问题,或者最好使用诸如 Delphi 程序之类的既定方法来达成共识。

**步骤 7:运用技术体系演化的法则**。检查每个 TRIZ,"基本技术系统演化法则"见表 3.25,以识别在相关时间段内可能演化并影响每个子系统的未来价值的相关技术和/或业务参数(或者,可以利用“附录B　技术系统演化的扩展法则”)。

**步骤8:确定子系统的当前值**。估计当前值的每个子系统都基于公开市场中相关子系统的成本或与开发、生产、维护和处置该子系统相关的成本。

**步骤9:定义当前和未来的参数**。根据S曲线模型的初始阶段(I)和未来阶段(F)评估每个子系统的技术和业务参数。

**步骤10:为参数分配权重**。对于每个子系统,估计每个参数相对于其他参数的权重,确保每个子系统的总权重等于1.0。

表3.25　技术体系演化的基本法则

| 序　号 | 演化的基本法则 |
| --- | --- |
| 1 | 理想度递增法则 |
| 2 | 子系统不均匀演化法则 |
| 3 | 过渡到上级系统的法则 |
| 4 | 系统增加动力法则 |
| 5 | 从宏观到微观的过渡法则 |
| 6 | 完整性法则 |
| 7 | 缩短能量流路的法则 |
| 8 | 可控性法则 |
| 9 | 协调系统各部分节奏的法则 |

**步骤11:计算初始和最终加权因子**。对于每个子系统,计算每个参数的初始和最终加权因子及其对应的总计。

**步骤12:计算未来净值和增益值**。以子系统的当前值(S)为基础,利用三强鼎立法则计算其预期未来值(S′)和期望值增益(S′S)。

### 3.6.3.3　示例:基因组个性化医学

**1. 示例背景**

一家大型知名的制药公司有兴趣将其业务扩展到个性化医疗保健业务。这涉及开发系列用于治疗复杂疾病(受个体基因组和环境因素共同影响的疾病)的新基因组药物[①]。CEO设立了一个科学和工程任务组,其任务是探索这一领域,并就这项工作的经济潜力进行技术预测。该工作组提供以下信息。

**人类基因组**

每个人都有一个独特的基因组。一个基因组是生物体完整的DNA集合[②],包括其所有基因。每个基因组都包含构建和维持该生物体所需的所有信息。例如,人类

① 典型的复杂疾病包括各种类型的癌症、哮喘、糖尿病、癫痫、高血压、躁狂抑郁症和精神分裂症。

② DNA:脱氧核糖核酸是一种非常长的大分子,它是染色体的主要成分,并且是在所有生命形式中传递遗传特征的物质(Dictionary.com)。

基因组由23对染色体组成，总共约30亿个DNA碱基对，估计有20 000～25 000个人类蛋白质编码基因。个性化医学利用患者的基因组，以便确定对给定疾病最适宜的药物治疗方案。

**人类基因组研究的发展**

人类基因组计划(The Human Genome Project，HGP)是一个国际项目，旨在鉴定核苷酸碱基对的序列并绘制人类基因组的所有基因。该项目耗资超过30亿美元，始于1990年，并于2003年正式完成。

从根本上讲，应用负担得起的个性化药物的关键是能够以合理的价格对单个人进行基因组测序。实际上，这个价格已从最初的HGP花费的30亿美元大幅下降到2016年的1 000美元，并且有望在10年左右的时间内进一步降低到每个单基因组测序约100美元[①](见图3.66)。

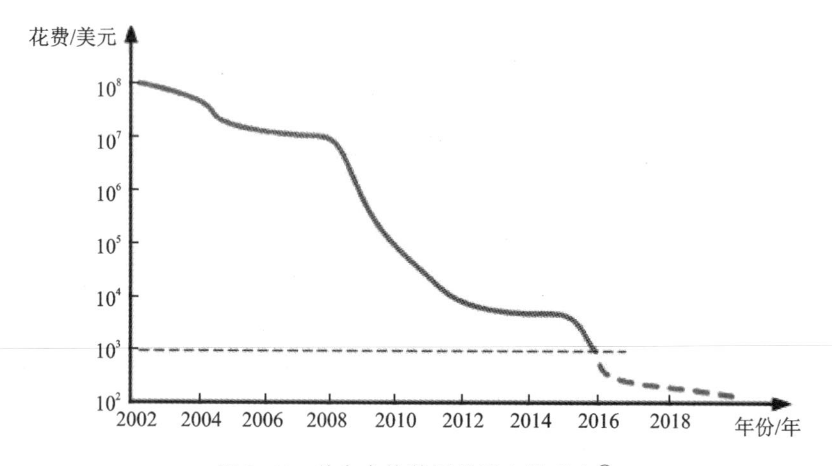


**图3.66　单个个体基因组测序的成本**[②]

**医疗模式转变**

在经典疾病治疗中，医生按照以下范例为所有患有相同疾病的患者提供几乎统一的医疗服务：观察⇒治疗⇒不确定的反应。这种反应性医疗策略试图使良性治疗结果与治疗失败或患者不良副作用的风险之比最大化。

个性化医学，有时也称为分层医学、精准医学或P4医学，它是指利用个人的遗传特征来指导预防、诊断和治疗每种疾病的医学决策。因此，在这种新范式下，医生根据患者的基因组特征做出更有效的医疗决策。也就是说，为患者提供了针对其预测的医学反应或与给定疾病相关的风险的量身定制的特定干预策略。

---

① M. Herper，"Illumina承诺人类基因组测序将约为100美元，但并不全然，"《福布斯》，2017年1月9日。https://www. forbes. com/sites/matthewherper/2017/01/09/illumina-promises-to-sequence-human-genome-for-100-but-not-quite-yet/#266dc8a1386d，上次访问日期为2018年3月。

② 来源于国家人类基因组研究所(the National Human Genome Research Institute，NHGRI)和其他的计算数据。

来自患者基因型和表现型的信息和数据(基因表达水平和/或临床信息的使用)有助于启动特别适合特定患者的预防措施。更具体地说,将个人的生物标记物用作诊断工具,可以预测对特定药物的治疗反应(见图3.67)。

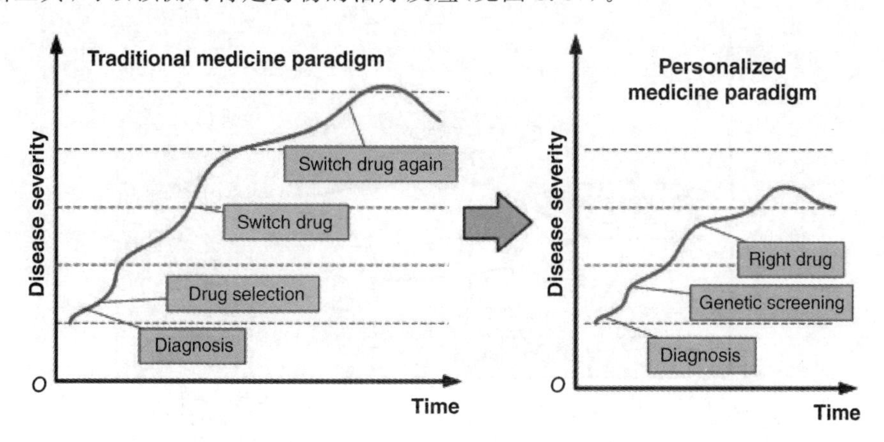


Traditional medicine paradigm—传统医学范式;Switch drug again—再次换药;
Switch drug—换药;Drug selection—药物选择;Diagnosis—诊断;
Disease severity—疾病严重程度;Personalized medicine paradigm—个性化医学范式;
Right drug—正确的药物;Genetic screening—基因筛选;Diagnosis—诊断

**图3.67 医疗模式转变**

这种医疗模式转变的结果是,降低了公共成本,大幅减少了某些从药物治疗无法获益的患者的副作用和痛苦,并提供了更有效率的医疗服务。据Illumina[①]称,2014年,全球研究人员已对大约100万个人类基因组进行了完全测序。该公司估计,这个数字将每12个月翻倍,到2017年将达到每年160万个单独的基因组测序。

随着这种发展,市场上有许多基因组药物可供使用。例如,根据美国食品药品监督管理局(the US Food and Drug Administration,FDA)在2012年发布的数据,超过110多种已上市药品的标签上都带有药物遗传学生物标记。个性化医学的最大影响在于癌症治疗,尤其是黑色素瘤、甲状腺癌、大肠癌、肺癌和胰腺癌以及乳腺癌都含有可被遗传药物靶向治疗的基因突变。

**实地数据**

为了鉴别个性化医学的经济利益,我们可以看看罗伯特·兰格斯(Robert Langreth)在2008年报告的一项研究工作。他比较了Erbitux的治疗中有KRAS测试和没有KRAS测试的成本,从而指导个性化治疗(Direct Personalized Treatment,DPT)。

KRAS的正式名称是KRAS突变分析,它可以检测肿瘤组织细胞DNA中最常见的KRAS基因突变,以帮助指导癌症治疗。进行KRAS突变分析的主要目的是确定患有转移性结肠癌或非小细胞肺癌的人是否可能对标准疗法(一种抗EGFR药物

① Illumina Inc.是一家美国公司,致力于开发、制造和销售用于分析遗传变异和生物学功能的集成系统。

疗法)产生反应。KRAS突变的肿瘤对抗EGFR治疗没有反应。分析结果令人印象深刻:①每次成功地降低成本60%;②40%的患者免于无效治疗带来的副作用;③总体成功率为25%不变(见图3.68)。

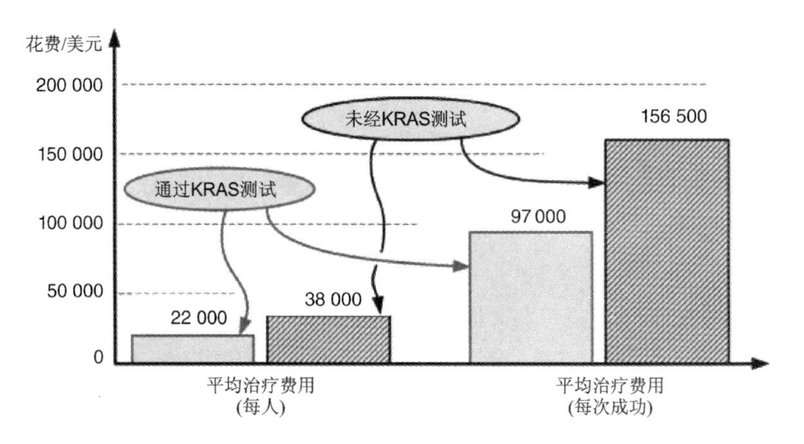


图3.68 Erbitux治疗和成本比较

**2. 示例分析**

① 整个社会的个性化医疗在S曲线阶段分为3个阶段(技术被整个社会认可)。然而,对于这家制药公司,它是两个(第一个是商业实施和技术的使用)。

② 本次分析的相关时限为10年。

③ 表3.26描述了所提出的个性化药物的技术预测分析。因此,根据图3.69所示,对该制药公司而言,个性化医疗的优势十分明显。

表3.26 技术预测:个性化药物

| 演化法则 | | | 参 数 | 初 始 | 未 来 | 最 大 | 权 重 | 计算方式 | |
|---|---|---|---|---|---|---|---|---|---|
| L1 | L2 | L3 | p | I | F | M | W | W·I | F·I |
| 1 | 3 | 5 | 扩大药物选择范围 | 3 | 5 | 7 | 0.15 | 0.45 | 0.75 |
| 8 | | | 减少药物用量 | 3 | 4 | 7 | 0.05 | 0.15 | 0.20 |
| 1 | 2 | 5 | 增加药物功效 | 2 | 4 | 7 | 0.10 | 0.20 | 0.40 |
| 4 | 6 | | 降低复发风险 | 3 | 3 | 7 | 0.15 | 0.45 | 0.45 |
| 1 | 9 | | 降低成功成本 | 1 | 4 | 7 | 0.25 | 0.25 | 1.00 |
| 1 | 5 | 8 | 避免患者出现副作用 | 1 | 4 | 7 | 0.15 | 0.15 | 0.60 |
| 1 | 2 | 3 | 提高整体医疗保健成功率 | 3 | 5 | 7 | 0.15 | 0.45 | 0.75 |
| 总 计 | | | | | | | 1.00 | 2.10 | 4.15 |
| 目前的价格(S)=100百万美元;<br>预期价值(S′)=205百万美元;<br>获得(S′−S)=105百万美元 | | | | | | | | | |

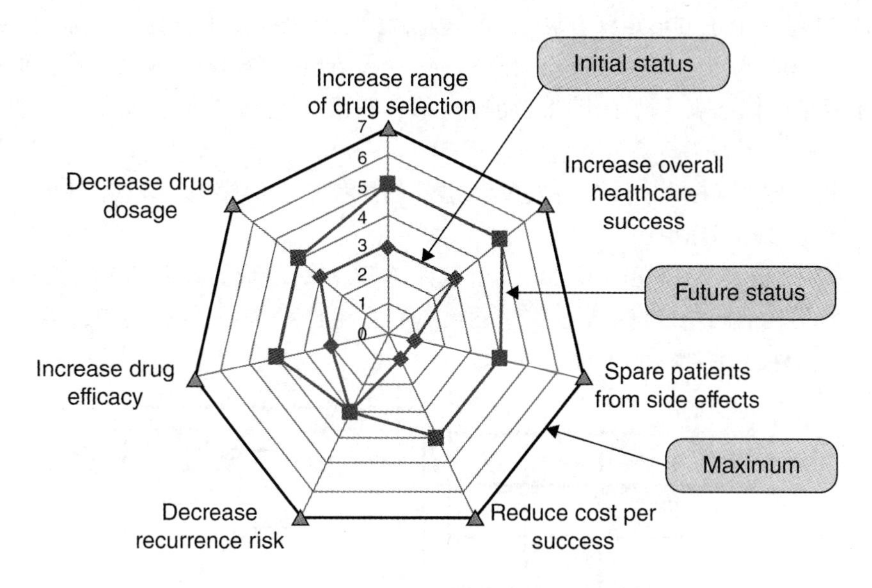


Increase range of drug selection—扩大药物选择范围；
Increase overall healthcare success—提高整体医疗保健成功率；
Spare patients from side effects—避免患者出现副作用；
Reduce cost per success—降低每次成功成本；Decrease recurrence risk—降低复发风险；
Increase drug efficacy—增加药物功效；Decrease drug dosage—减少药物用量；
Initial status—初始状态；Future status—未来状态；Maximum—最大值

**图 3.69 个性化医疗的优势**

### 3.6.3.4 延展阅读

- Bejan and Lorente, 2011
- Christensen, 1992
- Cooke, 1991
- Hyndman and Athanasopoulos, 2013
- Langreth, 2008
- Loveridge, 2002

## 3.6.4 设计结构矩阵分析

### 3.6.4.1 理论背景

设计结构矩阵(Design Structure Matrix,DSM),也称为依赖结构矩阵,是一种建模技术,可用于开发和管理复杂的系统。DSM 捕获系统的元素及其在系统中的交互,以及系统与其环境之间的交互。因此,DSM 是定义系统架构以及流程和组织架构的优秀工具。DSM 的主要优势来自其直观的表示方式、视觉特性和紧凑的格式。

DSM 是一个正方形矩阵,其中在矩阵左侧的行以及矩阵上方的列中标识系统组件。斜对角的单元格标识系统元素之间的关系。有几种解释 DSM 的约定,但通常给定单元格的标记表示两个组件之间存在某种联系(即在矩阵的相关原始列和列中标识)。

一个公共约定标识一个组件沿着该组件的原件产生的输出,一个组件消耗的输入沿着该组件的列标识。

例如,图 3.70 中描述的系统由 3 个组件 A、B 和 C 组成。组件 A 产生输出(x),由组件 B 消耗。同样,组件 A 也产生输出(y),由组件 C 消耗。最后,组件 C 产生输出(z),由组件 A 消耗。

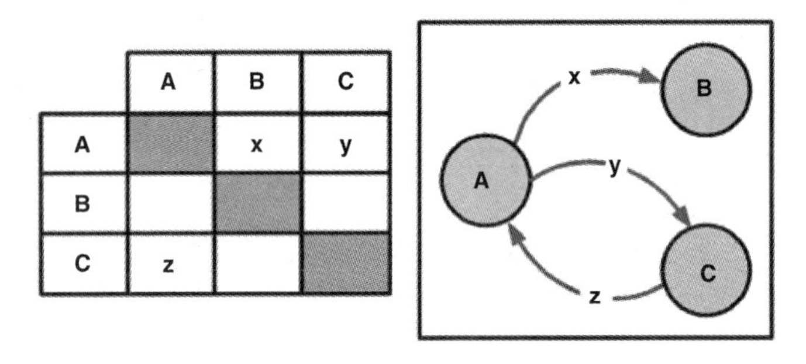


图 3.70　三组件系统

多域矩阵(Multiple Domain Matrix,MDM)是原始 DSM 模型的扩展。它描绘了多个域的集成视图。

两个或多个 DSM,每个都代表一个特定的域,可以串联放置,以便对不同系统或域的组件之间的关系进行建模。例如,图 3.71 所示的两个系统代表两个域(例如,机器 A、B、C 的一部分和工程师 1、2 的团队)。通过链接 $\alpha$ 和链接 $\mu$ 来描述特定机械零件和工程团队之间的关系。

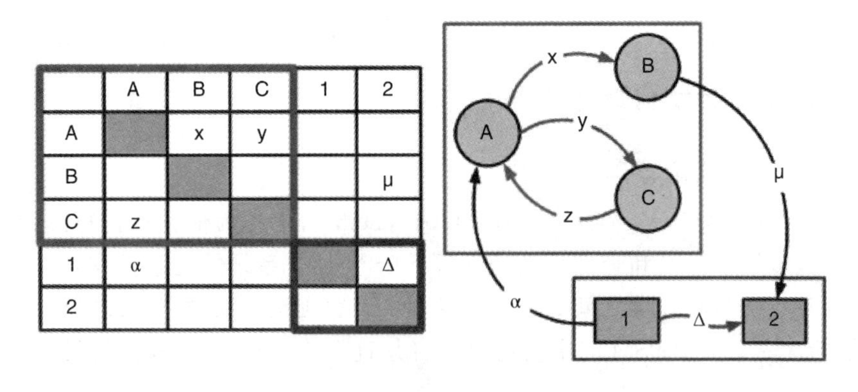


图 3.71　多域矩阵(MDM)

### 3.6.4.2 实施程序

DSM 的实施需要以下步骤：

**步骤1：定义感兴趣的系统**。定义感兴趣的系统，包括在所需粒度级别上的元素。

**步骤2：定义环境**。以所需的粒度级别定义系统环境。

**步骤3：确定关系**。确定链接不同元素关系的性质。

**步骤4：建立矩阵**。创建一个矩阵，用系统的元素以及系统的环境标识顶部的原始列和左侧的列。

**步骤5：确定元素之间的关系**。对于每个相关单元，确定将系统中每个元素链接在一起的关系。

### 3.6.4.3 示例：手持式吹风机

**1. 示例背景**

手持式吹风机是一种机电设备，旨在将热空气吹到湿的头发上以使其干燥，"3.4.4.3 示例：吹风机设计"中描述了该系统。

**2. 示例分析**

本示例的目的是分析组件之间的接口类型以及组件与系统环境之间的关系，为此，定义了以下类型的界面[①]：①空间；②材料；③能量；④信息。

图 3.72 显示了生成的 DSM，该模型对吹风机的组件及其各种类型的界面进行

| | | A | B | C | D | E | F | G | H | I |
|---|---|---|---|---|---|---|---|---|---|---|
| Cord | A | | 3 | | | | | | 1 | |
| On/off switch | B | | | 3 | | | 3 | | 1 | |
| Fan speed switch | C | | | | 3 | | | | 1 | |
| Motor | D | | | | | 1 | | | 1 | |
| Fan | E | | | | 1 | | | 1, 2 | 1 | |
| Heat switch | F | | | | | | | 3 | 1 | |
| Heating element | G | | | | | 1 | | | 1 | 2 |
| Casing | H | 1 | 1 | 1 | 1 | 1 | 1 | 1 | | |
| Environment | I | 3 | | | | 2 | | | | |

Cord—电线；On/off switch—开关；Fan speed switch—风扇转速开关；Motor—电机；
Fan—风扇；Heat switch—调温开关；Heating element—加热元件；Casing—外壳；Environment—环境

**图 3.72 DSM 为吹风机的组件和接口建模**

① 参见：Pimmler 和 Eppinger，1994 年。

了建模。举例来说,风扇速度开关(C)接口为电动机(D)提供能量(电)。沿着同一条线,环境(I)向风扇(E)提供材料(空气)。

图3.73描绘了吹风机中的能量、材料和空间界面。能量接口定义能量来自/流向环境以及一组两个组件之间的能量流。材料接口定义了两个组件之间的材料流动。最后,空间界面定义了两个组件之间的相对位置和方位。

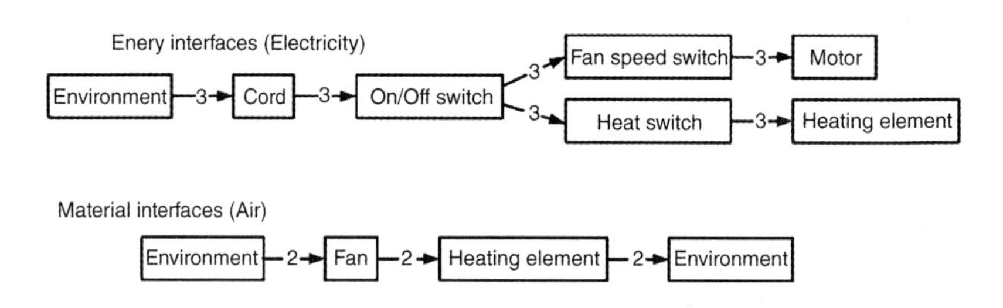


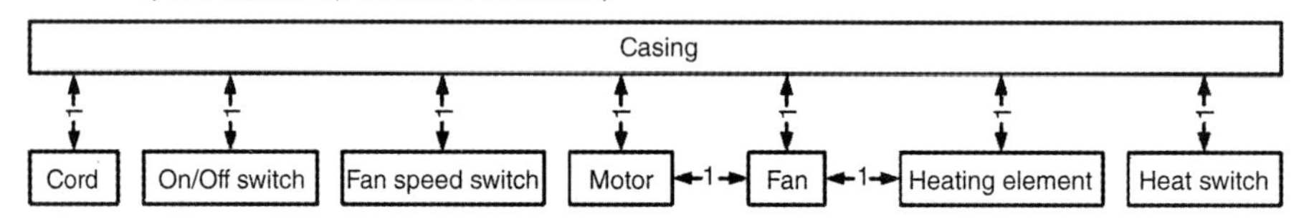


Enery interfaces (Electricity)—能源接口(电);Environment—环境;Cord—电线;
On/Off switch—开/关;Fan speed switch—风扇转速开关;Motor—电机;
Heat switch—调温开关;Heating element—加热元件;
Material interfaces (Air)—物料接口(空气);Fan—风扇;
Spatial interfaces (Position and orientation)—空间接口(位置和方向);Casing—外壳

图3.73 吹风机的空间、材料和能量界面

#### 3.6.4.4 延展阅读

- Engel and Reich, 2015
- Maurer and Lindemann, 2007
- Eppinger and Browning, 2012
- Pimmler and Eppinger, 1994

### 3.6.5 失效模式影响分析

#### 3.6.5.1 理论背景

**1. 一般概念**

失效模式影响分析(Failure Mode Effect Analysis,FMEA)[①]是自下而上的过程,用于:①分析系统或过程中的潜在失效模式;②确定如何消除此类问题。这是通

① 参见:失效模式和影响分析,维基百科,免费百科全书。https//zh.wikipedia.org/wiki/Failure_mode_and_effects_analysis,访问日期:2017年11月。

过识别可能发生问题的潜在类型、原因以及可能影响系统或过程的潜在频率来实现的。分析将继续估计此类故障(如果发生)的影响。接下来,确定如何检测和/或防止此类事件(例如,修改系统设计、改善制造过程等)。最后,根据 FMEA 程序,将对这些纠正措施进行实际处理(见图 3.74)。FMEA 广泛用于产品生命周期的各个阶段,尤其是在系统及其相应过程的设计和制造期间。

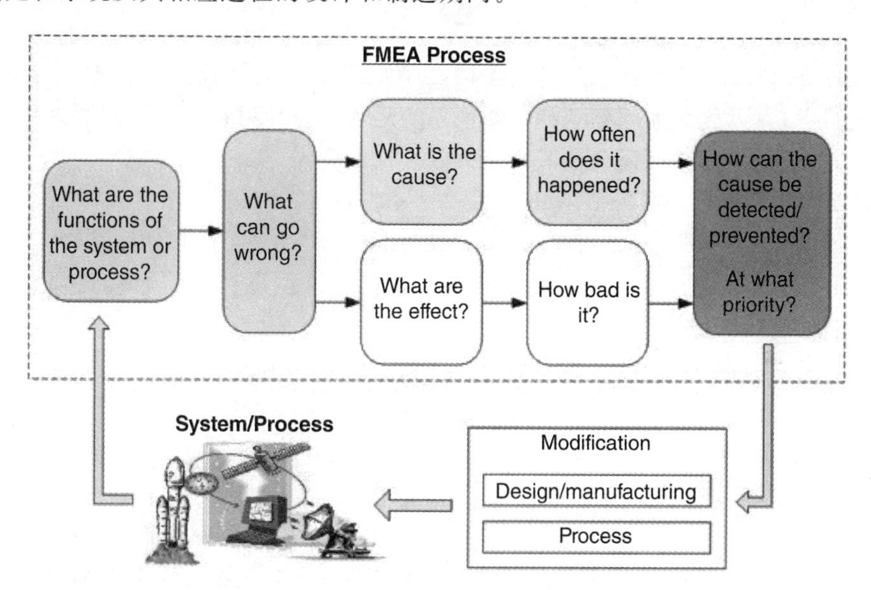


FMEA Process—FMEA 流程;
What are the functions of the system or process—系统或流程的功能是什么;
What can go wrong—什么会出问题;What is the cause—原因是什么;
How often does it happened—它多久发生一次;What are the effect—有什么作用;
How bad is it—情况有多糟;How can the cause be detected/prevented—如何发现/预防原因;
At what priority—优先级别是什么;System/Process—系统/流程;Modification—修改;
Design/manufacturing—设计/制造;Process—处理

**图 3.74 典型的 FMEA 流程**

FMEA 的最终目的是采取措施消除或减少将来可能发生的故障。因此,FMEA 的一项重要实践是根据以下因素对这些潜在故障进行优先处理:①其后果的严重性;②发生的频率;③易于检测和修复的可能性。

**2. FMEA 基本条款**

FMEA 的一些基本术语如下:

**失效原因**。失效的根本原因或可能引发失效的过程的原因(例如设计缺陷、制造过程不足、质量差等)。

**失效模式**。系统或流程可能会失败的特征。它指的是一个完整的描述,在该描述下可能会发生失效,如何使用系统以及最终的失效结果。

**失效效果**。失效对当前系统的操作、功能或状态的直接后果。

**失效严重性**。失效模式的后果，即这种故障的最严重潜在后果，取决于可能造成的伤害，财产损失或系统损坏的程度。

**3. FMEA 的基本类型**

FMEA 流程有 4 种基本类型，但大多数从业者更倾向于按照自己的意愿匹配和混合它们。

**设计 FMEA**。此流程系统设计阶段在系统或服务上执行。在 FMEA 下，将对系统进行分析，以确定失效模式如何影响系统运行。这样可以更好地理解设计缺陷，然后对其进行纠正，从而避免或减少了失效模式的影响。

**功能性 FMEA**。该 FMEA 流程着重于系统的预期功能或用途。例如，针对汽车设计的 FMEA 会调查该设计的汽车的行为，而无需过多关注其详细结构。FMEA 可以：①分析由于每个潜在的功能丧失而引起的潜在问题；②估计该问题的统计概率；③估计对汽车、乘员或汽车环境的潜在损害。最后，功能完善的 FMEA 将尝试对此类问题提供补救措施，并实施每种解决方案的优先事项。

**系统 FMEA**。此白盒 FMEA 可用于从最低组件到系统级别的任何级别的系统分析。在最低级别上，它查看系统中的每个组件，以确定该组件可能发生失效的方式以及这些失效如何影响系统。在此过程中，系统的详细组成和结构处于中心位置。重点从单纯的系统功能的理解转变为对整个复杂系统的每个单独部分的潜在失效和相互影响的清楚理解。在上述汽车示例中，这可能意味着需要注意复杂的失效模式，例如转向机构、轮胎和油箱，以及车辆的所有其他基本部件。

**处理 FMEA**。尽管可能要进行其他工程流程(例如系统开发、系统验证和确认、系统操作等)，但该过程主要集中在制造过程上。该程序确定过程中可能的失效模式、资源、设备、工具、量规、操作员培训或潜在错误源的限制。与其他 FMEA 类型一样，此过程的信息用于确定需要采取的纠正措施。

**4. FMEA 标准**

存在几种 FMEA 标准。这些标准几乎都提供样品检验表和说明文件，还确定了与潜在失效相关的风险量化标准，并就完成 FMEA 程序的机制提供了一般指导。此外，大多数标准都描述了 FMEA 程序，包括功能、接口和详细的 FMEA，以及某些分析前活动(FMEA 规划和功能需求分析)、分析后活动(失效潜伏期分析，FMEA 验证和文档编制)及在硬件、软件和流程设计中的应用。许多 FMEA 软件工具都支持这些标准，以下是可用的 FMEA 标准的一些示例：

MIL-STD-1629A(1980)。该 FMEA 标准描述了一种主要由全球政府、军事和商业组织使用的方法。该标准在 1998 年被正式取消而且没有替代标准。但它在当今的军事和太空应用中仍然得到广泛使用，提供了确定临界度的公式并允许按严重性等级对失效模式进行评级。该标准的一种变体——失效模式效应和临界分析(Failure Modes Effects and Criticality Analysis，FMECA)于 1993 年发布。

SAE－J1739(2002)。该FMEA标准基于主要国际汽车公司及其供应商定义的程序。它已被汽车工程师协会(Society of Automotive Engineers, SAE)采纳并推荐。

ARP5580(2012)。SAE建议将此FMEA标准用于非移动应用。它可供在产品或系统开发过程中,使用FMEA作为工具评估产品改进过程中系统元素的安全性和可靠性。

许多组织使用不同标准的组合,对其进行修改以适合其特定应用程序的需求。

#### 3.6.5.2 实施程序

典型的FMEA流程的步骤如下:

**步骤1:为FMEA流程做准备**

在开始FMEA流程之前,进行一些前期工作是很重要的,以确认在分析中考虑了鲁棒性和过去的历史。通过描述系统及其功能或必须经过FMEA评估的过程来启动FMEA。对FMEA对象的充分理解简化了进一步的分析。这样,工程师可以观察到该系统的哪些用途是理想的,而哪些不是。重要的是要同时考虑系统的预期用途和非预期用途,其中意外用途包括:不当操作、对系统的意外环境影响或敌对用户的恶意使用。

接下来,将创建一个系统框图,其中概述了主要组件或过程步骤以及它们之间的关系。这些是FMEA可以发展的逻辑关系。最后,必须创建一套明确定义的程序、表格和工作表,其中定义了有关系统的重要信息(如修订日期、部件名称等)。此外,应以逻辑方式列出任何相应元素的所有项目或功能。

FMEA活动应由适当的数据库工具支持,因为该过程往往很烦琐且耗时,可以使用多种技术来减少乏味,缩短时间,从而降低执行FMEA的成本。例如,失效模式分发标准可用于分配常见的失效模式。可以创建标准报告和输入格式,以简化故障数据收集和报告过程。还可以创建自定义失效模式,可以创建模式库,并将其重新用于将来的项目。商业上可获得支持高效FMEA程序和标准的几种软件工具。这样的工具可以降低执行的总成本,并提高FMEA工艺的稳定性。

**步骤2:确定FMEA严重性级别**

在这一步中,根据系统的功能要求及其影响确定所有潜在的失效模式。失效模式的例子包括汽车制动能力的丧失和装配线上车床等机器的故障。由于一个失效可能导致另一个失效,因此分析可能发生的每种失效类型的所有后果至关重要。失效影响定义为用户、操作员或其他受影响的个人所感知的失效模式对系统功能的影响。

失效影响的示例包括性能下降、操作噪声、用户不舒适甚至受伤。通常,为每个潜在的失效影响分配的严重性等级(S)为1～10。例如,表3.27描述了典型的FMEA参数。这些面向系统的FAME参数源自军事标准MIL－STD－1629A和汽车工程师协会(SAE－J1739)。这些额定数字可帮助工程师确定失效模式及其影响的优先级。严重等级9或10通常与那些可能导致使用者受伤或导致诉讼的后果有关。在这种情况下，必须采取措施改变系统，要么消除故障模式，要么保护用户不受其影响。

**表 3.27 设计 FMEA 严重性评估标准**

| 影 响 | 严重程度 | 评 分 |
| --- | --- | --- |
| 危险，无警告 | 当潜在的失效模式影响系统的安全运行或涉及不遵守法规而没有警告的情况时，其严重等级很高 | 10 |
| 危险，有警告 | 当潜在的失效模式影响系统的安全运行或涉及不符合警告法规的情况时，其严重等级很高 | 9 |
| 很高 | 系统无法运行(失去主要功能) | 8 |
| 高 | 系统可操作，但性能降低。客户非常不满意 | 7 |
| 中等 | 系统可操作，但舒适性/便利性项目无法操作。客户不满意 | 6 |
| 低 | 系统可操作，但舒适性/便利性项目在降低的性能水平下可操作。客户有些不满意 | 5 |
| 非常低 | 装饰和饰面/吱吱作响的声音不合适。大多数客户发现缺陷(大于 75%) | 4 |
| 次要 | 装饰和饰面/吱吱作响的声音不合适。50%的客户发现了缺陷 | 3 |
| 很小 | 装饰和饰面/吱吱作响的声音不合适。挑剔的客户发现的缺陷(少于 25%) | 2 |
| 没有 | 没有明显的影响 | 1 |

**步骤 3：确定 FMEA 失效率**

在此步骤中，有必要查看失效的原因及其发生的频率。查看类似的产品或流程及其记录，有助于完成这项任务。失效原因可能是设计缺陷、制造缺陷、操作错误等。应该识别、分析和记录所有导致失效模式的潜在原因。通常应将每种失效模式的发生率($O$)分配为 1～10(见表 3.28)。

**表 3.28 设计 FMEA 发生评估标准**

| 失效的可能性 | 在设计寿命中可能的失效率 | 评 分 |
| --- | --- | --- |
| 很高：持续失效 | 每千个项目≥100 个 | 10 |
| | 每千个项目中 50 个 | 9 |
| 高：频繁失效 | 每千个项目中 20 个 | 8 |
| | 每千个项目中 10 个 | 7 |
| 中度：偶发性故障 | 每千个项目中 5 个 | 6 |
| | 每千个项目中 2 个 | 5 |
| | 每千个项目中 1 个 | 4 |
| 低：失效相对较少 | 每千个项目中 0.5 个 | 3 |
| | 每千个项目中 0.1 个 | 2 |
| 远程：失效可能性不大 | 每千个项目≤0.01 个 | 1 |

**步骤 4：确定 FMEA 检测率**

检测等级($D$)表示通过计划的一组测试和检查来检测系统缺陷或失效模式的一般能力。在这一步骤中，工程师将研究负责检测潜在失效的系统机制，从而防止实际失效的发生。例如，汽车中的油压指示器是一种检测低油压并警告驾驶员潜在发动机失效的机构。然后，工程师执行测试、分析、监视和其他操作，以检测或防止失效。通过这些设计控制工作，工程师可以了解识别或检测到失效的可能性。表 3.29 描述了典型的检测等级。

表 3.29　设计 FMEA 检测评估标准

| 检　测 | 设计控制检测的可能性 | 评　分 |
|---|---|---|
| 绝对不确定性 | 设计控制检测到潜在原因或机制以及后续失效模式的可能性极小 | 10 |
| 很稀少 | 设计控制检测到潜在原因或机制以及随后的故障模式的可能性非常小 | 9 |
| 稀少 | 设计控制很少会检测到潜在的原因或机制以及随后的失效模式 | 8 |
| 非常低 | 设计控制检测到潜在原因或机制以及后续故障模式的可能性非常低 | 7 |
| 低 | 设计控制将不太可能检测到潜在的原因或机制以及随后的失效模式 | 6 |
| 中等 | 设计控制将有机会发现潜在的原因或机制以及随后的失效模式 | 5 |
| 中等偏高 | 设计控制检测到潜在原因或机制以及后续失效模式的可能性较高 | 4 |
| 高 | 设计控制很有可能检测到潜在的原因或机制以及随后的失效模式 | 3 |
| 很高 | 设计控制很有可能检测到潜在的原因或机制以及随后的失效模式 | 2 |
| 几乎确定 | 设计控制几乎可以肯定地检测出潜在的原因或机制以及随后的失效模式 | 1 |

**步骤 5：计算风险优先级值**

风险优先级值(Risk Priority Number，RPN)是基于多种因素的定量风险确定。传统上，RPN 定义为每种失效模式的严重等级($S$)、发生等级($O$)和检测等级($D$)值的乘积，即

$$\mathrm{RPN} = S \times O \times D$$

RPN 最高的失效模式应被给予最高优先级的纠正措施。虽然上述传统 RPN 计算被广泛使用，但每个项目都有其独特的情况，并且采用"千篇一律"的 RPN 计算方法可能无法产生最有效的分析结果。例如，在某些情况下，危及人身安全，那么严重性等级(S)的权重要重得多，此时 $\mathrm{RPN_S}$ 可能更有意义，即

$$\mathrm{RPN_S} = S^2 \times O \times D$$

### 3.6.5.3　示例：心脏起搏器

**1. 示例背景**

植入式心脏起搏器设备是由电池供电的小型医疗设备，可对充血性心力衰竭患者进行双心室起搏。它通过电极向心肌发出一系列电脉冲，以调节心脏的跳动(见图 3.75 和图 3.76)。

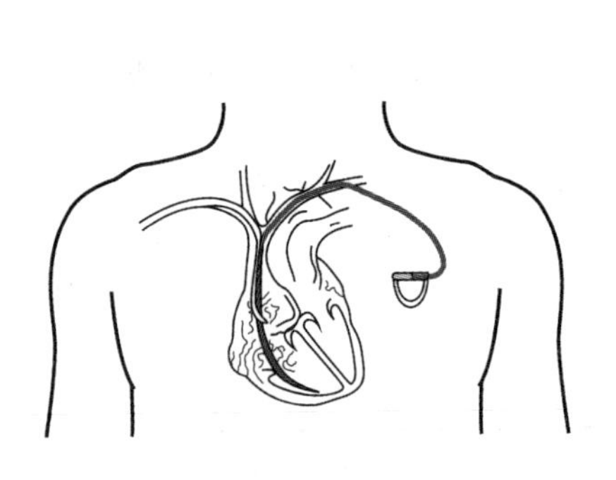

图 3.75　嵌入在人体内的心脏起搏器

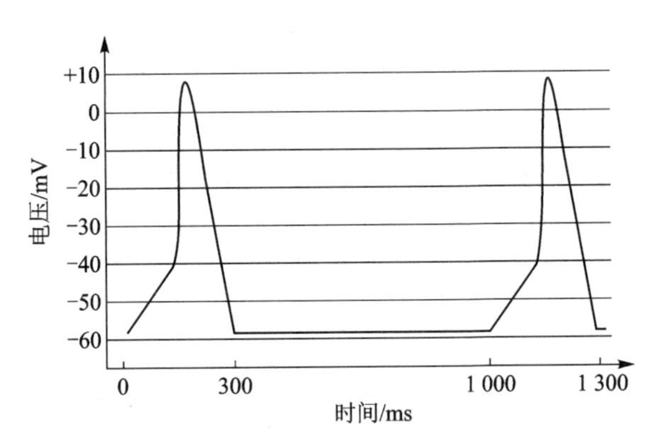


图 3.76　心脏起搏器脉冲形状

**2. 示例分析**

图 3.77 描绘了起搏器系统在其环境中的框图。该系统由 6 个子系统组成：①脉冲发生器；②传感导线；③脉冲导线；④接收器；⑤发射器；⑥为系统供电的电池。根据对其连续行为的分析，该系统向患者心脏输送适当的电脉冲。心脏外科医生在患者体内“安装”该系统，心脏病专家为该系统提供终身维护服务。

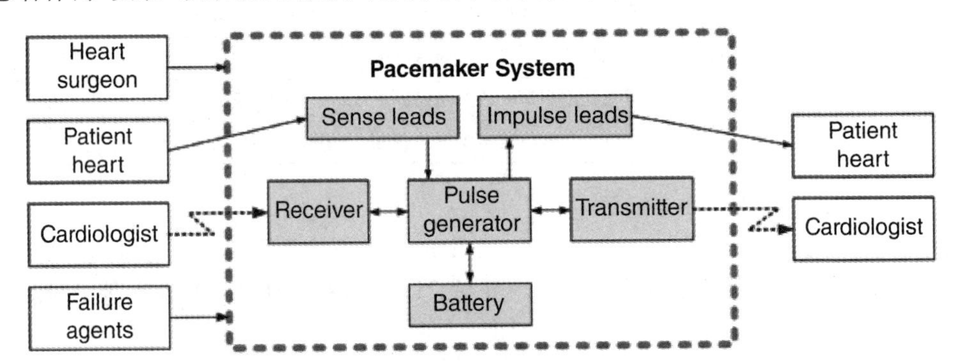


Heart surgeon—心脏外科医生；Patient heart— 病人的心脏；Cardiologist—心脏病专家；
Failure agents—失效代理；Pacemaker System—起搏器系统；Sense leads—感应线；
Impulse leads—脉冲引线；Receiver—接收者；Pulse generator—脉冲发生器；
Transmitter—发射机；Battery—电池

图 3.77　起搏器框图：系统和环境

Yarlagadda(2013 年)对起搏器故障的失效模式和原因进行了分类。表 3.30 使用了 Yarlagadda 列表的一部分，是 FMEA 分析的示例。在纠正资源有限的情况下，RPN 列将第 2 项和第 6 项标识为首要处理项。但是，根据 $RPN_S$ 列，应该首先处理第 1 项。

**表 3.30 起搏器故障模式**

| 序号 | 失效模式 | 失效影响 | 失效严重程度（1～10） | 潜在的失效原因 | 发生失效（1～10） | 预防失效 | 失效检测（1～10） | RPN（1～1 000） | $RPN_S$（1～10 000） |
|---|---|---|---|---|---|---|---|---|---|
| 1 | 不足和过度 | 患者的心脏受到不合时宜的脉冲 | 8 | • PM设置；<br>• 感应线 | 3 | 验证PM及其感测引线的设计、制造和设置 | 6 | 144 | 1 152 |
| 2 | 输出丢失或失败 | 患者的心脏没有受到脉冲 | 6 | • 电池；<br>• 脉冲引线 | 6 | 确保电池符合设计规格 | 5 | 180 | 1 180 |
| 3 | 脉搏率、形状或强度不合适 | 患者的心脏受到不当的脉冲 | 8 | • 脉冲发生器 | 2 | 确保脉冲发生器符合设计规格 | 3 | 48 | 384 |
| 4 | 不恰当的引线位置 | 心脏起搏无效 | 6 | • PM设置 | 7 | 确认心脏外科医生正在进行植入手术 | 3 | 126 | 756 |
| 5 | 额外的心脏刺激 | 患者的心脏会受到不必要的脉冲 | 8 | • PM设置；<br>• 脉冲发生器 | 3 | 确保脉冲发生器符合设计规格 | 3 | 72 | 576 |
| 6 | 脉冲发生器失效 | 患者的心脏受到不当的脉冲 | 6 | • 脉冲发生器 | 6 | 确保脉冲发生器符合设计规格 | 5 | 180 | 1 080 |
| 7 | 起搏器介导的心动过速[①] | 患者的心脏开始危险地跳动 | 10 | • 脉冲发生器 | 2 | 确保脉冲发生器符合设计规格 | 3 | 60 | 600 |

注：① 心动过速来自希腊语 tachys(加速)和 cardia(心脏)。静止时心率超过 100 次/分，通常被认为是心动过速。

#### 3.6.5.4 延展阅读

- ARP5580，2012
- Dyadem Press，2003
- Modarres et al.，1999
- MIL STD 1629A，2001
- SAE J1739，2002
- Stamatis，2003
- Yarlagadda，2011

### 3.6.6 预期失效分析

#### 3.6.6.1 理论背景

Genrich Altshuller 和 TRIZ 的研究员在 20 世纪 80 年代后期开发了预期失效分析(Anticipatory Failure Determination，AFD)，也称颠覆分析，是分析系统失效并预测潜在系统失效的系统方法。因此，本小节将集中讨论早期识别潜在系统失效的方法。

AFD 方法论提供了几种分析失效场景的策略。我们感兴趣的是识别可能引发失效的事件，然后研究从每个失效事件中引发的故障传导。初始事件被定义为系统个别子系统或部件的故障，以及诱发系统发生故障的意外外部事件。因此，在给定的系统中，将遍历每个系统元素，并询问："如果该部分发生故障，将会发生什么?"或"什么样的外部事件会导致该零件以计划外的方式运行?"这一过程是可行的，因为初始事件的识别，可以在不同的细节和程度上识别始发事件，尽而识别故障场景树。

不幸的是，使用此类询问进行失效分析存在一个基本问题。工程师首先是问题的建设者、创造者和解决者。从本质上讲，他们会继续保持自己的心理惯性，即不会产生大量失败问题和不幸情景。之所以如此，是因为工程师(以及一般人)若在心理上受到一种否认，则在这种否认之下，他们的大脑会抗拒对不愉快事件的思考。

AFD 提出了一种巧妙的方法来防止这种心理现象。工程师应该实施反向逻辑，而不是专注于与系统规范相关的风险。更具体地说，在反向逻辑下，要求工程师将自己转变为颠覆性代理人，故意试着导致系统失效。因此，反向逻辑改变了工程师对失效的态度并产生反向问题。这些问题对于抵消人类抗拒令人不愉快事件的倾向很有用。例如，一个人可能会问一个相反的问题："我该如何破坏系统?"当一个人运用他的工程技能时，他的思想就打开了所有通向可能失败的大门。此外，AFD 强调资源的概念。对于任何系统失效的发生，所有必要的故障元件都必须在系统内部或其环境中。

#### 3.6.6.2 实施过程

以下是实施预期失效分析的一般过程：

**步骤 1：定义系统及其资源**。这一步中，将要考虑系统的子系统和组件定义为所需的粒度级别。另外,还定义了与系统环境相关联的资源。

**步骤2:定义系统任务**。这一步中,定义系统的任务,假设任务成功执行(成功场景,$S_0$)。该定义描述了每个阶段中的过程以及在每个阶段结束时的结果。

**步骤3:制定倒置任务**。这一步中,将步骤2中定义的任务反置。也就是说,在每个阶段中,每个过程都会产生系统结果,这些结果与原始任务结果不同或相反。

**步骤4:强制系统发生失效**。这一步中,定义所有可能的引发事件($IE_{i,j}$),引发导致有害最终状态($ES_{i,j,k}$)的场景树($S_i$)。人们可以使用商业上可用的AFD软件包来搜索失效场景。

**步骤5:确定失效资源**。这一步中,系统或周围的所有可能有助于失效的资源(即条件)都将被识别。

**步骤6:发明新的解决方案**。这一步中,可以使用AFD的原则是,使事件实际发生的启动事件所需的所有资源(条件)必须存在。相反,如果至少一种必要的资源不存在,则失效事件将不会发生。这一原则对于指导系统失效排除最有价值——从系统中移除这些必要的资源之一。

#### 3.6.6.3 示例:预期的无人机系统失效

以下是无人机系统的预期失效分析示例。

**1. 无人机系统资源**

在AFD理论下,系统"资源"被定义为情境中出现的所有物质、成分、构型或其他因素。在UAV系统示例中,一组简化的资源是如图3.78中描述的6个子系统。

**地面控制系统(Ground Control System,GCS)**。GCS是一个掩体,通常安装在卡车上,里面有一名无人机飞行员和其他无人机人员。无人机团队驾驶无人机,观察无人机获取的视频和红外图像流,并控制整个无人机系统。

**地面数据终端(Ground Data Terminal,GDT)**。GDT是包括强大发射器和接收器的地面单元。它从GCS接收命令并将其发送到无人机,同样的,它接收UAV遥测状态以及视频和红外流,然后将其发送到GCS。

**无人机机体(Air Vehicle,AV)**。旨在自动或手动起飞、飞行和降落,将各种有效载荷和支撑系统运送到所需的高度和位置,并从该位置传输实时影像和红外图像。

**空中数据终端(Air Data Terminal,ADT)**。ADT是GDT的机载对应物,执行类似的活动。

**有效负载(Payload,PYLD)**。PYLD包括专用摄像机单元,安装在连接AV的万向平台上。它能够以可见光和红外频率观察外部世界,将数据发送到ADT并传输到地面。

**机上总线(Air Vehicle Bus,AVB)**。AVB是连接ADT、AV和PYLD的数据总线,并让命令、状态和其他数据在这些子系统之间传输。

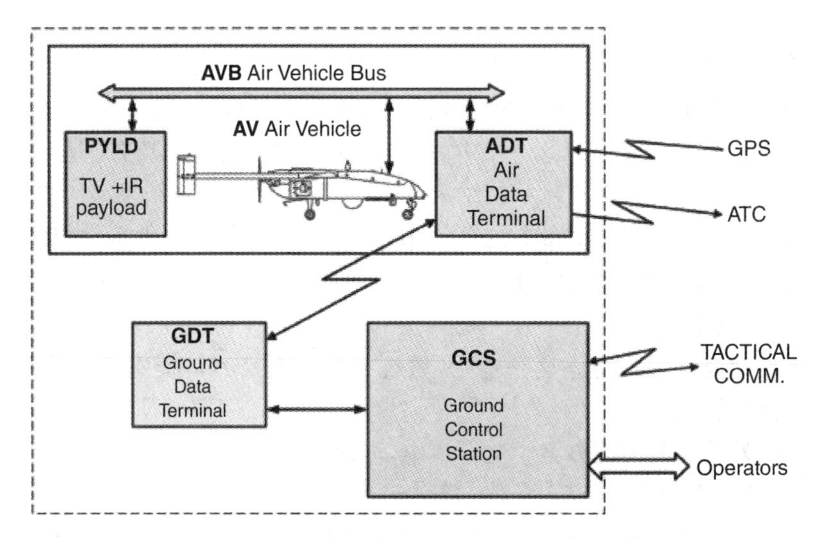


Air Vehicle Bus—机上总线；Air Vehicle—无人机机体；
TV +IR payload—电视+红外有效载荷；Air Data Terminal—空中数据终端；
Ground data terminal—地面数据终端；Ground control system—地面控制系统；
GPS—全球定位系统；ATC—空中交通管制；TACTICAL COMM.—战术通信；Operators—经营者

**图 3.78　无人机(UAV)系统架构**

**2. 无人机系统任务**

在对此系统执行预期的失效分析前，应明确定义系统的准确任务。换句话说，要明白失效情况，必须明确指定“成功”(或计划的)情况(表示为 $S_0$)。在此例中，无人机系统被设计为从飞机跑道上自动起飞，巡航到指定的高度和位置，执行其视觉监视任务，然后自动巡航并降落在返航点。一个成功的无人机任务通过五个阶段完成(见图 3.79)。

**阶段 1：自动起飞**。无人机从跑道自动起飞。

**阶段 2：巡航至目标**。无人机沿着指定的路线飞行到指定的高度和位置。

**阶段 3：执行任务**。无人机沿着预定的飞行路线飞行，并将其摄像机对准指定的位置。

**阶段 4：返航**。无人机沿着指定的路线飞回原始跑道。

**阶段 5：自动降落**。无人机在飞机跑道上自动降落，并在飞机跑道上的指定位置停下来。

AFD 将 $S_0$ 作为系统状态空间中的一条轨迹，描述系统任务阶段和时间之间的一般关系(见图 3.80)。

**3. 制定反向任务**

由于 $S_0$ 是计划情景，因此任何偏离该计划的故障情景($S_i$)都必须有偏离正常系统运行的点。$S_i$ 的启动事件($IE_{i,j}$)可能是由于内部系统失效或意外的外部干扰

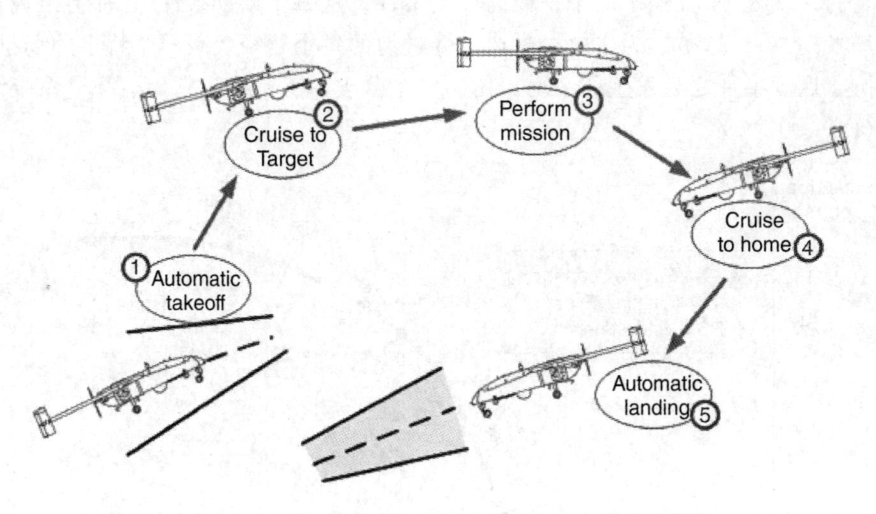


Automatic takeoff—自动起飞；Cruise to Target—巡航到目标；
Perform mission—执行任务；Cruise to home—返航；Automatic landing—自动着陆

**图 3.79 计划中的无人机运行方案($S_0$)**

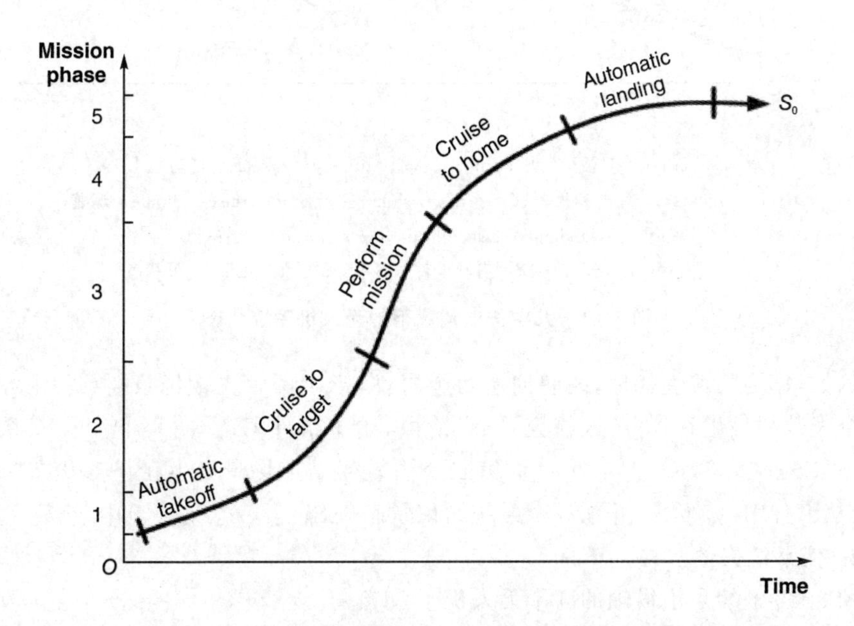


Mission phase—任务阶段；Time—时间；Automatic takeoff—自动起飞；
Cruise to Target—巡航到目标；Perform mission—执行任务；
Cruise to home—返航；Automatic landing—自动着陆

**图 3.80 无人机系统状态(系统任务阶段与时间)**

而产生的。图 3.81 描绘了两个这样的启动事件。从每个启动事件中，都会出现相关失效场景的结果，这被称为失效场景树。穿过树的每个路径代表一个特定的场景，具体取决于启动事件之后发生的情况。树的每个分支一直延续到它到达某个系统结束状态（$ES_{i,j,k}$）。

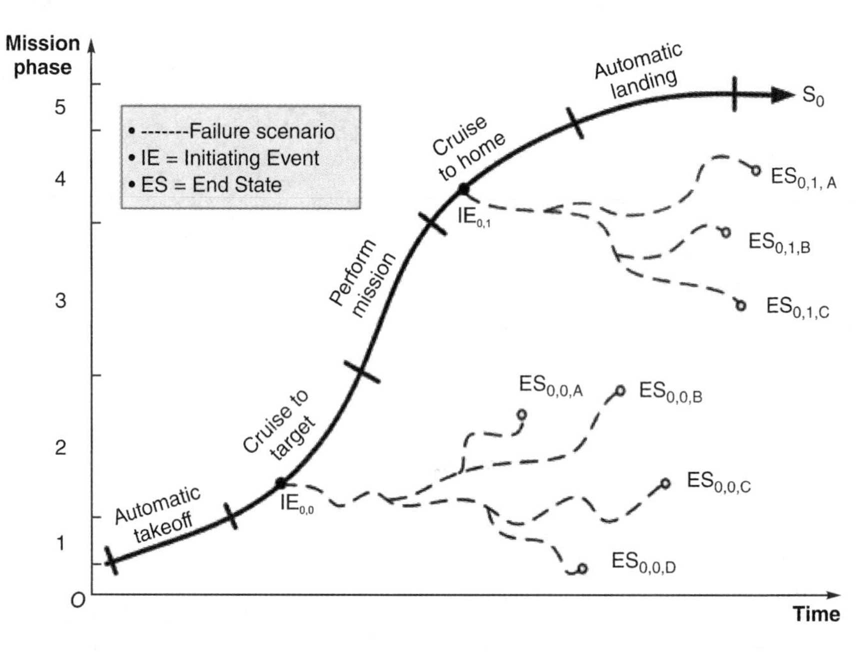


Mission phase—任务阶段；Time—时间；Automatic takeoff—自动起飞；
Cruise to Target—巡航到目标；Perform mission—执行任务；Cruise to home—返航；
Automatic landing—自动着陆；Failure scenario —失效场景；
IE=Initiating Event—IE=启动事件；ES=End State—ES=结束状态

**图 3.81　几种失效情况下的无人机系统状态**

例如，作为颠覆性代理，我们创建两个事件，产生两个失效场景树（见图 3.81）。第一个失效树发生在任务“巡航至目标”阶段，始于事件 $IE_{0,0}$，并终止于 4 个系统最终状态{$ES_{0,0,A}$，…，$ES_{0,0,D}$}之一，而第二个失效树结束场景发生在任务状态“返航”期间，从事件 $IE_{0,1}$ 发出，并在 3 个系统结束状态{$ES_{0,1,A}$，…，$ES_{0,1,C}$}中结束。

**4. 使系统失效**

图 3.82 描绘了沿纵轴的 6 个无人机子系统。

如前所述，$S_0$ 表示不同运行阶段的无人机任务，沿水平轴，形成一个时间轴。对于无人机子系统和任务阶段的每种组合，先识别任意数量的启动事件（$IE_{i,j}$）；然后，绘制出这些启动事件的故障树（$S_i$，$i \neq 0$）。这样做是为了使每棵树中的路径集都代表从该事件中出现的多个最终状态（$ES_{i,j,k}$）的完整场景集合。对于给定的系统结构和任务阶段的分解，组件和阶段的组合是有限的，因此，可以组建一组“完整”的系统

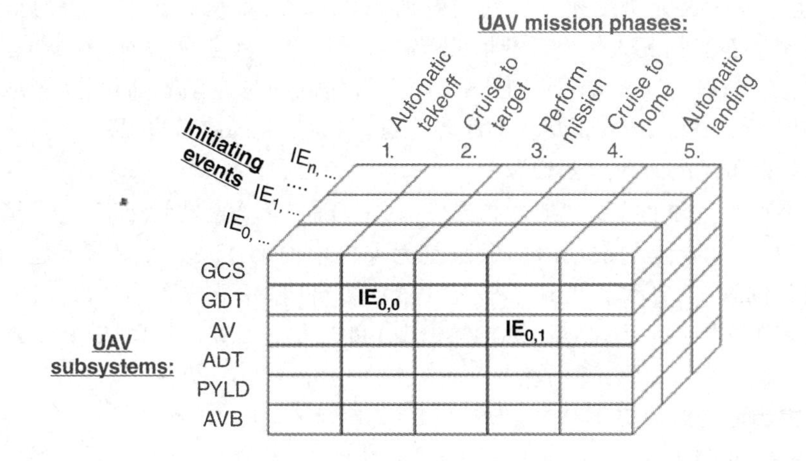


UAV mission phases—无人机任务阶段；Automatic takeoff—自动起飞；Cruise to Target—巡航到目标；Perform mission—执行任务；Cruise to home—返航；Automatic landing—自动着陆；Initiating events—初始事件；UAV subsystems—无人机子系统；GCS—地面控制系统；GDT—地面数据终端；AV—航空器；ADT—空中数据终端；PYLD—有效负载；AVB—机体总线

**图 3.82　无人机系统中引发失效事件的三维空间**

失效场景。

例如(见图 3.81 和图 3.82)，在无人机任务的“巡航至目标”阶段，通过“巡航”期间发生的启动事件 $IE_{0,0}$“地面数据终端(GDT)和 UAV 之间的通信丢失”，可以造成多个单独的失效。发生此类启动事件，是因为我们作为破坏者故意断开了天线电缆与 GDT 发射器的连接。这种情况意味着地面控制中心(GCS)的无人机驾驶员无法控制无人机或从中接收任何数据，已经确定了四个最终状态：

$ES_{0,0,A}$——无人机失控。它一直会飞行直到燃料用完，然后撞向地面。

$ES_{0,0,B}$——无人机识别出传输条件丢失，并启动其自动“返航”程序。然后，无人机返回并自动安全降落在基地。

$ES_{0,0,C}$——与 $ES_{0,0,B}$ 类似，但不幸的是，提供给无人机的全球原点坐标地址指向南半球而不是北半球。无人机继续飞离基地，用尽燃料并坠落到地面。

$ES_{0,0,D}$——无人机驾驶员启动 GDT 紧急程序，重新建立 GDT 的正常运行，恢复了 GDT 和 UAV 之间的通信，但是 UAV 任务已被中止并返航。

现在我们考虑发生在无人机任务的“返航”阶段的第二个启动事件 $IE_{0,1}$——“UAV 燃料用尽”。我们作为破坏者故意弄坏了无人机的燃油箱引发了此启动事件。这意味着无人机引擎将在短时间内停止运行。此启动事件有 3 种情景或最终状态：

$ES_{0,1,A}$——无人机发动机停止运转。没有动力，无人机就失去了保持空中飞行的能力。无人机退出飞行包线，坠落地面。

$ES_{0,1,B}$——无人机驾驶员发现问题所在，引导无人机在没有动力的情况下滑行，然后降落在受损无人机附近的辅助着陆带。这个过程是成功的。

$ES_{0,1,C}$——与 $ES_{0,1,B}$ 相似，但由于辅助着陆区缺少自动着陆设施，因此该过程未能成功。无人机撞向跑道尽头的起降跑道，并撞向起降跑道边界。

**5. 识别可用的失效方案资源**

此例中，启动事件 $IE_{0,0}$"地面数据终端（GDT）与 UAV 之间通信丢失"造成了第一次故障。可能导致这次故障的资源是无人机中的 GDT（如发射机问题）和 ADT（如接收机问题）。启动事件 $IE_{0,1}$——"UAV 燃料用尽"造成了第二次故障，可能导致这次故障的资源包括无人机（如油箱泄漏）和无人机驾驶支持团队（如加油程序不正确）。

**6. 提出新的解决方案**

此例中，可以通过对 GDT 和 ADT 子系统的设计、制造、运行和维护进行及时的验证、确认和测试（VVT）来避免首次故障，从而消除故障根源。处理第二次故障尽可能地使用类似的方法，改进无人机驾驶支持团队的培训和管理控制。

#### 3.6.6.4 延展阅读

- Brue，2003
- Engel，2010
- Haimes，2009
- Kaplan et al.，1999
- Middleton and Sutton，2005

### 3.6.7 冲突分析与解决

#### 3.6.7.1 理论背景

人与人之间的互动不可避免地会引起冲突或观点分歧。[①] 例如，当公司考虑决定新产品的开发、制造和营销时，公司内部不同部门之间可能会发生争执。公司内部的不同团体必须在某种形式的团队决策过程中尽可能地合作，以达成一个可接受的方案。

冲突及其解决一直是人们研究的课题。例如，Ruble 和 Thomas（1976）提出了冲突和解决策略的二维模型。他们建议冲突各方（此后称为决策者或确定决策者（DM））在寻求满足自身利益与冲突相关的其他决策者的意愿方面进行隐式权衡。一方面，DM 寻求自身优势最大化，另一方面与其他 DM 合作以维持令人满意的关系。这个二维模型具有 5 种不同的、可识别的冲突处理方式（见图 3.83）。

这些冲突处理方式如下：

**1. 竞争行为**

这种行为源于相关 DM 的一些固执和不合作的态度。总体而言，这样的 DM，无

① 本小节的灵感来自 Hipel 和 Obeidi（2005）以及 Pinto 和 Kharbanda（1995-A）的论文。

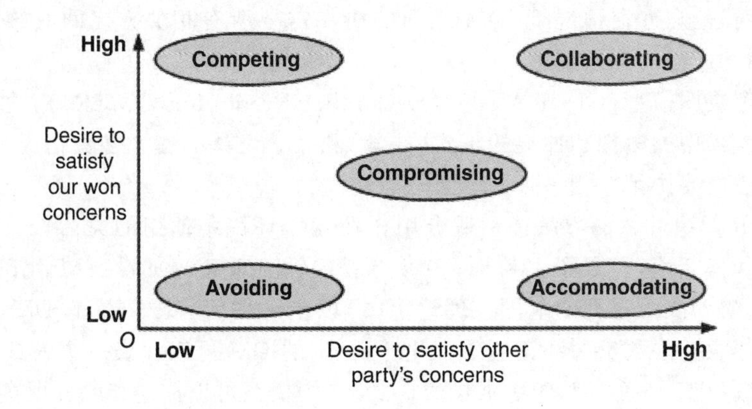


High—高；Low—低；Desire to satisfy our won concerns—希望满足我们的期望；
Desire to satisfy other party's concerns—希望满足另一方的期望；Competing—竞争的；
Collaborating—合作的；Compromising—妥协；Avoiding—避免；Accommodating—迁就

**图3.83 冲突与解决策略模型**

论是个人还是团体，都很少考虑满足其他DM的需求，将冲突视为纯粹的输赢命题。竞争行为经常被不安全的DM利用，他们会使用任何方式来达到目的。

**2. 迁就行为**

这种行为源自被动和友善的精神，通常是为了成为“团队成员”。一方面，调解员通常会处理冲突，寻求化解局面，或者让其他DM的利益得到满足。当解决冲突比让DM之间冲突激化且冲突中的DM受害更重要时，这种行为是受欢迎的。另一方面，在理性范围内的冲突往往会促进不同的意见和观点的碰撞，从而丰富了整个过程。

**3. 避免行为**

这种行为表示对满足DM自身目标或者满足其他冲突DM目标的无视，有时甚至是蔑视。在这方面，避免行为是不武断、不合作的一种行为。避免行为往往是DM不寻求处理冲突和回避冲突的有效方法。但是，如果由这样的DM负责，那么这种推卸责任的行为可能会对个人、集体或整个组织造成严重的后果。

**4. 妥协行为**

这种行为结合了一些自信和合作精神。它表示一个DM在满足其自身目标的同时，也愿意接受其他DM提出的要求。通常，妥协者意识到获得自己的目标需要接受其他DM的要求，认为冲突是一种软输赢局面。换句话说，妥协的行为源于这样的认识——在生活中的大多数情况下，尤其是在冲突情况下，让步是实现某些目标的必要策略。

**5. 协作行为**

当DM表现出强烈的自信和合作意向时，会出现这种行为。协作者通常通过在DM之间进行谈判来寻求双赢的解决方案，以寻求找到尽可能使所有DM满意的协定。总体而言，在冲突情况下，DM之间的协作需要所有相关方之间有很大的灵活性、创造力和广泛的沟通渠道。

冲突解决图模型(Graph Model for Conflict Resolution，GMCR)构建了研究和解决现实世界中的争端和冲突的正式(数学)和系统方法。在大多数情况下，它与上述冲突解决的妥协策略相一致。

GMCR解决冲突的方法特别适合用作在竞争环境中使用的灵活工具。该模型基于图论和博弈论，扩展了多目标-多参与者(Multiple Objectives-Multiple Participants，MOMP)决策过程的范围。理论上，可以定义任何有限数量的DM，每个DM可以控制任意有限数量的冲突选项。此外，特定的DM可以代表一个人或一个小集体，甚至可以代表一个大型组织或国家。最后，图模型可以描述和区分现实生活中可逆和不可逆的行为。

### 3.6.7.2 实施过程

在实际冲突中实施基本GMCR方法需要采取以下步骤：

**步骤1：确定决策者(DM)**。确定冲突中涉及的所有个人或当事方。

**步骤2：确定DM可用的选项**。确定每个DM控制的所有相关选项。

**步骤3：确定相对或特定的选择偏好**。对于每个DM，确定所述DM下每个选项的相对或特定偏好。

**步骤4：计算可能的冲突状态集**。由于控制选项的DM可以选择或不选择选项，因此在冲突空间中存在一组$2^n$个可能的冲突状态(其中$n$表示选项总数)。

**步骤5：定义选项矛盾**。定义选项矛盾可能会在特定DM的范围内或其中不同DM的多个域。

**步骤6：计算可行的冲突状态集**。使用选项矛盾数据来识别不可行的冲突状态，然后将它们从步骤4得到的结果中删除，从而创建一组可行的冲突状态。

**步骤7：计算每个DM的状态优先级**。对于每个DM，使用其相对或特定的首选项，以计算冲突状态的首选项排序。

**步骤8：计算所有DM的状态优先级**。使用选项的相对或特定首选项，以便为冲突中涉及的所有DM计算冲突状态的组合首选项排序。

**步骤9：与所有DM协商一个合理的折中方案**。与所有DM协商，根据冲突状态的组合优先排序，以相互妥协的方式合理解决冲突。

### 3.6.7.3 UAV设计冲突示例

**1. 示例背景**

本示例描述通过使用图模型解决冲突(GMCR)方法来解决个人或集体的冲突，决策者(DM)做出妥协的解决方案。本示例基于“3.5.2.3　示例：无人机动力装置配置”中所述的无人机(UAV)系统。

**2. 示例分析**

UAV设计冲突示例包含两类DM：单引擎派和双引擎派，每一类都有3个选择。表3.31列出了两类DM控制下的设计选项。两类DM的选项优先级可以用相对术语(例如U-成本>D-成本>尺寸)或特定术语定义。在此例中,选项优先级定义为特定术语(1,2,3)。

**表3.31 决策者、选项优先级和现状冲突状态**

| 决策者 | 选项 | | | | 现状 |
|---|---|---|---|---|---|
| | 序号 | 名字 | 说明 | 优先事项 | |
| 单引擎 | 1 | U-成本 | 最低无人机单位成本 | 3 | 0 |
| | 2 | D-成本 | 最低的开发成本 | 2 | 0 |
| | 3 | 尺寸 | 最小的机体尺寸 | 1 | 0 |
| 双引擎 | 4 | 有效载荷 | 最大有效载荷 | 3 | 1 |
| | 5 | 耐用性 | 最长耐用 | 2 | 1 |
| | 6 | 上限 | 最高上限 | 1 | 1 |

通常,每个DM通过为其选项赋值来定义其设计策略。现状中"1"表示该选项是由DM对其进行控制选择的,而"0"则表示不选择的选项。但是,在此例中,管理层选择了双引擎派偏爱的所有设计选项,而没有选择单引擎派偏爱的所有选项。此现状表示使用GMCR分析时选择的现有设计策略。

读者应注意,尽管单个选项代表二进制选项,但DM可以将给定选项分解为一组几个迷你选项,以扩展其控制粒度。例如,单引擎派DM可以将表3.31中定义的"最低无人机单位成本"选项分解为多个更具体的无人机单位成本选项(例如100万美元、200万美元等)。

由于可选或不选,在UAV设计冲突示例中,每个DM存在一组$2^6=64$的可能冲突状态。但是,一组可能的冲突状态会包含一些在实际中不太可能发生的状态。通常,这种不可行的主要原因有两个:首先,对于给定的DM,某些选项可能是互斥的,不能同时选择;其次,如果一个DM选择一个选项,则有时另一个DM可能无法选择一个与第一个选择相矛盾的选项。在此UAV设计冲突示例中,所有矛盾都属于第二类,表3.32进行了描述。

**表3.32 选项矛盾**

| 序号 | 单引擎选项 | 双引擎选项 |
|---|---|---|
| 1 | 最低的无人机单位成本 | 持久耐用 |
| 2 | 最小的机体尺寸 | 最大有效载荷 |

所有不可行的冲突状态都被识别并从可能的冲突状态集合中移除,从而创建新的可行冲突状态集合。表3.33说明了无人机设计冲突示例中剩下的36种可行冲突状态。**注意:**冲突状态57对应于现状。

表 3.33　UAV 设计冲突示例中的可行冲突状态

| 决定因素 | 选项 | | 冲突状态 | | | | | | | | | | | | | | | | | |
|---|---|---|---|---|---|---|---|---|---|---|---|---|---|---|---|---|---|---|---|---|
| | 序　号 | 名　字 | 1 | 2 | 3 | 4 | 5 | 6 | 7 | 8 | 9 | 10 | 11 | 12 | 17 | 19 | 21 | 23 | 25 | 27 |
| 单引擎 | 1 | U-成本 | 0 | 1 | 0 | 1 | 0 | 1 | 0 | 1 | 0 | 1 | 0 | 1 | 0 | 0 | 0 | 0 | 0 | 0 |
| | 2 | D-成本 | 0 | 0 | 1 | 1 | 0 | 0 | 1 | 1 | 0 | 0 | 1 | 1 | 0 | 1 | 0 | 1 | 0 | 1 |
| | 3 | 尺寸 | 0 | 0 | 0 | 0 | 1 | 1 | 1 | 1 | 0 | 0 | 0 | 0 | 0 | 0 | 1 | 1 | 0 | 0 |
| 双引擎 | 4 | 有效载荷 | 0 | 0 | 0 | 0 | 0 | 0 | 0 | 0 | 1 | 1 | 1 | 1 | 0 | 0 | 0 | 0 | 1 | 1 |
| | 5 | 耐用性 | 0 | 0 | 0 | 0 | 0 | 0 | 0 | 0 | 0 | 0 | 0 | 0 | 1 | 1 | 1 | 1 | 1 | 1 |
| | 6 | 上限 | 0 | 0 | 0 | 0 | 0 | 0 | 0 | 0 | 0 | 0 | 0 | 0 | 0 | 0 | 0 | 0 | 0 | 0 |

| 决定因素 | 选项 | | 冲突状态 | | | | | | | | | | | | | | | | | |
|---|---|---|---|---|---|---|---|---|---|---|---|---|---|---|---|---|---|---|---|---|
| | 序　号 | 名　字 | 33 | 34 | 35 | 36 | 37 | 38 | 39 | 40 | 41 | 42 | 43 | 44 | 49 | 51 | 53 | 55 | 57 | 59 |
| 单引擎 | 1 | U-成本 | 0 | 1 | 0 | 1 | 0 | 1 | 0 | 1 | 0 | 1 | 0 | 1 | 0 | 0 | 0 | 0 | 0 | 0 |
| | 2 | D-成本 | 0 | 0 | 1 | 1 | 0 | 0 | 1 | 1 | 0 | 0 | 1 | 1 | 0 | 1 | 0 | 1 | 0 | 1 |
| | 3 | 尺寸 | 0 | 0 | 0 | 0 | 1 | 1 | 1 | 1 | 0 | 0 | 0 | 0 | 0 | 0 | 1 | 1 | 0 | 0 |
| 双引擎 | 4 | 有效载荷 | 0 | 0 | 0 | 0 | 0 | 0 | 0 | 0 | 1 | 1 | 1 | 1 | 0 | 0 | 0 | 0 | 1 | 1 |
| | 5 | 耐用性 | 0 | 0 | 0 | 0 | 0 | 0 | 0 | 0 | 0 | 0 | 0 | 0 | 1 | 1 | 1 | 1 | 1 | 1 |
| | 6 | 上限 | 1 | 1 | 1 | 1 | 1 | 1 | 1 | 1 | 1 | 1 | 1 | 1 | 1 | 1 | 1 | 1 | 1 | 1 |

单引擎和双引擎 DM 的冲突状态优先级排序是单独计算的，如表 3.34 所列。数据从最喜欢的冲突状态(在顶部)到最不喜欢的冲突状态(在底部)。同样，括号内的一组冲突状态同样适用于给定的 DM。

表 3.34　UAV 设计冲突中冲突状态的优先级排序

| 单引擎决策者 | 双引擎决策者 |
|---|---|
| (8,40) | (57,59) |
| (4,12,36,44) | (25,27) |
| (6,38) | (41,42,43,44) |
| (2,10,23,34,42,35) | (9,10,11,12,49,51,53,55) |
| (3,11,19,27,43,51,59) | (17,19,21,23) |
| (5,21,37,53) | (33,34,35,36,37,38,39,40) |
| (9,17,25,33,41,49,57) | (1,2,3,4,5,6,7,8) |

例如，单引擎 DM 同样喜欢第一个集合(8,40)中的冲突状态，此集合比第二个集合(4,12,36,44)中的冲突状态更优选。

注意，到目前为止，对于单引擎 DM 而言，现状(冲突状态 57)不是首选的解决方案。实际上，冲突状态 44 展示了最佳的系统范围内的设计解决方案(考虑了 2 个 DM)。在这里，单引擎 DM 既可以满足其最低的无人机单位成本选项，也可以满足其最低的开发成本选项。同样,双引擎 DM 可以满足其较大的有效载荷选项以及较高的飞行上限选项。另外,对于 2 个 DM,冲突状态(12,59)、其次冲突状态(27,42)比现状更可取。

通常,冲突的演变是通过妥协的程序进行的,其中要求每个 DM 都向另一个 DM 做出小让步。但是,以无人机设计冲突为例,现状(冲突状态 57)对单引擎 DM 没有任何让步选项。因此,2 个 DM 必须遵循协作程序。首先,2 个 DM 同意该项目应遵守最低开发成本目标。该协议将无人机设计冲突推至冲突状态 59。接下来,2 个 DM 同意无人机设计团队进行设计,以使无人机的单位成本降至最低。但是,最后一个决定的结果意味着双引擎 DM 最初追求的长期耐用性无法实现。同时,这些合作协议共同将无人机设计冲突推至冲突状态 44,这是两种 DM 的首选解决方案。图 3.84 描绘了无人机设计冲突示例的演变过程。

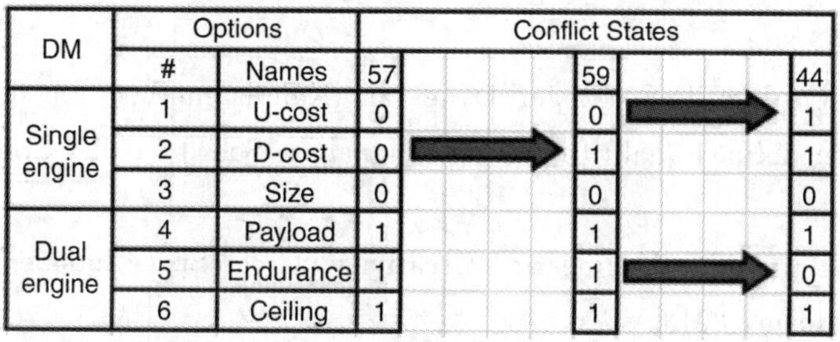

| DM | Options | | Conflict States | | |
|---|---|---|---|---|---|
| | # | Names | 57 | 59 | 44 |
| Single engine | 1 | U-cost | 0 | 0 | 1 |
| | 2 | D-cost | 0 | 1 | 1 |
| | 3 | Size | 0 | 0 | 0 |
| Dual engine | 4 | Payload | 1 | 1 | 1 |
| | 5 | Endurance | 1 | 1 | 0 |
| | 6 | Ceiling | 1 | 1 | 1 |

DM—决策者;Single engine—单引擎;Dual engine—双引擎;
Options—选项;Names—名字;U-cost—U-成本;D-cost—D-成本;Size—尺寸;
Payload—有效载荷;Endurance—耐用性;Ceiling—上限;Conflict States—冲突状态

**图 3.84 无人机设计冲突示例的演变**

综上所述,对与冲突状态 44 相匹配的方案进行工程评估,有利于采用双引擎驱动的无人机设计,它实现了以下要求:①最低的无人机单位成本;②最低的开发成本;③承载大的有效载荷;④达到较高的飞行高度。

## 3.7 参考文献

[1] Al-Shammari M, Masri H. Multiple Criteria Decision Making in Finance, Insurance and Investment. Switzerland: Springer, 2015.

[2] Altshuller G. Suddenly the Inventor Appeared: TRIZ, the Theory of Inventive Problem Solving. 2nd ed. Technical Innovation Center, Inc., 1996.

[3] ARP5580. Recommended Failure Modes and Effects Analysis (FMEA), Practices for Non-Automobile Applications. SAE International, May. 2012.

[4] Arrow J K, Sen K A K, Suzumura K. Handbook of Social Choice and Welfare, Vol. 1. North Holland, 2002.

[5] Ball L, et al. TRIZ Power Tools, The Skill that Will Give You the Confidence to Do the Rest. Skill #1 Resolving Contradictions, November,2014.

[6] Bar-Cohen Y. Biomimetics: Biologically Inspired Technologies. Boca Raton, FL: CRC Press, 2005.

[7] Bejan A, Lorente S. The constructal law origin of the logistics S curve. Journal of Applied Physics 110, 024901, 2011.

[8] Bensoussan B E, Fleisher C S. Analysis Without Paralysis: 12 Tools to Make Better Strategic Decisions. 2nd ed. FT Press, 2015.

[9] Benyus J M. Biomimicry: Innovation Inspired by Nature. New York: Harper Perennial, 2002.

[10] Berger C, Blauth R, Boger D, et al. Kano's method for understanding customer-defined quality. Journal of Japanese Social Quality Control, 1993, 2 (4): 3-35.

[11] Berk J. Unleashing Engineering Creativity. CreateSpace Independent Publishing Platform, 2013.

[12] Best J. Damned Lies and Statistics: Untangling Numbers from the Media, Politicians, and Activists. University of California Press, 2001.

[13] Brostow A A. Become an Inventor: Idea-Generating and Problem-Solving Techniques with Element of TRIZ, SIT, SCAMPER, and More. CreateSpace Independent Publishing Platform, 2015.

[14] Brue G, Launsby R. Design for Six Sigma. New York: McGraw Hill Professional, 2003.

[15] Buzan T. Ultimate Book of Mind Maps. London: Thorsons Publishers, 2006.

[16] Carlson C. Effective FMEAs: Achieving Safe, Reliable, and Economical Products and Processes using Failure Mode and Effects Analysi. Hoboken, NJ: John Wiley & Sons, 2012.

[17] Christensen C M. Exploring the limits of the technology S-curve. Production and Operations Management, 1992, 1(4): 334-366.

[18] Cooke M R. Experts in Uncertainty: Opinion and Subjective Probability in Science. Oxford University Press, 1991.

[19] Damelio R. The Basics of Process Mapping. 2nd ed. Boca Raton, FL: Productivity Press, 2011.

[20] de Bono E. Lateral Thinking: Creativity Step by Step. Harper Colophon; Reissue edition, 2015.

[21] de Bono E. Serious Creativity: Using the Power of Lateral Thinking to Create New Ideas. New York: Harperbusiness, 1993.

[22] de Bono E. Six Thinking Hats. Back Bay Books, 1999.

[23] de Bono E. Parallel Thinking. Random House UK, 2017.

[24] de Bono E. Thinking Systems homepage. http://www. debonothinking systems. com.

[25] Dyadem Press. Guidelines for Failure Mode and Effects Analysis (FMEA), for Automotive, Aerospace, and General Manufacturing Industries. Boca Raton, FL: CRC Press, 2003.

[26] Eberle B. Scamper: Creative Games and Activities for Imagination Development. Prufrock Press, Inc. , 2008.

[27] Eisner H. Managing Complex Systems: Thinking Outside the Box. Hoboken, NJ: Wiley-Interscience, 2005.

[28] Engel A, Reich Y. Advancing architecture options theory: Six industrial case studies. Systems Engineering, 2015, 18: 396-414.

[29] Engel A. Verification, Validation and Testing of Engineered Systems (Wiley Series in Systems Engineering and Management). Hoboken, NJ: John Wiley & Sons, 2010.

[30] Eppinger S D, Browning T R. Design Structure Matrix Methods and Applications. Cambridge, MA: MIT Press, 2012.

[31] Fang L, Hipel K W, Kilgour D M. Interactive Decision Making: The Graph Model for Conflict Resolution. New York: Wiley-Interscience, 1993.

[32] Fey V, Rivin E. Innovation on Demand: New Product Development Using TRIZ. Cambridge University Press, 2005.

[33] Fine L G. The SWOT Analysis: Using Your Strength to Overcome Weaknesses, Using Opportunities to Overcome Threats. CreateSpace Independent Publishing Platform, 2009.

[34] Fisher R, Ury W L, Patton B. Getting to Yes: Negotiating Agreement Without Giving In. Penguin Books; Updated, Revised edition, 2011.

[35] Flood R L, Jackson M C. Creative Problem Solving: Total Systems Intervention. New York: John Wiley & Sons, 1991.

[36] Gadd K. TRIZ for Engineers: Enabling Inventive Problem Solving. Hoboken,

NJ: John Wiley & Sons, 2011.
[37] Gallagher S. Brainstorming: Views and Interviews on the Mind. New York: Academic, 2008.
[38] Garson G D. The Delphi Method in Quantitative Research. Statistical Associates Publishers, 2013.
[39] Haimes Y Y. Risk Modeling, Assessment, and Management. 3rd ed. Hoboken, NJ: Wiley Blackwell, 2009.
[40] Hipel K W, Obeidi A. Trade versus the environment: strategic settlement from a systems engineering perspective. Systems Engineering, 2005, 8(3).
[41] Hirokawa Y R, Poole S M. Communication and Group Decision Making. 2nd ed. Thousand Oaks, CA: Sage Publications, 1996.
[42] Hunecke K. Jet Engines: Fundamentals of Theory, Design and Operation. United Kingdom: The Crowood Press, 2010.
[43] Hyndman R J, Athanasopoulos G. Forecasting: Principles and Practice. OTexts, https://www.otexts.org/fpp, 2013.
[44] Ishikawa K. Introduction to Quality Control. Boca Raton. FL: Productivity Press, 1990.
[45] Janis I L. Victims of Groupthink: A Psychological Study of Foreign Policy Decisions and Fiascoes. Boston: Houghton Mifflin Company, 1972.
[46] Kaliszewski I, Miroforidis J, Podkopaev D. Multiple Criteria Decision Making by Multiobjective Optimization: A Toolbox. New York: Springer, 2016.
[47] Kaplan S, Visnepolshi S, Zlotin B, et al. Tools for Failure & Risk Analysis: Anticipatory Failure Determination (AFD) & the Theory of Scenario Structuring. Ideation International, 1999.
[48] Karl T R, Melillo J M, Peterson T C. U. S. Global Change Research Program, Global climate change impacts in the United States. Cambridge University Press, 2009.
[49] Kassa A O. Value Analysis and Engineering Reengineered: The Blueprint for Achieving Operational Excellence and Developing Problem Solvers and Innovators. Boca Raton, FL: Productivity Press, 2015.
[50] Keeney L R, von Winterfeld D. Eliciting probabilities from experts in complex technical problems. IEEE Transactions on Engineering Management, 1991, 38(3), 191-201.
[51] Kim K, Seo E, Chang S K, et al. Novel water filtration of saline water in the

outermost layer of mangrove roots. Scientific Reports 6, Article number: 20426. Accessed Aug. 21, 2017.

[52] Koch R. The 80/20 Principle: The Secret to Achieving More with Less. New York: Crown Business; Reprint edition, 1999.

[53] Lakhtakia A, Martín-Palma R J. Engineered Biomimicry. Amsterdam: Elsevier, 2013.

[54] Langreth R. Imclone's gene test battle. Forbes. com, 2008.

[55] Long K F. Deep Space Propulsion: A Roadmap to Interstellar Flight. New York: Springer, 2012.

[56] Loveridge D. Experts and Foresight: Review and Experience, Paper 02-09, PRES. Manchester, UK: The University of Manchester, 2002.

[57] Lu J, Zhang G, Ruan D. Multi Objective Group Decision Making: Methods, Software and Applications with Fuzzy Set Techniques. Imperial College Press, 2007.

[58] Mason R O, Mitroff I I. Challenging Strategic Planning Assumptions. New York: John Wiley & Sons, 1981.

[59] Maurer M, Lindemann U. Structural awareness in complex product design—the multiple-domain matrix, 9th international Design Structure Matrix conference, DSM'07, Munich, Germany, 2007.

[60] McDonald D, Bammer G, Deane P. Research Integration Using Dialogue Methods. ANU E Press, 2011.

[61] Merton R K. Focused Interview. 2nd ed. New York: Free Press, 1990.

[62] Michalko M. Thinkertoys: A Handbook of Creative-Thinking Techniques. 2nd ed. New York: Ten Speed Press, 2006.

[63] Middleton P, Sutton J. Lean Software Strategies: Proven Techniques for Managers and Developers. Productivity, 2005.

[64] Midgley G. Systemic Intervention: Philosophy, Methodology, and Practice. New York: Springer, 2000.

[65] Miles L D. Techniques of Value Analysis and Engineering. Lawrence D. Miles Value Foundation, 2015.

[66] MIL-STD-1629A. Military Standard Procedures for Performing a Failure Mode, Effects and Criticality Analysis. Washington, DC: U. S. Department of Defense, 1980.

[67] Mkpojiogu E O C, Hashim N L. Understanding the relationship between

Kano model's customer satisfaction scores and self-stated requirements importance. SpringerPlus，2016，5(02)：197.

[68] Modarres M，Kaminskiy M，Krivtsov V. Reliability Engineering and Risk Analysis：A Practical Guide. Boca Raton，FL：CRC Press，1999.

[69] Moorman J. Leveraging the Kano Model for optimal results，UX Magazine 882. https://uxmag. com/articles/leveraging-the-kano-model-foroptimal-results. Accessed August 2017.

[70] Novak J D，Musonda D. A twelve-year longitudinal study of science concept learning. American Educational Research Journal，1991，28(1)：117-153.

[71] Novak J D. Learning，Creating，and Using Knowledge：Concept Maps as Facilitative Tools in Schools and Corporations. 2nd ed. Routledge，2009.

[72] Obeidi A. Emotion，Perception and Strategy in Conflict Analysis and Resolution. Ph. D. thesis，University of Waterloo，Waterloo，Ontario，Canada，2006.

[73] Osborn A F，Bristol L H. Applied Imagination：Principles and Procedures of Creative Thinking. 3rd ed. Charles Scribner's Sons，1979.

[74] Park Y T，Jang H，Song H. Determining the importance values of quality attributes using asc.. Journal of Korean Society for Quality Management，2012，40 (4)：589-598.

[75] Parsch A. Northrop Grumman (TRW/IAI) BQM-155/RQ-5/MQ-5 Hunter，http://www. designation-systems. net/dusrm/m-155. html. Accessed Nov. 28，2016.

[76] Passino K M. Biomimicry for Optimization，Control，and Automation. London：Springer；2005 edition，2004.

[77] Pimmler U T，Eppinger S D. Integration analysis of product decompositions. Working Paper #3690-94-MS. Cambridge，MA：MIT Sloan School of Management，1994.

[78] Pinto J K，Kharbanda O P. Project management and conflict resolution. Project Management Journal，1995，26(4)：45-54.

[79] Pinto J K，Kharbanda O P. Successful Project Managers：Leading Your Team to Success. Van Nostrand Reinhold，1995-B.

[80] Proctor T. Creative Problem Solving for Managers：Developing Skills for Decision Making and Innovation. 4th ed. New York：Routledge，2013.

[81] Quinlan J R. Simplifying decision trees. International Journal of Man-Machine

Studies, 1987, 27 (3): 221.

[82] Richardson D. Transparent: How to see Through the Powerful Assumptions That Control You. Clovercroft Publishing, 2016.

[83] Robert P C, Casella G. Monte Carlo Statistical Methods. 2nd ed. New York: Springer, 2005.

[84] Rodrigues L J. Unmanned Aerial Vehicles DoD's Acquisition Efforts. GAO/T-NSIAD-97-138, 1997.

[85] Ruble T L, Thomas K W. Support for a two-dimensional modelof conflict behavior. Organizational Behavior and Human Performance, 1976, 16: 221-237.

[86] Rumane A R. Quality Management in Construction Projects. Boca Raton, FL: CRC Press, 2010.

[87] SAE J1739. Potential Failure Mode and Effects Analysis in Design (Design FMEA) and Potential Failure Mode and Effects Analysis in Manufacturing and Assembly Processes (Process FMEA) and Effects Analysis for Machinery (Machinery FMEA). Society for Automotive Engineers, 2002.

[88] Salamatov Y. TRIZ: The Right Solution at the Right Time. The Netherlands: Insytec, 1999.

[89] San Y T. TRIZ Systematic Innovation in Business and Management. First-Fruits Sdn Bhd, 2014.

[90] Savransky S D. Engineering of Creativity: Introduction to TRIZ Methodology of Inventive Problem Solving. Boca Raton, FL: CRC Press, 2000.

[91] Shell G R. Bargaining for Advantage: Negotiation Strategies for Reasonable People. 2nd ed. New York: Penguin Books, 2006.

[92] Skinner D C. Introduction to Decision Analysis. 3rd ed. Probabilistic Publishing, 2009.

[93] Sloane P. The Leader's Guide to Lateral Thinking Skills: Unlocking the Creativity and Innovation in You and Your Team Paperback. 2nd ed. Kogan Page, 2006.

[94] Stacey R D. Tools and Techniques of Leadership and Management: Meeting the Challenge of Complexity. New York: Routledge, 2012.

[95] Stamatis H D. Failure Mode and Effect Analysis: FMEA from Theory to Execution. 2nd ed. Milwaukee: Quality Press, 2003.

[96] Sternberg R J. Handbook of Creativity. Cambridge University Press, 1998.

[97] Sternberg R J. A propulsion model of types of creative contribution. Review of General Psychology, 1999, 3: 83-100.

[98] Torrence R S. How to Run Scientific and Technical Meetings. New York: Van Nostrand Reinhold, 1991.

[99] Vose D, Risk Analysis: A Quantitative Guide, 3rd ed. Hoboken, NJ: John Wiley & Sons, 2008.

[100] Vroom H V, Yetton W P. Leadership and Decision Making. Pittsburgh, PA: University of Pittsburgh Press, 1976.

[101] Yarlagadda C. Pacemaker Malfunction, Clinical Presentation, Medscape. http://emedicine. medscape. com/article/156583. Accessed: August 2017.

[102] Zwicky F. Discovery, Invention, Research Through the Morphological Approach. Toronto: The Macmillan Company,1969.

# 第 4 章　促进创新文化

The chief enemy of creativity is good sense.

Pablo Picasso(1881—1973)

## 4.1　概　述

如前所述，创新是将创造性的想法或发明转化为新产品、服务、业务流程、组织流程或营销流程，为利益相关者创造价值的过程。本章由以下 10 节组成(见图 4.1)。

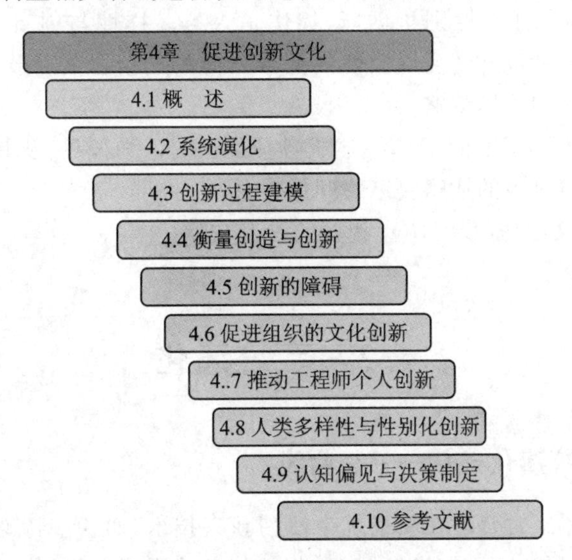


**图 4.1　第 4 章的结构和内容**

4.1 节概述，介绍了第 4 章的内容和结构。

4.2 节系统演化，描述了系统发展的内在方式，涵盖了通过 S 曲线建模系统演化的主题以及从 TRIZ[①] 角度进行的系统演化法则。

4.3 节创新过程建模，介绍了创新过程的分类，以及各种技术创新过程。此外，本节还介绍了创新过程的资金来源。

---

① TRIZ 代表俄语“创新问题解决理论”首字母缩写词“Theory of Inventive Problem Solving”。

4.4 节衡量创造与创新，介绍了如何衡量创造和创新。本节指出，首先，组织的管理要明确其创新目标；其次，描述了创新过程的实际测量。此外，本节还介绍了一个利用创新能力成熟度模型(Innovation Capability Maturity Model，ICMM)评估其创新状况的框架。

4.5 节创新的障碍，介绍了典型的组织创新障碍。这些因素包括：人的习惯、成本考虑、机构反应、知识匮乏和市场担忧。最后，列举了 4 类创新中的每一类创新障碍及其相关性。

4.6 节促进组织的文化创新，介绍了各种促进组织文化创新的方法，包括与领导力、组织、人员、资产、文化、价值、流程和工具有关的问题。最后，它提供了一组可行的步骤，可以用来推进组织内部的创新过程。

4.7 节推动工程师个人创新，尝试为许多沮丧的工程师提供见解和建议，工程师提出了创新的想法，但却无法通过抵制层层官僚主义来推进这些想法，这些层级并非真正适合创新。本节分析了大型组织为何很少进行创新，并为寻求克服这些障碍的创新工程师提供有用的创新建议。

4.8 节人类多样性与性别化创新，描述了人类多样性与创新过程之间的联系。其讨论了最近在性别范式转变以及性别差异方面的创新含义。最后，本节提出了一套促进性别化创新的具体策略。

4.9 节认知偏见与决策制定，描述了各种类型的认知偏见，及其与工程师和管理者做出的影响创新过程的战略决策之间的关系。

4.10 节参考文献，提供与本章相关的参考文献。

## 4.2 系统演化

### 4.2.1 系统演化建模——S 曲线

特殊利益团体经常延迟在新系统中使用新兴技术，而这些特殊利益团体对旧系统更保持兴趣。但是，由于技术发展，利益相关者的愿望、经济状况、政治环境、心理因素等的变化，系统(尤其是技术系统)会不断发展。例如，汽车电子应用领域正在稳步增长，到目前为止，没有出现资源减少的迹象(见图 4.2)。实际上，当前的尖端豪华车最多使用 100 个电子控制单元(Electronic Control Units，ECU)，并通过大约五个或更多的专用总线进行连接。

技术系统的演化可以通过 S 曲线[①]进行建模，它确定了典型的发展阶段，反映出

① S 曲线是一个 S 形函数，描述了工程系统技术生命周期的典型形状(Stewart，1981 年)。

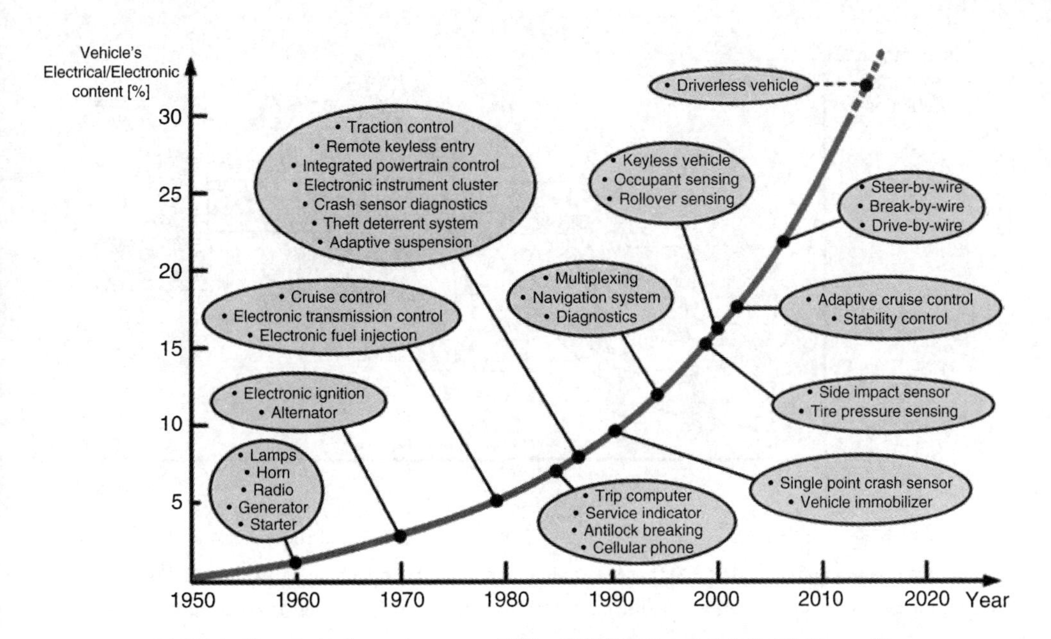


Vehicle's Electrical/Electronic content [%]—车辆的电气：电子含量/%；Year—年；
Lamps—台灯；Horn—喇叭；Radio—收音机；Generator—发电机；Starter—启动装置；
Electronic ignition—电子点火；Alternator—交流发电机；Cruise control—巡航控制；
Electronic transmission control—电子变速箱控制；Electronic fuel injection—电子燃油喷射；
Trip computer—行程计算机；Service indicator—服务指示灯；Antilock breaking—防抱死制动；
Cellular phone—手机；Traction control—牵引控制；Remote keyless entry——遥控门锁；
Integrated powertrain control—动力传动一体化控制；Electronic instrument cluster—电子仪表盘；
Crash sensor diagnostics—碰撞传感器诊断；Theft deterrent system—防盗系统；
Adaptive suspension—自适应悬挂；Single point crash sensor—单点碰撞传感器；
Vehicle immobilizer—车辆防盗器；Multiplexing—多路复用；Navigation system—导航系统；
Diagnostics—诊断；Side impact sensor—侧面碰撞传感器；Tire pressure sensing—胎压感应；
Keyless vehicle—遥控门锁汽车；Occupant sensing—职业感知；Rollover sensing—翻转感应；
Adaptive cruise control—自适应巡航控制；Stability control—稳定性控制；Steer-by-wire—线控转向；
Break-by-wire—线控制动；Drive-by-wire—有线驱动；Driverless vehicle—无人驾驶车辆

**图 4.2 车辆电气和电子内容**①

了随着时间的变化系统的成本效益比。S 曲线上每个阶段的长度和斜率取决于技术以及经济学、人类心理和其他因素(见图 4.3)。

S 曲线上的技术系统演化通常遵循以下阶段：

**阶段 1：初始概念**。在这一阶段，观察并报告了基本的科学概念，从而导致了新技术系统的出现。此时的曲线呈现出一个潜伏期，大量的创意投资会减缓产生实际结果。

① 受 Hellestrand(2005)和 Chong(2010)的启发。

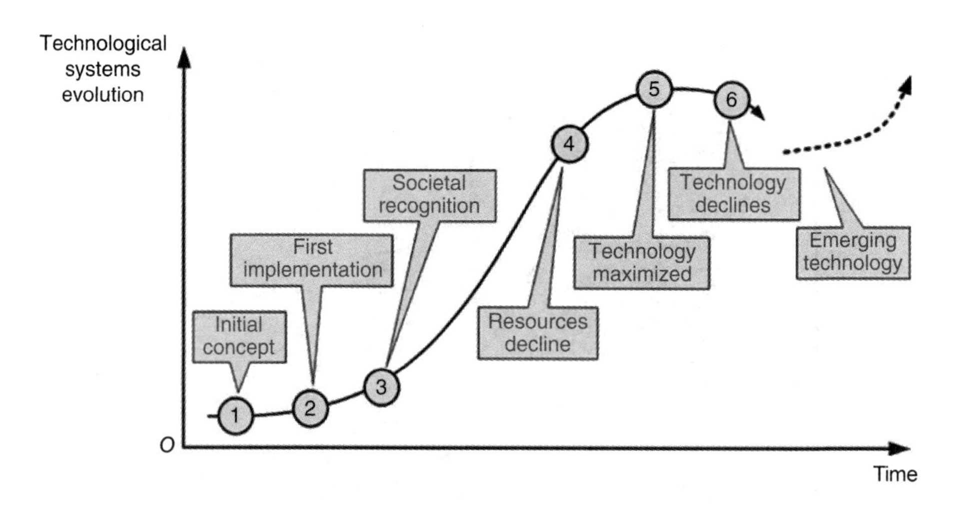


Technological systems evolution—技术系统演化；Time—时间；Initial concept—初始概念；
First implementation—首次实施；Societal recognition—社会认可；Resources decline—资源减少；
Technology maximized—技术最大化；Technology declines—技术衰退；Emerging technology—新兴技术

**图 4.3　技术系统演化(S 曲线)**

**阶段 2：首次实施**。在这个阶段，新技术系统的第一个商业实施和使用得以实现/证明。

**阶段 3：社会认可**。在此阶段，新技术系统达到了 S 曲线上的拐点，从而进入了快速增长时期，并得到了整个社会的认可和使用。

**阶段 4：资源减少**。在此阶段，该系统在技术能力方面不断发展，而其成本却下降了。但是，支持该系统的资源开始减少。

**阶段 5：技术最大化**。在此阶段，该系统在技术能力和商业可能性方面发挥了最大的潜力。

**阶段 6：技术衰退**。在此阶段，系统的增长开始停滞，并且由于其支持技术达到极限而使系统增长出现下降。

**新兴技术**。出现了新的和改进的技术，新的下一代技术系统(由另一个 S 曲线描述)似乎逐渐取代了现有技术。

### 4.2.2　系统演化法则

如前所述，Genrikh Altshuller 和他的同事在 20 世纪下半叶在苏联开发了 TRIZ。TRIZ 是一种由多种工具和技术组成的丰富方法，其中一些工具和技术在本书的各个章节中都进行了讨论。

系统演化法则是有用的 TRIZ 工具，因为它们为未来技术系统的演化提供了强有力的指示。在 TRIZ 方法论下，技术系统的演化遵循一系列演化法则。这些法则定义了技术系统发展的总体方向。更具体地说，技术系统沿着系统组件之间以及系统与其环境之间的可重复交互而发展。这个过程一直持续到系统耗尽其可用的技术或商业资源为止。最终,这导致了用更高级的系统替换给定系统,该系统以一种优越的方式执行其功能。但是,读者应该注意,与自然法则不同,TRIZ 法则具有弹性并且普遍适用。此外,读者还应注意,这套法则多年来一直在发展,不同的 TRIZ 研究人员以略有不同的名称识别略有不同的法则。图 4.4 和下文描述了技术系统演化的法则[①]。

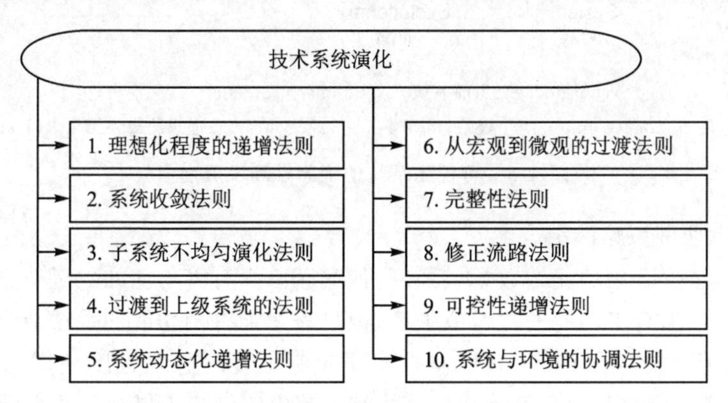


图 4.4 技术系统演化法则

#### 4.2.2.1 理想化程度的递增法则

在 TRIZ 理论下,理想的系统被描述为一种在要求的时间内提供所有功能,且不需要物理空间,不消耗能源、材料或信息的系统,所有都是零成本的。因此,一个真正的理想系统必须提供无限的积极影响,而在规定的时间不会产生任何消极影响。Boris Goldovsky 最初于 1974 年提出了一种描述理想程度的模型(略微简化),即

$$\text{Ideality} = \frac{\sum_{i=1}^{\infty} \text{Useful}_i}{\sum_{j=1}^{\infty} \text{Harmful}_j} \rightarrow \infty$$

式中:$\text{Useful}_i$ 为积极影响($i$);$\text{Harmful}_j$ 为负面影响($j$);$i$ 为有用的变量($i$);$j$ 为有害的变量($j$)。

当然,这样的系统是不可能实现的,但是这个概念很重要,因为工程师总是努力提高系统的理想化程度。图 4.5 描述了系统的理想性和演化潜力的概念。

可以看出,理想系统被定义为永远无法实现的理想最终结果(Ideal Final Result,IFR)。实际上,在现实生活中,人们只能努力将系统改进到一定程度,这一点被定义为系统的演化极限。这可以通过实施以下一种或多种策略来实现:

① 增加有用功能的数量或强度。

② 减少有害功能的数量或强度。

---

① 本书遵循一组规则和命名约定方案,整合了 TRIZ 研究人员的要素。

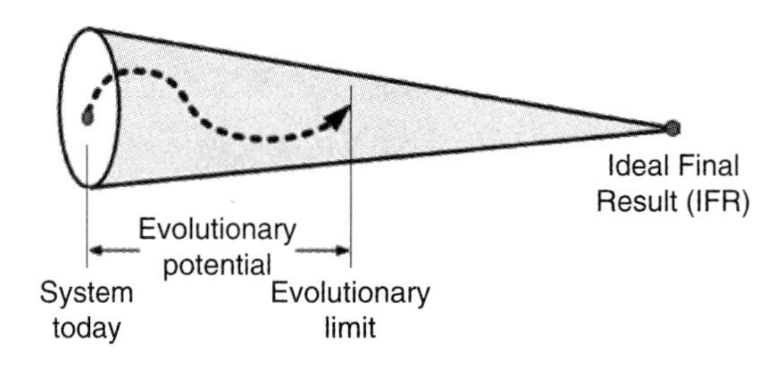


System today—当前系统；Evolutionary potential—演化潜力；
Evolutionary limit—演化极限；Ideal Final Result (IFR)—理想的最终结果(IFR)

**图 4.5 可视化系统的理想性和发展潜力**

③ 以上两种策略的结合：

- 稍微减少有用功能的数量或强度，但显著减少有害功能的数量或强度；
- 稍微增加有害功能的数量或强度，但显著增加有用功能的数量或强度。

理想化程度递增法则表明，所有技术系统都朝着理想化程度递增的方向发展。也就是说，该系统的总体有用效应与总体有害效应比例趋于提高。这实际上意味着，在系统的演化过程中，它可以执行额外的功能，使用更少的资源，以更低的总成本提高其产量等。

#### 4.2.2.2 系统收敛法则

系统收敛法则是系统演化的一种模式，在这种模式中，系统所建立的元素数量随着时间的推移而减少，而系统本身的性能并没有降低。这种减少通常伴随着成本的降低和性能的改善，从而在定义上导致系统理想性的增强。有时，系统的功能能力是通过将有用功能重新分配到系统的其余元素来维持的(此过程称为系统合并)。在其他情况下，某些内部系统功能可能会完全消失，而不会影响系统的外部功能。

许多研究表明，由于市场压力、技术进步和工程创新的结合，各种系统的设计往往会在多年内不断发展和改进。例如，Ehrlenspiel 等人(2007 年)描述了带有液力变矩器的传动系统的发展(见图 4.6)。多年来，人们对该系统进行了多次重新设计而使零件数量减少了约 70%。在此过程中，系统成本降低了 70%(考虑了通货膨胀)。

#### 4.2.2.3 子系统不均匀演化法则

TRIZ 理论认为，技术系统的不同组成部分以不同的速度发展，有些进步很快，而另一些则长期保持稳定。因此，技术系统的不均匀演化法则指出，系统中各个组成部分的演化速率不均匀。通常，更复杂的系统趋向于表现出其组件更不均匀的演化。经过非均匀演化的系统在其组件之间表现出一个或多个矛盾。反过来，这限制了整个系统的理想性。

这种现象源于系统发展过程中不断变化的设计优先级。在系统开发的早期阶段，设计优先级集中在系统的性能和可靠性上。后来，设计优先级转移以优化性能特

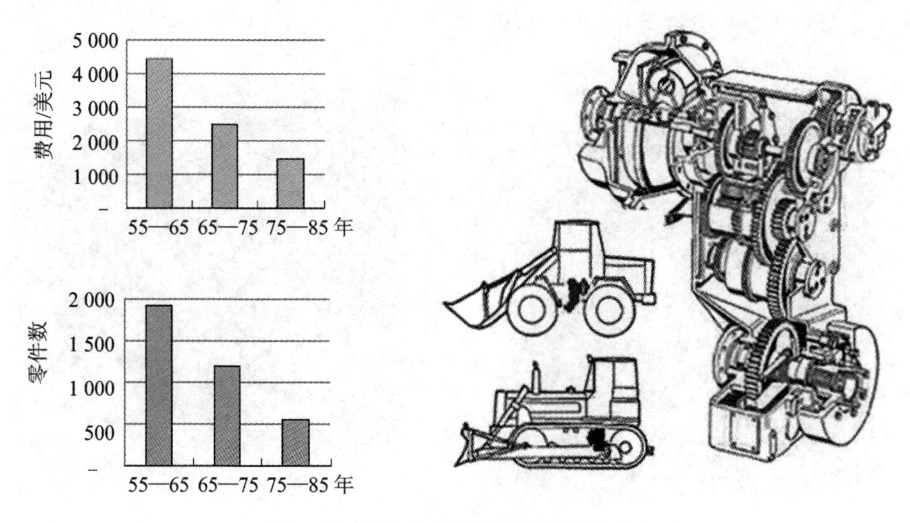


图 4.6 不断减少零件数量而降低成本

征。最后,设计优先级扩展到环境、生态和其他考虑事项。同时,设计优先级会影响单个组件和技术系统的发展速度和方向。更具体地说,随着技术系统的发展,不同部分阻碍了整个系统性能的进一步提高。认识到这些障碍后,科学家和工程师改变了他们的工作重点,并专注于改善这些技术落后的部分(Karasik,2011 年)。

这种现象的一个很好的例子是大型计算机从 20 世纪 50 年代初到 70 年代初的不均匀发展。中央处理器(The Central Processing Unit,CPU)已从电磁继电器技术迅速发展到真空管技术,再到晶体管技术,再到小型集成电路(Integrated Circuits,IC)。这些早期的集成电路包括小规模集成电路(Small-Scale Integration,SSI)和中规模集成电路(Medium-Scale Integration,MSI),前者在一个芯片上包含大约 10 个电子门,后者在一个芯片上包含多达 100 个电子门。

同时,早期计算机存储器依靠磁芯技术,速度慢、能耗大、价格高。磁芯存储器将数据存储在磁化铁氧体材料的小环阵列上。每个环存储一位数据,可以通过改变磁场的极性从“0”切换到“1”。例如,在 20 世纪 50 年代早期,最先进和可靠的计算机内存是一个面积为 32 cm×32 cm 的核心内存,包含 1 024 位(128 字节)的数据(见图 4.7)。

1954 年,IBM 公司创建了 IBM 737 磁芯存储单元。737 是附加在 IBM 主框架计算机上的辅助元素,提供了 4 096 个 36 位字(见图 4.8)。1972 年,随着 IBM 370/3145 的推出,大型计算机的存储技术已转变为基于全集成电路(IC)的存储技术。3145 的存储容量高达 512 KB,运行速度是早期型号的 5 倍。

早期大型计算机 CPU 部分的相关技术也在迅速发展,因为设计优先级强调 CPU 子系统的计算能力和可靠性。此外,软件规模相对较小,可以在磁盘内存和核心内存之间切换,从而提供足够的计算带宽。通过建立大型计算机中心,解决了规模和相关问题(例如,电线、电力消耗、冷却、工作环境等)。系统的成本问题通过租赁机器而不是直接购买机器得到了部分解决。

图 4.7　1 024 位核心内存

图 4.8　IBM 737 磁芯存储

多年来,需求一直在变化。软件包在金融、制造业和政府部门中呈指数增长。因此,对整体系统速度的需求急剧增加。最后,成本因素变得越来越重要,因此,设计优先级发生了变化,最终导致了更快、更小、更节能,以及更便宜的基于 IC 的存储器的发展。反过来,这消除了计算机行业中组件的不均匀性差距。

#### 4.2.2.4　过渡到上级系统的法则

当技术系统演化时,会耗尽本地资源,进一步演化的可能性也会降低。在这种情况下,这些技术系统往往会过渡到更高层次的系统。这通常表现为下面两种风格。

一种风格是,现有系统从单系统扩展到双系统,然后扩展到一个多元系统,最后扩展到可调系统(见图 4.9 和图 4.10)。这些扩展的系统要么具有相同的组件(通过复制早期阶段的组件),要么具有相似的组件,这些组件在某些方面相似或者有时具有附加组件。

单系统 → 双系统 → 多元系统 → 可调系统

图 4.9　向高层次系统过渡

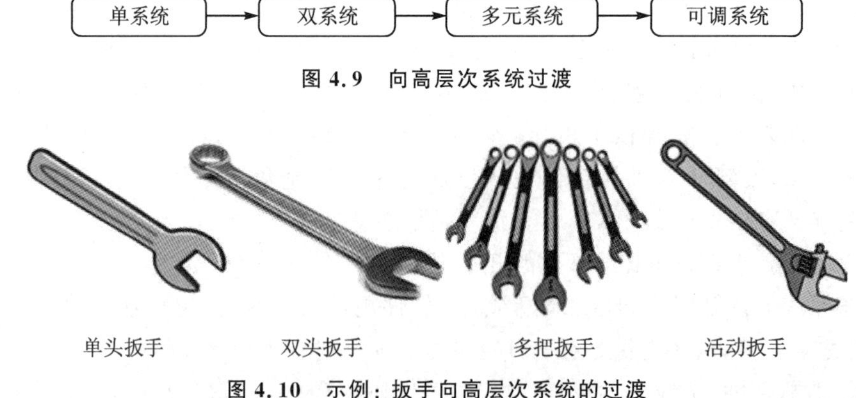


图 4.10　示例：扳手向高层次系统的过渡

当系统与其他系统集成并在该环境中继续演化时，这种向更高级别系统(有时称为超级系统)过渡的另一种风格就会出现。例如，飞机上自给自足的惯性导航系统(Inertial Navigation System，INS)使用陀螺仪来确定飞机的方向和位置。后来，该系统与地面无线电导航系统集成在一起，以提高导航系统的准确性。之后，为了进一步提高飞机的导航精度，该组合系统又与基于卫星的全球定位系统(Global Positioning System，GPS)进一步集成。这包括空间的位置和方位、速度和加速度在所有三个轴以及空间的三维位置(见图4.11)。

(a) 惯性导航系统

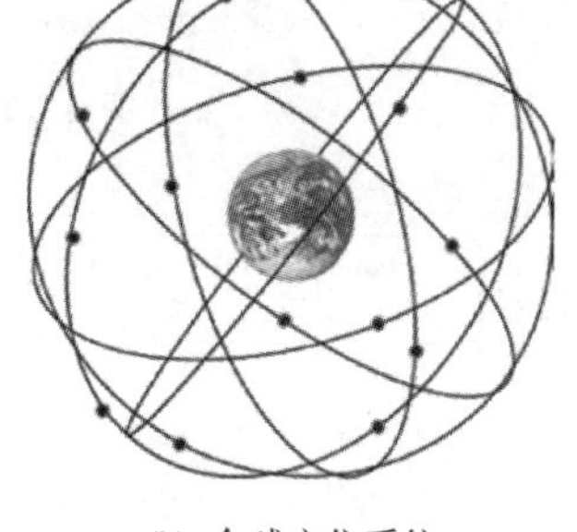

(b) 全球定位系统

图4.11 系统与超级系统集成

#### 4.2.2.5 系统动态化递增法则

技术系统是为了响应陈述的需要而执行特定的功能而创建的。其设计反映了当时的环境、可用的技术以及原始利益相关者的期望。但是，随着时间的流逝，环境、技术以及利益相关者的期望也在不断变化，技术系统也在不断发展。释放系统动态能力的这种行为称为动态化。一般而言，动态性(灵活性)使系统变得更加适应不断变化的环境和需求。这通常表现为功能的能力扩展。因此，系统动态化递增法则指出，技术系统朝着更灵活的系统和多功能的方向发展，已经确定了以下几个方向：

**设计动态化**。设计动态化从系统设计的角度处理系统的发展。物质(主要是硬件)动态化如图4.12所示。

**场动态化**。在TRIZ理论中，“场”的概念涵盖了多种现象：电磁场(无线电波、微波、红外光、可见光、紫外线、X射线、γ射线等)、静电场、磁场、力(机械的、重力的、离心的、惯性的、摩擦的、粘附的、科里奥利的、核相关的等)等。场动态化的演化过程如图4.13所示。

**组成动态化**。组成动态化从系统组成的角度来处理系统的演化。这个演化过程如图4.14所示。

**内部结构动态化**。内部结构动态化从系统内部结构的角度处理系统的演化。图4.15描述了这种演化过程。

**功能动态化**。功能动态化从系统功能的角度研究系统的演化。总的来说，系统

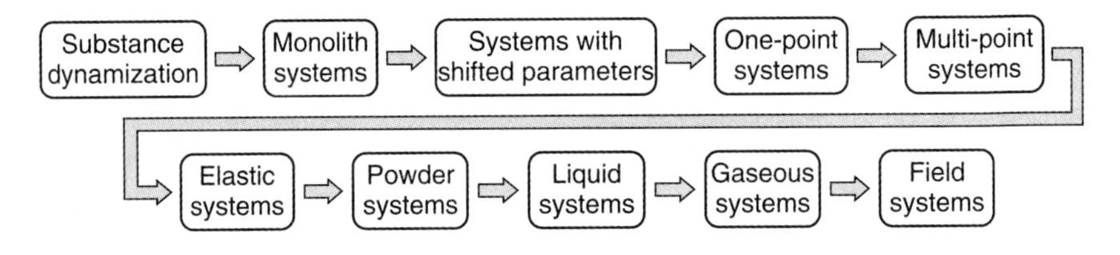


Substance dynamization—物质动态化；Monolith systems—整体系统；
Systems with shifted parameters—参数偏移系统；One-point systems—单点系统；
Multi-point systems—多点系统；Elastic systems—弹性系统；Powder systems—粉末系统；
Liquid systems—液体系统；Gaseous systems—气体系统；Field systems—场系统

**图 4.12　物质动态化**

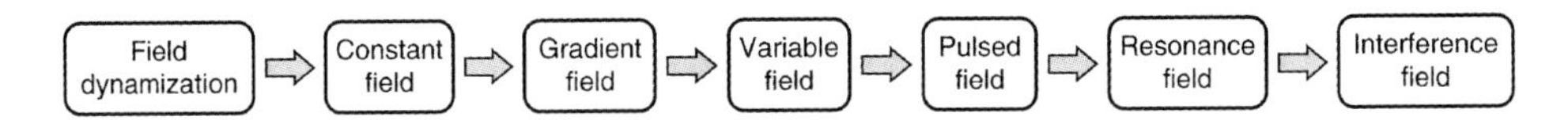


Field dynamization—场的动态化；Constant field—恒定场；Gradient field—梯度场；
Variable field—可变场；Pulsed field—脉冲场；Resonance field—共振场；Interference field—干扰场

**图 4.13　场动态化**

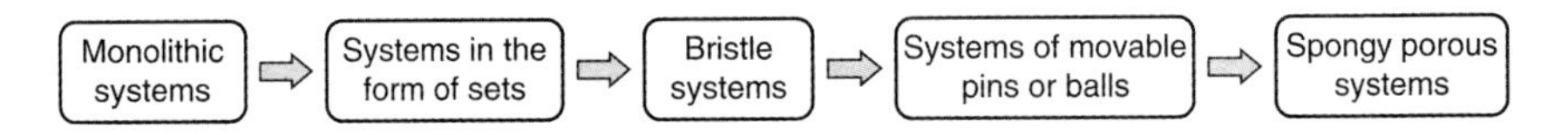


Monolithic systems—整体系统；Systems in the form of sets—集合形式的系统；
Bristle systems—Bristle 系统；Systems of movable pins or balls—活动销或滚珠系统；
Spongy porous systems—海绵多孔系统

**图 4.14　组成动态化**

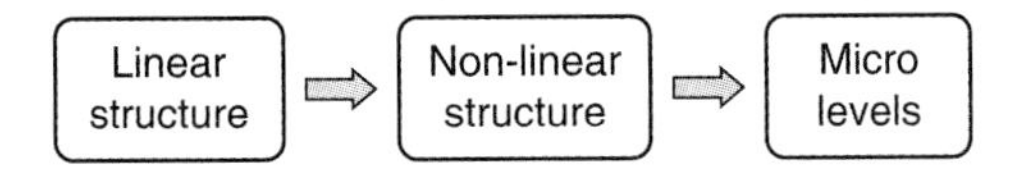


Linear structure—线性结构；Non-linear structure—非线性结构；Micro levels—微观水平

**图 4.15　内部结构动态化**

的演化过程的特点是这些系统能够执行的功能越来越多。例如，图 4.16 比较了老式手机(1999 年前后上市的诺基亚 8210)和苹果 iPhone 6 的主要功能。

### 4.2.2.6　从宏观到微观的过渡法则

技术体系是由物质组成的，这些物质可以被视为具有以下物理结构(见图 4.17)。

按照这种观点，层级内部给定层级的物理结构对于层级中占据较高层级的结构构成微观层级结构。向微观结构过渡的法则表明，技术系统朝着越来越多地使用微观结构的方向发展。更具体地说，一个系统的演化是从宏观层面开始的，并向微观层

| 诺基亚8210<br>• 移动电话；<br>• 尺寸：100 mm×44 mm×8 mm；<br>• 质量：80 g；<br>• 显示：单色，5行；<br>• 电话簿：250个；<br>• 功能：短信、时钟、闹钟 | <br>1999年前后上市的诺基亚8210 | iPhone 6<br>• 移动电话；<br>• 摄像头/视频；<br>• 时钟/日历；<br>• 计算器；<br>• 蓝牙；<br>• 互联网；<br>• 电子邮件；<br>• 短信；<br>• 5个位置功能；<br>• Siri语音消息；<br>• 6个传感器；<br>• 软件应用 | <br>iPhone 6 |
|---|---|---|---|

图 4.16 旧手机与 iPhone 6 的比较

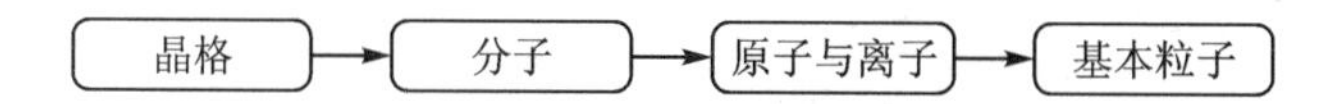


图 4.17 技术系统的物理结构

面发展，从一个基于物理原理的技术到另一个基于物理原理的高技术。此外，这种转变源于科学的进步以及希望利用分散材料和粒子物理特性中根深蒂固的优势。Fey 和 Rivin (2005)将金属加工工具视为一个随时间演化的系统，很好地说明了从宏观到微观的过渡法则。

**1. 晶格示例：铣削**

传统的加工(铣削)技术在晶格级别上运用。这是使用旋转刀具从工件上去除材料的过程。它涵盖了涉及各种机床的各种不同操作(见图 4.18)。

**2. 分子示例：电化学加工**

电化学加工技术在分子水平上运用。这是一种通过电化学过程从工件上去除材料的方法。此过程通常用于形成由极其坚硬的材料(例如钛镍、钴、稀土合金等)制成的复杂形状。但是，该方法仅限于由导电材料制成的产品(见图 4.19)。

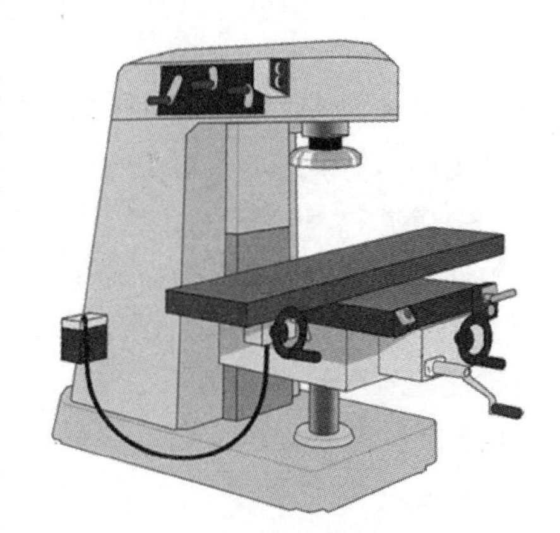

图 4.18 铣削加工

**3. 原子和离子示例：等离子弧切割**

等离子弧加工技术在原子和离子水平上运用。它是高能放电通过高温等离子体加速射流切割材料的过程。热等离子体喷射、熔化并从工件上去除薄片，薄片必须由导电材料制成，如钢、铝、黄铜或铜(见图 4.20)。

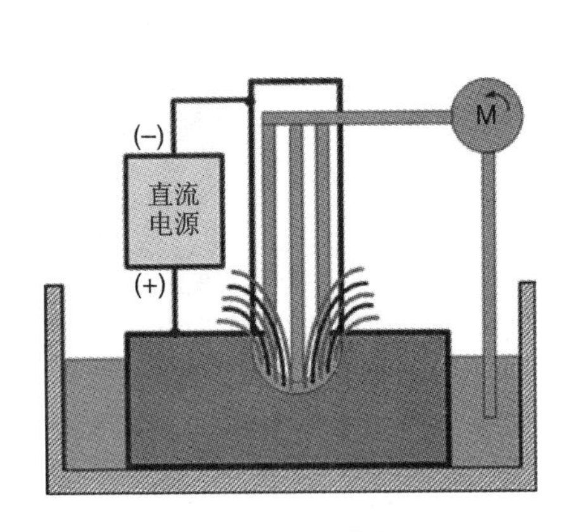


图 4.19 电化学加工

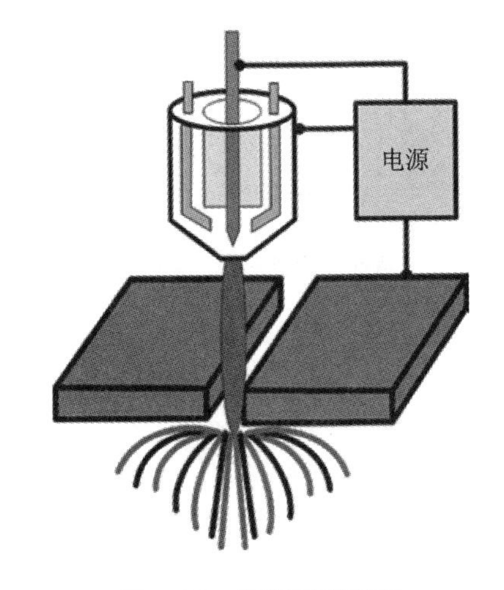


图 4.20 等离子弧切割

4. 基本粒子示例：激光焊接

激光加工技术在基本粒子级别上运用。激光焊接是一种制造过程，通过在两个或更多工件（例如钢、铝、钛等）的边缘引起熔化来连接材料。激光可产生集中的高功率光束，对加热区影响小，从而可以在高焊接速率下进行窄而深的焊接（见图 4.21）。

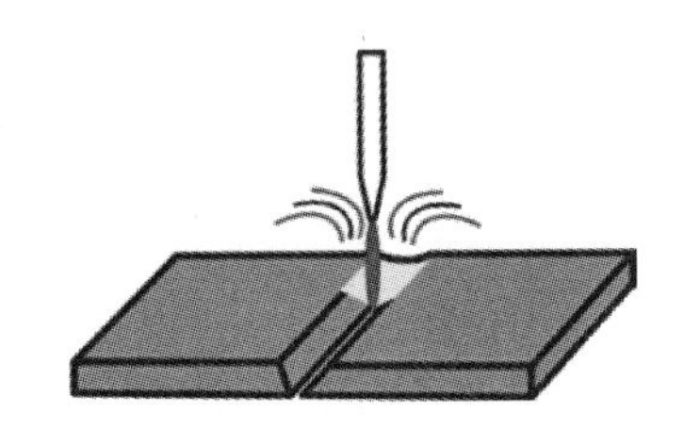

图 4.21 激光焊接

### 4.2.2.7 完整性法则

技术系统是指所有类型的人造制品，包括技术产品以及技术方法、技术和组织。根据 TRIZ 理论，完整性法则规定，任何可行的自治技术系统都应包含 4 个主要组成部分[①]（见图 4.22）：

**工作装置** 指直接执行系统的主要功能（即影响对象）。

**发动机** 提供产生预期功能所需的必要能量。

**传输通道**[②] 将发动机产生的能量传输到工作装置中。

**控件** 控制一个或多个先前的组件。因此，整个系统变得对用户具有适应性和灵活性。

系统的环境包括：

**电源** 向系统提供特定的输入。

---

① 一些 TRIZ 学者声称完整性法则缺乏普遍性，因为存在可行的系统违反了所述法则。例如，房屋是一个可行的自治技术系统，其中不包含上述主要组成部分（Karasik，2008 年）。

② 一些 TRIZ 的学者建议，可以将传输通道的概念扩展为考虑其他类型的流，例如物质流和信息流（Cascini 等，2009）。

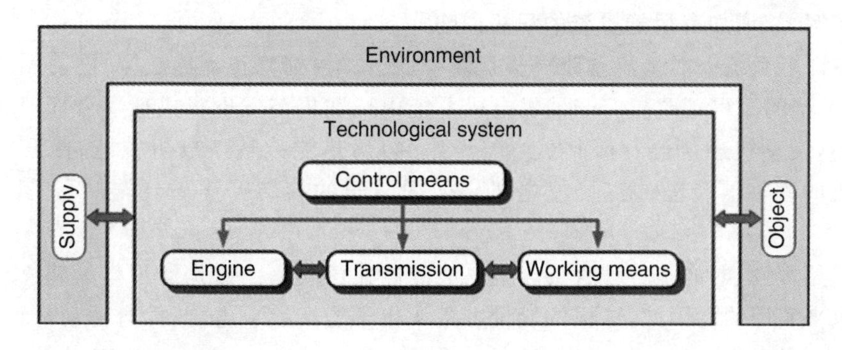


Environment—环境;Supply—供应;Technological system—技术系统;Control means—控件;
Engine—发动机;Transmission—传播;Working means—工作方式;Object—对象

**图 4.22 自主技术系统的基本结构**

**对象** 受到系统的作用。

在技术系统演化的早期阶段,一些功能是由人类执行的。但是,随着这些系统的发展,增加了一些控制手段,并且逐步取消了人类的参与。此后,将过去由人执行的功能委托给技术组件。随着技术的发展,系统达到了可以自我管理和控制的程度。

也就是说,系统开始做出自己的决定,而人员则被降级为一般监督职位。因此,用系统组件替换人员的趋势很可能导致系统效率和健壮性的提高。

例如,电热水壶的作用是烧开水。水壶的"工作装置"包括用于电气接口的底座、水容器、盖子、壶嘴和手柄。水壶的"引擎"是电加热元件,"传输通道"包括一系列电缆。最后,水壶的"控制装置"包括一个手动开关和一个恒温器,该恒温器由沸水中冒出的蒸汽触发,从而切断电流。顺便说一下,这种恒温器是系统演化的一个很好的例子,其中人的行为已经委托给技术组件(见图 4.23)。

**图 4.23 电热水壶**

### 4.2.2.8 修正流路法则

修正流路法则指出,技术系统朝着优化源与其工作方式之间的流路的方向发展(即流包括能量、物质和/或信息)。例如,根据完整性法则,来自发动机的能量通过中间传输通道传递到工作装置,从而产生所需的系统输出。

修正流路法则还指出,在系统演化过程中,有用的能量、物质或信息的正效应变得更加有效,而有害的能量、物质或信息的负效应则大大降低。

**示例 1：增加有用能量流的积极影响**

在许多系统中能量流动路径长且效率低下。根据修正流路法则，随着系统的发展，此类型的流得到改善。柴油发电机系统由柴油机与发电机机械耦合而成。在该系统中，发动机燃烧燃料（即化学能）产生热量；热能被转换成机械能，使发动机与发电机的联轴器转动；最后，发电机定子内转子的旋转产生磁场，进而产生电（即电能）。

但是，燃料电池是一种直接产生电能的电化学装置。这是通过将氢和氧结合以产生电来实现的。因此，这里的能量直接从化学能转换成电能，没有活动部件，并且产生的热量极少。从能量上讲，燃料电池的效率大约是内燃机的两倍，此外，转换过程对环境无害，此过程仅产生热量和水作为副产品排放（见图 4.24）。

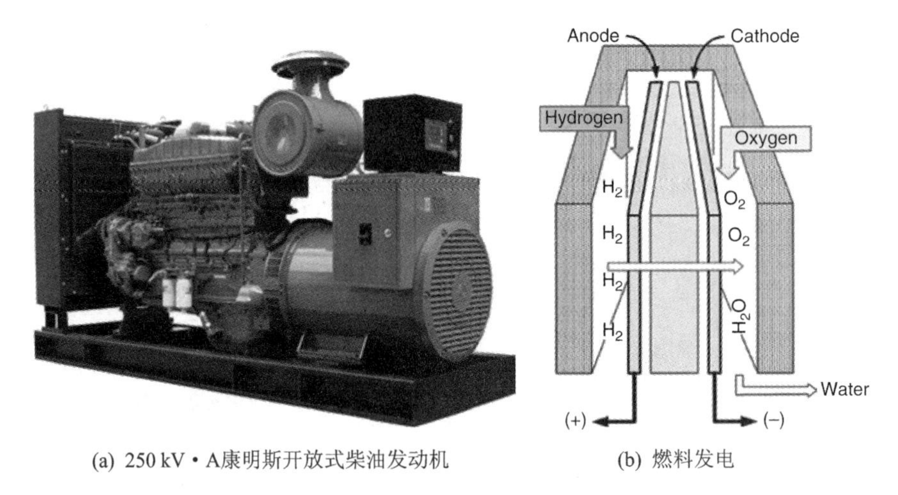


(a) 250 kV·A康明斯开放式柴油发动机　　(b) 燃料发电

Anode—阳极；Cathode—阴极；Hydrogen—氢；Oxygen—氧；Water—水

**图 4.24　柴油发电机和燃料电池发电**

**示例 2：减少有害物质流的负面影响**

在许多系统中，不需要有害的流动路径。根据修正流路法则，随着系统的发展，此类流量会减少。例如，当今几乎所有现代汽车都使用催化转化器。该装置是通过将内燃机产生的有毒废气排放转化为无毒物质来减少污染的。

催化剂[①]是由铂或类似的金属如钯或铑制成的。催化转化器的输入与发动机相连，接收热的、污染的烟气。当气体通过催化剂时，催化剂表面发生化学反应，将污染物气体分解，转化为相对安全的气体通过汽车尾气管排放（见图 4.25）。

### 4.2.2.9　可控性递增法则

随着时间的推移，技术系统逐渐变得可控。因此，这些系统变得更具适应性，从

① 催化剂是在不影响自身的情况下引起或加速化学反应的物质。

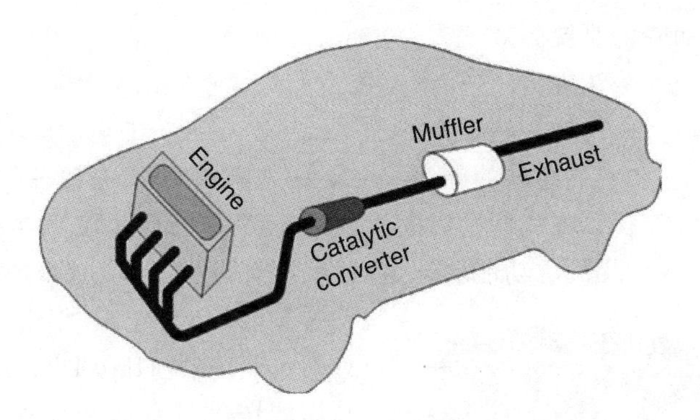


Engine—发动机；Catalytic converter—催化转化器；Muffler—消音器；Exhaust—排气

**图 4.25 减少汽车污染**

而使它们能够更有效地解决矛盾，并承受系统环境的变化。因此，可控制性递增法则指出，随着系统的发展，每个系统元素之间的控制交互作用的水平会提高。

从根本上讲，可控性趋势有两种情况：在第一种情况下，系统增加了可控制状态的数量：①单个状态→②多个离散状态→③多个可变状态。在第二种情况下，系统提高了可控制状态的级别：①不受控制的系统→②不受控制的人工干预系统→③自动化状态→④自控系统(见图 4.26)。

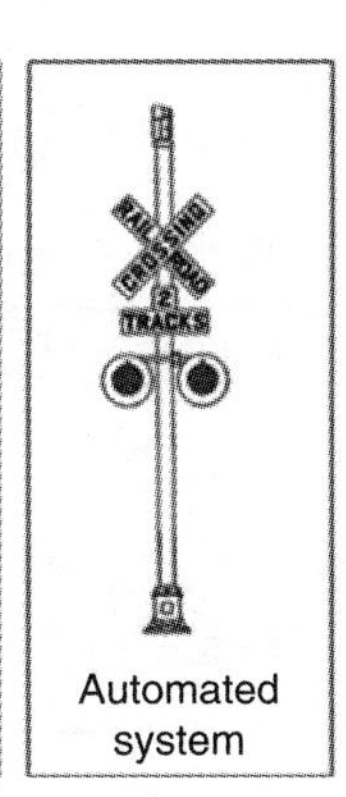




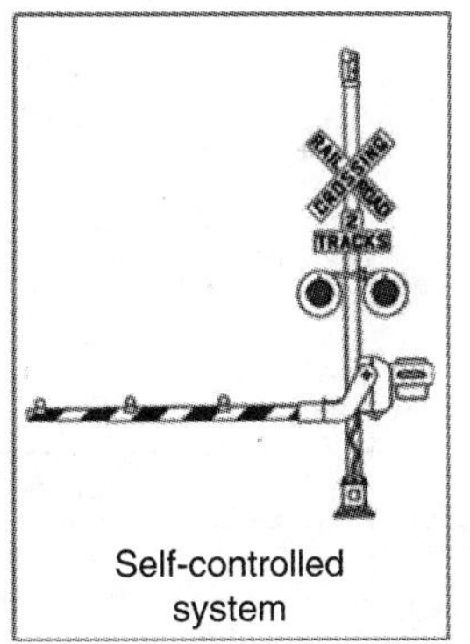


Uncontrolled system—不受控制的系统；
Uncontrolled & human intervention system—不受控制的人为干预系统；
Automated system—自动化系统；Self-controlled system—自控系统

**图 4.26 铁路道口的防护体系演化**

#### 4.2.2.10 系统与环境的协调法则

可行的技术系统的特点是系统及其组成部分之间以及系统与其环境之间具有良好的物理和动力学协调。例如，在有规则的协调下，系统的每个部分在适当的时间内与其他部分协调地执行其任务。如果不能协同合作，那么技术系统的组成部分可能会相互干扰,从而降低系统的效率。

按照这一思路,该法则指出,技术系统达到最佳性能的必要条件是各部分行动周期的协调。更具体地说,这个法则指的是系统中各个部分的振动频率,以及每个部分所执行的动作顺序和它们之间的同步。在对法则的解释中,有两种类型的系统演化:第一种类型,系统演化以在相同的时间内执行更多的功能;第二种类型,系统演化以在较短的时间内执行相同的功能集。最后,系统有时会演化为上述两类的组合。

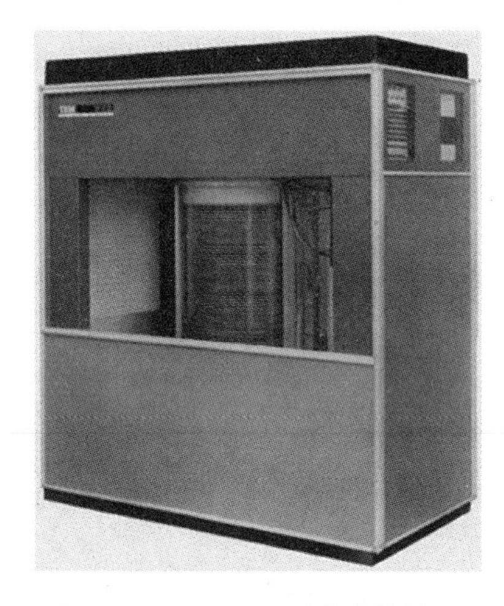

图 4.27　IBM 350 磁盘存储单元

例如,20 世纪 50 年代末首次引入的一种硬盘驱动器(Hard Disk Drive,HDD),它利用旋转磁盘存储和检索数字信息,旋转磁盘上涂有磁性材料和磁头,可将数据写入磁盘表面或从磁盘表面读取数据。

最早的硬盘驱动器之一是 IBM 350 磁盘存储单元。该系统配置有 50 个磁盘,提供 50 MB 的容量,平均寻址时间约 600 ms(见图 4.27)。根据系统与环境协调的法则,在计算机系统中大量使用较小的硬盘驱动器,以提高其功能能力(如存储容量、体积、质量)和动态能力(如访问时间)(见表 4.1)。

**表 4.1　随时间变化的 HDD 特性**[①]

| 参数 \ 年份 | 1956 | 2017 |
| --- | --- | --- |
| 容量/字节 | $3.75\times10^{6}$ | $14\times10^{12}$ |
| 物理体积 | $1.9\ m^{3}$ | $34\ cm^{3}$ |
| 质量 | 910 kg | 62 g |
| 平均访问时间/ms | 600 | 2.5～10 |
| 兆字节/美元 | 9 200 | 0.032 |
| 数据密度/平方英寸/位 | $2\times10^{3}$ | $1.3\times10^{12}$ |
| 平均 MTBF/h | $2\times10^{3}$ | $2.5\times10^{6}$ |

对该法则的另一种解释涉及系统与其环境之间的协调。例如,列车系统必须在协调的环境中运行,包括铁路轨道、火车站、桥梁、配电网等(见图 4.28)。

① 改编自:硬盘驱动器,维基百科,https//en.wikipedia.org/wiki/Hard_disk_drive,访问日期:2017 年 12 月。

图 4.28 集装箱货运列车

图 4.28 所示为电牵引集装箱货运列车，行驶在英国沃里克郡努埃顿附近的西海岸主线上。

### 4.2.3 延展阅读

- Altshuller，1996
- Cascini et al.，2009
- Chong，2010
- Ehrlenspiel et al.，2007
- Fey and Rivin，2005
- Hellestrand，2005
- Karasik，2008
- Karasik，2011
- Petrov，2002
- Salamatov，1999
- San，2014
- Savransky，2000
- Stewart，1981

## 4.3 创新过程建模

### 4.3.1 创新的类别和类型

#### 4.3.1.1 创新的类别

创新可以定义为“引入新事物的行为。”[①] 这种“新事物”可能属于以下类别之一：

① 《美国传统英语词典》，霍顿·米夫林·哈科特，2016 年第 5 版。

**系统或服务创新**。相对于现有的技术水平，这样的系统或服务应该具有新的或有实质性的改进。这些重大改进可能包括技术属性、组件、材料、软件或其他功能特征。本书第3章中的大多数示例都与系统的创新有关。

**业务流程创新**。业务流程创新包括应用新的或显著改进的业务流程或核心生产设施或交付方法。这些应用可能包含新的或明显改进的制造技术和/或生产设备或分销策略。例如，联邦快递（FedEx）、联合包裹（UPS）和亚马逊（Amazon）积极地进军供应链和物流领域，为全球数百万人和公司实现了电子商务。他们还开发和采用了新技术来管理高级配送中心、包裹跟踪和车辆路线的安排，以及通过易于使用的应用程序接口（Application Program Interfaces，API）将其物流数据与客户集成在一起。

**组织创新**。这些创新包括在公司内部实施新的组织和/或金融业务模式，以及它们与供应商、员工和客户的互动。例如，Google的组织结构比较扁平。这意味着Google的员工、团队或小组可以绕过中层管理人员直接向其最高管理层报告。同样，员工也可以跨越团队界限见面并共享信息。此外，Google的组织文化特别开放和创新，强调卓越和动手实验。

**营销创新**。营销创新包括引入全新的整体营销方法，涉及产品的设计、包装、分销、促销、定价等。例如，亚马逊最初是一家不起眼的互联网书店，如今它已在许多零售领域占据了主导地位，以致加速了许多实体连锁店的消亡。

#### 4.3.1.2 创新的类型

沿着正交轴，可以识别出4种类型的创新。第一个，可以称为Ⅰ型创新，是一个定义了问题而必须确定解决方案的创新。因此，创新的重点是通过产生新的想法和概念来找到可接受的解决方案。Ⅰ型创新是最常想到的，实际上本书第3章中的所有示例都属于此类。

**图4.29 金属切割激光头**[①]

Ⅱ型创新与Ⅰ型创新相反。在这里，解决方案是已知的，但必须确定问题。换句话说，一个人有一定的技术理念，但难题是找到该技术的应用。例如，当激光（受激辐射的光放大）于1960年被发明时，它就被称为“寻找问题的解决方案”。此后，激光在数千种应用中使用（见图4.29）。

Ⅲ型创新代表了问题和解决方案都是已知的情况。这里的挑战在于确

① 安装在Metaveld BV上的AMADA FO-4020NT工业激光器的激光头。

定究竟需要做什么，以便弥合两者之间的差距，换言之，就是如何以最有效的方式对一个已知问题实施已知的解决方案。解决生产装配线的缺陷是Ⅲ型创新的一个很好的例子（见图4.30）。

图4.30 生产装配线的缺陷

Ⅳ型创新与Ⅲ型创新相反。Ⅳ型创新的问题和解决方案均未知。因此，这里的目的是探索不同的想法和解决方案概念。例如，Google鼓励员工将20％的时间花在他们认为对公司最有利的事情上。该活动至少在早期阶段就与Ⅳ型创新相匹配。之后，如果该概念显示出潜在的影响，那么将会有更多的人加入，直到它成为“真正的项目”（通常是Ⅰ型创新）。

## 4.3.2 技术创新过程

### 4.3.2.1 创新前过程

创新应该是每个组织生存战略的核心要素。通过明确定义战略意图，公司致力于开发新的附加值产品和服务。创新前过程应包括以下几个步骤：

**步骤1：战略思维**。战略思维包括考虑、确定和指明公司最有前途的创新目标。也就是说，创新将如何为组织的战略意图增加价值，以及这将如何带来最具潜力的商机。然后，这些见解应该转化为一套具体的公司意图和期望。

**步骤2：创新投资组合政策**。创新组合描述了企业所要完成的一套理想的未来产品和服务。在组织内必须解决的一个问题是公司创新组合的管理政策（即处理构成一整套创新进展的思想和创新项目的集合）。

这种政策必须平衡固有的创新失败风险和成功的目标回报，即在追求创新的努力与学习、冒险和失败的现实之间取得平衡。由于许多运营主管和实践工程师之间的性格差异，使得解决这一问题尤为困难。前者往往寻求稳定、确定和无风险的环境，而后者往往具有冒险精神，对不确定的环境相当满意。建立一个可行的创新投资组合政策需要弥合风险规避和创新意识之间的鸿沟，并制定正确的衡量标准，根据这些标准，企业可以评估自己的努力，并根据需要纠正自己的做法。

#### 4.3.2.2 原始创新模式

关于创新过程本质的两种原始观点是从 20 世纪 50 年代发展而来的，如图 4.31 所示。

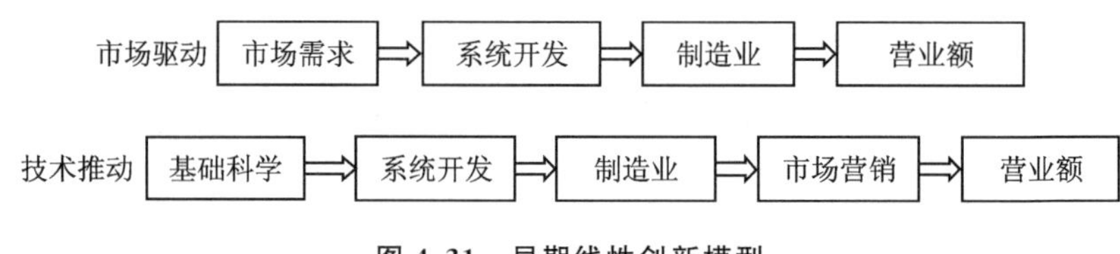


图 4.31 早期线性创新模型

**市场驱动**。早期的创新过程被建模为由市场驱动的一系列线性操作。在此模型中，创新源于影响技术发展方向和速度的市场需要。原则上，研究和工程只是为了支持创新过程。

**技术推动**。一个类似的、线性的创新过程模型，是基于技术推动而不是基于市场驱动的，是并行演化的。这些技术革新是在基础研究的基础上开始的，引领了一个创造性的概念(即系统和/或服务、业务过程、业务组织模式或营销实践)。此后，这些概念被公司利用。

在这两种模式中，创新过程都由顺序和单向阶段组成，没有控制或反馈机制。市场驱动模式通常与Ⅰ型创新兼容(即定义了问题，但必须确定解决方案)，而技术推动模式通常与Ⅱ型创新兼容(即解决方案已知，但必须确定问题)。

#### 4.3.2.3 受控创新模型

现在，几个更现实的创新模型已经被提出，其中包含控制机制，但其仍是线性的(例如 Stage-Gate 模型[①])。这些模型将创新过程分为多个阶段，并以定义的正式阶段作为每个阶段之间的决策点。在每个阶段之后，都要进行阶段末审查，以确保成功完成上一个阶段。如果结果符合阶段目标，则工作将进行到下一个阶段；如果没有，那么该阶段的工作将继续进行，否则项目将终止。自然地，由于其自然的损耗过程，越来越少的创新思想流过该创新漏斗(见图 4.32)。

#### 4.3.2.4 循环创新模型

大多数早期的理论创新模式的一个主要缺陷是它们的线性性质。此外，这些创新模式并没有整合科学探索、技术研究、产品开发、市场转型等全部的创新谱系，也没

① Stage-Gate 是 Stage Gate，Inc. 的注册商标，业务系统：产品创新系统。

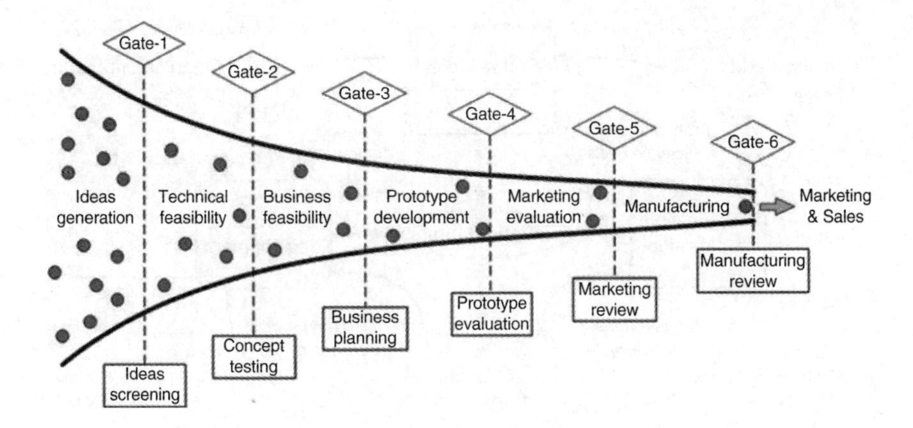


Gate—阶段；Ideas generation—产生创意；Technical feasibility—技术可行性；
Business feasibility—业务可行性；Prototype development—原型开发；Marketing evaluation—市场评估；
Manufacturing—制造业；Ideas screening—想法筛选；Concept testing—概念测试；
Business planning—商业计划；Prototype evaluation—原型评估；Marketing review—营销评论；
Manufacturing review—制造审查；Marketing & Sales—市场和销售

**图 4.32 受控的线性创新模型**

有整合创业在创新过程中的根本贡献。早期的创新模式与现实的创新实践之间的这种鸿沟使得这些模式存在一些不足。

1990年，循环创新模型(Cyclic Innovation Model，CIM)由A. J. (Guus) Berkhout和他的同事在荷兰的代尔夫特理工大学开发。[①] 它提供了一个非线性的、反馈丰富的框架，可以帮助公司和决策者更好地理解实际创新过程的迭代性质。CIM描述的是循环过程而不是连锁过程。它不是从技术推动或市场驱动开始的，也不是以销售结束的。两者都是沿圆形动态路径进行的永久性创意过程的一部分，没有固定的起点或终点。在CIM中，新技术和市场变化持续以周期性的方式相互影响。再加上创业的中心作用，它被认为是第四代创新模式的关键特征(见图4.33)。

图4.33的上部显示了两个链接的循环，其中技术研究起着核心作用。以技术为导向的科学周期涉及科学探索与技术研究之间的相互作用，从而促进了硬知识基础设施的发展。此外，集成工程周期涉及技术研究与产品开发之间的相互作用，从而促进了制造业和加工业的发展。这两个周期都是利用硬科学的广泛学科来实现的。

同样，图4.33的下部显示了两个链接的周期，但在这种情况下，它是人类需求的世界，而不是技术世界，社会导向发挥着核心作用。社会导向的科学周期涉及科学探索与市场转型之间的相互作用。这些互动通过创建对新兴和陈旧的社会经济趋势的

① Berkhout(伯克霍特)等人(2006年)的论文部分经过作者的许可进行了改编，并包含在本章中。参见https://www.researchgate.net/publication/228657169_Innovating_the_ innovation_process，访问日期：2017年5月。

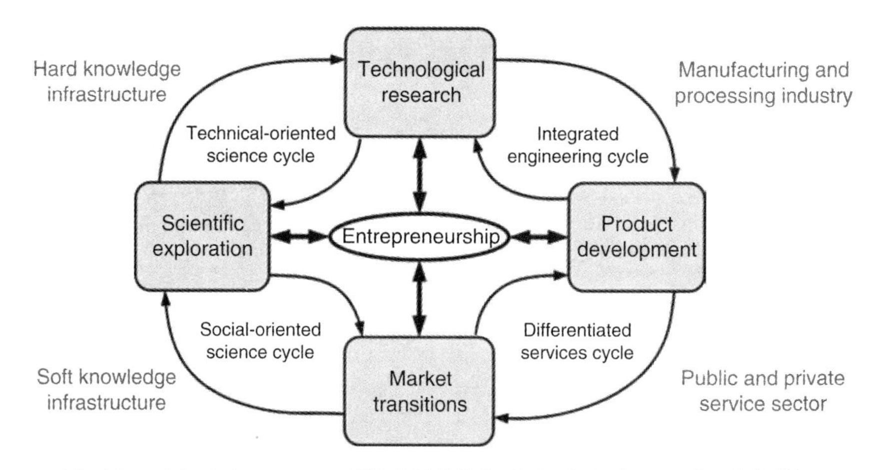


Hard knowledge infrastructure—硬知识基础架构；Technological research—技术研究；
Manufacturing and processing industry—制造业和加工业；
Technical-oriented science cycle—技术导向的科学周期；
Integrated engineering cycle—集成工程周期；Scientific exploration—科学探索；
Entrepreneurship—企业家精神；Product development—产品开发；
Soft knowledge infrastructure—软知识基础架构；Social-oriented science cycle—社会科学循环；
Market transitions—市场转型；Differentiated services cycle—社会导向的科学周期；
Public and private service sector—公共和私人服务部门

**图 4.33 循环创新模型**

新见解，推动了软知识基础架构的发展。有了这些见识，就可以更快地开发新的社会技术解决方案，并降低经济风险。此外，差异化服务周期涉及市场过渡与产品开发之间的相互作用，从而推动公共和私营服务部门的发展。预期成功的市场过渡在很大程度上是一项跨学科的活动。这两个周期都是利用软科学的广泛学科来实现的。特别是，软科学可以利用科学方法来解释和预测市场的转变，并在知道潜在的社会经济力量是什么的同时建立新的解决方案。

总体而言，图 4.33 定义了一个周期性变化过程及其在成功的创新领域中发生的相互作用的系统：硬科学和软科学以及工程学和商业化被整合成一个具有创造性过程的凝聚系统。同样，从图 4.33 中可以看出，企业家精神起着核心作用，没有它，创新就不会发生。

### 4.3.2.5 技术成熟度

技术成熟度（Technology Readiness Level，TRL）是一种用于在开发和获取过程中对于创新概念或系统相关的成熟度进行分类的方法①。该方法基于 1～9 个等级。

① 读者应注意，TRL 模型与 S 曲线模型根本不同。TRL 负责系统开发和获取过程中创新的成熟度，而 S 曲线则模拟了技术系统从最初的概念一直到技术下降的演化过程。

1代表最不成熟的技术,而9代表最成熟的技术[①]。

TRL最初是由美国国家航空航天局(NASA)的Stan Sadin在20世纪70年代开发的。多年来,TRL模型已经发展和成熟,现在已在整个国际工程界广泛使用。更具体地说,它已被一些大型公司、专业组织以及国家和国际机构进行了修改,例如:美国国防部(Department of Defense,DoD)、美国能源部(Department of Energy,DoE)、美国联邦航空局(Federal Aviation Administratio,FAA)、欧洲委员会(European Commission,EC)、欧洲航天局(European Space Agency,ESA)、石油和天然气工业(API 17N)等。在改编过程中,原先与NASA航天技术相关的术语有所改动,以反映相关行业的具体情况,但基本概念保持不变。因此,使用TRL可以对不同类型技术的技术成熟度进行比较一致的讨论。

以下是使用术语的一组TRL,这些术语结合了美国国防部和其他TRL变体。图4.34描绘了这些TRL及其相应的创新范围。

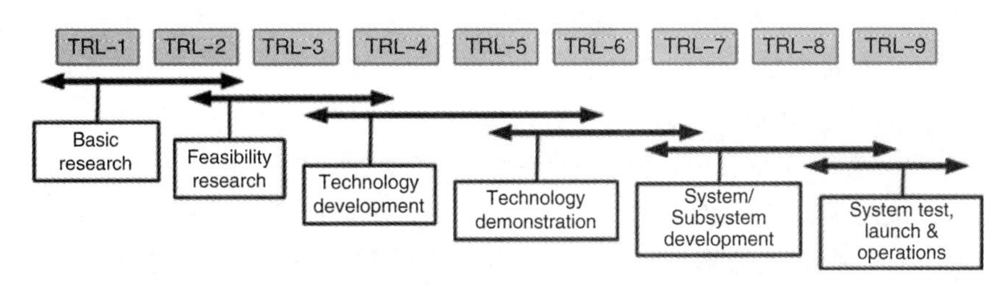


Basic research—基础研究;Feasibility research—可行性研究;Technology development—技术开发;
Technology demonstration—技术示范;System/ Subsystem development—系统/子系统开发;
System test, launch & operations—系统测试,启动和运行

**图4.34 技术准备水平和创新范围**

**TRL-1:观察并报告了基本原理**。此TRL级别是技术就绪的最低级别。科学研究开始转化为应用研究和开发。例如,可能包括对该技术的基本属性或构成该技术基础的原理的书面研究。

**TRL-2:制定技术概念和/或应用**。在此TRL级别,可以提出或推测实际应用,但可能没有证据或详细分析来支持这些假设。示例可能包括概述正在考虑的应用程序的研究或其他参考,这些应用程序或分析提供了支持该概念的分析。

**TRL-3:概念的分析或实验证明**。在此TRL级别,已经开始积极进行研究和开发。这可能包括分析研究和实验室研究,以物理验证该技术的分析预测。示例可能包括执行实验室测试的结果以测量感兴趣的参数,以及与关键子系统的分析预测进行比较。

---

① 有关技术准备水平(TRL)的更多信息,请参阅K. Bakke的硕士论文:*Technology readiness levels use and understanding*(2017年)。

**TRL-4：在实验室环境中进行组件验证**。在此 TRL 级别，基本技术组件和子系统已集成在一起，以确保它们可以一起工作。相对于最终系统，这可能是简化的系统版本。示例可能包括在实验室中集成几个关键组件和子系统，并评估它们的整体联合行为。

**TRL-5：相关环境中的组件验证**。在此 TRL 级别，基本技术组件与合理可行的支持元素集成在一起，因此可以在模拟环境中对其进行测试。结果，试验板技术的保真度显著提高。示例可能包括组件的“高保真”实验室集成，并且在模拟操作环境中将测试实验室试验板系统的结果与其他支持元素集成在一起。

**TRL-6：相关环境中的系统/子系统模型或原型演示**。在此 TRL 级别，在相关环境中测试了远远超出 TRL-5 的代表性模型或原型系统。这代表了技术在展示的准备状态方面的重大进步。例如，可以在高保真实验室环境或模拟操作环境中测试性能、重量、体积等方面接近所需配置的原型系统。

**TRL-7：在操作环境中的系统原型演示**。在此 TRL 级别，演示了接近或处于计划的操作系统的原型。该原型代表从 TRL-6 上迈出的重大一步，要求在操作环境(例如飞机或太空环境)中演示实际的系统原型。

**TRL-8：实际系统已通过测试和演示完成并通过鉴定**。在这个级别，技术已被证明可以在最终形式和预期的现实生活条件下工作。在几乎所有情况下，此 TRL 级别代表真正系统开发的结束。示例包括在预期的超级系统中对系统进行开发测试和评估，以确定其是否符合设计规范。

**TRL-9：通过成功的任务操作证明了实际系统**。在此级别，该技术最终形式的实际应用已在任务条件下进行了验证，例如在操作测试和评估中遇到的条件。

读者应了解与 TRL 的使用有关的一些重大限制：

**技术成熟中的非线性**。与 TRL 量表的隐式线性特征相反，有时成熟度的增加也暴露出需要进一步研究的新问题。因此，例如过渡到 TRL-8 可能会揭示新的技术问题(例如可制造性)，这些问题可能会使系统暂时回到 TRL-7 或 TRL-6 级别。

**单一技术成熟度方法**。TRL 量表的主要特征是其对单一技术的关注。然而，较高的 TRL 级别可能涉及多种技术，这些技术可能表现出不同的成熟度级别。在这些情况下，使用单个 TRL 值会出现问题，因为单个 TRL 值可能无法反映当前系统的真实状态。

**专注于产品开发**。最初的 TRL 量表涉及面向产品的技术。但是，将 TRL 量表适应其他领域的非技术准备水平可能会很困难。例如，创建用于商业化的 TRL 量表(例如，从创新走向市场的意愿)、可制造性(例如，筹备制造新产品的意愿)或组织(例如，筹备出售和支持新产品的意愿)并非易事。

**软件老化**。如前所述，TRL 量表衡量技术的成熟度，以衡量其在特定环境中使用的准备程度。与 TRL 原理相关的基本假设是，没有任何更改就被评估为处于给定 TRL 级别的技术将保持在相同的 TRL 级别。但并非总是如此，例如，由于维护活动,软件会不断老化[①]。此外,使用非开发项目的软件系统(Non-Developmental Items,NDI)会反复发布这些NDI组件,而有关NDI软件更改的特定性质的信息有限。这种现象不可避免地需要在系统级别进行修改,这加剧了软件老化问题。

## 4.3.3 创新资金

### 4.3.3.1 资金来源

对于从事创新工作的任何组织来说,创新资金都是一个重大问题。人们认为创新对促进和维持国家和企业在全球经济中的竞争地位至关重要。因此,比较重要的是,小型和大型参与者(即公司以及大学和研究机构)将以有意义的方式进行协作,以发挥各自的优势。高技能人员的薪酬,购买研究设备以及维护实验室、图书馆、计算机系统、办公空间等基础设施都需要大量资源。

从根本上讲,研究经费可从两个来源获得:公共和私人(见图4.35)。例如,美国的联邦研究与开发(Research & Development,R&D)资金是由国会授权向大学、大型工业公司和中小企业(Small and Medium Enterprises,SME)提供的。同样,为了增强欧洲的竞争优势,欧洲联盟通过欧洲和相关国家资助了许多处于不同TRL级别的研究项目。

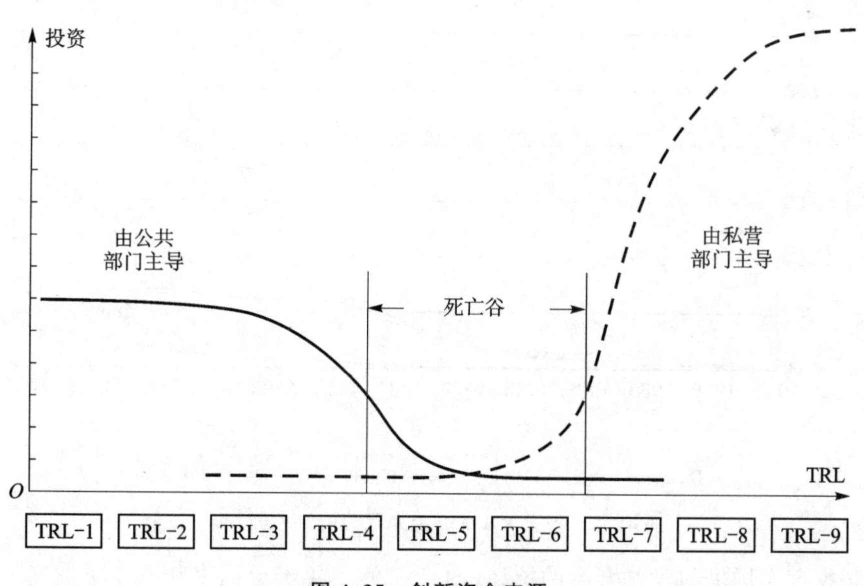


图4.35 创新资金来源

沿着这一思路,各州和地区机构大力推动学术和商业研究活动,以吸引技术人才,保持较高的就业水平并为其公民创造财富。Privet R&D的资金来源包括公司、

① 据Eick等人(2001年)的研究,3种维护机制导致软件老化:①随着时间的流逝,软件体系架构的完整性降低;②受单个软件更改影响的软件文件数量增加;③修改将引入新的软件故障的可能性增加。

风险投资、天使投资人（即他们的财富用于投资有前途的高科技企业）和慈善家（即通过提供慷慨的财务捐款来寻求他人福利的人）。大多数研究型大学的独特之处在于它们既可以接受公共研究经费，也可以接受私人研究经费。

如图 4.35 所示，用于初始创新活动的大部分可用资金是由公共部门提供的，然后，在相关环境中验证了系统组件后，私人部门的资金便开始可用。在基础研究与新产品潜在商业化的证明之间存在资金缺口，通常被称为“死亡谷”。由于该时期缺乏资金，许多创新项目被放弃。

#### 4.3.3.2 全球创新水平

根据美国国家科学基金会（National Science Foundation，NSF）[①]的数据，2013 年美国的研发资金总额为 4 560 亿美元（以当前的 PPP（购买力评价学说）价格计算）。其中包括由企业提供的 2 970 亿美元，由联邦政府通过联邦机构和联邦资助的研发中心以及各州和地方政府提供的 1 220 亿美元。此外，还有 370 亿美元来源于其他资金，包括来自大学和学院、非联邦政府和非营利组织的支持（见图 4.36）。可以看出，在 20 世纪 80 年代后期，私营企业在 R&D 投资中所占的份额急剧增加，而政府的贡献则缓慢增加。公共研发资金与私人研发资金所占份额的这种变化似乎反映出国会对美国在全球经济中的竞争地位的担忧正在减少。

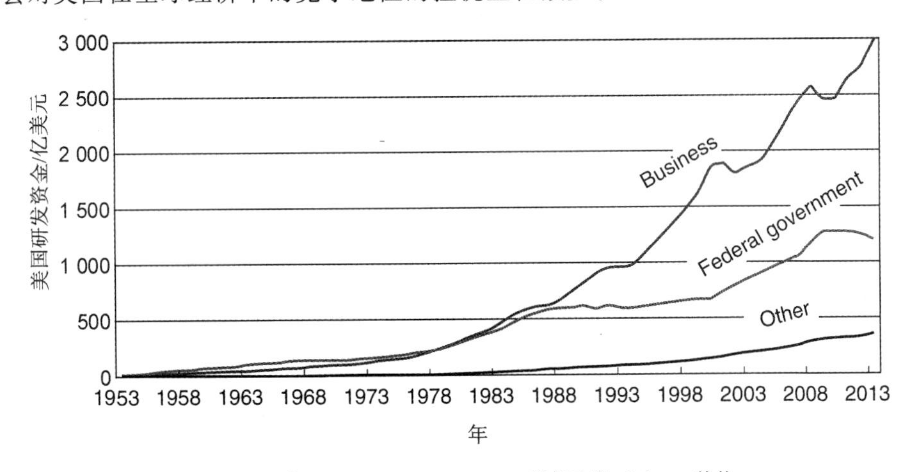


Business—商业；Federal government—联邦政府；Other—其他

**图 4.36 美国 R&D 资金来源（1953—2013 年）**

根据美国国家科学基金会的统计，1981—2013 年部分国家和地区研发支出总额（以当时的美元汇率计算）如图 4.37 所示。该数字代表美国、欧盟、俄罗斯和 4 个亚洲国家（中国、日本、韩国和印度）。

读者应注意，从 20 世纪初开始，亚洲 4 个国家的 R&D 资助率急剧增加，在 2010 年

① 资料来源：国家科学与工程统计中心、国家研发资源模式、2016 年科学与工程指标。

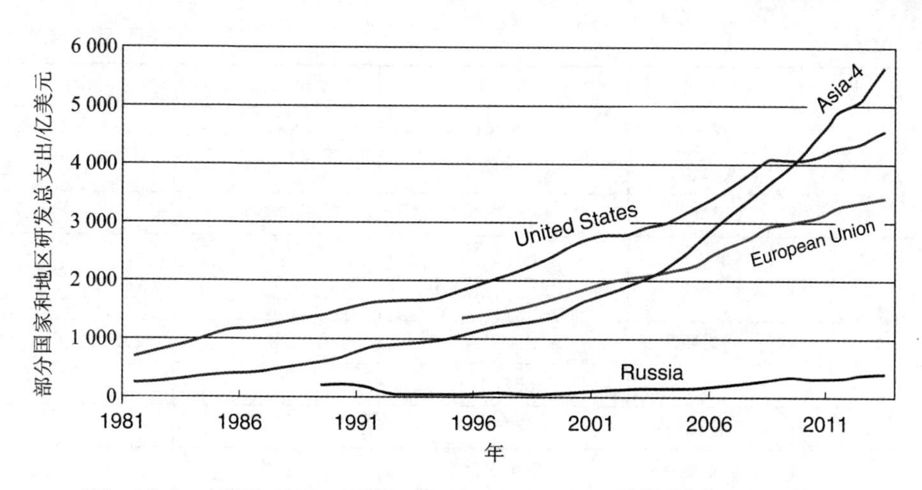


United States—美国；Asia-4—亚洲(4国)；European Union—欧洲联盟；Russia—俄罗斯

**图4.37 对比：部分国家和地区研发资金总额(1981—2013年)**

左右，年度R&D支出总额超过了美国。这种现象加剧了人们的担忧，即20年来，美国国会忽略了其提供足够的财务研发支持以确保美国在基础科学和创新领域的主导地位。随着时间的流逝，这会影响美国在世界市场上的竞争力，不可避免地导致其公民生活质量的下降。

一些公司在研发方面投入了大量资金，而其他公司在这方面的投入并不大。例如，表4.2列出了2015年全球排名前20的企业的研发支出。

**表4.2 2015年全球排名前20的企业研发支出①**

| 排　名 | 公　司 | 行　业 | 支出/亿美元 | 强度/% |
|---|---|---|---|---|
| 1 | 大众汽车 | 汽车 | 153 | 5.7 |
| 2 | 三星 | 计算与电子 | 141 | 7.2 |
| 3 | 英特尔 | 计算与电子 | 115 | 20.6 |
| 4 | 微软 | 软件/互联网 | 114 | 13.1 |
| 5 | 罗氏 | 卫生保健 | 108 | 20.8 |
| 6 | 谷歌 | 软件/互联网 | 98 | 14.9 |
| 7 | 亚马逊 | 软件/互联网 | 93 | 10.4 |
| 8 | 丰田汽车 | 汽车 | 92 | 3.7 |
| 9 | 诺华 | 卫生保健 | 91 | 17.3 |
| 10 | 强生 | 卫生保健 | 85 | 11.4 |

① 资料来源：Strategy&2015 Global Innovation 1000 andlysis，彭博数据，Capital IQ数据，2015年。请参阅：http://www.strategyand.pwc.com/media/file/2015-Global-Innovation-1000-Fact-Pack.pdf，访问日期：2017年9月。

续表 4.2

| 排　名 | 公　司 | 行　业 | 支出/亿美元 | 强度/% |
|---|---|---|---|---|
| 11 | 辉瑞 | 卫生保健 | 84 | 16.9 |
| 12 | 戴姆勒 | 汽车 | 76 | 4.4 |
| 13 | 通用汽车 | 汽车 | 74 | 4.7 |
| 14 | 默克 | 卫生保健 | 72 | 17.0 |
| 15 | 福特汽车 | 汽车 | 69 | 4.8 |
| 16 | 赛诺菲 | 卫生保健 | 64 | 14.1 |
| 17 | 思科公司 | 计算与电子 | 63 | 13.4 |
| 18 | 苹果 | 计算与电子 | 60 | 3.3 |
| 19 | 葛兰素史克 | 卫生保健 | 57 | 15.0 |
| 20 | 阿斯利康 | 卫生保健 | 56 | 21.4 |

然而，创新成功远未得到保证。不同的组织发布了有关创新成功率的报告。例如，在2010年，Strategyn检查了12个不同来源的成功率报告。[①] 相应地，所有12个来源的平均成功率为17%，如果剔除低异常值和高异常值，则平均成功率仅为8.5%。因此，保守估计，传统的创新过程成功率约为10%。

### 4.3.4 延展阅读

- Bakke K.，2017
- Berkhout et al.，2006
- Berkhout et al.，2010
- Branscomb，2002
- Cooper，1990
- DOD，2011
- Dodgson and Rothwell，1996
- EARTO，2014
- Eick et al.，2001
- Jain et al.，2010
- Mankins，1995
- Markham and Mugge，2014
- NSB，2016
- OECD，2005
- Pohle and Chapman，2006
- PWC，2015
- Shalley et al.，2016
- Shavinina，2003
- Silverstein et al.，2012
- Skogstad，2010
- Smith，2004
- Strategyn，2010

① 资料来源：Strategyn，创新业绩记录研究，2010年。请参阅：http://www.strategyn.at/sites/default/files/uploads/TrackRecord_07.pdf，访问日期：2017年8月。

# 4.4 衡量创造与创新

## 4.4.1 定义创新目标

不同的创新活动是许多组织中正在进行的过程。公司通常会更改产品、服务和其他流程。总体创新目标应富有远见且令人印象深刻——理想情况下,这是以前从未见过的事情。同样重要的是,应该以合理的时间间隔衡量公司创新工作的相对影响和重要性。但是,为了衡量组织的创造和创新努力是否成功,组织应确定其特定的创新目标。

从广义上讲,组织可以参与以下一种或几种创新:①产品或服务创新;②业务流程创新;③组织创新;④市场营销创新。经济合作与发展组织(Organization for Economic Cooperation and Development,OECD)定义了与这4类创新相关的一组目标(见表4.3)。当然,其中一些因素与一种以上的创新有关。

表4.3 类别、目标和类别创新①

| 类别和目标 | 产品或服务创新 | 业务流程创新 | 组织创新 | 营销创新 |
|---|---|---|---|---|
| 竞争、需求和市场 | | | | |
| 更换正在淘汰的产品 | X | | | |
| 扩大商品和服务范围 | X | | | |
| 开发环保产品 | X | | | |
| 增加或保持市场份额 | X | | | X |
| 进入新市场 | X | | | X |
| 增加产品的可见度或曝光度 | | | | X |
| 减少响应客户需求的时间 | | X | X | |
| 生产和交付 | | | | |
| 提高商品和服务质量 | X | X | X | |
| 提高生产或服务的灵活性 | | X | X | |
| 提高生产能力或提供服务的能力 | | X | X | |
| 降低单位人工成本 | | X | X | |
| 减少材料和能源消耗 | X | X | X | |
| 降低产品设计成本 | | X | X | |

① 改编自经济合作与发展组织(OECD),2005年。请参阅:https://www.oecd.org/sti/inno/2367580.pdf,访问日期:2017年8月。

续表 4.3

| 类别和目标 | 产品或服务创新 | 业务流程创新 | 组织创新 | 营销创新 |
|---|---|---|---|---|
| 缩短生产交付周期 | | X | X | |
| 达到行业技术标准 | X | X | X | |
| 降低服务提供的运营成本 | | X | X | |
| 提高供应和/或交付商品或服务的效率或速度 | | X | X | |
| 改善 IT 能力 | | X | X | |
| 工作场所组织 | | | | |
| 改善不同业务活动之间的沟通和互动 | | | X | |
| 增加与其他组织的知识共享或转移 | | | X | |
| 提高适应不同客户需求的能力 | | | X | X |
| 与客户建立更牢固的关系 | | | X | X |
| 改善工作条件 | | X | X | |
| 其他 | | | | |
| 减少环境影响或改善健康与安全 | X | X | X | |
| 符合法规要求 | X | X | X | |

### 4.4.2 衡量创新过程

两类与创新相关的参数与创新测量有关：①用于创新过程的资源；②专利统计数据和其他补充文献的统计信息，例如，对书面出版物（书籍、文章等）的统计分析。

我们可以根据《弗拉斯卡蒂手册》（*Frascati Manual*）（OECD，2015 年）中定义的准则在企业、国家或国际层面上收集与创新相关的数据。专利统计数据更容易获得，并可用于衡量研究活动的结果（例如，授予给定公司或国家/地区的专利数量及其类别）。但是，专利统计数据是总体创新水平的劣等指标。这是因为许多创新未获得专利，或者某些创新可能已获得多项专利。而且，有些专利没有技术或经济价值，而另一些则具有很高的价值。

#### 4.4.2.1 创新的广度

根据刚刚提到的《弗拉斯卡蒂手册》，创新活动是指旨在实现创新的所有科学、技术、组织、金融和商业活动。因此，这套活动比单纯的研发活动要广泛得多。换句话说，除了研发以外，创新活动可能包括测试、生产、营销、销售、培训等。与创新活动有关的支出和投资回报率（Return On Investment，ROI）的定量度量提供了有关国家、行业或企业级别的创新活动水平的重要数据。

以下介绍创新活动的广度：①研究和实验开发；②产品和流程创新；③市场营销和组织创新。

**研究和实验开发**。内部研发定义为企业内部进行的研发工作。根据定义，这包括企业执行的所有R&D活动，即创新活动。同样，与科学技术进步和/或系统解决科学或技术不确定性有关的软件开发也被归类为研发。此外，为了进行进一步的创新改进而进行的原型制造和测试也被列为研发。另外，还应包括内部研发，其中包括从其他组织获得的研发和服务。

**产品和流程创新**。除了特定的研发活动外，企业还可以通过专利、非专利发明和许可、专有技术、商标、设计和样式等形式获取技术和专有技术。同样，它可能包括用于创新活动的产品和过程的计算机服务和其他科学技术服务。创新活动还涉及为进行创新工作而购买资本货物。这可能包括土地和建筑物、机械、仪器和设备，以及计算机硬件和软件。

企业的创新开发还可能包括引入的新产品和工艺创新、计划和设计程序、技术规格以及其他用户和功能特征有关的活动。此外，创新活动可能包括生产或使用新的或改进的产品或工艺所需的工程工作、生产设置和调整、质量控制跟进等。

最后，当需要新的或显著改进的商品或服务的初步市场研究、市场测试、培训和广告发布时，就将其定义为创新活动，以支持产品或过程的创新。

**市场营销和组织创新**。为组织创新做准备被认为是创新活动。它包括制定和规划新的组织方法、结构以及实际执行它所需的工作。同样，准备营销创新被认为是一项创新活动。在这里，它也包括与开发和实施新的营销方法有关的活动，这些活动以前没有被该组织实践过。

#### 4.4.2.2 全球创新

2016年全球创新指数(Global Innovation Index，GII)[①]采用《弗拉斯卡蒂手册》对世界经济按创新能力进行排名。128个经济体分别代表世界92.8%的人口和97.9%的GDP，它们使用以下7个类别进行排名：①机构；②人力资本与研究；③基础设施；④市场成熟度；⑤业务成熟度；⑥知识与技术产出；⑦创新产出。然后将每个类别进一步划分为子类别，最后，基于总共82个指标来计算每个国家的全球创新类别(见表4.4)。

**表4.4 全球创新指标**

| 1 | 机　构 |
|---|---|
| 1.1 政治环境 | 1.1.1 政治稳定与安全 |
| | 1.1.2 政府效力 |
| 1.2 监管环境 | 1.2.1 监管质量 |
| | 1.2.2 法治 |
| | 1.2.3 解雇成本、每周薪水 |

① 参见Doutta等人，2016年。

续表 4.4

| | |
|---|---|
| 1.3 商业环境 | 1.3.1 易于创业 |
| | 1.3.2 轻松解决破产问题 |
| | 1.3.3 纳税便利 |
| 2 | 人力资本与研究 |
| 2.1 教育 | 2.1.1 教育支出,占 GDP 的百分比 |
| | 2.1.2 政府支出/小学生、中学生,人均 GDP 百分比 /上限 |
| | 2.1.3 学校预期寿命,年 |
| | 2.1.4 PISA 在阅读、数学和科学方面的规模 |
| | 2.1.5 中学师生比率 |
| 2.2 高等教育 | 2.2.1 高等教育入学率,占总量的百分比 |
| | 2.2.2 理工科毕业生,% |
| | 2.2.3 第三类入境流动性,% |
| 2.3 研究与开发(R&D) | 2.3.1 研究人员,FTE/百万人口 |
| | 2.3.2 研发总支出占国内生产总值的百分比 |
| | 2.3.3 全球研发公司,平均花费,前三名 |
| | 2.3.4 QS 大学排名,平均最高分数 |
| 3 | 基础设施 |
| 3.1 信息和通信技术(ICT) | 3.1.1 ICT 接入 |
| | 3.1.2 ICT 的使用 |
| | 3.1.3 政府的在线服务 |
| | 3.1.4 电子参与 |
| 3.2 一般基础设施 | 3.2.1 功率输出,kW·h/cap |
| | 3.2.2 物流绩效 |
| | 3.2.3 资本形成总额,占 GDP 的百分比 |
| 3.3 生态可持续性 | 3.3.1 GDP,PPP $;能源使用量,kg oil eq |
| | 3.3.2 环境绩效 |
| | 3.3.3 ISO 14001 环境证书,PPP $ GDP |
| 4 | 市场成熟度 |
| 4.1 信贷 | 4.1.1 获得信贷的难易程度 |
| | 4.1.2 对私营部门的国内信贷,占国内生产总值的百分比 |
| | 4.1.3 小额信贷总贷款,占 GDP 的百分比 |

续表 4.4

| | |
|---|---|
| 4.2 投资 | 4.2.1 易于保护中小投资者 |
| | 4.2.2 市值,占 GDP 的百分比 |
| | 4.2.3 交易股票总价值,占 GDP 的百分比 |
| | 4.2.4 风险资本交易,PPP $ GDP |
| 4.3 贸易、竞争和市场规模 | 4.3.1 适用税率,加权平均 |
| | 4.3.2 当地竞争的激烈程度 |
| | 4.3.3 国内市场规模,PPP $ |
| 5 | 业务成熟度 |
| 5.1 知识工作者 | 5.1.1 知识密集型就业,% |
| | 5.1.2 提供正式培训的公司,所占百分比 |
| | 5.1.3 企业执行的 GERD,占 GDP 的百分比 |
| | 5.1.4 企业资助的 GERD,% |
| | 5.1.5 女性就业/拥有高级学位,占总数的百分比 |
| 5.2 创新联系 | 5.2.1 大学/行业研究合作 |
| | 5.2.2 集群发展状况 |
| | 5.2.3 国外资助的 GERD,% |
| | 5.2.4 合资企业战略联盟交易,PPP $ GDP |
| | 5.2.5 专利家族 2 个以上办事处,PPP $ GDP |
| 5.3 知识吸收 | 5.3.1 知识产权付款,占贸易总额的百分比 |
| | 5.3.2 高科技进口量减去再进口量,占贸易总额的百分比 |
| | 5.3.3 ICT 服务进口,占贸易总额的百分比 |
| | 5.3.4 FDI 净流入量,占 GDP 的百分比 |
| | 5.3.5 研究型人才,占企业的百分比 |
| 6 | 知识与技术产出 |
| 6.1 知识创造 | 6.1.1 按来源划分专利,PPP $ GDP |
| | 6.1.2 PCT 专利申请,PPP $ GDP |
| | 6.1.3 按产地分类的实用新型,PPP $ GDP |
| | 6.1.4 科技文章,PPP $ GDP |
| | 6.1.5 可引用文件的 H 索引 |
| 6.2 知识影响 | 6.2.1 PPP $ GDP 的增长率,%;工人,% |
| | 6.2.2 新业务/流行 |
| | 6.2.3 计算机软件支出,占 GDP 的百分比 |
| | 6.2.4 ISO 9001 质量证书,PPP $ GDP |
| | 6.2.5 高新技术产品,% |

续表 4.4

| | |
|---|---|
| 6.3 知识传播 | 6.3.1 知识产权收入,占贸易总额的百分比 |
| | 6.3.2 高科技出口减去再出口,占贸易总额的百分比 |
| | 6.3.3 ICT 服务出口,占贸易总额的百分比 |
| | 6.3.4 FDI 净流出,占 GDP 的百分比 |
| 7 | 创新产出 |
| 7.1 无形资产 | 7.1.1 按产地划分的商标,PPP$ GDP |
| | 7.1.2 按产地划分的工业设计,PPP$ GDP |
| | 7.1.3 ICT 与商业模式的创建 |
| | 7.1.4 ICT 与组织模型的创建 |
| 7.2 创意商品和服务 | 7.2.1 文化和创意服务出口,占贸易总额的百分比 |
| | 7.2.2 国家故事片,pop |
| | 7.2.3 全球传媒市场,pop |
| | 7.2.4 印刷出版业,% |
| | 7.2.5 创意商品出口,占贸易总额的百分比 |
| 7.3 在线创意 | 7.3.1 通用顶级域名(TLD),pop |
| | 7.3.2 国家/地区代码 TLD,pop |
| | 7.3.3 维基百科编辑,pop |
| | 7.3.4 YouTube 上的视频,pop |

表 4.5 描述了 2016 年前 20 个国家和地区的全球创新指数(GII)排名和创新得分。

表 4.5　2016 年全球创新指数排名(前 20 个国家和地区)

| 排　名 | 国家/经济 | 分数(0～100) | 排　名 | 国家/经济 | 分数(0～100) |
|---|---|---|---|---|---|
| 1 | 瑞士 | 66.28 | 11 | 韩国 | 57.15 |
| 2 | 瑞典 | 63.57 | 12 | 卢森堡 | 57.11 |
| 3 | 英国 | 61.93 | 13 | 冰岛 | 55.99 |
| 4 | 美国 | 61.40 | 14 | 中国香港 | 55.69 |
| 5 | 芬兰 | 59.90 | 15 | 加拿大 | 54.71 |
| 6 | 新加坡 | 59.16 | 16 | 日本 | 54.52 |
| 7 | 爱尔兰 | 59.03 | 17 | 新西兰 | 54.23 |
| 8 | 丹麦 | 58.45 | 18 | 法国 | 54.04 |
| 9 | 荷兰 | 58.29 | 19 | 澳大利亚 | 53.07 |
| 10 | 德国 | 57.94 | 20 | 奥地利 | 52.65 |

### 4.4.3　创新能力成熟度模型

创新管理通常将高成本与高失败率结合在一起。通过评估组织的整体创新能力成熟度,可以降低由此产生的风险。创新能力成熟度模型(Innovation Capability Maturity Models,ICMM)是评价和提高企业承担创新项目能力的一种方法。这种方法建立在两个成功的能力成熟度模型之上：与软件开发过程相关的能力成熟度模型(Capability Maturity Model,CMM)和与系统开发过程相关的能力成熟度模型集成(Capability Maturity Model Integration,CMMI)。

自20世纪80年代末以来,CMM一直在卡内基梅隆大学的软件工程学院(Software Engineering Institute,SEI)进行发展。CMMI是CMM的继承者,自20世纪初以来也一直与工业界和政府代表一起在卡内基梅隆大学发展。两种模式在整个行业和学术界都得到了广泛的关注,并以全面的方式进行了解释(例如Chrissis等,2011)。

许多研究人员提出了创新成熟度模型的不同变体。所有这些模型都具有相似的结构,试图评估组织对从开始到取得成果的创造性想法处理得如何。分配给组织的创新能力成熟度水平广泛地表明了组织在创新工作中取得成功的能力。然而直到这个时候,ICMM才刚刚起步。[①] 不同的研究人员提出了不同的ICMM变体,而ICMM研究没有得到政府机构或学术界的支持。考虑到这一情况,此处通过将Heinz Erich Essmann(2009)、Darrell Mann(2012)和Robynne Berg(2013),以及其他研究人员提出的几种ICMM合并来描述ICMM。

#### 4.4.3.1 ICMM说明

ICMM[②] 在软件领域使用CMM实践的类似概念,在系统领域使用CMMI实践的类似概念,即

- 创建最佳实践的通用创新模型；
- 评估创新水平并认证组织；
- 创建创新培训材料,以使最佳实践成为可普遍观察和广泛理解的概念；
- 创建专业人员和对等网络的创新基础架构。

拟议的ICMM由五个级别组成(见图4.38)。

**级别1：播种**。在此级别,管理人员和员工谈论创造和创新,但做得却很少,实际上这种方式往往会消灭创新努力。管理层没有任命执行官监督创新工作,或者任命了眼光有限、财务经验不足的人员来资助创新项目。最终结果是,很少采取新的想法,采取的少量新想法也只是在管理的基础上临时执行。

**级别2：拥护**。在这一阶段,已经开展了创新活动,但成功受到限制。造成这种情况的主要原因是整个组织缺乏对创新的认识,即创新是关键业务流程而不是高风险敌人。换句话说,尽管对创新存在一定程度的开放性,并可能进行了一些创新措施,但在创新方面缺乏战略方向。此外,尽管现在有了行政人员赞助,但他或她并未被视为积极追求创新。同样,创新工作通常分配给选定的部门,并且与组织的其余部分隔离进行。简而言之,该组织尚未充分参与创新文化,并且此类过程不可复制。

---

① 参见：B. Knoke,A Short Paper on Innovation Capability Maturity within Collaborations. http://ceur-ws.org/Vol-1006/paper2.pdf,访问日期：2017年11月。

② 改编自Essmann(2009年)、Mann(2012年)和Berg(2013年)。

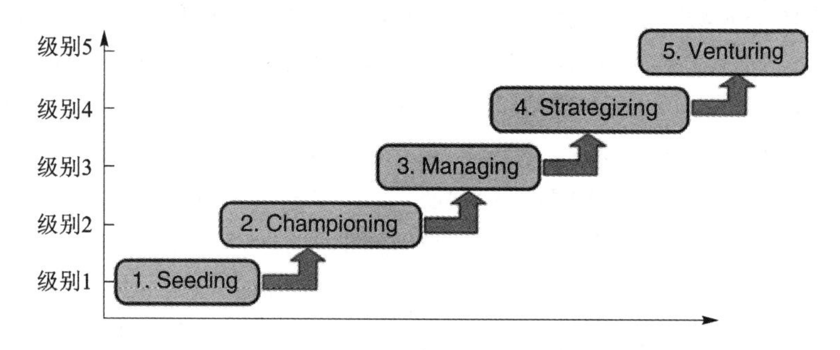


Seeding—播种；Championing—拥护；Managing—管理；
Strategizing—制定策略；Venturing—冒险

**图 4.38　拟议的创新能力成熟度模型(ICMM)的级别**

**级别 3：管理**。在此级别，组织建立了创新实践和策略，并取得了一定的战略成功。这可能包括成功推出新产品或服务以及建立新市场。一些管理人员表现出创新能力，因此组织的文化可被视为具有创新性。但是，传统项目与创新项目是分离的，创新活动仍然是特定个人或部门的工作范围。此外，高层管理人员并未完全参与公司的创新事业。

**级别 4：制定策略**。在此级别，执行管理层采用统一的创新政策，并密切关注和支持整个组织的创新工作，建立了一个强大的创新业务模型和机制来捕获项目的经验。此外，该组织利用创造和创新方法和工具来增加项目成功的可能性，并显著缩短创新周期。此外，各个层次的个人都将创新视为公司的核心力量和在组织内部快速提升的途径。因此，该组织在产品、服务和流程的众多创新项目中取得了成功。

**级别 5：冒险**。在此级别，创新被视为组织的核心能力，并已融入企业文化。创新超越了组织的核心业务，公司以快速有效的创新周期而赢得声誉。此外，创新项目由强有力的政策和适当的商业模式支持，推动了所有部门的战略。因为它对创造和创新的开放态度，及其慷慨的福利待遇和全公司的热情使员工渴望成为这家公司的一部分。

### 4.4.3.2　麦肯锡的 7－S 框架和 ICMM

麦肯锡的 7－S 框架[①]是一个工具，可用于分析一个组织在实现预期方面的定位。它是由麦肯锡咨询公司的 Tom Peters 和 Robert Waterman 在 20 世纪 80 年代初期开发的。该框架的基本前提是，一个组织有 7 个内部方面必须加以协调，以确保一个组织取得成功。其中包括：①策略；②结构；③系统；④共同价值观；⑤技能；⑥风格；⑦员工。7－S 框架可用于各种各样的情况，其中对齐透视图很有用，例如，表 4.6 描述了麦肯锡 7－S 框架与 ICMM 之间的协调。

① 麦肯锡 7－S 框架：确保组织的各个部分和谐地工作。https://www.mindtools.com/pages/article/newSTR_91.htm，访问日期：2017 年 11 月。

**表 4.6 麦肯锡 7-S 框架和 ICMM**[①]

| 麦肯锡 7-S元素 | ICMM 1 级(播种) | ICMM 2 级(拥护) | ICMM 3 级(管理) | ICMM 4 级(制定策略) | ICMM 5 级(冒险) |
| --- | --- | --- | --- | --- | --- |
| 策略 | 组织对外部事件做出反应 | 组织采用了许多流行时尚 | 创新成为战略的中心支柱 | 创新成为可预测的业务流程 | 创新超越了组织的核心业务 |
| 结构 | 组织结构得到严格维护 | 有限的协作会降低创新成功的可能性 | 传统项目与创新项目是分开的 | 灵活的结构允许个人分配到特定项目 | 团队可以无缝重组和拆解以满足新兴需求 |
| 系统 | 创新项目很少成功 | 对项目进行衡量以确定创新改进 | 广泛的沟通渠道和培训基础设施缩短了创新周期 | 广泛吸收项目经验教训可以缩短创新周期 | 精益系统允许快速的创新周期适用于各种业务活动 |
| 风格 | 管理层坚持抵制任何变革 | 管理层维持现状,但“容忍创新者” | 经理们应在支持的同时领导传统项目 | 管理层任命专职创新主管并采用统一的创新政策 | 管理层支持创新活动并为其提供资金,接受失败作为改进的基础 |
| 员工 | 执行指示 | 以多种理由反对创新努力 | 采取小而便捷的创新步骤,停下来,在做中学 | 根据他们的创新成功提拔个人 | 想象一下未来将如何,并朝着这一愿景努力 |
| 技能 | 做当前的工作 | 接受停滞和常规的工作环境 | 利用现有资源争取完成更多任务 | 利用创造和创新的方法和工具 | 承担创新风险,吸取失败教训 |
| 共同的价值观 | 接受正在发生的事情,希望有一个更光明的未来 | 研发虽然可能无效,但是必要 | 创新很重要,会对组织有所贡献 | 尊重创新者,因为他们保证了组织的未来 | 创新将带来持续的变化和改进 |

注:① 改编自:Mann(2012 年)。

### 4.4.4 延展阅读

- Achi et al.，2016
- Berg，2013
- Cooper et al.，2002
- Corsi and Neau，2015
- Doutta et al.，2016
- Essmann，2009
- Mann，2012
- OECD，2005
- OECD，2010
- OECD，2015

## 4.5 创新的障碍

许多因素会抑制或在字面上阻碍组织内的创新活动。这些因素可以分为以下5类(见图4.39)：①人类习惯；②成本因素；③知识因素；④市场因素；⑤制度因素。

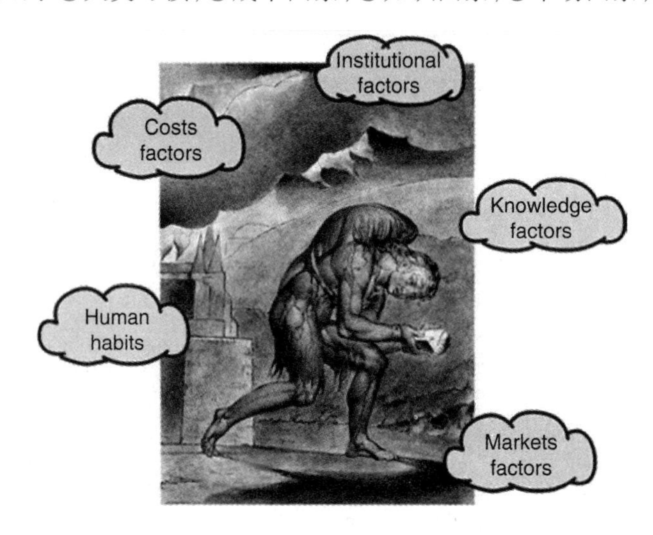


Costs factors—成本因素；Human habits—人类习惯；Institutional factors—制度因素；Knowledge factors—知识因素；Markets factors—市场因素

图4.39 创新的常见障碍[①]

### 4.5.1 人为因素

人类的行为习惯似乎是创新最常见的障碍。这个障碍难以克服，因为它表现出

① 背景图片：William Blake，John Bunyan，基督教读物，第2版，*The Pilgrim's Progress：From This World To That Which Is to Come*，1678年。

的是人类根深蒂固的心理和忧虑。例如,图 4.40 描绘了人类对变化的象征性的心理逻辑反应。[①]

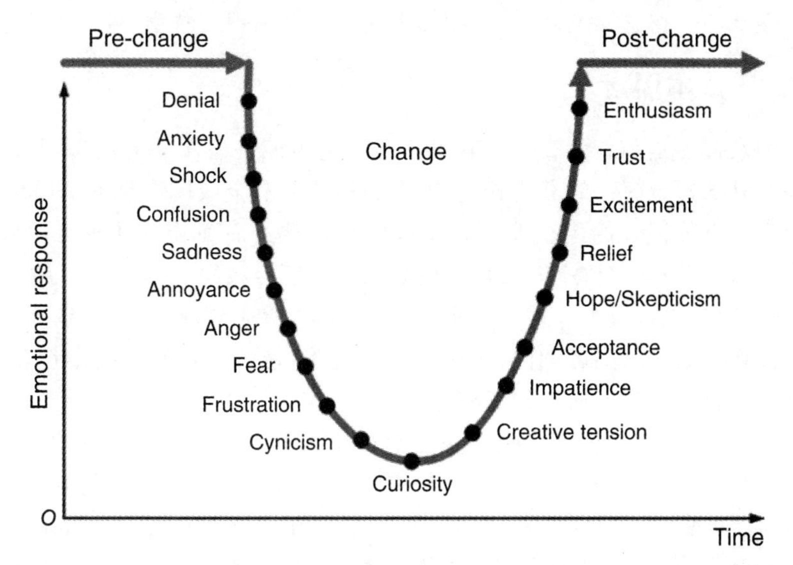


Emotional response—情绪反应;Time—时间;Pre-change—变更前;Post-change—变更后;Change—更改;Denial—否认;Anxiety—焦虑;Shock—休克;Confusion—混乱;Sadness—悲伤;Annoyance—烦恼;Anger—愤怒;Fear—恐惧;Frustration—挫折;Cynicism—玩世不恭;Curiosity—好奇心;Creative tension—创作张力;Impatience—不耐烦;Acceptance—接受;Hope/Skepticism—希望/怀疑主义;Relief—释怀;Excitement—兴奋;Trust—相信;Enthusiasm—热情

**图 4.40 对变化的情感反应**

抵制变革表现为拒绝新思想和创新的趋势。首先,人们与旧的做事方式有着情感上的联系,这些是他们的舒适区,改变日常工作会使人们有不安全感。因此,每当变化要求他们做不同的事情时,他们必然会表现出抵抗力。第二,对未知事物的恐惧激励人们抵制变革。实际上,只有通过说服人们与停滞有关的风险大于向新方向前进的风险,才能克服这种阻力。最后,人们对变革的抵制可能源于他们的感觉,即他们认为变革结束时情况会变得更糟,或者怀疑变革会有利于其他个人或其他群体。

有时,人们出于其他原因抵制变化。例如,组织内部沟通不畅会导致员工误解对变革的需求,或者他们不相信公司可以胜任管理变革。此外,他们可能会因一系列管理变革而筋疲力尽,并将其视为另一种暂时的时尚。

有时,阻力源于一种简单的倾向,即只需很少的考虑就可以顺应正在进行的过程。在另一些时候,一种"非出生名门"(美国俚语)的态度盛行,人们会自动拒绝任何具有外源性风味的东西。最后,当做出改变的好处和回报被认为不足以应付所涉及的困难时,就会产生阻力。

---

① 灵感来源于 *Bridges and Bridges*(2017 年)。

一整套阻力影响了发明者或创造者相对于同事、经理、合伙人和潜在的财务支持者的可信性。这可能包括概念的可信性以及发明者对概念意义的低估，以及对其潜力的怀疑性低估。在这样的环境下，很多人往往表现出视野狭窄、想象力有限、自大。

### 4.5.2 成本因素

成本因素似乎是创新的第二大常见障碍。这可能是由于缺乏内部财务资源和/或难以获得外部资金（例如，获得银行贷款，获得公共资金或风险投资）引起的。中小企业以及没有贷款记录的新企业家在获取银行贷款方面面临着几乎无法解决的问题。在过去的一两年中，许多西方国家的公共资源已经枯竭，只有在认为创新风险似乎较低的情况下，风投资本才可能获得。此外，如前所述，基础研究与新产品或新工艺的潜在商业化展示之间的间隔（被称为死亡之谷）带来了特殊的资助创新危机，因为许多创新项目由于这一阶段缺乏资金而被放弃。

有时，次级成本因素也会影响那些在创新领域滥用核心财务工具的公司。这是由于创新项目相对于传统项目具有非常特殊的性质。具体而言，在传统项目中使用折现现金流（Discounted Cash Flow，DCF）和净现值（Net Present Value，NPV）度量标准非常有益。但是，应避免或谨慎地使用这些工具来评估创新投资。实际上，应该长期考虑创新投资，过分强调短期收益不利于创新。

### 4.5.3 制度因素

许多公司口头上支持创新，但实际上，它们将创新诉诸于常规思维和流程，这些思维和流程无法满足创新管理的要求。他们的高管倾向于将精力放在日常管理上，例如解决例行问题、满足计划和预算约束、遵循季度收益等。总体而言，在寻求秩序、控制、标准操作程序和效率方面的企业文化与创新文化截然相反。不幸的是，创造性的见解很少能按时到达或遵循常规的经营理念。

因此，公司经常会将组织文化的重要性降到最低，尤其是在创新方面。除了缺乏管理层对创新的关注之外，这些组织通常还没有意识到创新失败是游戏的一部分，因此他们给失败的冒险者蒙上了污名。精明的组织鼓励员工花一些时间来推进自己的想法。这些想法中的绝大部分不会带来成功的产品或服务，只有少数能成功，加以利用也会使公司成功。

正确地在传统项目中执行严格流程的组织在处理创新项目时通常倾向于应用相同的严格规则。但是，后者需要灵活的弹性、耐心和持续的能量才能茁壮成长。或者，更具体地说，组织应允许创新项目：①与原始任务不同并探索不同的方向；②使用实验评估关键假设并完善其技术和业务策略。

其他院校层面的创新障碍可能是缺乏承担创新项目所需的基础设施。这些基础设施可能是实验设施（例如，环境测试实验室，用于高级仿真的超级计算机，机器人实验室等）。创新的其他障碍还可能是具体的立法和法规，特别是在医学领域以及与动物保护和环境有关的领域。在这些方面，遵守标准也会阻碍某些领域的创新，尤其是在涉及人身安全的领域。最后，例如，某些垄断、专利、知识产权（Intellectual Property Rights，IPR）和税收结构可能会在机构层面对创新施加实质性障碍。

### 4.5.4 知识因素

创新的其他障碍可能源于对实施某种创意所需的必要技术缺乏了解，以及忽视对相关产品市场的研究。同样，在为开发产品或过程寻找合作伙伴以及分享营销努力方面遇到的困难，可能会给创新努力造成难以逾越的障碍。

有时，在企业内部或外部、劳动力市场或学术界缺乏合格的人员和有技术专长的人员，会阻止其新创新项目的发展。这一点在地处偏远地区的中小企业，以及管理政策倾向于将创新限制在中央研发部门的较大组织中尤为明显。

### 4.5.5 市场因素

在处理Ⅰ型创新（即问题已知，解决方案必须确定）时，必须有对新产品或新工艺的需求。对特定创新产品或服务的不确定需求构成了创新的强大障碍。当然，开发以其他企业为主导的潜在市场的产品或服务也可能面临巨大的市场障碍。

### 4.5.6 创新障碍和创新类别

经济合作与发展组织（Organization for Economic Cooperation and Development，OECD）定义了一系列创新障碍及其与 4 类创新的相关性（见表 4.7）。

表 4.7 创新障碍和 4 类创新[①]

| 创新障碍 | 产品或服务创新 | 业务流程创新 | 组织创新 | 营销创新 |
|---|---|---|---|---|
| 人类习惯 | | | | |
| 抵抗变化 | X | X | X | X |
| 成本因素 | | | | |
| 过度地感知风险 | X | X | X | X |
| 成本太高 | X | X | X | X |
| 企业内部资金不足 | X | X | X | X |
| 企业外部缺乏资金来源： | | | | |
| ● 风投资本 | X | X | X | X |
| ● 公共资金来源 | X | X | X | X |
| 制度因素 | | | | |
| 缺乏基础设施 | X | X | | X |

① 改编自 OECD(2005 年)。参见：https://www.oecd.org/sti/inno/2367580.pdf，访问日期：2017 年 2 月。

续表 4.7

| 创新障碍 | 产品或服务创新 | 业务流程创新 | 组织创新 | 营销创新 |
|---|---|---|---|---|
| 知识产权薄弱 | X | | | X |
| 立法、法规、标准、税收 | X | X | | X |
| 知识因素 | | | | |
| 创新潜力不足(研发、设计等) | | | | |
| 缺乏合格人员: | X | X | | X |
| ● 企业内部 | X | X | | X |
| ● 劳动力市场 | X | X | | |
| 缺乏技术信息 | X | | | X |
| 缺乏市场信息 | X | X | X | X |
| 难以找到以下方面的合作伙伴: | | | | |
| ● 产品或工艺开发 | X | X | | |
| ● 营销合作伙伴 | | | | X |
| 企业内部的组织僵化: | | | | |
| ● 人员对变化的态度 | X | X | X | X |
| ● 管理者对变革的态度 | X | X | X | X |
| ● 企业管理架构 | X | X | X | X |
| 由于生产要求,无法将员工投入创新活动 | X | X | | |
| 市场因素 | | | | |
| 对创新商品或服务的不确定需求 | X | | | X |
| 既有企业主导的潜在市场 | X | | | X |

### 4.5.7 延展阅读

- Bridges and Bridges, 2017
- Christensen, 2010
- Corsi et al. (Editors), 2006
- Kasser, 2015
- OECD, 2005
- Shteyn and Shtein, 2013

## 4.6 促进组织的文化创新

### 4.6.1 简　介

许多文章和书籍广泛地解释了如何促进组织的文化创新。例如,Jain 等人于

2010年写的一本440页的书，详细介绍了如何在组织内部管理研究、开发和创新。显然，如果组织确定创新的具体原因并专注于相关的有前途的创新领域，则他们可以促进创新文化并成功实现自我更新。

本小节的目的是粗略地描述如何在组织中促进创新文化。创新文化基于以下8个相互关联的要素：①领导力；②组织；③人员；④资产；⑤文化；⑥价值观；⑦过程；⑧工具。这些元素中的每一个都会影响其他元素，反过来又会受到其他元素的影响(见图4.41)。

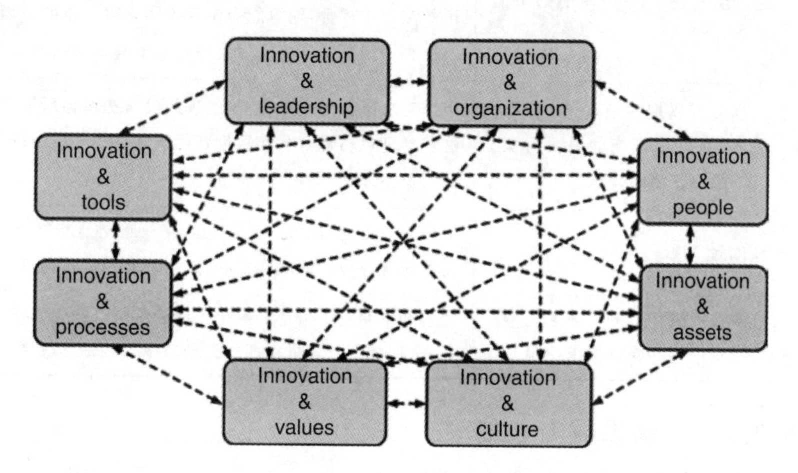


Innovation & tools—创新与工具；Innovation & processes—创新与过程；
Innovation & leadership—创新与领导力；Innovation & organization—创新与组织；
Innovation & people—创新与人员；Innovation & assets—创新与资产；
Innovation & values—创新与价值观；Innovation & culture—创新与文化

**图4.41 创新文化基础**

### 4.6.2 创新与领导力

参与组织领导的研究人员发现，真正促进创新的机构的领导人强调所有成员之间合作的重要性，总的来说，他们容忍更高水平的创新失败。在这样的组织中，团队成员之间的信息交流提供了持续的学习体验，也让人们感觉自己是创新团队的一部分。

#### 4.6.2.1 创新领导风格

参与创新的领导者应在实现个人研究目标与实现整个组织目标之间取得良好的平衡。因此，员工应该有一种为组织、自己以及整个社会做出贡献的感觉。各种管理研究人员已经确定了几种具有特色的管理风格及其在研发组织中的作用(见表4.8)。

总而言之，协作管理风格似乎是领导创新项目的最有效的风格。

表 4.8　研发组织内的管理风格和效果

| 风　格 | 描　述 | 研发组织内的影响 |
| --- | --- | --- |
| 退位 | 经理忽略了将具体的任务和职责分配给下属，从而忽略了处理正在进行的问题 | 无论是经理还是员工对任何特定的决策都没有太大的影响。这种管理方式往往是最糟糕的选择，因为似乎没有人以任何合理的方式领导研发组织 |
| 专横的 | 经理做出决定并告诉他的下属该做什么 | 下属对决策过程没有影响。在极少数情况下，经理是一位真正的杰出工程师，他可能会带领团队取得不错的成就。但是，没有利用团队的集体能力会导致失败和丧失信心 |
| 授权中 | 经理向下属提供有关该问题的信息，并提出可能的解决方案。决定的责任由下属承担 | 下属对决策负有全部责任，经理并没有提供他所期望的指导。这种管理风格通常会导致创新团队的目标与组织的既定目标之间发生冲突 |
| 谈判中 | 经理问下属 | 下属对决策过程有影响。但是，在决策过程中不咨询团队成员可能会导致团队丧失信心，并增加失败的可能性 |
| 合作中 | 获取有关做什么的信息和建议，然后根据这些建议做出决策 | 经理和下属对决策都具有很大的影响力。在大多数研发组织中，这种管理方式是实现重大创新成果的最佳选择 |

#### 4.6.2.2　创新领导者技能

学者们对创新与领导的具体特征争论多年。从根本上说，一个创新领袖并不期望充当思想的引擎。他/她的责任应该是承认有前途的创造性想法，培养创新环境，并与管理人员、雇员、供应商和商业伙伴分享这些想法。最终目标是将创造性的想法付诸实施。最后，一个创新领导者必须有足够的勇气为自己的信念而战，就像他所看到的那样，按照组织的最佳利益去行动。以下是一组有助于领导者在组织内推广创新文化的技能和个性特征。

**培养战略业务前景**。创新领导者应对社会和行业趋势以及业务、市场及其相关客户群有充分的了解。他们应该能够阐明这些外部动力如何影响其组织及其业务的未来。此外，这些创新领导者应该能够通过展示自己想去的地方以及如何到达那里来描述他们对未来的愿望并取得成功。以客户为中心很重要，但有远见的人通常会看到超出客户期望的范围(例如，标志性人物史蒂夫·乔布斯)。此外，领导者也应该参与其中，同时也应该鼓励他们的员工参与一个持续的、有组织的关于公司及其竞争对手相关战略问题的学习。

**抓住机遇，管理风险**。创新领导者应营造相互信任的氛围。这包括使自己变得平易近人，与他们的管理层和为他们工作的创新者建立和谐的协作关系，同样重要的是，在所有情况下都支持同事。此外，创新领导者在展示自己的机会时应该积极抓住机遇。这包括快速地做出决策，并在最少的支持下长时间独立工作。创新领导者在考虑新想法时应大胆创新，同时也应该考虑到选择任何创新行动方案所涉及的风险。

而且,他们应该启动计划以识别风险并最小化其影响。

**具备沟通能力**。创新领导者应具有扎实的沟通能力。也就是说,他们应该对自己的管理层和同事具有足够的说服力,这样他们就会以足够的热情和坚定的信念接受并遵循下属提出的概念。创新领导者应该通过自己的个人行动来激发和激励团队。如果这意味着为了处理出现的问题或卷入最底层的某个棘手问题而与团队一起熬夜,那就顺其自然吧。最后,创新领导者应该向下属提供诚实的、偶尔严厉的反馈,这样他们就可以一直指望领导者直截了当的回答。

**拥有相关专业知识**。创新领导者应在其创新项目的主题方面拥有合理的专业知识。因此,承担技术企业中创新领导者角色的最合适人员应该是科学家、工程师、设计师等。此外,创新领导者应有表现出好奇心和渴望了解更多信息的愿望。他们的一个重要的竞争优势是不断提高的专业知识,以便有效地领导,并且激励同事在工作中表现出色。

**能够勇于领导**。创新需要打破旧模式并创造新模式。这意味着创新领导者及其团队成员必须相信自己并相互信任。实现这种信任有助于创新领导者更加自信地承担变革推动者的角色,以支持组织内部的建设性破坏。

创新领导者可能经常参加高风险的会议,在这种情况下,即使与他人的观点相抵触,他们也应避免发表自己的观点。沿着这条线,领导者必须经常做出艰难的决定,以引导团队朝着更合适的方向发展。有时,这意味着领导者必须在明显误入歧途时扼杀一个创新项目。有时,团队成员必须被降级或完全放手。简而言之,创新领导者应该拒绝任何吸引上级利益的诱惑,应该表现出坚定不移的忠诚度,为组织、客户和整个社会做正确的事。

### 4.6.3 创新与组织

经过对大量公司的调查,研究人员提供了以下措施,以鼓励研发组织内部的参与式管理氛围:

**对待员工**。各级员工应得到公平对待和尊重。这是因为他们是宝贵的资源,可以为创新过程贡献思想和知识。总的来说,人们希望参与决策过程,并且当他们受到鼓励时,他们会接受改变并更加忠诚于组织。此外,当员工在决策过程中有投入时,商定的决议往往会得到所有人的支持。

**长期承诺**。组织应该长期致力于人的发展,因为这会使他们对组织更有价值。经过多年发展的人们可以被信任地做出有关其工作活动的科学、工程和管理的重要决定,从而获得很高的满意度和组织有效性。

**双重管理结构**。但是,实际上,并非所有经理都能接受合作风格。因此,在某些情况下,可以在组织内利用双重管理层次结构。根据该政策,组织可以建立两个层次的权限部门,通常其技术职位与管理职位平行。技术等级结构包括一个专业梯队,该梯队具有与管理等级结构中相应职位相同的控制和权限。

但是，应该指出的是，只有在公司的高层管理人员确保两个等级分支机构的地位、权限、职业机会和奖励制度保持平等的基础上，组织内的双重管理等级才能成功。通常情况下，这种对等性得不到维护，从而损害了技术层次分支。

### 4.6.4 创新与人员

心理学和人类发展领域的研究人员指出，创造过程与创新过程之间的区别在于，前者涉及构思创意，而后者则是将这些创意转化为成功的产品、服务或企业的过程。自然地，有创造力的核心人群通常与有创新力的人不同。通常，创新型人才倾向于表现出以下特征：

**正规教育或培训**。要注意和理解潜在的创意，就必须进行教育或专业培训。训练有素的专家更有可能区分相关信息和无关信息。

**机会主义的心态**。机敏的个人更有可能发现市场中产品或服务的可用性方面的差距和薄弱环节。这些人经常在生活的各个方面寻求新颖、多样化和开拓性的努力。

**高情商(Emotional Quotient，EQ)**。尽管人们普遍认为，天才可以独立发明一些小玩意儿，但是更多的发明是由一群人来完现的。因此，创新人员需要具有较高的情商，以便与其他人进行沟通，并让经理、员工、支持者和其他机构了解其思想的可行性以及实现既定目标的策略。

**谨慎的个性**。谨慎的人倾向于计划他们的一举一动，以确保他们的努力取得成功。总的来说，这样的人是可以有组织地、谨慎地和合理地规避风险的。

**坚持不懈的人格**。坚持不懈的人面对困难不会轻易放弃。总体而言，他们在追求目标方面具有动力、韧性和活力。坚持不懈的精神使他们能够有效地利用潜在机会。

几乎所有公司都有正式的组织结构。这种结构主要涉及管理者与下属之间的关系。组织结构从公司的最高级官员开始，然后再流到下级经理和下级员工(见图 4.42)。

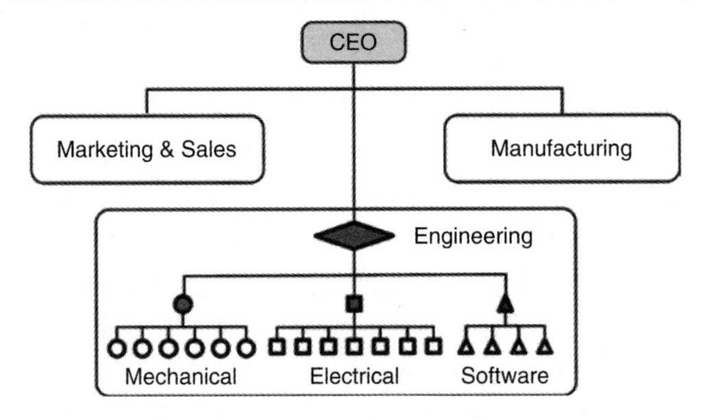


CEO—首席执行官；Marketing & Sales—市场销售；Manufacturing—制造业；
Engineering—工程；Mechanical—机械；Electrical—电气；Software—软件

**图 4.42 示例：正式的组织结构图**

但是，组织还具有非正式的结构，在许多方面，它们与正式的结构一样重要。例如，某些非正式社交网络可能会通过其通信即时数据(例如，电子邮件的源和目的地，电子邮件的其他收件人等)来表现。通过对这样的非正式社交网络分析我们可以得到一个相当模糊的观点。然而，社交网络领域的研究人员确定了 4 种常见的角色扮演者，他们的表现对任何研发组织的生产力都至关重要。

**中央连接器**。中央连接器与非正式网络中的大多数人进行交互。他们不一定是单位或部门内的正式经理，但他们知道谁可以在任何给定的时间点提供所需的信息或专业知识。例如，图 4.43 中标识为 A 的两个人在这个非正式的工程社交网络中担当了中央连接器的角色。

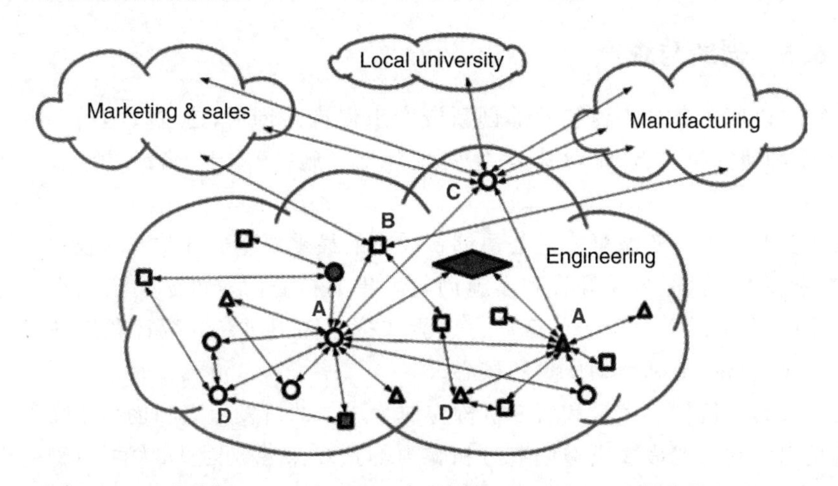


Marketing & sales—市场销售；Local university—本地大学；Manufacturing—制造业；Engineering—工程

**图 4.43　示例：非正式社交网络**

**边界扳手**。边界扳手将非正式网络与公司的其他部门或组织外部的其他网络连接。这些人从事识别和培育新的外部联系工作，这些联系可以提供或传播有关公司的宝贵信息。例如，在此非正式工程社交网络中，图 4.43 中标识为 B 的个人承担了边界扳手的角色。

**信息代理人**。信息代理人向核心的非正式网络内部和外部的不同个人提供信息。从本质上讲，这些信息代理人有助于将彼此完全隔离的几个小型的非正式网络转变为一个单一的、大型且动态的非正式网络。信息代理人仅在大型社交网络中发挥与边界扳手相似的作用。例如，在图 4.43 中标识为 C 的个人在整个公司范围内的非正式社交网络中扮演信息代理人的角色。

**外围专家**。外围专家经常在非正式社交网络的外围工作。但是，他们对公司的成功至关重要，因为他们拥有特定种类的信息或技术知识。而且，他们足够聪明，愿意在需要时与小组中的其他成员分享。例如，图 4.43 中标识为 D 的两个人在此非正式工程社交网络中承担了外围专家的角色。

研发组织的管理者和领导者可以通过认识和欣赏这些非正式社会网络的价值来提高企业的创新能力。在此之后,管理非正式网络可以通过社会网络分析的方式,使用图形化工具来映射组织中的关系。

例如,管理人员可以识别出非正式网络中的中央连接器,然后确定它们是否试图最大化通信信道的带宽。或者,他们可以评估边界扳手是否与外部组织和个人的最佳集合进行交互,以获得重要信息或优化公司的地位。同样,组织中的领导者可以检查信息代理的有效性,并在需要时增加更多人员以支持现有人员。按照这种思路,经理可以公开任命外围专家,从而为他们提供更多的空闲时间来扩展他们的知识,并分配新的人员为非正式网络的用户提供其他所需的技术知识。

### 4.6.5 创新与资产

组织可以使用各种本地和外部创新资产来促进其创新,这主要包括:①人力资源;②大学和研究机构;③工业基地;④物理基础设施;⑤用于创新的资金;⑥法律和监管环境。

**人力资源**。人力资源可能是公司创新潜力的最重要组成部分。这仅仅是因为人员、科学家和工程师是成功开发和实施创新思想的核心。应该激励企业不断努力吸引和留住创新人才,并投资于其劳动力技能和技术知识。终身教育和培训过程应成为提高专业人员技能和劳动质量的核心。

**大学和研究机构**。大学和研究机构应成为成熟的研发组织和创新工作的主要支柱。这是因为它们代表着人类创造力和脑力的重要来源。因此,大学和研究机构通常是创造者、接受者,并且经常是新知识的解释者。国家和地区以及工业领域的投资为学术界和工业界之间的合作伙伴关系带来了许多机遇,这些机遇可以极大地促进企业的创新。

**工业基地**。重要的创新资产是强大的工业基础。这意味着创新的研发公司应该了解其内部以及外部工业基础。这应该包括对公司主要产品和服务的意识,持续的业务模式,市场优势等。显然,相当一部分创新工作应与这些核心参数保持一致。尽管如此,管理层也应该鼓励一些突破性的创新努力。[①]

**物理基础设施**。经济运作和生存需要物理基础设施。例如,这包括交通和通信网络、公用事业、电力、水、下水道、天然气、建筑物和实验室。物理基础设施是在研发组织内实现有益创新所需的关键资产。

**用于创新的资金**。创新活动需要获取资金,才能将创意转化为产品和服务。但是,大多数公司、大学和个人研究人员无法使用内部资源为整个创新发展周期提供资金。因此,用于创新的金融资本被认为是至关重要的创新资产。由于金融机构和风

---

① "突破性"一词的使用较为宽泛,用来描述公司能够通过提供具有显著改善的理想程度的新产品或过程来成功挑战既定产品或过程的方式。Christensen 等人提供了对"突破性"一词的更准确描述(2015 年)。

险投资者的大量存在，这类资产通常在技术更发达的地区和大城市更容易获得。

**法律和监管环境**。政府当局以法律和法规框架的形式提供(或拒绝)必要的创新资产。该框架通过在地方和国家两级制定发展政策，促进了研发和技术的发展。政府的减税计划或特殊的金融援助等创新资产激励了研发公司开展雄心勃勃的创新项目。相反，负面的创新资产，例如过分的官僚障碍或缺乏版权保护意识，往往会阻碍研发公司开展创新项目。

### 4.6.6 创新与文化

文化由共同的信念、态度、自我观念、规范、角色观念和价值观组成，这些观念在给定的社会中从一代传给另一代。文化有助于稳定的行为，因为人们会按照习惯行事。在组织内部，文化由客观要素(例如，办公楼、办公家具、研究实验室、设备等)和主观要素(规则、法律、价值、规范)组成。此外，组织文化包含许多关于人们彼此交互的方式以及组织内部事物完成方式的未阐明假设。

从研发的角度来看，某些组织文化比其他组织文化更为有效。其主要强调了创新行为、参与氛围、努力工作、对分歧的容忍、与贡献相称的报酬以及高质量的管理员工关系的文化比其他文化可能更有效。创新文化是领导者为了培养创新思维和行为所培养的一种文化。这样的工作场所提倡一种态度，即创新是组织所有成员的责任，而不是少数有才华的人或行政精英的职责。在研发组织中建立和维持创新文化被认为是在市场上建立竞争优势的前提。研发组织的典型文化可能包括以下特征：

**定义创新策略**。在创新文化中，组织确保鼓励员工超越当前产品的开发和生产。也就是说，人们被激励去接触不同的领域，其中个人可以参与创新，比如盈利模式、流程和政策。此外，在这样的文化中，一个组织需要平衡其对卓越运营的重视与创新活力，无论是进化的、革命性的还是颠覆性的。

**接受创意**。在创新文化中，组织保证组织内部或外部团体成员能够自由地提供导致创新的见解和观点。这种文化使管理层既接受专家的意见，也接受新人的意见。在整个公司中鼓励思考，是利用组织内外现有人才的最佳途径之一。在这种创新文化中，各岗位的员工都渴望向公司提供自己的才能和技能，因为他们知道他们的想法将受到重视，如果他们工作的话，就会采纳好的理念。

**鼓励创新交流**。在创新文化中，组织确保对组织中的每个成员(包括首席执行官)其大门都是敞开的，以便就创新问题进行积极的沟通。从传统信件到电子邮件、电话交谈到个人或在合作团队的基础上的面对面的会议，每位员工都可以获得各种各样的交流机会。

**鼓励创新合作**。在创新文化中，组织鼓励内部组织或外部机构(如其他公司、大学、政府机构等)之间进行深入合作。这为创新过程带来了新的观点和想法。这种文化首先依赖于孤立的业务部门和职能部门之间的协作，这种协作可以通过从整个公司获取能力来利用整个组织的全部专业知识。同样，在这种创新文化中，跨地域、文化和时区的外部合作可以利用成千上万的聪明人，从而提供显著的竞争优势。

**赋予创新冠军力量**。在创新文化中，该组织确保允许所有员工尝试新的创意。这意味着，尽管管理人员不断承受着压力，要求他们在企业的核心活动中实现最佳绩效，但组织内部的创新文化仍然盛行。

**实行扁平化管理结构**。在创新文化中，组织确保管理结构保持较短的批准流程以及鼓励创新的连贯沟通渠道。当然，通过授权员工独立行动，管理层可以取得类似的结果。不幸的是，只有在非常特殊的情况下，两种方案(即“公寓管理”“授权”)才有可能。

Brian Robertson 于 2007 年设计的 Holacracy 是第三种方法。他的拥护者声称，Holacracy 方法是一种革命性的管理方式，可以在整个组织内分配权力和决策，其支持快速而敏捷的组织，该组织已准备好做出快速决策，从而赋予组织中的各个成员权力。Brian 的著作 *The New Management System for a Rapidly Changing World* 也描述了 Holacracy 这种方法：快速变化的世界的新管理系统。其已被世界各地的多个组织采用，但是从分层结构过渡到平面分布式控制结构并非易事。

**提供创新培训和工具**。在创新文化中，组织确保员工接受特定的培训和工具，以将其创新思想推广到产品或服务中。例如，人们参加了一系列创新研讨会，从中他们学习了如何处理自己的创意，以及组织中的哪些人应该听到有关创意的信息。此外，员工还练习如何创建业务演示文稿，并在可能的情况下简化其想法的演示，强调其对公司的贡献。一些公司为员工提供了“免费”的时间来尝试新技术、新产品或新工艺。但是，研究人员担心这种“创新过程的过度设计”。相反，他们建议，提供一些结构和支持，以帮助人们克服不确定性并以最有效的方式参与创造性过程。

**衡量成功并奖励创新者**。在创新文化中，组织确保创新绩效指标的创建和宣传。此类指标应基于适当的标准，例如员工产生的业务价值，以及该价值的可持续性，他或她提出了哪些新想法以及实际上有多少成功。认可员工的创新成功是卓越创新文化的标志。可以通过象征性的方式以正式或非正式的方式表达这种认可，也可以直接以货币形式表达。致谢可能有多种形式：在公司新闻公告中提及成就，在走廊上张贴海报，颁发表扬信，授予奖牌、奖杯等，或直接给现金。

**投入资源**。在创新文化中，组织确保为创新过程分配足够的公司资源。这些资源分配给需要的员工，他们定义、丰富和测试其创意构思。由于资源总是有限的，因此组织应建立适当的机制来明智地分配资源并选择对这些资源的最佳利用。

**接受失败**。在创新文化中，组织为创新失败做好准备，并将这种风险视为创新过程的必要组成部分。当基本概念不正确，流程管理不当，资金不足或期望不切实际时，就会发生创新失败。但是，创新失败并不是完全可悲的，因为失败会导致学习、适应和创造改进的新思想和策略被攻击。归根结底，几乎所有创新都是从失败中预先学习的结果。

### 4.6.7 创新与价值观

人类价值观可以定义为人或社会群体的道德原则和信仰或公认的标准。[①] 价值观对一个人的行为和态度有重大影响,是人生的广泛指导。[②] 创新文化在做出个人和群体决策时需要进一步的指导。因此,大多数组织定义其创新价值并相应地运营。只要每个人都致力于实现这些价值观,这些价值观就成为组织内部的一种统一力量。下面描述了许多组织共有的典型创新价值观:

**质量**。组织中的每个人都致力于产生可持续的出色工作,从而推动公司前进。他们都承担着责任,并努力为公司、客户和整个社会提供优质的解决方案和增值服务。

**领导**。组织中的每一位领导者都致力于指导他/她的团队实现公司的目标,向他人树立积极的榜样,并为他人投资,使他们能够遵循领导的指导方针。此外,领导者致力于赋予周围的人权力,公开分享他们所知道的,尊重所有人,并给予他们合理的自由来执行他们认为合适的任务。

**个性**。组织中的每个人都尊重公司内每个员工的知识、技能、想法和能力。每位领导都致力于确定和利用每位员工的优点,同时帮助支持他们的弱者。每个人都可以磨炼独特的能力,成为各自领域的专家,以便更好地支持组织,同时也欣赏团队合作的价值。

**诚信**。组织中的每个人都致力于按照最高的专业行为标准行事。也就是说,组织的所有成员在与其他人、客户、消费者、供应商和公众的往来中都是开放、透明、诚实和尊重的。此外,组织中的每个人都应本着合作与尊重的精神运作,接受其他人独特的才能和工作风格。

**问责制**。组织中的每个人都在乎公司及其成员。组织成员对自己的行为负责,并为周围人们的最大利益而行动。此外,他们愿意承担合理的风险并坚信自己的想法,知道他们将被客观、公正地评判。他们知道他们可以依靠他们的经理和同事来支持他们的日常活动。

**创造力**。公司由具有不同观点和经验的个人组成。作为新思想的源泉,组织中的每个人都应致力于促进公司的创造力,提供更好的产品、服务和流程。

**革新**。尽管创新会带来一定的风险,但其为公司创造了可持续的未来。因此,组织中的每个人都应致力于通过与他人的协作来促进创新工作。此外,该组织的所有领导都致力于通过大胆地培养创新性举措以及确保资源的一致性和良好的投资节奏来确保公司未来的福祉。

---

① 参见:*The Collins Dictionary*,https://www.collinsdictionary.com/dictionary/english/values,访问日期:2017年3月。

② 请参阅:*Business Dictionary*,http://www.businessdictionary.com/definition/values.html,访问日期:2017年3月。

**协作**。组织中的每个人都致力于与他人合作作为团队工作。总的来说,协作可以更快地获得更多成就,比单独工作可以产生更好的结果。此外,协作可以提供学习机会,丰富参与人员的生活,并跨组织边界共享技能和资源。

**不断提高**。组织中的每个人都致力于跟踪创新活动的参与和评估结果,并将汲取的经验教训纳入项目的下一阶段和新项目中。此外,组织成员还与管理层和同事公开分享调查结果和见解,以便将已经取得的成果传递给未来。

### 4.6.8 创新与过程

创新与过程请参见4.3.2小节技术创新过程。

### 4.6.9 创新与工具

根据欧洲工业研究管理协会(European Industrial Research Management Association,EIRMA[①])的说法,机械化捕捉、使用和利用创新过程中产生的知识(即从构思产生到原型开发、测试和制造),可以为从事创新过程的组织带来巨大的收益。

可以通过使用各种商业现货(Commercial-Off-The-Shelf,COTS)软件工具和/或组织内部开发的工具来增强这项工作。此类工具的目的是为了支持轻松访问整个组织的R&D信息。典型数据可能包括项目的管理和技术文档,以及涉及这些项目人员的联系信息。而且,这些工具可以提供正式项目文档中一般没有提供的信息。此外,这些工具可以支持地理上分散或跨组织边界的人们之间的R&D合作,从而形成有效的"虚拟团队"。

Kohn等人(2003年)将这些旨在支持创新管理的软件工具分为三类:①创新获取工具;②创新管理工具;③创新企业工具。这些软件工具有许多可以从市场上买到,大多数情况下包含多种可重叠的功能(见图4.44)。

#### 4.6.9.1 创新获取工具

创新获取工具可以进一步分为以下几类:

**想法收集软件工具**。这些软件工具使公司能够通过电子邮件和基于Web的应用程序等方式,向公司内部的员工和经理以及客户、合作伙伴、合作者、利益相关者以及整个公众征集创新想法。此外,这些工具有助于提高公司的透明度及其创新努力。

**商业智能软件工具**。这些软件工具旨在检索、分析、转换和报告用于商业智能的数据。商业智能为组织的相应级别提供最新信息。这些信息可以被分析和可视化,以便商业和技术决策达到最优的。

#### 4.6.9.2 创新管理工具

创新管理工具可以进一步分为以下几类:

---

① 请参阅:http://www.eirma.org/,访问日期:2017年8月。

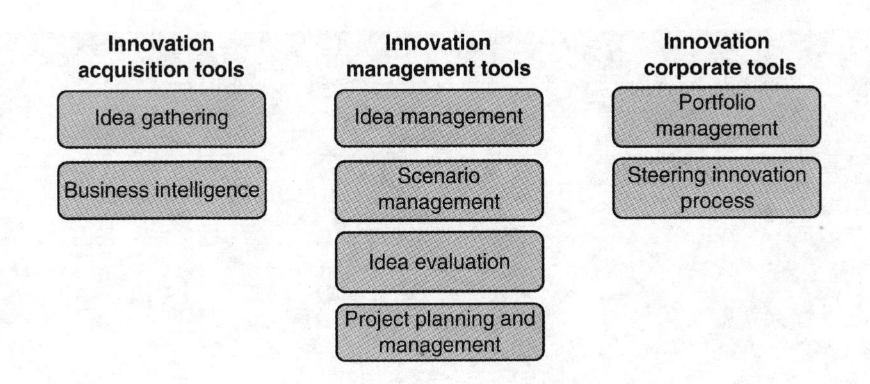


Innovation acquisition tools—创新获取工具；Idea gathering—想法收集；
Business intelligence—商业智能化；Innovation management tools—创新管理工具；
Idea management—创新管理工具；Scenario management—方案管理；
Idea evaluation—想法评估；Project planning and management—项目计划与管理；
Innovation corporate tools—创新企业工具；Portfolio management—投资组合管理；
Steering innovation process—指导创新过程

**图 4.44 典型的创新管理软件工具**

**创意管理软件工具**。这些软件工具将创造性想法存储在中央数据库中，然后在这些创造性想法的生命周期内支持对这些数据的管理，即从产生到概念发展，最后到项目实施。这些工具除了捕获创新思想外，还为实际的实施提供了结构化的评价、排序和选择思想的手段。简而言之，这些工具提供了一个全组织的创新机制，以收集、存储、展示和管理创造性想法及其创新地位。

**方案管理软件工具**。这些软件工具提供了接口，可在分析人员输入、操作、分析和处理创新方案时为其提供支持。通常，这些工具将支持分析师将用户的故事转换为场景，为这些场景定义特定属性，进行基于场景的分析，对创新场景进行在线协作审核等。

**创意评估软件工具**。大多数组织都收集了很多创新的想法，但是只有少数暗示了潜在的商机，而转化为有利可图的风险投资的则更少。创意评估软件工具提供了评估这些想法并分析它们是否可行以及在技术和经济上是否扎实的手段。例如，虚拟现实(Virtual Reality, VR)工具使用计算机技术来生成逼真的图像和相关的设计参数，从而复制和模拟概念系统和想象系统的行为(见图 4.45)。

**项目计划和管理软件工具**。这些软件工具可提供项目状态的可见性。特别是，这些工具接受、维护和显示相关的项目状态信息，例如每个任务的状态、操作列表、电子表格、甘特图等。这些工具提供了灵活性并允许自定义，因此它们可以满足不同组织的需求。此外，这些工具通过监视和管理所有项目更新来支持地理位置分散的用户之间的协作。最后，这些工具提供了强大的变更控制工具。

图 4.45　使用虚拟现实工具评估生产线概念

#### 4.6.9.3　创新企业工具

创新企业工具进一步可以分为以下几类：

**投资组合管理软件工具**。这些软件工具支持管理项目组合的过程，以便识别和选择提供最大价值的单个项目。也就是说，要最大限度地提高组织的项目投资组合价值。这些工具能够跟踪多个活动项目，确定最有前途的项目，并在组织级别分析整个项目组合的绩效。

**指导创新过程的软件工具**。这些软件工具提供了在整个公司范围内实现可持续创新过程的方法，因此公司的高级管理人员可以观察和指导公司内部的创新产品组合。更具体地说，这些工具支持：①建立和促进创新团体，且每个团体都专注于特定的业务领域；②对创新产品组合进行端到端管理，包括创新思想、商机、新技术和管理概念、进行中和计划中的创新项目等。

### 4.6.10　结论：迈向到创新文化的实际步骤

许多研究人员、学者和企业家描述了促进组织创新文化的实际步骤。图 4.46 和下面的文字描述了企业提升到真正的创新文化所需的一系列实际步骤。

**步骤 1：弘扬创新文化**。在这一步骤中，领导者应强调创造和积极征集新思想的重要性。这可以通过安装想法收集软件工具并鼓励个人使用它们来实现。组织各个级别的人都应该知道，不断寻找新产品或服务会增加组织保持竞争优势的可能性。领导者应该真正有空听取创新想法，并明显确保每个想法都能得到公司相应创新机构的聆听。此外，领导者应为希望探索自己创意的个人提供合理的空闲时间，并定期举行小组讨论会或集思广益会，以讨论不同创新项目的状况并提出新的创意。最后，领导们应经常走进普通人群的办公室或实验室，询问人们当前的工作情况，挑战他们的做事方式。

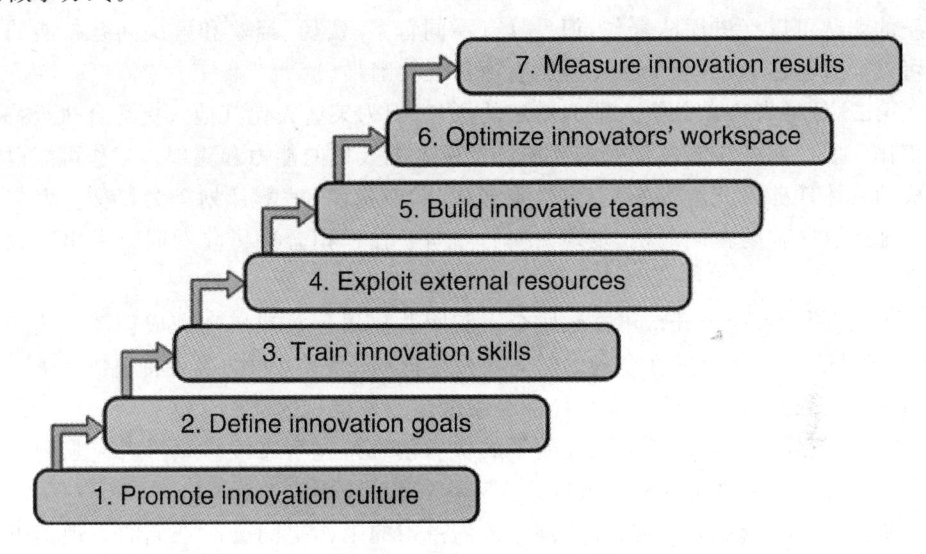


Measure innovation results—衡量创新成果；
Optimize innovators' workspace—优化创新者的工作空间；
Build innovative teams—建立创新团队；Exploit external resources—开发外部资源；
Train innovation skills—训练创新技巧；Define innovation goals—定义创新目标；
Promote innovation culture—弘扬创新文化

**图 4.46 提升到创新文化的实践步骤**

**步骤 2：定义创新目标**。在这一步骤中，领导者和员工应确定公司最有希望的创新目标。也就是说，为公司发展勾勒出有吸引力的方向，并展示创新如何为组织增加价值，以及这将如何带来最大的商机。

**步骤 3：训练创新技巧**。在此步骤中，组织外部的领导者或专家应对员工进行正式和非正式创新技术的培训。尽可能将这一过程纳入组织的常规节奏中。有时，可以将培训合并到项目的冲刺阶段中，即在关键里程碑（例如，审阅、软件或系统的发布、项目完成等）之前必须完成特定工作的时期。本书的第 3 章提供了大量的创新方法，其中许多内容适用于大多数公司和组织作为培训材料。

**步骤 4：利用外部资源**。传统上，创新项目是与外部参与者隔离进行管理的。但是，当前的想法表明，在组织边界之外利用外部知识对于组织创新成功至关重要。在这一步骤中，鼓励领导人与客户、合作伙伴、其他公司和大学以及专业的中小企业（Small and Medium Enterprises，SME）进行研发合作。这种合作可能有几个好处，包括：①补充内部资源；②迅速提高技术能力；③提高开发速度；④减少内部专业需求；⑤最大限度地降低人工成本和资产成本。

**步骤5：建立创新团队**。在这一步骤中，领导者应尝试在整个组织中建立多元化的创新团队。

第一，领导者应将具有不同背景和能力的工程师带入团队。多项研究表明，一个同质的团队可以促进团队合作，但是具有不同背景、资历、经验和解决问题技能的团队可以促进创造力，并有助于克服创新项目中的困难。

第二，领导者应该使个人适应特定的任务，因为某些人比其他人更适合执行特定的工作。职位匹配应考虑工作的性质以及所考虑人员的能力和愿望。工作可能以要完成的具体任务以及组织的文化、监督结构、职业道路、薪酬计划等为特征。大多数工程师都有一种内在的动机，表现在他们倾向于在承担合理风险的同时做出一致的决定。

第三，领导者应公开认可并激励个人和团队提出创意或成功完成创新事业。此外，必须认真考虑建议并在合理的时间内采取行动，否则思想的源泉将很快枯竭。通过给予金钱奖励或无形的公众认可来奖励也是一种宝贵的动力。

第四，领导者应该对最终被证明不成功的创意持宽容态度。领导者应强调冒险是组织内部的一种规范。应该鼓励个人表达自己的想法，而不用担心承担责任。

**步骤6：优化创新者的工作空间**。人们占用的工作空间会对他们的心理健康和创造力产生真正的影响。幸运的是，一些心理学和神经科学研究提供了领导者可以采取的简单有效的步骤，以优化创新者的工作空间。首先，领导者应鼓励团队成员对自己的工作空间（例如小型办公室、小隔间、工作台等）做出决定。这种在他/她的直接环境中留下印记的能力提供了一种增强能力的效果，通常可以提高个人的生产力。其次，领导者应鼓励团队成员通过添加诸如图片、小饰品和一些绿色植物之类的东西来个性化他们的工作空间。研究证实，办公室植物有助于降低压力水平，如果办公室有照明，则植物可以产生氧气，从而降低了办公室的污染水平。

**步骤7：衡量创新成果**。传统的企业以收入、利润、投资回报率、市场占有率等标准的财务参数来衡量其经济成功与否。最终，创新成果应该在市场上证明商业化的成功。然而，衡量创新进程具有挑战性，因为创新寻求探索未知领域，从而导致更高的失败率。创新测量是一个以长远的眼光最好地管理的过程。也就是说，每一个创新努力都不应该单独衡量，因此运用投资组合思维来衡量成功和失败是非常重要的，即跨多个项目。例如，一组客观指标可以包括：

① 创新成果（即新产品、新服务等）；

② 增强组织形象的活动（例如出版物、会议演讲、访谈等）；

③ 创造知识产权（例如专利、商业秘密等）。

精明的组织还可以将无形的创新衡量指标添加到上述列表中，这可能包括在创新过程中获得的学习，在商业化过程中获得的耐心和智慧，以及公司的声誉和对外部人才的吸引力。

### 4.6.11 延展阅读

- Christensen et al., 2015
- Cross and Prusak, 2002
- Cross and Parker, 2004
- De Bonte and Fletcher, 2014
- Dyer et al., 2011
- Deschamps, 2008
- Farris, 1982
- Forbes, 2012
- Gostick and Christopher, 2008
- Govindarajan and Bagchi, 2008
- Jain et al., 2010
- Kohn et al., 2003
- Lawler, 1973
- Lawler, 1991
- Lawler, 2006
- Lee, 2012
- Midgley, 2009
- Owen, 2016
- Pelz and Andrews, 1976
- Prather, 2009
- Robertson, 2015
- Shellshear, 2016
- Smith, 2016
- Start up Donut, 2017
- Sternberg and Davidson, 1996
- Summa, 2004
- Tellis, 2013
- The HR Observer, 2015
- Vroom and Yetton, 1973

## 4.7 推动工程师个人创新

### 4.7.1 大型组织很少创新

#### 4.7.1.1 组织生命周期模型

从20世纪70年代开始，Ichak Adizes和他的同事们努力开发出了一种开创性的组织生命周期模型。相应地，组织遵循类似于生物体的生命周期。也就是说，它们通常经历可预测的生命阶段，成长、衰老，然后死亡。图4.47和下文描述了Adizes模型的简化改编。

**婴儿期**。这一阶段是从一个少数人的梦想开始，并继续建立金融和物质基础设施以及人力资源的婴儿组织。当然，组织是以行动为导向的，目的是投入工作并取得成果。

**青春期**。在这一阶段，组织制造成功的产品或提供所需的服务。这一时期销售火爆、公司现金流正稳定，公司正在扩张，客户和投资者都很满意。

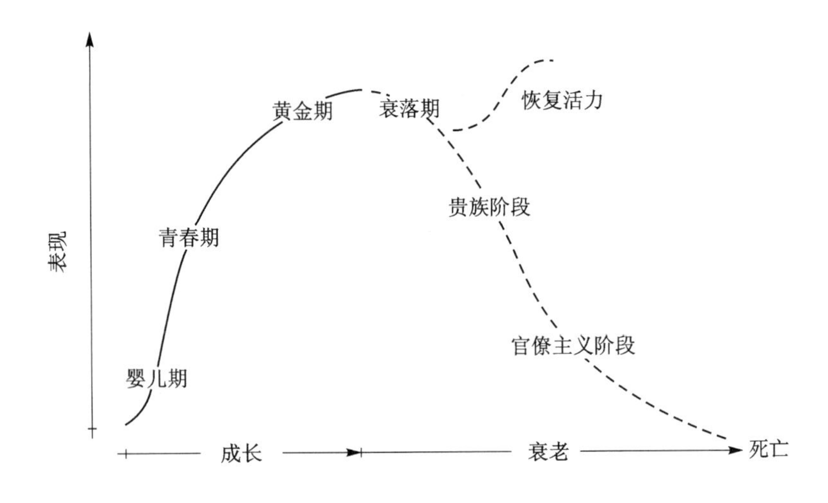


**图 4.47 组织生命周期模型**①

**黄金期**。在这一阶段,组织已经达到了其最高活力,并且在其生命周期中处于最佳位置。此外,其在控制和灵活性之间实现了极好的平衡。然而,持续的成功往往会使管理层和员工变得傲慢和过度自信。

**衰落期**。在这个阶段,组织开始失去活力。起初,症状不会出现,因为公司可能现金充裕,但随着时间的推移和公司的老化,问题会慢慢浮出水面。如果一个有计划的努力复兴没有开始(现在或之前的阶段),那么,缓慢衰落是肯定的,将组织凝集在一起的基础设施将开始崩溃,销售下降,成本暴增,利润下滑。

**恢复活力**。年轻化是扭转组织老化过程的一种实用方法。其通常涉及对特定衰老原因的研究,并试图建立机制来对抗它们。因此,与自然生物一样,其目的是通过修复或更换组织中受损或老化的组件来确保组织的寿命延长。②

**贵族阶段**。在这一阶段,对持续增长的预期已悄然放弃。管理层对获得新市场或获得最新技术失去兴趣。通常情况下,管理者对任何变更建议都持怀疑态度,并处罚那些不按日常惯例行事的人。由于管理者无法扭转公司的螺旋式下滑趋势,他们很可能会相互指责和在办公室争吵。

---

① 来自 Adizes 的简化改编,2017 年。

② 试图使一家公司恢复活力总是棘手而脆弱的。苹果公司(Apple Inc.)是最混乱的复兴故事之一。当时的苹果公司董事长、首席执行官(CEO)兼联合创始人史蒂夫·乔布斯(Steve Jobs)希望通过招聘一位有才华、经验丰富的经理来领导苹果公司,从而使公司重振元气。1983 年,乔布斯向约翰·斯库利(John Sculley)提供了苹果 CEO 的职位,但这一任命被证明是失败的,因为斯库利和乔布斯对苹果的看法截然不同。两年后的 1985 年,斯库利决定振兴苹果。经过激烈的权力斗争,史蒂夫·乔布斯被迫离开苹果公司。乔布斯离开苹果被证明是灾难性的。一系列重大的产品故障和错失纠错良机摧毁了苹果的声誉,使公司濒临破产。然后,在 1997 年,苹果公司邀请乔布斯出任苹果公司的首席执行官,他成功地使苹果公司恢复活力,成长为美国最成功的跨国科技公司之一。2003 年,乔布斯被诊断出患有胰腺肿瘤,并于 2011 年 10 月 5 日因癌症复发去世。

**官僚主义阶段**。在这个阶段，组织基本上没有能力生产和销售产品或提供任何所需的服务。然而，它是通过对其有兴趣的政治或商业团体提供的人工生命体支持来维持生命的。

**死亡阶段**。当没有人有兴趣保持组织作为一个有生命、生产和运作的实体时，组织就会死亡。公司可以宣布破产，其债权人和股东可以收购或出售其剩余资产和基础设施。

#### 4.7.1.2 复兴与消亡的轶事

有时，一个组织能够振兴自己；有时，一个公司能够在反复的基础上实现复兴。IBM公司就是一个不断振兴自己组织的好例子。IBM公司是一家总部位于美国的跨国科技公司，成立于1911年。尽管经历了重大挫折[①]，但是100多年后该公司仍展现出巨大的复兴力量。例如，截至2017年，IBM公司拥有大量多样化的产品和服务组合，包括：云计算基础设施、认知计算技术、分析洞察工具、安全管理远程设备、IT系统和服务运营、集成开发和部署工具、系统和数据安全工具等（见图4.48）。IBM公司还积极参与科学和工程研究。事实上，IBM Research是世界上最大的工业研究组织，在10个国家（即美国、澳大利亚、巴西、中国、爱尔兰、以色列、印度、日本、肯尼亚和瑞士）拥有12个实验室。

(a) IBM System/360型号50

(b) IBM Blue Gene/Q超级计算机

**图4.48 IBM的标志产品（1965年和2012年）**

不幸的是，绝大多数组织口头上强调创新的重要性，但事实上，却很少促进创新。例如，在麦肯锡的一项民意调查中[②]，84%的受访经理认为创新对他们的业务增长至

---

① 个人轶事：1971年，作者是IBM Endicott的初级工程师，实验室接到电话后加入了佛罗里达州博卡拉顿的“Skunk Works”设施，以便开发新的IBM个人计算机系统。这项工程的宏伟构想要求开放的硬件体系结构，这将摧毁许多竞争对手，每个竞争对手都将致力于自己的硬件平台。在一次项目前期的工程会议上，作者对软件开发感兴趣，询问了有关软件的问题，被告知其意图是从位于加利福尼亚州的一家小公司（即微软）购买软件。作者接着指出，开放式硬件架构将使其他公司能够比IBM公司更经济地制造机器，并且软件可由另一家公司生产。IBM有什么优势？这个问题被礼貌地忽略了，作者没有加入IBM PC项目。

② 参见 http://www.mckinsey.com/business-functions/strategy-and-corporate-finance/how-we-help-clients/growth-and-innovation，访问日期：2017年3月。

关重要，但只有 6%的经理对公司内部的创新表现满意。很少有管理者知道到底是什么问题，以及如何具体地促进创新。因此，许多公司，像生物有机体，在经济上崛起，慢慢衰败，最终消亡。其中许多中小企业悄然兴衰，这些事件几乎没有在媒体上出现过。

然而，有时一家大公司的迅速崛起然后衰落就像上演了一出希腊式悲剧。例如，数字设备公司（Digital Equipment Corporation，DEC）就是这样，它由传奇工程师 Ken Olsen 和他的共同创始人 Harlan Anderson 于 1957 年创立。DEC 在 20 世纪 90 年代末的螺旋式死亡之前，一直是美国计算机行业的主导跨国公司。Ken Olsen 的战略是开发小型计算机，在价格和性能上与大型计算机竞争，如 IBM/360 和 IBM/370 系统。DEC 的电脑外设以及他们的 PDP 和 VAX 微型计算机系列（见图 4.49）都在大量销售。在鼎盛时期，DEC 的估值超过 120 亿美元，在全球拥有超过 12 万名员工，仅次于 IBM。Ken Olsen 以最小的干扰管理 DEC，使公司的每个部门几乎都可以完全自由地按照他们认为合适的方式进行创新和扩展。DEC 独特的企业文化既促成了它的巨大成功，也导致了后来整个公司的僵化，最终导致了公司垮台。

(a) PDP 11/40计算机

(b) VAX 780计算机

**图 4.49 DEC 的标志产品（20 世纪 70 年代中期）**

随着 20 世纪 80 年代的到来，但 DEC 仍然沿用 20 世纪 50 年代的经营理念。其产品设计优雅，需要广泛的支持和服务，价格昂贵。这是一个真正的颠覆性创新，但是 DEC 完全错过了个人电脑的商机。因为 Ken Olsen 没有发现电脑用于家庭的商业前景，而 DEC 的商业模式支持微处理器系统，价格在 50 000 美元以上，而 IBM PC 系统的标价约为 2 000 美元。事后，DEC 股价暴跌，Ken Olsen 被迫离任，DEC 的精神也随着他的离去而消亡。DEC 于 1998 年被卖给康柏，随后于 2002 年与惠普合并，最后几乎从市场上消失。

### 4.7.1.3 非创新组织

根据 Dougherty 等人（2000 年）的观点，"非创新组织通过将知识框架化为独立的、有限制的操作子集来限制'创新行为'，并根据正在进行的操作优化来定义其链接，'他们'将新知识限制为可以改善现有运营的知识；'或'确认、批准当前的业务。"

通过对许多大公司进行仔细调查,你将会发现他们符合非创新组织的描述,且具有以下特征:

**创新愿景**。为了以系统的方式管理创新,每位经理和员工都必须了解并同意公司范围内的创新定义。但是,许多大公司并没有定义一个共享的、广为人知的和一致认可的创新愿景。没有这个,我们几乎不可能知道公司要遵循的创新方向,发生了多少实际创新以及创新是否真正为公司增加了利润。

**创新指标**。总的来说,公司衡量的几乎都是影响其财务状况的因素。然而,许多大公司没有适当的创新指标,因此没有衡量他们的创新过程。这类公司无法跟进其金融创新投资和人员配置,往往导致潜在前景看好的创新项目终止,反之亦然。

**创新友好型流程**。在过去的几十年里,几乎每一家公司都重新调整了其运营模式,以提高效率和速度。供应链和分销链的优化也是如此。然而,很少有公司投资于创新,尽管大肆宣传,但是许多公司并没有建立真正渗透创新的友好流程。这种现象常常反映在公司的创新模式中,这种模式不适合创新,因此,预期的成果微乎其微。例如,许多公司的预算编制过程本身就比较保守,这使得员工和一线经理无法获得用于小规模实验的资金。同样,许多公司也没有及时有效地评估新想法,而且往往也没有公平地奖励创新执行者。

**持续学习**。到目前为止,大多数公司并没有系统地对促进和提高员工和经理创新技能进行投资。尽管似乎有相反的证据证明,许多高级管理人员看不到这种终身学习的价值。这种态度可能源于管理者的信念,即创造力是少数有天赋的人的固有属性。

**冒险**。在现有的市场竞争中,许多公司过分强调如何消除新项目的风险。在这种氛围下,许多公司表现出了规避风险的文化。因此,组织中各级人员都倾向于远离高风险项目和不安全的创新。所以,管理层不愿意投资于新的创新项目,或者倾向于在有机会产生实际成果之前终止正在进行的创新项目。

**创新型领导者**。很少有公司有热情、训练有素、能干的领导者来负责公司创新引擎的设计、建造和维护。缺乏这样的个人会阻碍组织推进其创新过程,并阻碍各级人员进行持续的创新培训和获得正确的工具和资源。此外,没有人能确保创新项目得到监督和充足的资金。最后,高层管理人员中没有人能确保招聘和晋升标准应包括加强公司创造性人才库的要素。

### 4.7.2 创新工程师的特点

#### 4.7.2.1 职业和职业类别

有些人天生就喜欢科学和工程学的各个子领域,有些人则不然。开拓性(先驱)研究者 John Holland 在20世纪50年代提出了一种人格理论,该理论关注于职业和职业选择。这个被称为“Holland Occupational Themes”[①]的理论根据人们的性格和对不同类型职业的适合程度对他们进行了广泛的分类。下面描述了 Holland 定义的 6 种人格类型：①现实型；②调查型；③艺术型；④社会型；⑤进取型；⑥传统型。然而，大多数工程师都隶属于现实型或调查型。

**现实型人格**。属于这一类的人通常是独立的、坚持不懈的、务实的、脚踏实地的。他们通常喜欢动手和手工活动，比如使用工具或机器，以及建造或修理东西，而不是处理问题和与人打交道。总的来说，他们更喜欢做研究，在实际的、以任务为导向的环境中，用手工作，产生切实的结果。除此之外，他们还经常重视人们能看到、触摸和使用的实际事物。大多数工程师都表现出现实或调查型。

**调查型人格**。属于这一类的人通常是聪明的、内省的、好奇的、有条理的、理性的、分析的和逻辑的。他们擅长应对抽象的数学或科学挑战，并喜欢研究和解决数学和科学问题。这些人总是喜欢科学/技术研究，高度重视科学和学习。他们喜欢独立的工作环境，专注于以独创的方式解决复杂的问题。大多数工程师都表现出现实或调查的个性。

**艺术型人格**。属于这一类的人通常是独创性的、直觉的、敏感的、有表现力的、无组织的、自发的和不协调的。总的来说，他们重视美学，通过艺术创作寻求自我表达的机会，并喜欢演奏音乐、写作、绘画、表演或指导舞台作品等创作活动。一般来说，他们容忍模棱两可，厌恶传统和从众，更喜欢灵活的工作环境，这样可以培养和鼓励创意和想象力。

**社会型人格**。属于这一类的人喜欢帮助他人，通常专注于人际关系和人际动态。他们倾向于合作、耐心、关心他人、乐于助人、善解人意、圆滑、友好，关心他人的福利。总的来说，这些人更喜欢以团队为基础的工作环境，这种环境鼓励其与他人进行重要的互动，因此问题主要通过讨论和人际交往技巧来解决。

**进取型人格**。属于这一类的人通常精力充沛，有主见、雄心勃勃，喜欢占主导地位、冒险、有说服力，而且善于交际、自信。这些人总是通过从事领导、管理、销售、营销等活动来获得金钱、权力和地位。然而，有进取心的人倾向于避免需要仔细观察和科学分析思考的活动。

**传统型人格**。属于这一类的人通常效率高、彻底、细心、有组织、有秩序、有责任心。他们在明确规定的工作环境中工作，遵循明确的指示。事实上，他们往往表现出明显的厌恶承担模棱两可或非结构化的任务。通常，这些人喜欢以一种固定、系统、有序的方式处理数字、记录或机器。

#### 4.7.2.2 工程师与其他职业

在当今竞争激烈的市场中，工程师被期望参与创新过程的所有阶段。这意味着工程师不仅要掌握管理和领导技能，还要具有创业能力。这包括在创新相关任务中

---

① 更多了解：https://en.wikipedia.org/wiki/Holland_Codes，访问日期：2018 年 1 月。

识别、激励和指导同事的能力。

Williamson 等人在 2013 年对一些数据进行了研究，这些数据来源于 2004—2010 年间的 5 000 多名工程师和 76 000 多名非工程师，评估得出：①工程师的性格特征与其他职业的区别；②这些人格特征与工程师职业满意度之间的相关性。Williamson 的研究提到了以下一组相关的人格特征：

**自信**。一个人直言不讳、自信地表达观点和见解，捍卫个人信仰，掌握主动权，以直率但不咄咄逼人的方式施加影响的性格。

**尽责**。一个人可靠、可依赖和值得信赖的性格，倾向于遵守社会规范、规则和价值观。

**客户服务导向**。一个人向同事和一般人提供高度响应、个性化、高质量服务的倾向，把人放在第一位；努力让他或她满意，即使这意味着超越了正常的工作描述或政策。

**情绪稳定**。一个人客观的倾向，在面对工作压力时可以对整体水平进行调整和保持情绪弹性。

**外向型**。善于交际、外向、合群、富有表现力、热情且健谈的人。

**形象管理**。一个人在与他人互动过程中监控、观察、调节和控制其自我的展示和形象的倾向。

**内在动机**。受内在工作因素如挑战、意义、自主性、多样性和重要性所激励的性格。这些特征与外在因素如薪酬、收入、福利、地位、认可度等形成鲜明对比。

**开放性**。一个人看待全局的倾向，以及对改变、创新、体验和学习新事物的接受力/开放性。

**乐观主义**。一个人即使面对困难和逆境，仍对形势、人、前景和未来保持乐观、充满希望的态度。也就是说，他或她倾向于把问题降到最低，对挫折始终坚持面对。

**团队合作精神(随和)**。一个人沟通和培养良好人际关系的倾向，以及在团队中合作的倾向。

**意志坚强**。一个人根据逻辑、事实和数据而不是感觉、价值观和直觉来评价信息和做出工作决定的倾向。

**富有远见的风格**。一个人专注于长期规划、战略和展望未来可能性和意外事件的倾向。

**工作驱动**。一个人倾向于长时间工作和不规律的日程安排；把大量的时间和精力投入到工作和事业中，并且在必要时有动力去完成项目、按时完成任务、富有成效并取得工作成功。

表 4.9 是根据 Williamson 人格特质的平均分，对工程师和非工程师进行的一个相当不讨人喜欢的比较。

表 4.9　个性特征：工程师与非工程师

| 个性特征 | 工程师的分数明显更高 | 没有明显差异 | 工程师的分数明显偏低 |
| --- | --- | --- | --- |
| 自信 | | | X |
| 尽责 | | | X |
| 客户服务导向 | | | X |
| 情绪稳定 | | | X |
| 外向型 | | | X |
| 形象管理 | | | X |
| 内在动机 | X | | |
| 开放性 | | X | |
| 乐观主义 | | | X |
| 团队合作精神 | | X | |
| 意志坚强 | X | | |
| 富有远见的风格 | | | X |
| 工作驱动 | | | X |

#### 4.7.2.3　创新工程师与传统工程师

另一项研究(Ferguson 等人,2014 年)是与传统或非创新工程师相比,创新工程师如何看待自己。传统的工程师利用科学知识(如数学、物理、化学等)和工程技术(即机械、电气等)来设计、测试、生产、维护,以及最终处理人造物品。Ferguson 的研究在 2011—2012 年进行,其采访了 53 名高级工程师,且平均每个人拥有 30 年的创新和工程经验。从根本上讲,研究者们关注于以下研究问题:"哪些特征或知识、技能和属性使工程师们能够或阻止他们将其创造性想法转化为有益于社会的创新?"此外,Ferguson 的研究还指出了创新型工程师与传统或非创新型工程师的 5 个个性特征:

**挑战者**。创新型工程师提问或质疑当前的做事方式。

**合作者**。创新型工程师与其他人或团体合作,以实现某些目标或做某些事。

**坚持不懈**。即使困难重重或其他人希望他们停止,创新型工程师也会继续追求。总的来说,他们的努力会持续超过通常、预期或正常的时间。

**冒险者**。创新型工程师接受不愉快事情发生的可能性(例如项目失败、丢面子等)。

**有远见**。创新型工程师对未来应该发生什么或应该做什么有清晰的想法。

该研究还分析了创新型工程师如何描述自己与传统或非创新型工程师之间的差异(见表 4.10)。毫无疑问,这种观点反映了与传统的项目工程的问题解决相比,企业内部在创新新产品和新工艺之间经常存在的紧张关系。

表 4.10 比较：创新型与非创新型工程师

| 创新型工程师 | 非创新型工程师 |
|---|---|
| 是一个合作者 | 只专注于自己专业领域 |
| 是一个风险承担者 | 将自己和公司的风险降到最低 |
| 着眼长远 | 专注于解决眼前的问题 |
| 是持久的 | 遇到困难容易放弃努力 |
| 挑战规则 | 坚持现有规则 |

### 4.7.2.4 传统或非创新组织中的创新工程师

本文作者和其他研究人员都认为，公司和组织的主体是传统的、非创新的实体。这些组织聘用的一些非创新工程师，都沿袭了传统的做法。他们中的大多数人在职业上都很出色，为他们的组织和整个社会做出了巨大贡献。然而，创新工程师往往被雇佣在传统或非创新组织中。他们提出了许多有创新的想法，相信自己的公司能够采纳这些想法并繁荣起来，但是他们的想法却被迅速地、最简单地拒绝了(见图 4.50)。

图 4.50 迅速拒绝新想法

如果这些潜在的创新者被倾听的话，那么公司和整个社会究竟能获得多少收益将是一件有趣的事。毕竟，这些人中的大多数人都表现出许多创新型的人格特质，比如智力和知识、发现他人缺失的能力、内在动机和努力工作的倾向。另一方面，这些潜在的创新者的失败也可能源于某些个性弱点，比如：缺乏安全感、缺乏固执、缺乏坚韧、不符合常理以及缺少影响他人的能力等。

### 4.7.3 对创意工程师的创新建议

通常，在传统或非创新组织中聘用的创新工程师很难说服他们的组织采用新的创意。如前面所述，这项事业往往令人沮丧，而且创造性个人往往因为遇到太多障碍而放弃。本小节旨在为从事传统或非创新组织的创新工程师提供一些创新建议。特别是，作者深信，如果这些人能够扩展他们的技能并参与以下工作，那么在组织中传播思想会更加成功：①扩展他们的专业和知识视野；②减少新想法固有的风险；③与同事打交道；④ 与管理层打交道；⑤采取创业态度。

#### 4.7.3.1 扩展视野

任何一个创新的人都应该认识到，他/她目前的知识，按定义是有限的，应该在一个人的一生中得到扩展。

首先，一个创新的人应该扩大他对他/她所工作的公司或组织的看法。这可以包括了解公司、公司的产品、公司的结构、公司的关键领导和经理以及他们的个人责任；还应熟悉公司的公共政策和宣布的使命陈述，特别是与创新、新产品和未来愿望有关的陈述；最后还应该了解公司宣布的目标与其实际业绩之间的关系。这种学习的目的是找出支持者和盟友以及可利用的资源(或存在的障碍)，在寻求贯彻他/她的创造性思想时加以利用(或避免)。

其次，与工程相关的知识在不断地变化和扩展。对于一个有创造力的人来说，保持领先并寻求新技术和新机会至关重要。此外，尽管有专业化的趋势，但是工程学科之间的交叉融合也是很重要的。例如，化学工业中新材料的创新可能会对航空航天领域内飞机推进系统的设计产生重大影响。

创新人才视野的另一个重要扩展，涉及更好地了解客户在新产品、服务和其他期望方面的需求。尽管一些大公司倾向于限制普通工程师和消费者之间的互动，但创造性工程师应该与营销人员交谈，更应该与客户交谈，最好是以非正式的方式，克服潜在的沟通障碍，以获得客户的信任并了解他们的需求和期望。基于这样的交流，一个有创造力的人可以发现潜在的需求，这对公司和客户都有好处。

毫无疑问，有创造力的人可以确定几个额外的领域，在这些领域中，视野的扩展可以极大地促进成为任何公司或组织成功的创新者的可能性。

#### 4.7.3.2 降低风险

创造性工程师通常很早就从他们的直接主管那里得到“不”，因为经理们通常不愿意为未经证实的创新努力而冒险进行核心活动。因此，创造性工程师经常会回到他们的正常工作岗位上，放弃他们的创造性计划。出现这种情况的一个原因是，管理者太投入于灭火和追求短期目标，以至于大多数人都无法在创造性想法上投入太多精力。另一个原因是，创新本身就是一项风险很大的业务。首先，要么是想法，要么是解决方案，要么两者都是市场上新出现的。其次，创新者经常利用不成熟的技术或工艺来推动技术的发展。

新产品在性能、耐用性、可维护性、经济性、安全性等方面会产生许多潜在的风险。同样，新的流程也会带来潜在的问题，比如流程是如何实现的？新工艺的不良影响是什么？诸如此类。在更高的层次上，组织必须始终应对更深层次和更根本的风险。我们正确地解决了错误的问题吗？我们用错误的方法解决了正确的问题吗？计划的解决方案能否在正确的时间范围内提供，并满足客户的实际需求？

总的来说，经理和同事不会仅仅接受文件（如 Word、PowerPoint、Excel 等）作为新产品或流程成功进入市场的证据。创造性工程师应收集证据，证明提议的创新努力是可行的。希望这些信息能增加管理层对提议的想法的信心，并使潜在的商业投资看起来风险更小。此外，大多数人需要一些时间来熟悉新的想法，所以一开始他们往往会自动地拒绝它们。这些趋势的另一方面是，那些感觉自己亲自参与了一个创新项目的利益相关者倾向于长期支持这个项目。

降低真实风险或感知风险的一种方法是创建原型或模拟器、模拟创意及其应用。原型是一种不断发展的工具，反映了对一个新想法的动态感知。在早期阶段，创造性工程师应该建立一个基本的原型，它的能力有限，比如显示系统操作的屏幕照片。在更进一步的阶段，原型应该能够显示所提议的创造性想法的基本功能。

另一种降低风险的方法是准备一份可行的商业计划。商业计划书是一份文件，描述如何将一个创造性的想法转化为可行的技术和金融产品或服务。一个诚实和现实的商业计划可能是一个创新工程师的重要资产，从商业角度验证了他们想法的可行性。此外，一个令人信服和肯定的商业计划将大大降低任何创新项目所固有的风险。通常，商业计划书应包括以下主题：①执行摘要；②业务描述；③市场策略；④竞争分析；⑤设计和开发计划；⑥运营和管理计划；⑦财务考虑。

当然，创新需要时间来发展。因此，创造性工程师应该努力在组织内找到一个职位，让他们有一些空闲时间来尝试新的想法。有些创新工程师悄悄地从其他项目中挤出研究时间，以加强他们的创新概念。

#### 4.7.3.3 与同事打交道

有创新精神的工程师在执行他们的创意遇到困难时，可以和他们的同事、朋友合作，增强他们在无创新组织中的影响力。首先，在某种类型的协作努力下工作，减轻了创新的负担，这通常是由有创造力的工程师来协调的，通过将任务分配给几个人来完成。在这种共享的环境下，几个人贡献他们的时间和资源来完成一项特定的任务。尽管团队成员可能对创新过程的方向有矛盾的想法，但是团队协作经常产生对问题的改进的整体解决方案。

其次，创新协作中，当一个创造性的想法由一组工程师而不是由一个人提出时，它将得到更多的关注，因为管理者会发现很难直接拒绝它。当创造性工程师建立一个创新团队来支持他的创意时，他应该就团队的目标、限制和评估标准与团队参与者达成适当的共识。此外，团队参与者应尽可能多地具备适当的知识、技能和权威，以便有效地协作。再次，同事之间创造性合作的另一个好处是有助于与同事建立持久的友谊。友谊提供了合作，也提供了在相对保密的情况下讨论专业和个人问题的机会。友谊的另一个有价值的方面是，在需要的时候，一个人可以伸出援助之手或提供有价值的建议。

#### 4.7.3.4 与管理层打交道

这一部分描述了：①创造性工程师和他们的直接主管之间的典型互动；②在公司的管理层推动想法；③处理反对意见。

**说服直接主管**。最常见的情况是，一个创造性的工程师开始寻求公司的支持，向他们的直接主管提出创造性的想法和提出创新项目。理想情况下，这种建议与组织的长期扩张战略相一致，因此管理者更有可能支持它。然而，通常情况下，这种一致性并不存在，因为创造性的想法是以一种相当随机的方式出现的。此外，在大多数非创新企业中，经理人宣扬了创新的重要性，但实际上并不掌握组织发展方向的线索，没有时间和意愿真正支持创新努力。因此，最有可能的反应将是拒绝陈述的请求，打着一种幌子或另一种幌子。

在这个阶段中，我们建议创造性工程师试着设身处地地站在主管的立场上，找出拒绝的真正动机。该分析将使他更好地了解组织对于拟议创新项目的目标。现在是决定成败的关键时刻。如果工程师相信自己的创意，那么他会被建议在层级链上继续不懈地战斗。但是，他/她应该知道，通过采纳这一建议，他们会使情况升级，因此明智的做法是与直接主管积极讨论这一决定，并避免在任何情况下对他/她说坏话。

**在官僚主义中推行思想**。在官僚政治中推行思想并不是一项简单的任务。像一个人和一群大鱼一起游泳。任何无端的错误都会让人觉得自己出局了。大多数有创造力的工程师对食人鱼出没的世界并不熟悉。因此，我们强烈建议一名创造性工程师从调查单个经理，以及他们的管理风格和组织文化入手，以避免错误并获得最大的影响。同样，他应该学习公司的正式和非正式的规章制度，并认真遵守。否则，他可能会陷入困境。一个创造性工程师应该熟悉的另一个方面是公司内部使用的具体资金决策标准。了解高级管理人员需要什么，并相应地调整他的请求，这将增加项目批准的可能性。

**对付反对派**。一个有创造力的工程师应该期望许多人反对他的想法和他的创新战略。建议他/她冷静、理性、积极地倾听、学习和处理这些批评。事实上，人们应该把这种反馈当成一份免费赠送的礼物。因为这促使他改进了自己的创意、创新策略或他/她向世界展示的方式。此外，建议创新工程师与反对创新的个人的建立合作关系。这种集体努力将表明，所有的反对和关切都得到认真处理和解决。希望这样的策略，对于创造性工程师来说，可以把一个对立的个体带入到支持的阵营。

#### 4.7.3.5 采取创业态度

一个有创造力的人本质上就是一个梦想家，他/她凭空想出了创造性的想法。一个创新的人首先应该是一个领导者和一个有远见的人。因此，在本小节中，我们将企业家描述为能够有效地结合创造和创新能力的人。也就是说，他/她能够构思新的想法，组织和管理有风险的项目和企业。

因此，采取创业态度首先要有能力倾听他人的意见，而不提出自己的观点。也就是说，要求人们能准确地解释他们的意思，并试图从别人的话中看到好处。通常情况下，提问会迫使一个人考虑问题的不同方面，从而扩展自己的视野。此外，企业家应该训练自己期待并欢迎批评他们的创意。健康的创业态度应该是："如果我的想法没有受到批评，并被贴上不可能的标签，那么我的听众肯定在路上某个地方迷失了自我。"

此外，采取创业态度还包括提高沟通的能力。这是一种与同事、公司高层、外部客户和供应商合作的能力，也是在大量观众面前进行正式演讲的能力。一般来说，一个工程师企业家应该比工程师更多地采用商业思维。这意味着参与战略问题、规划和谈判，从而获得组织广泛的观点。

最后，采取创业态度应该包括培养领导技能。这个话题不在本书讨论的范围之内，但在理想情况下，它应该包括：①清楚地知道自己想去哪里，以及如何去做；②做出困难的、有时不受欢迎的决定，是因为一个人对自己和自己的能力有信心；③有勇气在无法保证预期结果的风险环境中采取行动；④有能力建立富有成效和敬业精神的团队，可以从每个成员身上汲取精华；⑤通过阐述可实现的愿景和理想来激励他人；⑥展现个人诚信，使他人能够倾听和追随；⑦有效沟通的能力，使不同的个体能够理解并遵循智慧；⑧慷慨地帮助他人挖掘他们的全部潜力。

### 4.7.4 延展阅读

- Adizes, 1990
- Adizes, 2017
- Baden-Fuller and Stopford, 1994
- Carroll, 1993
- Dougherty et al., 2000
- Dyer et al., 2011
- Ferguson et al., 2014
- Grant, 2017
- Holland, 1997
- Isaacson et al., 2015
- Keeley et al., 2013
- Kingdon, 2012
- Reed, 2016
- Schein, 2004
- Siegle et al., 2002
- Williamson et al., 2013

# 4.8 人类多样性与性别化创新

人的多样性以及性别问题对组织内的创造和创新有着深远的影响。本节的目的是使读者熟悉这一主题。[①]

## 4.8.1 人类多样性

人类是不同的[②],这很容易推断出来。

在一个组织内部,个体之间沿着有形和无形的维度存在着差异。例如,个体在被描述和获得的特征上存在差异。刻板特征包括:性别、年龄、民族等人口学属性,以及认知模式、态度、价值观和规范。相比之下,获得的特征包括:教育背景、职能背景、工作经验和知识库。

总的来说,组织内个体的多样性有3个维度:①类型,即不同类型或群体的数量;②平衡,即不同群体的份额;③差异,即不同群体之间的距离。衡量个体多样性的标准是组织内这些个体之间关于共同属性的差异分布。

有几种方法可以测量组织内个体的多样性。例如,香农指数一直是一个流行的多样性指数,其中,$p_i$ 是与 $i^{th}$ 特征相关的个体在相关域中的比例。

$$\text{Diversity} = \sum_{j=1}^{m}\left[\sum_{i=1}^{n} p_i\left(\ln\frac{1}{p_i}\right)\right]$$

我们基于以下领域和特征来研究两个合成示例:

1)性别多样性领域包括:①男性;②女性。

2)族群包括:①非洲人;②白种人;③大洋洲人;④东亚人;⑤美洲土著人。

3)学科包括:①工程学;②精确科学;③生命科学;④社会科学;⑤管理学;⑥人文科学;⑦ 艺术。

4)受教育程度包括:①学士学位;②硕士学位;③博士学位。

表4.11和表4.12列出了两个由100人组成的组织的综合实例,其中70人拥有学位。第一个组织的香农多样性指数为1.38,非常均匀,而第二个组织的香农多样性指数为4.67,更加多样化。

---

① 本节与性别问题相关的部分改编自:Danilda 和 Thorslund 的著作 *Innovation & Gender*,2011年。经作者许可转载。

② 本节的灵感来自 Østergaard C. R. 的演讲:"创新和员工多样性:多样性对创新真的重要吗?"

表 4.11　综合示例：同类组织

| | | | | | | | | | |
|---|---|---|---|---|---|---|---|---|---|
| 性别多样性 | 男性 | 女性 | | | | | | 总数 | 指数 |
| | 99 | 1 | | | | | | 100 | 0.06 |
| 族群 | 非洲人 | 高加索人 | 大洋洲人 | 东亚人 | 原住民 | | | | |
| | 4 | 80 | 4 | 10 | 2 | | | 100 | 0.74 |
| 学科 | 工程学 | 精确科学 | 生命科学 | 社会科学 | 管理学 | 人文科学 | 艺术 | | |
| | 65 | 5 | 0 | 0 | 0 | 0 | 0 | 70 | 0.26 |
| 受教育程度 | 学士学位 | 硕士学位 | 博士学位 | | | | | | |
| | 62 | 6 | 2 | | | | | 70 | 0.32 |
| 香农多样性指数 | | | | | | | | | 1.38 |

表 4.12　综合示例：多元化的组织

| | | | | | | | | | |
|---|---|---|---|---|---|---|---|---|---|
| 性别多样性 | 男性 | 女性 | | | | | | 总数 | 指数 |
| | 55 | 45 | | | | | | 100 | 0.69 |
| 族群 | 非洲人 | 高加索人 | 大洋洲人 | 东亚人 | 原住民 | | | | |
| | 15 | 54 | 10 | 15 | 6 | | | 100 | 1.30 |
| 学科 | 工程学 | 精确科学 | 生命科学 | 社会科学 | 管理学 | 人文科学 | 艺术 | | |
| | 25 | 15 | 4 | 6 | 10 | 6 | 4 | 70 | 1.72 |
| 受教育程度 | 学士学位 | 硕士学位 | 博士学位 | | | | | | |
| | 40 | 20 | 10 | | | | | 70 | 0.96 |
| 香农多样性指数 | | | | | | | | | 4.67 |

现在，以上合成的例子可能夸大了这种情况，但不同组织之间的多元化水平明显存在差异。有趣的是，有大量的知识表明，由不同个体组成的企业在知识、经验和技能方面受益于促进发展和创新的互补性。

这种现象产生的原因有以下几个：受教育程度、经验和人口特征影响了对问题的解释和解决的策略。事实上，管理层组成的多样性被证明是企业绩效的一个预测因素。企业内部知识基础的差异为学习和洞察创造了机会。同样，员工的多样性创造了更广阔的搜索空间，使公司对新创意更加开放。同时，太多的多样性会阻碍创新，因为不同的个人和群体会破坏健康的竞争，从而产生冲突和不信任，增加交易成本，导致合作和内部沟通减少。

综上所述：员工多样性总体上提高了企业的创新绩效。对它影响最大的是教育程度的多样性。其次是员工在性别、年龄和教育方面的多样性对创造力和创新的影响。最后族群似乎对创造力和创新没有影响，而年龄分布的多样性则会对创造力和创新产生负面影响。

### 4.8.2 性别范式的转变

性别多样性和性别平等有助于组织内的创新。性别一词可以定义为:“性别是一种概念,指的是男女之间的社会差异,而不是生理差异,这种差异是随着时间的推移而变化的,在文化内部和文化之间都有很大的差异。”[①] 同一资料来源将性别平等定义为:“这一概念意味着所有人都可以自由发展自己的能力并做出选择,而不受严格的性别角色规定的限制;平等地考虑、重视和青睐男女的不同行为、志向和需求。”数量方面意味着男女在社会所有领域(如教育、工作、娱乐和权力位置)的平均分配。从质的角度讲,男女的知识、经验和价值观被赋予同等的权重,并被用来丰富和指导社会的各个领域。[②]

但是,这些崇高的思想尚未转化为事实。在一个先进的国家,例如瑞典,就性别平等而言,男女之间的职业差异是显而易见的。图 4.51 描绘了每个职业的性别分布(来源:*Women and Men in Sweden Facts and Figures*,2016 年)。此数据提供了一部分职业,其中男女占特定职业劳动力的 80%以上。显然,男性的职业比女性的职业更为有利可图。根据这个数字和性别体系的理论可以得出,在劳动力市场上,男女在横向和纵向上都是隔离的。横向水平意味着女性(作为一个整体)和男性(作为一个整体)活跃在工作生活的不同部门中。另外,在大多数国家,只有很少的职业显示出男女均衡地参与。纵向隔离现象明显体现在男女在工作生活中担任不同的管理和领导职务。

但是,在过去的 10~20 年中,全世界相当多的研究人员发现,事实上,经济上性别平等的案例比社会案例更为明显。社会案例强调需要对组织内所有个人进行平等对待,而经济案例则强调跨越个人、企业、地区和国家的更广泛的经济利益,以及解决更广阔的劳动力市场中的不平等现象。这些经济利益包括,更高水平的创新、更多的市场机会、更多的员工招聘和保留,以及改善企业形象和声誉。

性别范式的转变突显了一种新的性别视角,其中涉及着眼于性别对女性和男性的机会、社会角色和互动的影响。通过增加国家和全球国内生产总值(Gross Domestic Product,GDP),增加女性在劳动力队伍中的参与,有助于生活质量和社会福祉以及经济发展。因此,运用性别观点对于促进创新和可持续增长至关重要。更具体地说,该计划为应对人类某些“巨大挑战”开辟了新视野,例如全球变暖、能源稀缺、食品和水供应、人口老龄化、公共卫生、疫情大流行、安全等。

---

① 参见:欧洲联盟委员会的 100 *words for equality Aglossary of terms on Equality between Women and Men*。

② 另见:瑞典妇女和男子:2012 年事实和数字。https://masculinisation.files.wordpress.com/2015/05/women-and-men-in-sweden-facts-and-figures-2012.pdf,访问日期:2017 年 11 月。

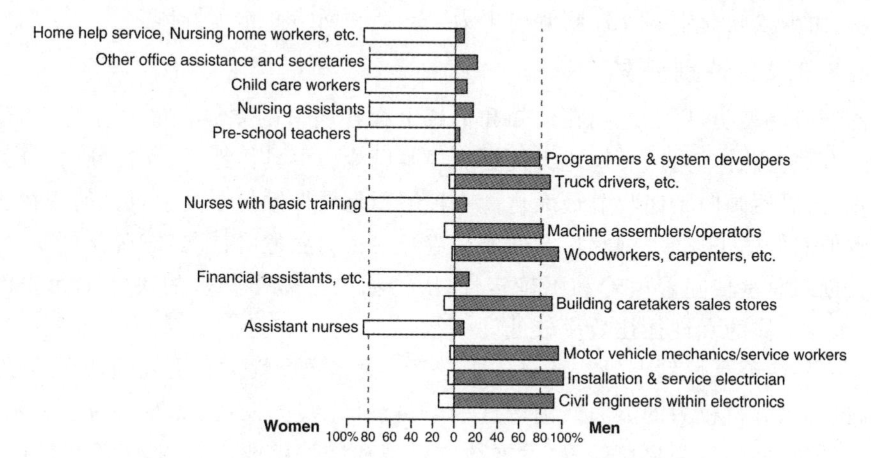


Home help service, Nursing home workers, etc. —家政服务、护理人员等；
Other office assistance and secretaries—其他办公室助理和秘书；Child care workers—育儿工作者；
Nursing assistants—护理助手；Pre-school teachers—学前教师；
Nurses with basic training—接受过基础培训的护士；Financial assistants, etc. —财务助理等；
Assistant nurses—助理护士；Programmers & system developers—程序员和系统开发人员；
Truck drivers, etc. —卡车司机等；Machine assemblers/operators—机械装配工/操作员；
Woodworkers, carpenters, etc. —木工、木匠等；Building caretakers sales stores—直营店看管人；
Motor vehicle mechanics/service workers—机动车技工/服务人员；
Installation & service electrician—安装与维修电工；
Civil engineers within electronics—电子领域的工程师；Women—女性；Men—男性

**图 4.51　每个职业的性别分布(瑞典,2016 年,数据子集)**①

## 4.8.3　性别差异和创新意义

### 4.8.3.1　概　述

最近的一些研究集中在如何将性别纳入创新政策中。这些研究得出的结论是,创新和技术一般都是男性主导的领域,因此人们认为男性在这些领域具有技术或科学技能,而女性则不具备这些技能。这些研究还表明,从理论上讲,当前的定义在性别上似乎是中性的,但实际上,在实践和衡量这些定义的方式中,它们强烈地偏向男性性别。也就是说,将技术解释为男性领域赋予了创新男性化的内涵。

另一些研究则考察了团队中女性和男性的比例如何影响团队中个体的创造力和创新绩效。研究人员发现,当性别构成均衡时,即大约各占 50%,团队的运作效率最高。随着性别平衡的变化,少数派别中的个体往往表现出更少的心理安全性,更少的自信心,更少的实验倾向,以及更低的工作效率。此外,少数族群中的男性倾向于彼

① 读者应该注意到,尽管有些职业类别的名称相似,但每个职业类别是相互排斥的。

此联系，而少数族裔中的女性则倾向于为了互动和网络而走出群体。

#### 4.8.3.2 性别差异

创新研究表明，男女之间在认知和情感上存在明显的差异。最显著的差异可能与冒险有关。总体而言，女性比男性更能规避风险。更具体地说，女性倾向于使损失最小化，而男性倾向于使收益最大化。一种解释是男性倾向于高估自己的潜在能力，这导致他们低估了风险。同时，女性要么避开要么克服危险情况，以避免可能出现的后果。创新总是伴随着风险和不确定性，因为如果不做出冒险的决定就无法创新。所以，作为个体的女性往往效率较低。

另一种解释是性别差异与社交技能有关。大多数女性拥有更好的社交、合作、同情心，包容和分享权力的能力。沿着这一思路，研究人员发现，女性倾向于引入面向社会的创新，例如改善环境问题，发展地方经济和增加就业。总的来说，男性的工作时间往往比女性长。这通常和男性与女性的整体创新能力有关。研究人员推测，这是由于对每种性别的文化压力不同，在这些压力下，女性似乎承担了大部分家庭劳动，包括养育子女的责任和对家庭活动的跟踪（例如，运动、俱乐部、游戏预约和医生预约）。

两种性别之间的另一个显著差异是男女职业偏见的对比。这些偏见在大学毕业生的人数和组成上都清楚地表达出来。例如，表 4.13 和图 4.52 描绘了美国大专院校在 2013—2014 年授予的学士学位数量，按学生和学科的性别划分。[①] 可以看出，尽管获得学士学位的女性比男性多，但他们更倾向于教育、保健专业和心理学。而比起女性，男性似乎更倾向于计算机、信息以及科学和工程学。实际上，根据 2013 年 9 月的美国人口普查局的数据，女性在科学、技术、工程和数学（STEM）领域的代表性明显不足。例如，在美国，从事可赚钱的 STEM 工作的女性所占比例不到四分之一。

**表 4.13 按性别和学科授予学士学位：美国 2013—2014 年**

单位：人

| 学　历 | 缩　写 | 男　性 | 女　性 | 合　计 |
|---|---|---|---|---|
| 农业和自然资源 | AGR | 17 249 | 17 867 | 35 116 |
| 建筑与相关服务 | ARC | 5 173 | 3 971 | 9 144 |
| 地区、族群、文化、性别和群体研究 | ARE | 2 466 | 5 809 | 8 275 |
| 生物和生物医学科学 | BIO | 43 427 | 61 206 | 104 633 |
| 商业、管理、市场营销以及个人和烹饪 | BUS | 188 418 | 169 661 | 358 079 |
| 通信技术 | COMM | 34 370 | 58 221 | 92 591 |

① 以国家教育统计中心（National Center for Education Statistics，NCES）为基础，这是收集和分析美国和其他国家/地区与教育有关的数据的主要联邦实体。请参阅：https：//nces. ed. gov/programs/digest/d15/tables/dt15_318. 30. asp，访问日期：2017 年 4 月。

续表 4.13

| 学　历 | 缩　写 | 男　性 | 女　性 | 合　计 |
|---|---|---|---|---|
| 计算机和信息科学与支持服务 | COMP | 45 393 | 9 974 | 55 367 |
| 教育 | EDU | 20 353 | 78 501 | 98 854 |
| 工程和工程技术 | ENGI | 88 938 | 20 031 | 108 969 |
| 英语语言和文学专业 | ENGL | 15 809 | 34 595 | 50 404 |
| 家庭和消费者学/人文科学 | FAM | 3 014 | 21 708 | 24 722 |
| 外语、文学和语言学 | FOR | 6 266 | 14 069 | 20 335 |
| 卫生专业和相关计划 | HEA | 30 931 | 167 839 | 198 770 |
| 国土安全、执法、消防及相关 | HOM | 33 383 | 29 026 | 62 409 |
| 法律专业和研究 | LIG | 1 456 | 3 057 | 4 513 |
| 文理科、通识教育和人文 | LIB | 16 485 | 28 775 | 45 260 |
| 数学和统计 | MAT | 11 967 | 9 013 | 20 980 |
| 多学科/跨学科研究 | MUL | 16 119 | 32 229 | 48 348 |
| 公园、娱乐、休闲和健身研究 | PAR | 24 713 | 21 329 | 46 042 |
| 哲学和宗教研究 | PHI | 7 582 | 4 415 | 11 997 |
| 物理科学与技术 | PHY | 17 802 | 11 502 | 29 304 |
| 心理学 | PSY | 27 304 | 89 994 | 117 298 |
| 公共行政和社会服务专业 | PUB | 5 917 | 27 566 | 33 483 |
| 社会科学与历史 | SOC | 88 233 | 84 863 | 173 096 |
| 神学和宗教职业 | THE | 6 594 | 3 048 | 9 642 |
| 运输和物料搬运 | TRA | 4 053 | 535 | 4 588 |
| 视觉与表演艺术 | VIS | 38 081 | 59 165 | 97 246 |
| 总计 | | 801 496 | 1 067 969 | 1 869 465 |

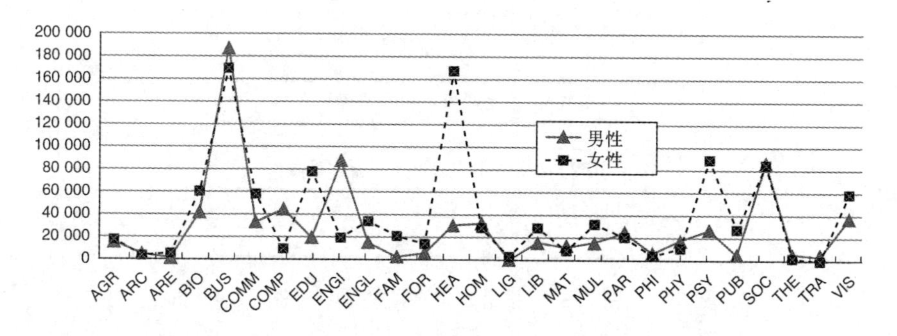


**图 4.52　按性别和学科授予学士学位(美国 2013—2014 年)**

最后,研究者指出,传统的与女性母亲身份相关的性别角色以及家庭责任的增加会对女性的工作贡献产生负面影响,进而影响她们在组织中的地位和收入能力。这种现象,通常被称为性别工资差距,这是由以下几个因素造成的:首先,孩子的出生使许多妇女离开工作一段时间甚至完全退出劳动力市场。第二,在这种可能性的预期下,一些雇主不愿意在雇佣和培训育龄妇女方面进行大量投资。第三,母亲身份和传统的家庭责任往往会降低女性在工作中的生产力。例如,她们可能花费较少的努力和主动性,对工作和旅行计划有限制,可能表现出不愿意被提升到有更高要求的工作岗位。

#### 4.8.3.3 创新的含义

在某些专业和行业,特别是在数学密集型的 STEM 领域,妇女相对缺乏,加上母亲的身份、工资惩罚,在普遍存在的性别工资差距中发挥了重要作用。另一方面,一些研究表明,与性别有关的差异可以被用于先进的创新思想,特别是在与生活质量有关的领域。在技术背景下组成男女混合和大致平衡的团队,是提高生产力的关键因素。这一发现的解释是,性别多样性提供了不同的视角和见解,这些不同观点的结合提供了更广泛的想法。具体来说,在男女比例均衡的环境下,团队成员个体表现出最优的心理安全、实验准备以及自信心,这反过来又增加了团队整体创新和生产的可能性。

### 4.8.4 推进性别化创新

Danilda 和 Thorslund 在他们的 *Innovation & Gender*(2011 年)中讨论了 6 个核心声明,描述了性别观点如何帮助加强创新环境中的薄弱环节,并为实现性别多样性的创新案例提供了路径。在本小节中,作者将这些核心陈述改编为旨在推进性别创新的 6 种策略(见图 4.53)。

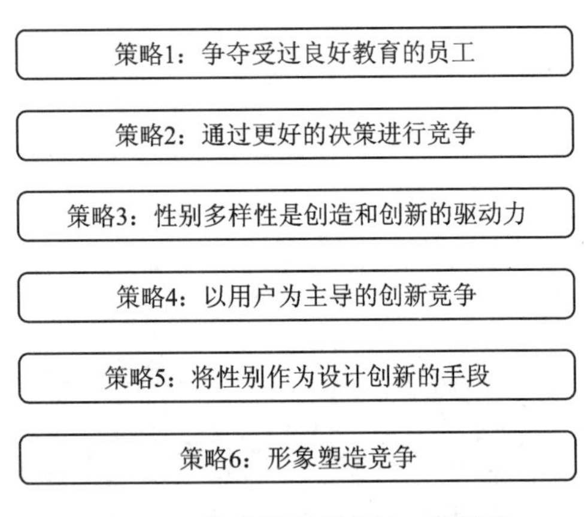


图 4.53 推进性别创新的 6 种策略

将性别观点纳入创新环境的理由可能有不同的来源。然而,共同的因素是对能力、更高的效率和新产品或市场的需求所推动的变化。这里的要点是,要成为其领域内的领先组织,公司必须具有"新思维"和创新。运用性别观点是同时实现平等和增长这两个目标的途径之一。

通过运用性别观点,公司将能够发展现有的(或创造新的)创新过程以及商业化模式,替代价值主张和消费模式。整合性别对创新环境的透视将为参与者提供必要的性别意识,以确定性别平等和可持续发展。在可持续发展的推动下,"第三次工业革命"意味着绿色技术和可持续设计的新研究和创新机会。

总而言之,性别视角有助于凸显对女性和男性的规范性思考[①],这是创新思维的障碍。事实上,对女性和男性的规范性思考较少,就会导致新思想、新商机、新市场的识别以及创新环境的卓越。

#### 4.8.4.1 策略1:争夺受过良好教育的员工

公司吸引和留住人才的能力对于他们的成功和在市场中的竞争力至关重要。公司正在寻找具有更多经验和更广泛技能的技术人员。这些员工的竞争,加上理科毕业生的减少以及生育高峰一代即将退休,导致了企业之间激烈的招聘竞争。公司应采取有效的多元化包容性做法,以减少旷工和员工流动率。

组织应积极招募和提升女性担任董事会最高执行职务,以平衡男女组成,从而充分发挥女性的才华。

如果全世界,特别是西部地区,想要实现其目标,成为一个充满活力和竞争力的以知识为基础的经济体,那么所有政府、公司、大学和其他单位,必须更好地利用女性的才华和技能。此外,现在的公司要认识到他们需要更多具有不同技能的领导,而女性在技术、业务和人际交往方面具备满足技术工作的新要求的技能。因此,企业应该了解其市场和顾客中的性别机会。这应该促使女性从内部和外部资源进入领导岗位,从而构建人才管道,实现性别均衡领导。

欧洲和美国的研究突出表明,高级管理人员往往指出潜在的女性领导人和董事会成员经验不足是提高女性地位的障碍。另一方面,女性往往指出阻碍其进步的主要因素是性别立体化类型、缺乏榜样和组织内部的不良态度。

尽管如此,人才短缺是最容易被发现的性别平等创新机会的案例。因此,公司应认识到,在工程和技术研究中女性任职人数不足会威胁其未来的招聘资源。因此,处于创新环境中的公司应该为STEM领域的女大学生提供丰厚的薪资待遇和其他福利,以便找到并吸引他们成为未来的高科技员工。

#### 4.8.4.2 策略2:通过更好的决策进行竞争

对于公司和创新环境而言,性别多样性可改善所有组织级别的决策并产生更好的决策。这已经在各种场合、职业和组织中得到了证明,也适用于小组任务的绩效、创造和创新。性别多样性对解决问题的任务尤为重要且有益。一份最新的行业报告

---

① 女权主义理论认为,大多数语言都以男性类别为标准,而相应的女性类别为派生,因此重要性较低。该理论的支持者指出,这反映了社会性别偏见。

估计,到2012年,男女队伍均衡参与的团队与全男性团队相比,超出预期成绩的机会将增加一倍。

研究还发现,高层管理人员中的女性人数与该组织的财务梯队之间存在相关性,以股东总回报率和净资产收益率衡量。例如,一项芬兰的研究表明,女性领导力与公司盈利能力之间存在正相关关系。即使研究人员没有证明因果关系,但他们的发现也有几个重要的启示。该研究表明,通过确定并消除阻碍女性晋升至高层管理人员的障碍,一家公司可能会获得与同行相比的竞争优势。除了公平之外,在提供职业机会方面的性别意识也符合公司的最大利益。

例如,以瑞典创新环境"光纤谷"[①]为例,其为性别网络中的变革主体和相关组织的高层管理人员提供了针对性的创新领导者培训。这一培训从理论上阐述了缺乏性别观点如何影响结果和限制盈利能力。由于该计划的实施,参与其中的管理者增加了领导变革过程的能力,应用了两性平等知识,创造了创新环境。

#### 4.8.4.3 策略3:性别多样性是创造和创新的驱动力

创新是创造新事物,并通过性别、经验、观点、知识和网络的多样性而增强。能够充分发挥潜力的个人(女人和男人)将具有创造力、敬业精神,并愿意承担风险。

公司应制定性别多元化政策,因为公司知识库中的性别多元化与其创新能力之间存在正相关关系。人力资源具有不同的维度,例如教育、培训和经验。诸如性别、年龄和文化背景之类的人口统计维度也影响现有知识的应用和组合以及员工之间的沟通和互动。员工多元化通常被认为是积极的,因为它可以建立更广阔的搜索基础,并使公司更具创造力,对新想法更开放。理想情况下,性别多样性能增强公司的知识基础,并增加不同类型的能力和知识之间的互动。

此外,创新往往取决于企业中所构成的群体组织。在一个组织的复杂社会系统中,不同类型的知识发挥了作用并产生新的知识或想法。因此,企业内部个人的构成是理解创新的一个重要因素,因为多样化的劳动力也有助于知识库的多样化。劳动力均衡的企业(同性别的50%～60%)创新的可能性几乎是劳动力最分散的企业(同性别的90%～100%)的2倍。因此,均衡的性别分布对企业创新的可能性和总体上的创新绩效具有很大的影响。

#### 4.8.4.4 策略4:以用户为主导的创新竞争

用户驱动的创新为公司和组织创造成功的新概念、产品和服务。企业应该利用外部资源,如客户、供应商以及其他在创新过程中参与的利益相关者。这种对自身问题和需求的了解,最终将产生成功的、盈利的产品和服务。

创新的复杂性使得单个公司几乎不可能独自实现下一个突破。如今,企业需要开放他们的创新流程,让他们的用户、合作者或供应商都参与进来,并确保他们能抓

---

① 参见:http://fiberopticvalley.com/english/,访问日期:2017年4月。

住下一个与公司相关的好点子。确保外部想法和知识进入公司的一个方法是让用户参与创新过程。企业可以通过挖掘用户的隐性知识和对其需求及所面临挑战的理解,在创新过程的前端收集有价值的见解。

企业和组织可以通过多种方式与用户驱动的创新合作,包括将性别作为揭示用户需求的重要线索。例如,根据 Bloomberg 的数据[①],女性在所有消费者购买量中占85%(见图 4.54),而 90%的技术产品和服务是由男性设计的。

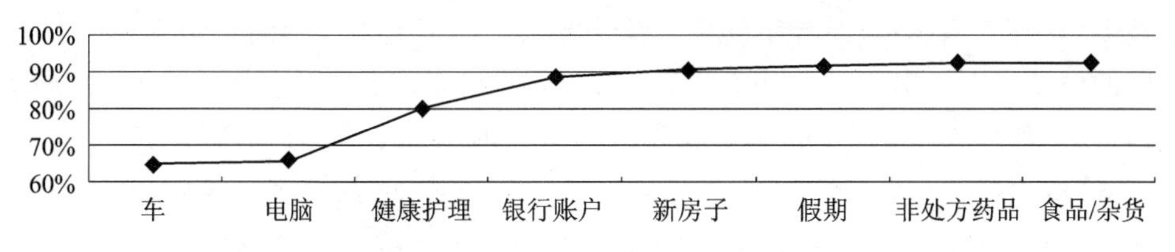


**图 4.54 女性商品购买量占消费者购买量的百分比(Bloomberg)**

因此,作为全球经济的重要引擎,企业应该在创新、生产、分销和销售周期中寻求女性的投入。更多的女性参与可以为设计过程带来新的市场和新的技术应用。公平的假设是,在不依赖定型观念和固有偏见的情况下,对妇女进行有效营销将开辟新的业务领域。

例如,瑞典创新环境 Skane 食品创新网络 (Skane Food Innovation Network, SFIN)[②]就受到了开放式创新和用户驱动创新理念的影响。其性别倡议是前瞻性活动的一部分,旨在确定食品工业和环境需要关注的领域的未来挑战。该网络的一个重要出发点是对食品生产创新的性别视角,以及这种视角如何有助于该行业的发展。

### 4.8.4.5 策略 5: 将性别作为设计创新的手段

消费者对产品的个性化以及打破传统性别陈旧观念的产品感兴趣。商业因为社会中的优势群体设计而备受诟病,其中以年轻、能干、受过高等教育的男性著称。这种方法当然排除了不符合这些标准的其他群体。有观点认为,在为每个人设计时,设计师实际上是在潜意识里遵循着社会中的男性规范。

公司关注女性与男性的不同之处,既有积极的一面,也有消极的一面。一方面,关注女性的需求有助于增强女性内在的技能和偏好并赋予其价值。另一方面,通过开发基于"典型女性兴趣"的产品,设计师冒着强化和重新记录性别差异的风险,而不是"改变性别"。性别设计可能会复制刻板的模式和认为男女不同的观点。此外,设计师对女性的信念往往不符合大多数女性的技能、偏好和经验。

该规则的例外可能是有时被称为女权主义的用户直接参与技术,该技术从一开

---

① 2016 年 7 月 22 日, Interpublic 集团的 Michael Roth 在 Bloomberg 电视台论述了女性和消费者的购买数据。

② 参见: https://ec.europa.eu/growth/tools-databases/regional-innovation-monitor/organisation/syds-verige/sk%C3%A5ne-food-innovation-network,访问日期: 2017 年 4 月。

始就涉及潜在的男性和女性用户。鼓励公司采用这种方法来满足女性最终用户的需求。同样，这些技术也带来了一些实际问题，因为设计人员需要更加注意潜在测试用户的选择，以确保他们代表最终用户设计人员想要达到的目标。

例如，在瑞典海洋技术论坛(Swedish Marine Technology Forum，SMTF)发起的"All Aboard"项目中[①]，长期目标是为休闲船市场开发新产品和服务。另一个目标是增加在船舶行业工作的非传统产品开发人员的数量，尤其是女性。All Aboard案例致力于设计驱动的创新和包容的设计方法。为了提高行业的竞争力，人们寻求了新的创新能力。集群的主要动机是通过吸引有需求的客户并考虑他们的想法来增加销售、创新和产品开发的潜力。根据汽车行业的调查结果(例如，沃尔沃汽车公司的"你的概念车——由女性为现代人设计"项目[②])提出的假设之一是，女性(作为一个群体)将比男性(作为一个群体)更关注休闲生活的环境、安全和安保方面。

#### 4.8.4.6 战略6：形象塑造竞争

建议社会进步的公司采取主动聘用、推广和保持组织各个层面的性别多样性。这些举措不仅是为了增加收入，而且是为了实现其他目标。尤其是拥有不同劳动力的公司传达了他们致力于解决社会平等问题的承诺，从而得益于市场上更好的形象。在可持续发展的背景下，各组织正在采取不同的方式开展业务。财务业绩不再被视为唯一的驱动力。

相反，经济、环境和社会因素，包括两性平等，应该在管理层的决策中发挥越来越重要的作用。在比以往任何时候都更严格的审查下，利益相关者应鼓励组织对其经济、环境和社会(EES)绩效负责。可持续发展报告已经成为一种有效的机制，组织可以通过其与员工、供应商、客户、投资者和其他人透明地交流EES信息。虽然性别平等是全球公认的优先事项，但许多组织都应该努力将这一认识转化为实践，然后进行传播。

### 4.8.5 性别化创新实例

下面的例子描述了瑞典海洋技术论坛(Swedish Marine Technology Forum，SMTF)发起的"All Aboard"项目，旨在通过性别化创新和促进海运业公司之间的合作来改进休闲船的设计(见图4.55)。这个例子源自Danilda和Thorslund的著作*Innovation & Gender*(2011年)，并辅以少量的编辑工作。

#### 4.8.5.1 "All Aboard"性别化创新项目

与许多其他行业一样，船舶行业的标准是"男人"和"男性"，但在瑞典进行的调查显示，对购买或租赁船只感兴趣的非船主大多是女性。2007年斯德哥尔摩国际博览

① 参见：http://smtf.se/en/，访问日期：2017年4月。

② 参见：https://www.media.volvocars.com/global/en-gb/models/ycc/0，访问日期：2017年4月。

图 4.55 典型的小型休闲船

会(Stockholm International Fairs)的一项调查显示，在25～45岁的女性中，有许多潜在的休闲船买家。所有海外公司背后的主要驱动力是通过与要求高的客户接触并考虑他们的想法来增加销售的潜力。根据汽车行业的调查结果，有一个假设是，女性(作为一个群体)比男性(作为一个群体)对休闲划船的环境、安全和安保方面更感兴趣。研究结果表明，女性比男性更倾向于购买环保产品。事实上，瑞典海洋技术论坛发起的大多数项目都具有可持续性的观点，而海运业面临的主要挑战之一就是尽量减少对环境的影响。

“All Aboard”项目的目标是为休闲船市场寻找创新的新产品和服务，从长远来看，创新环境旨在打破瑞典海运业的性别隔离。据估计，截至2011年，这一行业的女性员工比例不到10%，这使其成为横向隔离最严重的行业之一。更多的女性设计师、产品开发人员和员工可以提供更广阔的视角和观点。设计是所有海外项目的核心，与工业设计师的合作被视为吸引女性、创新和促进该集群内公司和学术界之间合作的一种方式。此外，创新能力的提高有望提高海运业的竞争力。

#### 4.8.5.2 与最终用户的沟通

第一阶段是与瑞典一个网络——Kvinnor pa Sjon(海上女性)合作，对从事(休闲)划船的女性进行的一项调查。该网络宣传女性作为榜样和创业者，并安排专门针对女性的课程和活动。300多名女船主和一些男船主分两个部分填写了一份问卷。其中一个部分针对的是水手和摩托艇驾驶员，主题是舒适和安全，而另一个针对水手的则是有与航行相关的主题。调查对象对如何改善休闲艇的质量和对休闲划船新产品和服务的要求提出了很多看法。

船主们对诸如更好的储存、防潮、船上安全、太阳能、可接近性和登船以及离开船等问题感兴趣。在此调查基础上，确定了若干重点发展领域，并将受访者遇到的一些问题用情况图进行了可视化展示。

下一步，在Scandinavian船展上展示了调查和图表，该展览是该地区休闲船业最重要的贸易博览会之一。瑞典海事集团的公司展示了产品，以解决船主们遇到的一些问题，并提出了未来可能的解决方案。在展会期间，参观者（女性、男性和儿童）能够根据图表和示范，提出更多新的想法和建议。这种联系为“All Aboard”项目提供了进一步的投入，加强了公司与潜在客户之间以及集群内不同公司之间的对话。

毫不奇怪，在“All Aboard”项目中确定的情况、问题和发展领域，对许多船主来说都很熟悉，无论是女性还是男性。根据调查中的一位受访者的说法，“船上的大部分东西似乎都是面向普通人的”，上面所述，休闲船的“男人”和“男性”是休闲船的标准。然而，正如许多消费品行业所经历的，普通人很少存在，而且这样的人其实也很难找到。船主群体有不同的期望和要求。此外，年龄、生活方式导向、社会经济地位和文化背景等方面影响着顾客的偏好，而不是性别。

在“All Aboard”的准备工作之后，斯德哥尔摩艺术、工艺和设计大学（University College of Arts, Craft and Design in Stockholm）的学生被要求根据项目的材料来诠释并提出解决方案的想法。来自各大学、学院的学生参加了在斯德哥尔摩国际船展期间安排的设计研讨会。本次研讨会就如何让最终用户参与、如何利用（潜在）船主的创造力以及如何考虑他们遇到的问题进行了对话。

#### 4.8.5.3 对性别意识的设计

“All Aboard”项目被集群中的参与者称为“瑞典最激动人心的游艇项目”，到目前为止，该项目已经为新产品和服务、设计和战略计划提供了投入。它为创新环境树立了积极的形象，潜在客户意识到有机会就可能的产品开发领域发表意见。该项目涉及船主、女性网络、船舶公司、国家机构和媒体。

在下一阶段，预计将根据调查、设计师和集群内公司提供的材料展示一艘虚拟船。目前正在讨论是否要建造一个全尺寸的休闲船模型。尽管还没有推出一个模型，但仅仅是一艘休闲概念船的想法就引起了许多媒体的报道。这可以部分归因于与前 YCC[①] 团队成员的合作，以及从他们强大的“品牌”中获益的机会。

瑞典造船业有着悠久的历史，在全球市场上有几家品牌很强的公司。国际化正在为休闲船领域带来新的机遇和激烈的竞争。因此，吸引更多女性顾客被视为获得市场份额的途径。瑞典海洋技术论坛深信，考虑女性和男性的偏好将有利于个体企业、集群和船舶工业在国家和国际市场上的发展。为客户子群的需求设计船只，以及让男性和女性设计人员及用户参与产品开发，这将为其提供竞争优势。

“All Aboard”组织提高了集群公司对女性影响休闲船购买的内在市场机会的认识。在这个项目之前，很少有公司考虑过造船业根深蒂固的规范。包容性、性别意识设计的潜力尚未得到船业的充分认可。在所有人都加入之前，还有一些障碍需要克服，这样行业中的公司才能与庞大的细分市场建立联系。

---

① 沃尔沃的项目：“你的概念车，一个在司机座位上有女性的项目”，参见：https://www.media.volvocars.com/global/en-gb/media/pressreleases/4934，访问日期：2017 年 9 月。

### 4.8.6 延展阅读

- Alsos et al.，2016
- Blau and Kahn，2016
- Catalyst，2017
- Danilda and Thorslund，2011
- Díaz-García et al.，2013
- Landivar，2013
- Ostergaard，2017
- Page，2008
- SCB，2016
- Schiebinger et al.，2011-2015

## 4.9 认知偏见与决策制定

Ovadia Harari (1943—2012年)，以色列航天工业公司(Israel Aerospace Industries,IAI)受人尊敬的航天工程师和IAI公司拉维战斗机项目负责人(见图4.56)。曾将系统工程师比作距离地球10 000 ft的老鹰，可以全方位地看到许多英里以外，同时，能够发现并捕捉到一只在草丛中疾驰的小兔子。他曾经这样说："系统工程师应该能够掌握整个系统，也能够专注于它最细微的组成部分。本质上，系统工程师应该听取其他工程师的意见再做出决定。然后他们应该带领整个工程团队朝着既定的目标前进。"

图4.56 Ovadia Harari和Lavi战斗机[①]

不过，策略是做出正确的战略决策，而这又取决于给定系统工程师的认知能力。认知能力与心理过程有关，其中包括获取和理解知识、形成信念和态度、解决问题以及做出决策。

遗憾的是，人脑是以这样的方式联结起来的，它常常表现出对理性判断的系统性偏离。因此，关于我们周围世界的推论往往以某种不合逻辑的方式被扭曲。这种被

① Lavi项目由以色列航空航天工业公司(IAI)执行。该项目始于1979年，第一次飞行是在1986年12月31日。该项目于1987年8月30日被以色列政府终止。

称为认知偏见的现象在潜意识层面上运作,往往会导致工程师在专业工作中(以及在个人生活中)犯意想不到的错误甚至引发灾难。因此本节的目的是让工程师和其他人了解认知偏见的性质和影响,并为读者提供一些减轻其后果的措施。

## 4.9.1 认知偏见

本小节介绍了认知偏见的概念,并提供一系列认知偏见的例子。此外,还记录了一个痛苦的灾难,可能部分归因于认知偏见导致的失败。最后,本小节对认知去偏提出了一些建议。

### 4.9.1.1 认知偏见的概念

1972年,已故的 Amos Tversky 和 Daniel Kahneman[①] 发现了认知偏见现象。他们进行了一系列实验和实证研究,证明了理性理论的传统经济假设往往是无效的。例如,当一个问题有两个以不同方式表达的相等解时,就会产生框架偏见。人们倾向于选择一种解决方案,这取决于它的表述方式。例如,一项实验的参与者被要求在两种疗法中选择一种,治疗600名受致命疾病影响的人。治疗方案A预计能挽救200人的生命,而治疗方案B预计将导致400人死亡。72%的参与者选择了"积极"治疗(方案A),而只有22%的参与者选择了"消极"治疗(方案B)。

一般来说,每个人在一生中都会获得一套独特的认知偏见。这导致每个人从他们对自己和环境的感知中创造出他/她自己的主观现实。因此,一个人的主观现实决定了他在世界上的行为。因此,认知偏见是造成许多人某些程度的非理性(如知觉扭曲、判断不准确、解释不合逻辑)的根本原因。负责大型复杂系统的系统工程师应尽最大努力识别和减轻自己的主观偏见。他们应该发现他们倾向于按照可重复的模式思考,这可能导致系统偏离理性和正确判断。

### 4.9.1.2 选定的认知偏见

自从 Tversky 和 Kahneman 的开创性工作以来,认知偏见的不断演变已经被确认。感兴趣的读者可以参考延展阅读(Pohl(Editor),2012)对他们的实验背景进行全面的认知分析,以及关于每个认知偏见效应更广泛含义的结论。维基百科上提供了一个更容易获取的认知偏见列表[②],尽管有些不太可靠。近200种独特的认知偏见通常被分为以下3类:

**1. 决策、信念和行为偏见**

这组认知偏见会影响个体的决策过程,以及在工程、商业和经济等广泛领域内的信仰体系和行为。例如:

**锚定**。在做决定时,过分依赖或"锚定"某一特征或信息的倾向。

---

① 一位以色列裔美国心理学家因其与阿莫斯·特沃斯基(Amos Tversky)的开创性工作而获得2002年诺贝尔经济科学奖。

② 参见:认知偏见列表,https://en.wikipedia.org/wiki/List_of_cognitive_biases,访问日期:2017年5月。

**可用性启发**。高估在记忆中具有更大"可用性"事件的可能性倾向,这可能受记忆的最近程度或他们的异常性或情绪性的影响。

**潮流效应**。因为很多其他人都这么做(或相信)而去做(或相信)事情的倾向。

**偏见盲点**。倾向于认为自己比其他人不那么有偏见,或者能够识别出别人比自己更多的认知偏见。

**确认偏见**。寻找、解释、关注或记忆信息的倾向,以证实自己最初的先入之见。

**礼貌偏见**。为避免得罪任何人,倾向于给出一个比真实意见更受社会期待的观点。

**知识的诅咒**。信息更丰富的人倾向于不从信息较少的人的角度来分析问题。

**禀赋效应**。人们为了放弃某个对象而要求得比他们愿意付出的代价多得多的倾向。

**期望偏见**。人们倾向于相信与他们的期望相符的数据的有效性,不相信并忽略那些与期望相悖的数据。

**聚焦效应**。过分重视某一事件的某一方面的倾向。

**框架效应**。从同一信息中得出不同结论的倾向,取决于该信息的呈现方式。

**仅仅是暴露效应**。仅仅因为熟悉事物而表现出对事物过分喜爱的倾向。

**忽视概率**。在不确定的情况下做出决定时完全忽视概率的倾向。

**常态思维偏见**。对从未发生过的灾难拒绝做出计划或反应的倾向。

**非出生名门**。拒绝或避免使用产品、研究、标准或团队之外开发的知识的倾向。

**鸵鸟效应**。忽视明显的消极情况的倾向。

**悲观主义偏见**。高估负面事件发生的可能性的倾向。

**计划谬误**。低估完成一项任务或项目所需时间的倾向。

**有利于创新的偏见**。对一项发明的前景或其有用性表现出过分乐观的倾向,而往往没有意识到其局限性和弱点。

**零和偏见**。仅仅基于一个人的利益必须以另一个人的利益为代价来看待情况的倾向。

**2. 归因偏见**

这组认知偏见是指个体在评估自己或试图寻找他人行为原因时所犯的系统性错误。例如:

**权威偏见**。一种倾向,认为权威人物的意见更准确,并受其影响更大,与内容无关。

**以自我为中心的偏见(归因变异)**。为了联合行动的成功,人们声称对自己的责任比外部观察者认为的要多。

**虚幻的优越感**。个人高估自己期望的品质,而低估自己的不良品质的倾向。

**可管理性的幻觉**。个人把成功归因于过去的行为,而事实上是失败的倾向。此外,这种偏见会导致个人错误地认为,一旦出现问题,他们就能解决问题。

**群体内偏见**。个人对他们认为是自己群体成员的人给予优待的倾向。

**朴素实在论**。个人倾向于相信他们真实地看待现实：客观地、没有偏见；事实对所有人来说都是显而易见的；理性的人会同意他们的看法；而那些不相信的人要么是无知的、不理智的，要么是有偏差的。

**3. 记忆错误和偏见**

这组认知偏见是指系统性地扭曲个人记忆的错误。例如：

**一致性偏见**。错误地将过去的态度和行为记忆为与现在的态度和行为相似的倾向。

**以自我为中心的偏见（记忆错误的变体）**。以自我服务的方式回忆过去的倾向。

**虚假记忆**。在想象被误认为是实际记忆的情况下形成错误归因的倾向。

**产生效应**。个人对自己所说或所做的陈述或行为的记忆倾向，与他人所说或所做的类似陈述或行为形成对比。

#### 4.9.1.3 认知偏见的戏剧性例子

许多事件的调查表明，人的错误在高度负面的事件或灾难中居于中心地位，但很少有研究明确地将认知偏见与此类事件联系起来。哥伦比亚号航天飞机的失事就是一个重大灾难的例子，这场灾难似乎被多重认知偏见激怒了。[①]

2003 年 2 月 1 日，哥伦比亚号航天飞机在重返地球大气层时解体，STS－107 航班的 7 名机组人员全部遇难（见图 4.57）。

在哥伦比亚号发射的早期阶段，工程师们观察到一大块隔热泡沫从外部油箱掉落，击中了左翼的前缘。在航天飞机发射过程中，从外部油箱中脱落的小泡沫碎片是常见现象；然而这次一个相对较大的碎片以相当高的速度击中了由增强碳-碳复合材料制成的关键机翼区域。

美国宇航局工程师在发射后就立即使用一个名为“陨石坑”的经过认证的模拟器对这起事件进行了分析，根据哥伦比亚事故调查委员会（CAIB F6.3－11，2003）的调查结果：“陨石坑最初预测瓦片的损坏深度比实际瓦片深度更深……但是工程师们根据他们的判断得出结论，损坏不会穿透致密的瓷砖层。”换句话说，一个经过认证的工具（有其自身的重大限制）表明可能发生灾难性故障，但这一发现基于工程师的直觉而被否决。[②]

事故发生后不久，进行了一次接近实际事件动态条件的物理试验。一块重约 0.5 kg 的类似泡沫以大约 230 m/s 的速度弹射到一个类似的航天飞机机翼前缘，形

---

① James Glamz 和 Edward Wong，“97 Report Warned of Damage to Tiles by Foam”，《纽约时报》，2003 年 2 月 4 日。参见：http://www.nytimes.com/2003/02/04/national/ engineers-97-report-warned-of-damage-to-tiles-by-foam.html，访问日期：2017 年 8 月。

② 这并不是要贬低工程师的“直觉”，这是任何工程师的重要工具。然而，当相反的数据出现时，这种感觉就不可信了。

(a) 哥伦比亚号航天飞机

(b) STS-107航班机组成员(从左至右)：Brown、Husband、Clark、Chawla、Anderson、McCool 和 Ramon (NASA图片)

图 4.57 哥伦比亚号航天飞机和其机组成员

成一个约 20 cm 的洞。这表明,“事实上,泡沫碎片是造成哥伦比亚号失事以及机组人员和载具损失的最可能原因。”

即使美国航天局管理层完全了解 STS-107 航班上的真实情况,但是机组成员是否能够获救仍有争议。但令人惊讶的是,他们没有做出任何努力来拯救宇航员。人们可以合理地假设,许多美国宇航局组织层面的认知偏见导致了这种混乱[①]。但作者推测,框架效应,即对信息如何呈现的反应趋势,超出了事实内容,是问题的核心所在。

泡沫这个词的使用给工程师们带来了柔软蓬松的泡沫般的舒适感,例如在家用家具中。这种物质几乎不会损坏碳-碳复合材料制成的瓷砖。事实上,航天飞机的油箱是用泡沫材料制成的。这些碎片重约 0.5 kg,以 230 m/s 的相对速度移动,无疑对它可能遇到的任何物体都能构成严重威胁。[②]

#### 4.9.1.4 认知减法

大量证据表明,认知偏见无意识地影响着人类的广泛行为。总的来说,个人没有意识到这一现象的存在,因此无法发现并减轻这种现象。然而,接受认知减退训练和玩减负游戏的人发现,由于认知偏见的显著减少,他们的判断力和决策能力得到了改善。

因此,任何一个系统工程师都应该对自己的动机、观点和计划的行动采取一种健

① 例如：锚定效应、从众效应、确认偏见、礼貌偏见、期望偏见、概率忽视、常态思维偏见、鸵鸟效应、权威偏见、群体偏见。

② 这些碎片聚集了大量的动能,总动能为$\frac{1}{2}mv^2=13\ 225$ J。1 J 是你的智能手机(200 g)从半米高处垂直下落时释放的能量。

康的怀疑态度，因为他的思想在某种程度上是有偏差见的。给系统工程师的另一个建议是将他们的想法预先发送给同事、朋友，当然还有竞争对手，然后专心倾听他们的意见。由于他们的主观偏见总是不同的，他们的观点可能是无价的。

最后，系统工程师应该以一位杰出的政治天才——美国第十六任总统林肯为榜样。林肯成功地组建了一个内阁，包括 3 名享有国家声誉的天才竞争对手（见图 4.58），并“共同创造了历史上最不寻常的内阁，将他们的才能集中到维护联邦和赢得战争的任务上”（Goodwin，2006 年）。

图 4.58　林肯的美国内阁（1862 年）[①]

## 4.9.2　认知偏见与战略决策

认知偏见是战略决策的重要因素。了解偏见是如何影响战略决策过程的，将有助于工程师和管理者改进决策过程，使之更加合理。Das 和 Teng（1999 年）提出了一个有趣的整合视角来研究认知偏见与战略决策过程之间的关系。作者从不同类型的认知偏见以不同的方式影响决策过程的概念开始。通过研究这些关系，我们可以澄清关键认知偏见在战略决策中的领域和作用，并更好地区分了各种战略决策过程。

### 4.9.2.1　认知偏见的分类

为了简化将认知偏见与战略决策过程联系起来的过程，作者利用现有研究将认知偏见分为 4 类：①先前的假设和对有限目标的关注；②接触有限的备选方案；③对

① 改编自：1862 年 7 月 22 日前内阁讨论《解放黑人奴隶宣言》，1864 年，Alexander Hay Ritchie 版画，Francis Bicknell Carpenter 绘画。

结果概率不敏感;④可管理性的错觉。

**先前的假设和对有限目标的关注**。研究表明,决策者倾向于将他们先前形成的信念或假设带入决策过程。因此,他们往往忽视可能证明相反的信息和证据。

**接触有限的替代品**。在大多数情况下,信息通常是不完整的;因此,决策者倾向于关注相对较少的选择,或者使用直觉来补充理性分析。因此,决策者通常只指定决策范围的一个子集,从而产生数量有限的备选行动方案。

**对结果概率不敏感**。研究还表明,决策者不信任,而且往往不理解和不使用对结果概率的估计。相反,工程师和经理倾向于使用单个或几个关键值,而不是计算基于统计的概率。决策者不使用概率估计的另一个原因是他们将每个问题视为一个独特的事件,而不是多个事件中的一个案例。

**可管理性错觉**①。另一种认知偏见与工程师和管理有关,他们不恰当地认为某个战略决策已成功,而实际上,这是一个失败。此外,他们常常错误地认为,一旦出现问题,他们就能解决问题。也就是说,他们确信只要做出足够的努力,他们决定的结果是可以控制、纠正或逆转的。

#### 4.9.2.2 战略决策过程

在已有研究的基础上,Das 和 Teng 定义了一套战略决策过程,包括:①理性模式;②回避模式;③逻辑增量模式;④政治模式;⑤垃圾桶模式。

**理性模式**。这个战略决策过程是一个理想的和理论的基准,所有其他的决策过程都是根据它来考虑的。它基于这样一个假设:人类的行为是完全理性的,不受主观偏见的影响。在理性模式下,假设决策者以已知的目标行动,勤勉地分析外部环境和内部运作。因此,决策是一个综合性的、完全理性的过程,在这个过程中,工程师和管理者收集所有相关信息,制定备选决策,然后客观地选择最佳决策。

**回避模式**。这种战略决策过程涉及这样一个事实,即战略决策过程往往导致组织倾向于抵制变革。这一现象与组织倾向于避免不确定性、维持持续的现状有关。

**逻辑增量模式**。在这种过程模式下,战略决策是渐进式或循序渐进式的。由于整体环境往往是未知或不稳定的,工程师和管理人员的认知能力有限,因此选择这种模式也是实现最佳战略目标的理想策略,渐进式地实施战略决策使组织能够缓慢地前进,以便在逐渐吸收新决策的影响方面保持灵活性。

**政治模式**。在这种战略决策过程中,决策者往往无法就组织目标达成广泛共识。更具体地说,决策者必须面对组织内的不同群体,每个群体都在为自己有利的决策而斗争。因此,结果是由那些能够形成最强大的团队的人来决定的。因此,工程师和管理者必须与每一方打交道,而每一方都是根据自己的利益范围来考虑问题的。

**垃圾桶模式**。这种战略决策过程是最不确定、最具流动性的战略决策模式。它

---

① 这种认知偏见在现实生活中具有重要意义。奇怪的是,这种特殊的偏见在战略研究和实践中还没有得到充分的认识。

没有内在的一致性,也没有做出战略选择的特殊理由。尽管工程师和管理者对这一过程控制甚少,但他们的主观偏见在决策过程中仍然普遍存在。

#### 4.9.2.3 认知偏见与战略决策过程

Das 和 Teng(1999 年)进一步分析了相关的科学文献,并创建了一个描述工程师或经理可能采用的战略决策过程类型的模型。在这里,每一个战略决策都受制于每一个认知偏见类别。此外,作者还为认知偏见和战略决策过程的 9 种常见组合提供了具体命题(P*i*)(见图 4.59 和表 4.14)。

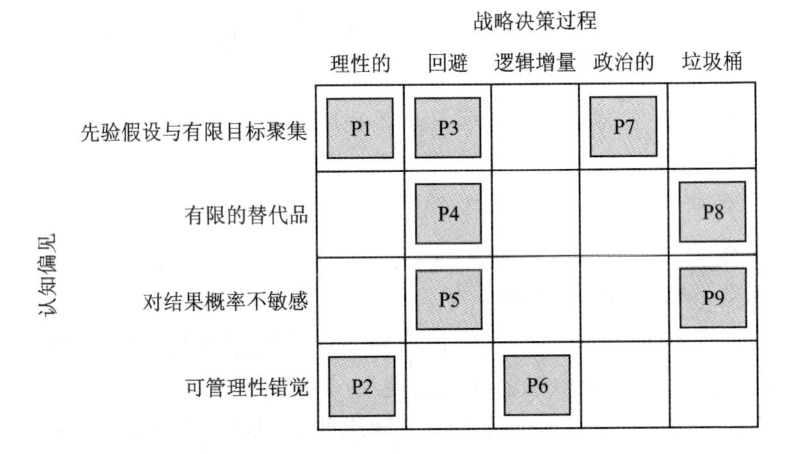


图 4.59 认知偏见与战略决策过程

综上所述,Das 和 Teng 表明,参与不同决策过程的工程师和管理人员受到 4 种基本认知偏见的不同组合的影响。通过考虑相关的认知偏见,可以更好地区分和理解不同的战略决策过程。这套由 9 个部分组成的命题可以揭示 4 种认知偏见与战略决策过程的 5 种模式之间的关键关系。

因此,可以利用上述综合框架来加强战略决策,特别是那些高度不确定和需要快速做出的决策。更具体地说,工程师和管理者可以更清楚地意识到决策过程中使用的假设、启发和偏见。这种对决策过程中固有的认知偏见的自我意识应该能够减轻或至少减少决策者认知偏见引起的系统错误。

表 4.14 与战略决策过程相关的提案

| 战略决策过程 | 序 号 | 命 题 |
|---|---|---|
| 理性模式 | P1 | 战略决策过程越合理和系统化,工程师和管理者越有可能对决策提出事先假设 |
| | P2 | 战略决策过程越是理性和系统化,工程师和管理者就越有可能产生可管理性的错觉 |

续表 4.14

| 战略决策过程 | 序 号 | 命 题 |
| --- | --- | --- |
| 回避模式 | P3 | 在战略决策过程中,越强调维持现状,工程师和管理者就越有可能在决策过程中预先提出假设 |
| | P4 | 在战略决策过程中,越强调维持现状,工程师和经理就越有可能接触到有限的备选方案 |
| | P5 | 在战略决策过程中,越强调维持现状,工程师和经理就越可能对结果概率不敏感 |
| 逻辑增量模式 | P6 | 战略决策过程越合乎逻辑,工程师和经理就越有可能产生可管理性的错觉 |
| 政治模式 | P7 | 战略决策过程的政治性越强,工程师和管理者就越有可能在决策中预先提出假设 |
| 垃圾桶模式 | P8 | 战略决策过程越是无序无政府,工程师和管理者就越有可能考虑有限的替代方案 |
| | P9 | 战略决策过程越是无序无政府,工程师和管理者就越可能对结果概率不敏感 |

### 4.9.3 延展阅读

- Brown，2005
- Das and Teng，1999
- Gilovich et al. (Editors)，2002
- Goodwin，2006
- Ishizaka and Nemery，2013
- Jahan et al.，2016
- Kahneman et al. (Editors)，1982
- Kahneman and Tversky (Editors)，2000
- Kahneman，2013
- Lewis，2016
- Pohl (Editor)，2012
- Wikipedia，Accessed：April 2017

## 4.10 参考文献

[1] Achi A，Salinesi C，Viscusi G. Information Systems for Innovation：A Comparative Analysis of Maturity Models' Characteristics. Advanced Information Systems Engineering Workshops. CAiSE，2016.

[2] Adizes I. Corporate Lifecycles：How and Why Corporations Grow and Die and What to Do About It. The Adizes Institute，1990.

[3] Adizes I. Managing Corporate Lifecycles：Complete Edition. Adizes Institute

Publications, 2017.

[4] Alsos G A, Hytti U, Ljunggren E. Research Handbook on Gender and Innovation. Cheltenham: Edward Elgar Publishing.

[5] Altshuller G. And Suddenly the Inventor Appeared: TRIZ, the Theory of Inventive Problem Solving. 2nd ed. Technical Innovation Center, Inc., 1996.

[6] Baden-Fuller C, Stopford J. Rejuvenating the Mature Business: The Competitive Challenge. rev ed. Boston: Harvard Business Review Press, 1994.

[7] Bakke, K. Technology readiness levels use and understanding. Master thesis, University College South-East Norway, 2017.

[8] Berg R. The Innovation Maturity Model: The strategic and capability building steps for creating an innovative organization. Berg Consulting Group. (2013) [2017-02]. http://bergconsulting.com.au/_literature_144915/Innovation_Maturity_Model.

[9] Berkhout A J, Hartmann D, Trott P. Connecting technological capabilities with market needs using a cyclic innovation model. R&D Management, 2010, 40(5): 474-490.

[10] Berkhout A J, Hartmann D, van der Duin P, et al. Innovating the innovation process. International Journal of Technology Management, 2006, 34(3-4): 390-404.

[11] Blau F D, Kahn L M. The Gender Wage Gap: Extent, Trends, and Explanations, National Bureau of Economic Research (NBER), Working Paper No. 21913, January. (2016)[2017-04]. http://www.nber.org/papers/w21913.

[12] Branscomb L M. Between invention and innovation: An analysis of funding for early-stage technology development. U.S. Dept. of Commerce, Technology Administration, National Institute of Standards and Technology, 2002.

[13] Bridges W, Bridges S. Managing Transitions. Da Capo Lifelong Books; 25th Anniversary edition, 2017.

[14] Brown R. Rational Choice and Judgment: Decision Analysis for the Decider. Hoboken, NJ: Wiley-Interscience, 2005.

[15] Cañas A J, Novak J D. What is a Concept Map?. (2013-03-11)[2017-0.5]. http://www.the-aps.org/APS-Storage/APS-Education/Pedagogy-Resources/Concept-Map.pdf.

[16] Carroll P. Big Blues: The Unmaking of IBM. New York: Crown, 1993.

[17] Cascini G, Rotini F, Russo D. Functional modeling for TRIZ-based evolutionary analyses. Proceedings of the International Conference on Engineering Design, ICED'09. Stanford, 2009.

[18] Catalyst. Women in Science, Technology, Engineering, and Mathematics (STEM). [2017-04]. http://www.catalyst.org/knowledge/women-science-technology-engineering-and-mathematics-stem#footnote49_c02wukq.

[19] Chong A. Driving Asia—As automotive electronics transforms a region. Infineon Technologies Asia Pacific Pte Ltd., 2010.

[20] Chrissis M B, Konrad M, Shrum S. CMMI for Development: Guidelines for Process Integration and Product Improvement. 3rd ed. Addison-Wesley Professional, 2011.

[21] Christensen C M. Innovation Killers: How Financial Tools Destroy Your Capacity to Do New Things. Boston: Harvard Business Review Press, 2010.

[22] Christensen C M, Raynor M E, McDonald R. What is disruptive innovation?. Harvard Business Review, December, 2015.

[23] Cooper R G, Edgett S J, Kleinschmidt E J. New Product Development Best Practices Study: What Distinguishes the Top Performers. Houston, APQC, 2002.

[24] Cooper R G. Stage-Gate systems: a new tool for managing new products—conceptual and operational model. Business Horizons, 1990, (May, June): 44-53.

[25] Corsi P, Christofol H, Richir S, et al. Innovation Engineering: The Power of Intangible Networks. Hoboken, NJ: Wiley-ISTE, 2006.

[26] Corsi P, Neau E. Innovation Capability Maturity Model. Hoboken, NJ: Wiley-ISTE, 2015.

[27] Cross R, Prusak L. The people who make organizations go—or stop. Boston: Harvard Business Review (June).

[28] Cross R L, Parker A. Gets Done in Organizations. Boston: Harvard Business Review Press, 2004.

[29] Danilda I, Thorslund J G. Innovation & Gender, Vinnova, Tillväxtverket, & Innovation Norway. (2011)[2017-10]. http://www2.vinnova.se/en/Publications-and-events/Publications/Products/Innovation--Gender/.

[30] Das T K, Teng B S. Cognitive biases and strategic decision processes: an integrative perspective. Journal of Management Studies, 1999, 36 (6): 757-778.

[31] De Bonte A, Fletcher D. Scenario-Focused Engineering: A Toolbox for Innovation and Customer-centricity. Microsoft Press, 2014.

[32] Deschamps J P. Innovation Leaders: How Senior Executives Stimulate, Steer and Sustain Innovation. San Francisco: Jossey-Bass, 2008.

[33] Díaz-García C, González-Moreno A, Sáez-Martínez F J. Gender diversity within R&D teams: Its impact on radicalness of innovation. Innovation: Management, Policy & Practice, 2013, 15 (2): 149.

[34] DOD. Technology Readiness Assessment (TRA) Guidance, April. (2011) [2017-01]. Technology Readiness Assessment (TRA) Guidance.

[35] Dodgson M, Rothwell R. The Handbook of Industrial Innovation. Cheltenham: Edward Elgar Publishing,1996.

[36] Dougherty D, Borrelli L, Munir K, et al. Systems of organizational sensemaking for sustained product innovation. Journal of Engineering and Technology Management, 2000, 17(3): 321-355.

[37] Doutta S, Lanvin B. Wunsch-Vincent S. The Global Innovation Index 2016: Winning with Global Innovation, Cornell University, INSEAD, WIPO, 2016. (2016)[2017-01]. https://www. globalinnovationindex. org/gii-2016-report.

[38] Dyer J, Gregersen H, Christensen C M. The Innovator's DNA: Mastering the Five Skills of Disruptive Innovators. Boston: Harvard Business Review Press, 2011.

[39] EARTO. The TRL Scale as a Research & Innovation Policy Tool, EARTO Recommendations. (2014-04-30)[2017-01]. http://www. earto. eu/fileadmin/content/03_ Publications/The_TRL_Scale_as_a_R_I_Policy_Tool_-_EARTO_ Recommendations_-_Final. pdf.

[40] Ehrlenspiel K, Kiewert A, Lindemann U. Cost Efficient Design. Springer, 2007.

[41] Eick S, Graves T, Karr A, et al. Does code decay? Assessing the evidence from change management data. IEEE Transactions on Software Engineering 27 (1) January. http://users. ece. utexas. edu/~perry/ education/SE-Intro/tse-codedecay. pdf, 2001.

[42] Essmann H E. Toward Innovation Capability Maturity. PhD Dissertation, Dep. of Industrial Engineering, Stellenbosch University, South Africa, December, 2009.

[43] Farris G F. The technical supervisor. Beyond the Peter Principle. In Tushman, M. L. , and Moore, W. L. (eds.). Readings in The Management of Innovation, 337-348. Pitman Publishing, 1982.

[44] Ferguson D M, Purzer S, Ohland M W, et al. The Traditional Engineer vs. The Innovative Engineer, 121st ASEE Annual Conference and Exposition, Indianapolis IN. , Paper ID #8751, June 15-18, 2014.

[45] Fey V, Rivin E. Innovation on Demand: New Product Development Using TRIZ. Cambridge University Press, 2005.

[46] Gilovich T, Griffin D, Kahneman D. Heuristics and Biases: The Psychology of Intuitive Judgment. Cambridge University Press, 2002.

[47] Goodwin D K. Team of Rivals: The Political Genius of Abraham Lincoln. New York: Simon & Schuster, 2006.

[48] Gostick A, Christopher S. The Levity Effect: Why it Pays to Lighten Up. Hoboken, NJ: John Wiley & Sons, 2008.

[49] Govindarajan V, agchi S. The emotionally bonded organization: why emotional infrastructure matters and how leaders can build it. Tuck School of Dartmouth College, Working Paper, 2008.

[50] Grant A. Originals: How Non-Conformists Move the World. New York: Penguin Books; Reprint edition, 2017.

[51] Hellestrand G. ESL development gets a leg up. Chip Design Magazine (January 1), 2015.

[52] Holland J L. Making vocational choices: a theory of vocational personalities and work environments. Psychological Assessment Resources, 1997.

[53] Isaacson W. Steve Jobs. reissue edition. New York: Simon & Schuster, 2015.

[54] Ishizaka A, Nemery P. Multi-criteria Decision Analysis: Methods and Software. Hoboken, NJ: John Wiley & Sons, 2013.

[55] Jahan A, Edwards K L, Bahraminasab M. Multi-criteria Decision Analysis for Supporting the Selection of Engineering Materials in Product Design. 2nd ed. Butterworth-Heinemann, 2016.

[56] Jain R K, Triandis H C, Weick C W. Managing Research, Development and Innovation: Managing the Unmanageable. 3rd ed. Hoboken, NJ: John Wiley & Sons, 2010.

[57] Kahneman D, Tversky A. Choices, Values, and Frames. Cambridge University Press, 2000.

[58] Kahneman D, Slovic P, Tversky A. Judgment Under Uncertainty: Heuristics and Biases. Cambridge University Press, 1982.

[59] Kahneman D. Thinking, Fast and Slow. New York: Farrar, Straus and Giroux, 2013.

[60] Karasik Y B. On the causes of non-uniform pace of progression of technologies and subsystems of a system. The Anti TRIZ-Journal, 2011, 10(1).

[61] Karasik Y B. Some doubts about the law of completeness, Anti TRIZ-Jour-

nal, 2008, 7(7).

[62] Kasser J E. Holistic Thinking: Creating Innovative Solutions to Complex Problems. 2nd ed. CreateSpace Independent Publishing Platform, 2015.

[63] Keeley L, Walters H, Pikkel R, et al. Ten Types of Innovation: The Discipline of Building Breakthroughs. Hoboken, NJ: John Wiley & Sons, 2013.

[64] Kingdon M. The Science of Serendipity: How to Unlock the Promise of Innovation. Hoboken, NJ: John Wiley & Sons, 2012.

[65] Kohn S, Levermann A, Howe J, et al. Software im innovationsprozess. Insti Studienreihe, 2003, 1(1): 85.

[66] Landivar L C. Disparities in STEM Employment by Sex, Race, and Hispanic Origin, ACS-24, American Community Survey. (2013-09)[2017-04]. https://www.census.gov/prod/2013pubs/acs-24.pdf.

[67] Lawler E E, Worley C. Built to Change: How to Achieve Sustained Organizational Effectiveness. San Francisco: Jossey-Bass, 2006.

[68] Lawler E E. High-Involvement Management: Participative Strategies for Improving Organizational Performance. San Francisco: Jossey-Bass, 1991.

[69] Lawler E E. Motivation in Work Organizations. San Francisco: Jossey-Bass, 1973.

[70] Lee B. The Hidden Wealth of Customers: Realizing the Untapped Value of Your Most Important Asset. Boston: Harvard Business Review Press, 2012.

[71] Lewis M. The Undoing Project: A Friendship That Changed Our Minds. New York: W. W. Norton & Company, 2016.

[72] Magee J F. Decision trees for decision making. Harvard Business Review, 1964.

[73] Mankins J C. Technology Readiness Levels. A White Paper, Advanced Concepts Office, Office of Space Access and Technology, NASA, April 6, 1995.

[74] Mann D. Innovation Capability Maturity Model (ICMM)—An Introduction, Systematic Innovation. IFR Press. (2012)[2017-12]. http://store.systematicinnovation.com/innovation-capability-maturity-model-an introduction/.

[75] Markham S K, Mugge P C. Traversing the Valley of Death: A practical guide for corporate innovation. Stephen K Markham, 2014.

[76] McDonald D, Bammer G, Deane P. Research Integration Using Dialogue Methods. ANU E Press, 2011.

[77] Midgley D. The Innovation Manual: Integrated Strategies and Practical Tools for Bringing Value Innovation to the Marke. Hoboken, NJ: John Wiley & Sons, 2009.

[78] NSB-2016-1. Science and Engineering Indicators 2016, National Science Foundation, National Science Board, National Center for Science and Engineering Statistics (NCSES), Arlington, VA. (2016-01)[2017-01]. https://nsf.gov/statistics/2016/nsb20161/#/.

[79] OECD-2005. The Measurement of Scientific and Technological Activities Oslo Manual: Guidelines for Collecting and Interpreting Innovation Data. 3rd ed. OECD Publishing,2005.

[80] OECD-2010. Measuring Innovation: A New Perspective, Organization For Economic Co-Operation & Development. OECD Publishing,2010.

[81] OECD-2015. The Measurement of Scientific, Technological and Innovation Activities, Frascati Manual 2015: Guidelines for Collecting and Reporting Data on Research and Experimental Development. OECD Publishing,2015.

[82] Ostergaard C R. Innovation and Employee Diversity Does Diversity Really Matter for Innovation?, Department of Business and Management, Aalborg University, Denmark. [2017-04]. http://www.uis.no/getfile.php/Forskning/Senter%20for%20Innovasjonsforskning/UIS%20innovation%20days_CROstergaard.pdf.

[83] Owen D. Overcoming the biggest barriers to innovation. The Huffington Post, 2016.

[84] Page S E. The Difference: How the Power of Diversity Creates Better Groups, Firms, Schools, and Societies. Princeton University Press, 2008.

[85] Pelz D C, Andrews F M. Scientists in Organizations: Productive Climates for Research and Development. rev ed. Institute for Social Research, 1976.

[86] Petrov V. The laws of system evolution. The TRIZ Journal. (2002-03-22). https://triz-journal.com/laws-system-evolution.

[87] Pohl R F. Cognitive Illusions: A Handbook on Fallacies and Biases in Thinking, Judgment and Memory. reprint. Psychology Press, 2012.

[88] Pohle G, Chapman M. IBM's global CEO report 2006: business model innovation matters. Strategy & Leadership, 2006, 34(5): 34-40.

[89] Prather C. The Manager's Guide to Fostering Innovation and Creativity in Teams. New York: McGraw-Hill Education,2009.

[90] PWC. 2015 Global Innovation 1000 Innovation's New World Order. [2017-01]. http://www.strategyand.pwc.com/media/file/2015-Global-Innovation-1000-Fact-Pack.pdf.

[91] Reed T. 7 Habits of the Most Innovative Engineers, Bliley Technologies. (2016-08-24)[2017-03]. http://blog.bliley.com/7-habits-of-the-most-inno-

vative- engineers.

[92] Robertson B J. Holacracy: The New Management System for a Rapidly Changing World. New York: Henry Holt and Co, 2015.

[93] Salamatov Y. TRIZ: The Right Solution At The Right Time. The Netherlands: Insytec, 1999.

[94] San Y T. TRIZ—Systematic Innovation in Business and Management. First-Fruits Sdn Bhd, 2014.

[95] Savransky S D. Engineering of Creativity: Introduction to TRIZ Methodology of Inventive Problem Solving. Boca Raton, FL: CRC Press, 2000.

[96] SCB. Women and men in Sweden Facts and figures 2016, Statistics Sweden, Population Statistics Unit SE-701 89 Örebro, Sweden. (2016)[2017-04]. http://www.scb.se/Statistik/_Publikationer/LE0201_2015B16_BR_X10BR1601ENG.pdf.

[97] Schein E H. DEC Is Dead, Long Live DEC: The Lasting Legacy of Digital Equipment Corporation. San Francisco: Berrett-Koehler Publishers, 2004.

[98] Schiebinger L, Klinge I, Sánchez de Madariaga I, et al. Gendered Innovations in Science, Health & Medicine, Engineering and Environment, 2011—2015. (2015)[2017-04]. http://ec.europa.eu/research/gendered-innovations/.

[99] Shalley C, Hitt M A, Zhou Jing. The Oxford Handbook of Creativity, Innovation, and Entrepreneurship, reprint ed. Oxford: Oxford University Press, 2016.

[100] Shavinina L V. The International Handbook on Innovation. Pergamon, 2003.

[101] Shellshear E. Innovation Tools: The most successful techniques to innovate cheaply and effectively. 7 Publishing, 2016.

[102] Shteyn E, Shtein M. Scalable Innovation: A Guide for Inventors, Entrepreneurs, and IP Professionals. Boca Raton, FL: CRC Press, 2013.

[103] Siegle D, et al. Scales for Rating the Behavioral Characteristics of Superior Students—Renzulli Scale. rev ed. Creative Learning Pr, 2002.

[104] Silverstein D, Samuel P, DeCarlo, N. The Innovator's Toolkit: 50+Techniques for Predictable and Sustainable Organic Growth. 2nd ed. Hoboken, NJ: John Wiley & Sons, 2012.

[105] Skogstad P. A Unified Innovation Process Model: A Process Model and Empathy Tool for Engineering Designers and Managers, LAP LAMBERT Academic Publishing, 2010.

[106] Smith J. An Alternative to Technology Readiness Levels for Non Developmental Item (NDI) Software, Technical Report CMU/SEI-2004-TR-013,

ESC-TR-2004-013. (2004-04)[2017-01]. http://repository. cmu. edu/cgi/viewcontent. cgi? article=1517&context=sei.

[107] Smith L. How to Motivate Creative Thinking in the Workplace, BeAudit-Secure. Accessed: August, 2016.

[108] Softpanorama (Groupthink). [2017-05]. http://www. blendedbody. com/GroupThink/Groupthink-PatternOfThoughtCharacterizedbySelf-Deception. htm.

[109] Start up Donut: Ten ways to encourage creative thinking. [2017-03]. https://www. marketingdonut. co. uk/marketing-strategy/ten-ways-to-encourage-creative-thinking.

[110] Sternberg RJ, Davidson J E. The Nature of Insight. Cambridge, MA: The MIT Press, 1996.

[111] Stewart D V. The Design structure system: A method for managing the design of complex systems. IEEE Trans. Eng. Management, 1981, 28: 71-74.

[112] Strategyn. Innovation Track Record Study. (2010)[2017-08]. http://www. strategyn. at/ sites/default/files/uploads/TrackRecord_07. pdf.

[113] Summa A. Software tools to support innovation process focus on idea management. Working Paper 29, Innovation Management Institute, Helsinki University of Technology, 2004.

[114] Tellis G J. Unrelenting Innovation: How to Create a Culture for Market Dominance. San Francisco: Jossey-Bass, 2013.

[115] The HR Observer. 10 Ways to Promote Innovation at the Workplace. (2015-04-30)[2017-03]. http://www. thehrobserver. com/10-ways-to-promote-innovation-at- the-workplace/.

[116] Vroom V, Yetton P W. Leadership and Decision Making. University of Pittsburgh Press,1973.

[117] Wikipedia. List of cognitive biases. [2017-04]. https://en. wikipedia. org/wiki/List_of_ cognitive_biases.

[118] Williamson J M, Lounsbury J W, Han L D. Key personality traits of engineers for innovation and technology development. Journal of Engineering and Technology Management, 2013, 30 (2): 157-168.

[119] Young Entrepreneur Council. 6 ideas to promote innovation in your workplace this year. Forbes (December 31), 2012.

# 第 5 章　创造和创新案例研究

Success is most often achieved by those who don't know that failure is inevitable.

Coco Chanel (1883—1971)

## 5.1　概　述

本章主要讲述一个典型的创造和创新的案例。本案例的研究是基于作者和一个由专业工程师及管理人员组成的团队从 2003 年开始并持续到 2016 年的实际工作。本章[①]按时间顺序组织，如图 5.1 所示。

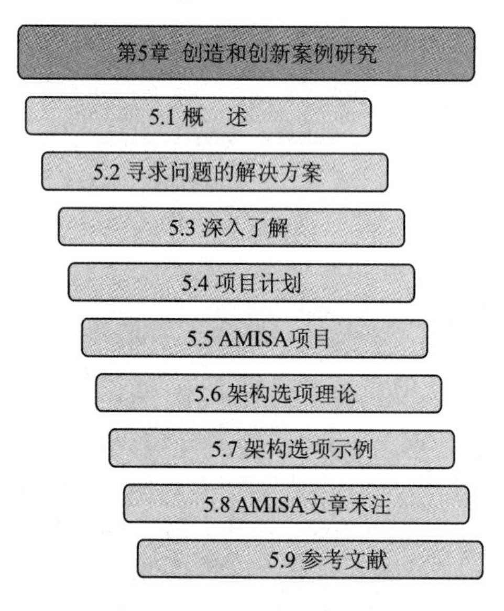


图 5.1　第 5 章的结构和内容

① 在 AMISA 项目公共网站：http://amisa.eu/。所有 AMISA 产品都属于公共领域。

5.1 节概述，描述了第 5 章的内容和结构。

5.2 节寻求问题的解决方案，描述了即将发生的问题（即为未来未知需求设计可适应的系统）及其在创造者心目中的演变。此外，本节还描述了早期为解决这个问题而资助的一个项目的尝试。

5.3 节深入了解，描述了随着时间的推移，人们对该问题的认识是如何演变的，以及创造性解决方案的出现。此外，根据问题/解决方案领域的现有技术水平，本节概括了要实现的明确和可衡量的项目目标。

5.4 节项目计划，详细描述了为向欧盟委员会（European Commission，EC）提交资金申请而准备的创新项目的规划。项目规划包括对单个工作包、风险和缓解计划、管理结构和程序、项目参与者和所需资源分析的详细说明。

5.5 节 AMISA 项目，描述了实际的 AMISA（建筑制造业和系统适应性）项目的关键要素。这包括适应性设计（Design for Adaptability，DFA）的最新技术，建立项目需求，开发和扩展架构选择理论，实施软件支持工具，开发六个试点项目，生成技术和管理可交付成果，项目成果的开发和传播，项目整体成果的评估，以及整个项目的联合体会议。此外，还提供了项目的 EC 最终评估。

5.6 节架构选项理论，介绍了本案例研究的理论背景——体系架构选择（Architecture Options，AO），阐述了财务和工程选择、交易成本和接口成本、体系架构适应性价值（Architecture Adaptability Value，AAV）和设计结构矩阵（Design Structure Matrix，DSM）以及静态和动态系统价值建模与优化的概念。

5.7 节架构选项示例，提供了一个全面的体系架构选择示例，详细描述了一个通用的结构选择过程模型和一个使用固态功率放大器（Solid State Power Amplifier，SSPA）系统的实际 AO 实例。

5.8 节 AMISA 文章末注，结束了本案例的研究，并考虑了 AMISA 项目的总体成功与失败。

5.9 节参考文献，提供与本章主题相关的参考文献。

**注意：**

5.2、5.3、5.6 和 5.7 节主要讲述了案例研究的创造性；5.4 节和 5.5 节主要讲述了案例研究的创新性。

# 5.2 寻求问题的解决方案

## 5.2.1 问题及其产生

在2002—2005年期间，作者领导了国际研究项目SysTest。[①] 2003年9月，项目组前往挪威卑尔根(见图5.2)讨论正在进行的项目问题。

图5.2 从挪威卑尔根的佛洛延山俯瞰

当时，以色列航空航天工业公司(IAI)的Shalom Shachar向专家组建议，在SysTest项目结束时，当时的联合体或其部分进行一项新的应用研究，目标是寻求在系统使用和维护期间改进系统升级的方法。在其生命周期中，系统为利益相关者提供价值；然而，随着时间的推移，由于技术机会、利益相关者需求的增长、系统维护成本的增加以及环境的变化，系统往往会失去价值。维护系统并以低成本快速升级系统

① SysTest试图回答一个根本性的系统验证、确认和测试(Verification, Validation, and Testing, VVT)问题，即"对于系统而言，最优但实际可行的测试量是多少?"SysTest的目标是开发通用的VVT方法和流程，并发展VVT经济模型，以优化VVT流程并在软件中实现。这些产品必须由用户定制，以便充分应对不同的风险和质量目标、系统生命周期的不同阶段以及支持不同的产业部门。项目由欧盟研究、技术开发与示范(Research, Technological Development & Demonstration, RTD)、第五框架计划(Fifth Framework Program, FP5)资助，合同为G1RD-CT-2002-00683，参见：http://cordis.europa.eu/project/rcn/61935_en.html，上次访问时间：2017年9月。

的能力是维护和增加系统对利益相关者价值的重要途径。

来自得克萨斯基督教大学(Texas Christian University,TCU)的 Shalom Shachar、Tyson Browning 等人组成的一个小型领导小组和作者着手研究此事并将结果提交给 SysTest 项目组。领导团队投资了门控的传统方法,如开放系统、标准接口和模块化设计,以及更先进的方法,如项目中的实物期权和内部实物期权。因此,研究小组得出结论,现有的方法受到限制,无法应对预期的未来需求(如,设计并建造一两层楼,其强度可根据需要在未来增加一层)。

领导小组得出的结论是,未来维护和升级的理想解决方案是一种通用系统设计,支持各种各样的意想不到的未来需求。换言之,系统设计者应该考虑如何将适应性设计到系统中,以便在其整个生命周期中为利益相关者提供最大的价值。

2004 年 6 月,在法国图卢兹举行的联合会会议上,领导小组向 SysTest 项目小组介绍了他们的发现。研究结果在一次经典的头脑风暴会议(见"3.3.1 经典头脑风暴")中进行了评估,并被小组采纳,该小组承认该问题对大多数成员来说是一个重要问题。一些人提出了利用这些研究成果在各自企业中推广的方法和途径。例如,德国 DaimlerChrysler 公司的 SysTest 项目团队负责人提出了这样一个想法:汽车制造商可以创建车内信息和娱乐子系统,这些子系统可以根据驾驶员的要求定期升级。

### 5.2.2 初始资金投入

会议曾一致认为,目前的任务需要来自工业界、中小企业和大学的几个合作伙伴的参与。此外,还需要外部资金,例如来自欧盟的欧洲委员会(EC)的资金。在接下来的一年里,领导小组召集了一批参与者,共同制定了一份正式的研究提案。

当时,唯一相关的提案请求(EC 术语中的称呼)来自信息社会技术(Information Society Technologies,IST),后者是欧盟第六个框架计划的一个分支。因此,2005 年 9 月对提案进行了重组,并以"为经济机会开发可适应的嵌入式系统(Developing Adaptable Embedded Systems for Economic Opportunities,DAESEO)"的名义提交。然而,IST 对计算机和软件的兴趣更大,对系统工程的兴趣较少,对经济问题的兴趣更少。因此,在资金的激烈竞争下,DAESEO 的提案未能吸引欧共体的财政支持。

### 5.2.3 延展阅读

- Engel,2010

# 5.3 深入了解

在 DAESEO 失败之后，显然：①必须将正确的建议提交给正确的请求；②必须对适应性设计（DFA）相关问题有更深入的理解，以便增加未来的提案能够为广泛的研究项目吸引资金的可能性。

首先，必须扩大这种研究的概念和目标，包括对项目概念的精确定义，拟议工作的主要思想，以可测量和可验证的形式陈述项目的具体目标，以及预测这些目标在拟议研究的生命周期内实际可实现的基础。关键是要表明，提交的提案确实与具体的 EC 称呼有关。

其次，必须确定超出最先进水平的预期进展，具体包括与构建适应性制造系统相关的最新技术，项目合作伙伴的历史适应性经验，与使用定量方法构建适应性系统相关的预期优势，以及提案中提出的特定假设。

## 5.3.1 问题与对策

本小节的目的是描述项目的概念和拟议工作的主要思想。此外，其目的是以可测量和可验证的形式确定项目目标，并证明这些目标预期可实现性的基础。

### 5.3.1.1 问 题

制造业、系统产品和客户服务（以下简称“系统”）通过满足利益相关者的需求和需要提供价值。这些需求会随着时间的推移而发展，并且可能会偏离原始系统的功能。因此，系统对其利益相关者的价值会随着时间的推移而降低。造成下降的原因包括技术机会和利益相关者需求的增长，这使现有的系统显得不够完善。其他原因是系统维护成本的增长，这主要是由于折旧和组件过时等的影响，还有其他原因——环境的变化（例如新的规章制度）。因此，系统必须以高昂的成本定期升级并中断正常操作。由于完全替代成本往往是令人望而却步的，所以系统的适应性是一个有价值的特性。

当前用于架构系统的概念、方法和工具（源自工程学科）缺乏重要的业务和经济考虑因素。因此，大多数系统架构不容易适应不断变化的制造需求和产品变体。这一差距阻碍了行业快速、经济、高效地提供更新的产品/服务，并阻碍了最佳制造绩效。总之，增加系统的生命周期价值需要改进其架构方法。

因此，问题在于：

| 如何将适应性[①]设计到系统中，以便为利益相关者提供最大的生命周期价值？ |
|---|

① 根据 *Merriam-Webster dictionary*，Adaptability 与 Flexibility 不同，后者源自拉丁语单词 flexus，字面意思是指能够承受压力而不受伤害，指的是能够在需要时自然地自我调整的东西。

### 5.3.1.2 方　法

每个试点项目的负责人都使用横向思维方法(见“3.2.1　横向思维”),以产生一种新的、开箱即用的方法,将适应性嵌入产品和系统中。更具体地说,该项目寻求开发下一代技术,用于基于模型的适应性系统架构。这种系统将提高成本效率,减少生产和开发周期,并确保更长、更有价值的使用寿命。这项技术还将与相关的智能制造系统(Intelligent Manufacturing System,IMS)项目和现有标准相协调。

创建适应一系列升级和变化的构件对所有系统都非常重要,因为技术和业务环境可能在其生命周期内发生变化。图 5.3 显示了制造企业架构的一个例子。使用多种原材料构建组件,使用多个组件构建子系统,使用多个子系统构建最终系统。有时,产品销售给终端客户。在其他时候,制造商保留其产品的所有权,以创造创收服务。在大多数情况下,制造商将这两种方法结合起来。

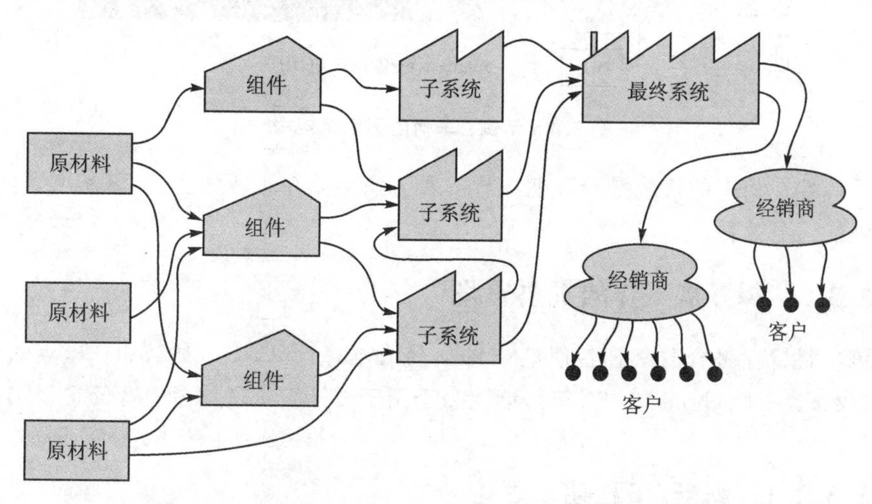


图 5.3　示例:制造业体系架构

这个联合体代表了一个独特的体系架构,由分布在地理区域、生产理念、管理结构等各个元素和接口组成。此外,这个集团是动态的。不同的原材料替换旧的原材料,组件被替换或组合在一起,子系统的制造商改变或倒闭,最终的系统或服务本身以及分销网络和客户群随着时间的推移而演变。

同样,图 5.4 描述了 Scania 卡车的汽车电子结构(大约 2010 年)。这种特殊的建筑本质上是通过历史经验和工程直觉来创建的,而不是通过优化以适应未来未知的需求。尽管存在各种提高系统适应性的定性方法(如模块化、开放式系统、接口标准化等),但缺乏一种方法来量化将适应性纳入系统架构的价值和可实现的效益。

| 该项目声称,一个更具适应性的架构可以增加系统的生命周期价值。 |
| --- |

因此,挑战在于创建理论方法来构建系统(即制造系统以及产品和服务)以实现

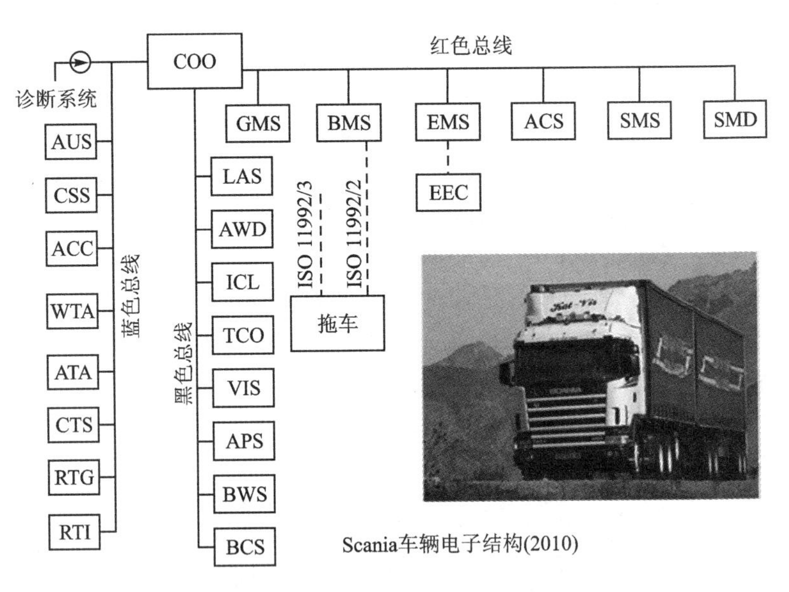


图 5.4　示例：车辆电子系统架构

最佳适应性。相应的挑战是要证明这样一种方法可以在工业中实施，事实上，这会带来可观的终身效益。

### 5.3.2　拟开展工作的主要思路

该项目旨在融合两个著名理论[①]，即交易成本理论(Coase，1937 年)和金融期权理论(Black and Scholes，1973 年)，创建一个用于设计系统最佳适应性的定量结构期权理论。

#### 5.3.2.1　财务/工程期权理论

金融期权是一种赋予买方在特定日期内以特定价格买卖标的资产的权利，而不是义务的合同。Black 和 Scholes(1973 年)提出了第一个可靠的模型(方程)来计算金融期权的成本，给出了与此类交易相关的各种参数。在工程领域，金融期权已经演变成实物期权，然后是内部实物期权，最终形成了架构选项。类似的工程概念表达了“在指定日期以特定价格承担某些未来工程项目的权利，但不是义务。”

工程期权抓住了管理灵活性的价值，以适应意外情况下的决策。该方法代表了评估和管理未来灵活性(即系统适应性)的最新技术。

#### 5.3.2.2　交易成本理论

在经济学中，交易成本是与商品或服务交换相关的成本。其中包括为克服市场缺陷而产生的通信、法律、执法、信息、质量、耐久性、运输等方面的支出。Coase

① 这两种理论的创造者因其工作而获得诺贝尔经济学奖。

(1937年)发现,一个组织内部的交易成本通常比类似的外部交易成本低得多。因此,组织往往会随着交易成本的变化而扩张或收缩。在工程中,交易成本与系统要素之间以及系统与环境之间的接口成本有关。这里的关键概念是组件之间的接口会受到各种事务成本的影响,而埋在模块中的接口代表最小或没有事务成本,因此可以完全忽略。

#### 5.3.2.3 静态价值范式

从根本上说,工程系统的体系架构定义了其组件和它们之间的接口。该项目旨在开发一种新的定量方法来评估系统的不同包装方式,以优化其相对于接口成本的适应性。包装一词用来表示系统的“分布程度”。在一个极端的体系架构中,整个系统被具体化为一个大模块。在另一种极端架构中,系统由多个分散的独立组件组成,这些组件通过多个接口连接起来。去中心化促进了适应性,因为在不干扰系统其他部分的情况下升级组件相对容易。然而,权力下放需要适当的接口,这代表着繁重的交易成本。假设对于一个给定的系统,存在一个特定的体系架构,该体系架构在给定系统的适应性与其接口成本之间取得最佳平衡。

#### 5.3.2.4 设计结构矩阵

设计结构矩阵(Design Structure Matrix,DSM),也称为 $N^2$ 矩阵,是一种采用方阵形式的系统的紧凑视觉模型。它以类似于图论中邻接矩阵的方式显示对象及其关系,并在系统工程中用于对复杂系统或过程的结构进行建模。交易成本与财务或工程期权的融合是通过方阵DSM来实现的,其中,其对角线表示与系统组件相关的工程期权,对角线上方和下方的区域表示与单个组件之间或系统之间的接口相关的接口成本及其环境。

#### 5.3.2.5 动态价值范式

如前所述,随着时间的流逝,系统对其利益相关者的价值逐渐降低。结果,必须定期以昂贵的成本和中断的方式对系统进行升级。该项目的科学家提出了一种定量模型,该模型试图最大限度地减少系统生命周期内累积的价值损失。该模型使用了诸如经济增长、技术进步、磨损成本、报废成本和系统升级成本之类的估算值,以便提供定量估算值,从而指示了下次系统升级之前的最佳预期时间。

### 5.3.3 量化的项目目标

该项目预计将实现行业绩效的阶段性变化,其特点是对客户需求的反应更好,生产线、产品系统和客户服务更加经济。为了确定项目目标并根据其重要性对其进行评级,项目采用了添加-删减-兴趣点(Plus-Minus-Interesting,PMI)分析(见“3.4.1 PMI分析”)。在这一过程结束时,项目目标如下:

**目标1**:开发一种通用的(广泛适用的)可定制的定量和可用的方法来构建系统,以实现对利益相关者需求和技术开发中不可预见的未来变化的最佳适应性。此类系统将表现出更好的成本效益和更长的使用寿命，并缩短升级周期[①]，从而为利益相关者提供更多价值。

**目标 2**：通过实际试点项目验证该方法，以提供具体证据，证明：①通用且可定制；②可扩展；③可用；④成本效益。

**目标 3**：在项目结束时表明，重新配置为适应能力而设计的制造系统或产品/服务，可在成本或升级周期期间或两者结合方面节省 20%。确认将基于试点项目期间测量成本/时间参数，并使用未来的投影技术对这些系统进行模拟。

**目标 4**：表明到项目结束时，为适应能力而设计的制造系统或产品/服务的寿命将增加 25%。确认其将基于对试点项目数据的分析以及使用未来预测技术对这些系统的模拟。

**目标 5**：表明在较长时间内产生更多服务的系统将表现出以下质量效益：①在制造过程中，将减少对自然资源的总体利用和能源消耗以及总体污染和副产品浪费。②适应性强的系统将更容易适应持续发展的监管框架（即环境、健康、安全等）。

### 5.3.4 预测目标的依据

项目协调员和 WP 领导一起使用 SCAMPER（Substitute，Combine，Adapt，Modify，Put，Eliminate and Reverse，替换、组合、适应、修改、再利用、消除和反向）分析（见“3.3.4 SCAMPER 分析”），以评估项目目标是否可实现。预期的可衡量目标基于两个要素：①关于成本效益设计的现有研究；②项目工业和中小企业合作伙伴提供的有关其各自生产线、系统产品和客户服务缺乏适应性的损失的历史信息。

#### 5.3.4.1 现有研究

许多研究表明，随着时间的推移，由于市场压力，再加上技术进步和工程设计的独创性，各种系统的设计往往会一次又一次地进化和改进。图 5.5 举例说明了这一现象。一家生产液力变矩器传动系统的公司，在 30 年的时间里，能够不断地将其制造成本降低 70%（考虑通货膨胀因素）。这是通过重新构建系统并将部件数量减少 70%来实现的（Hundal 等人，2007 年）。

#### 5.3.4.2 合作伙伴的适应性经验

六个行业和中小企业合作伙伴从系统适应性角度评估了自己的历史经验。更具体地说，合作者估计，如果他们的系统是为了适应性而设计的，就可以实现节约。表 5.1 简要列出了该分析。可以看出，缺乏制造以及产品和客户服务的适应性是普遍现象，遍及大多数组织。

---

① 连续系统升级的间隔时间。

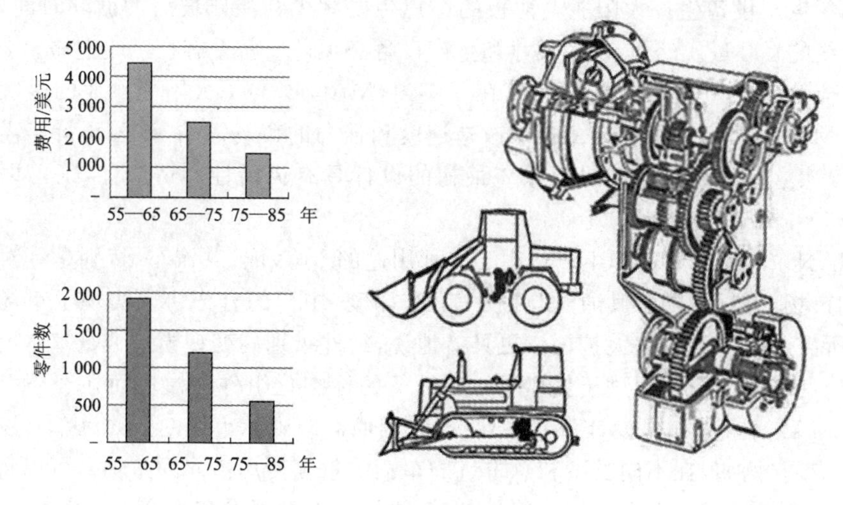


**图 5.5　周期性架构改进**

**表 5.1　汇总合伙人对潜在历史成本节约的估计**

| 公　司 | 业　务 | 类　型 | 类　别 | 成本节约/% |
| --- | --- | --- | --- | --- |
| TPPS | 食品包装系统 | 行业 | 生产线 | 20 |
| MAG | 机械工具 | 行业 | 生产线 | 20～30 |
| MAN | 卡车和公交车 | 行业 | 客户服务/系统产品 | 30 |
| IAI | 飞机航空电子设备/车载电子设备 | 行业 | 系统产品 | 20～30 |
| TTI | 通信系统 | 中小企业 | 系统产品 | 30～35 |
| OPT | 光电系统 | 中小企业 | 生产线 | 20 |

以下是详细的历史适应性分析，说明了适应性对工业和 SME 项目合作伙伴的重要性。

TPPS。Tetra Pak 是全球食品工艺流程、包装、配送线路、独立设备和服务的供应商。过去，其液体食品包装生产线是为了满足现有和具体的生产要求而设计的。因此，其产品开发过程过去侧重于生产过程的单一和孤立的方面。但是经常在生产线升级方面遇到重大延误。此外还发现，往往这些改进未能达到预期的环境和价值效益。后期，Tetra Pak 对整个包装解决方案实施了系统的、整体的方法构成产品开发战略。这是通过采用项目管理和系统工程技术的有效结合来实现的。据观察，在新的整体方法下，一个典型的生产线开发项目历时约三年，耗资约 5.5 万人时。TPPS 估计，如果生产线最初是为适应性而设计的，我们可以为每个开发项目节省约 1.1 万人时。这源于与最小化返工(15%)和消除“镀金”活动(5%)有关的开发费用平均减少 20%左右。

MAG。MAG 是一家领先的机床和系统公司，服务于全球耐用品行业。一个使用 MAG 生产设备生产太阳能电池板的客户想要减少初始爬坡后的循环时间，以提高生产线的吞吐量。然而，产品尺寸和生产设备必须适应每个客户。改造需要 800 个工时加上大约 800 万欧元的材料。在一年内，MAG 参与了太阳能产业的两次升级行动。MAG 估计，按照目前的技术改造速度和强劲的市场需求，该公司每年需要进行 4～5 次这样的升级。如果该系统最初的设计具有灵活性和适应性，则可以节省 20%～30%的升级成本。

**MAN**。MAN 开发和生产适用于多种用途的卡车和公共汽车，特别是针对德国和欧洲市场。然而，随着其通过与拉丁美洲、印度、中国的合作协议实现了市场的跨国化，所需产品的范围大大扩展。更具体地说，组件级别的变型模型数量基本上增加了一倍。因此，该组织因过于偏离了一套可行的标准化组件和模块而在经济上遭受损失。MAN 估计，如果设计每一系列产品(例如面向国际市场的公共汽车)，以适应不同的应用(例如，在不同长度和总重量的车辆中重复使用不同的车轴)，可以将标准化模块的数量从 350 个减少到大约 60 个。这样可以在开发和生产上节省 30%的成本，并通过有针对性地重用现有模块和子系统提高质量。

**IAI**。IAI/Lahav 是一家航空电子系统公司，为飞机和直升机设计和部署航空电子系统，应用范围广泛。过去，航空电子设备之间的内部通信要求相对有限，因此，该系统的体系架构基于中央控制和标准 MIL－STD－1553 Mux－Bus 分配数据。新飞机已成为“系统体系”，数据分发量需要增加三个数量级。此外，控制必须在不同的航空电子设备之间分配。因此，航空电子系统的体系架构必须重新设计，许多航空电子设备必须升级以处理以太网技术和协议。系统重建工作包括单个航空电子设备和接口的重新设计，需要约 50 000 人时，持续约 2.5 年。IAI 估计，如果该系统最初是为适应性设计的，则可以节省 20%～30%的成本。

**TTI**。TTI 是一家从事航天、国防、科学和电信行业的中小企业。目前，TTI 正在为亚洲市场开发和部署 Ka 波段固态功率放大器(SSPA)系统。需要不同 SSPA 系统的新应用不断涌现，要求大幅缩短上市时间。此外，世界每个地区都有不同的频带分配，以满足相同的应用，并对功率和增益水平有特定的要求。因此，核心系统必须定期进行升级，并付出相当大的代价，以适应新的技术和市场机遇。通常，TTI 需要每两年定制一次 SSPA 系统，成本为 1 800 人时。然而，其制造了大量的通信组件(即先进的无线电和微波组件、射频收发器和室外 VSAT 单元、卫星通信移动终端、天线等)，因此估计，如果产品最初是针对适应性设计的，那么 TTI 可以为每个客户节省 30%～35%的总设计和集成成本。

**OPT**。OPT 是一家拥有并经营全息图生产线的中小企业。最初，该设施是为模拟仪器设计的，适应性有限。这包括对环境噪声和振动的严格要求、全息母盘的长曝光时间，以及在全息图制板过程中需要不断使用的多种化学品。经过不懈努力，其采用数码曝光系统对生产线进行了升级，大大提高了全息处理的效率和质量。新系统将全息母板的生产时间缩短了 70%以上，原材料消耗的总成本降低了 50%～

60%。当时，该系统能够达到10 000点/in(DPI)的分辨率，文本的最小高度可以达到25 μm，从而使技术人员能够设计更复杂的全息图，使其设施面向更大的细分市场。OPT估计，如果其系统原本是为了灵活性而设计的，那么OPT可以节省高达20%的直接投资，并减少了用于系统安装的总时间。

### 5.3.5 系统适应性：发展现状

本小节旨在描述建筑制造和系统适应性的最新水平[①]。此外，本小节还讨论了使用定量方法构建可适应系统的优势，以及项目设计者所做的假设及其理由。

#### 5.3.5.1 适应性体系架构

一般来说，系统通常是为了在某一时间点满足指定的要求而设计的。许多设计者没有考虑系统随着进化而反复升级的事实。同时，有大量的文献(如Fricke和Schulz，2005年)表明系统每隔几年就会发生一次重大的升级：

- **市场需求**。用户或客户希望增强功能。
- **技术改进**。新技术提供了机会。
- **维护费用**。老化会增加维护成本和停机时间。
- **部件老化**。由于组件不完整，部分系统必须重新设计。

最早的、正式的和公共的适应性设计(Design for Adaptability，DFA)有关文献出现在1986年，它被应用于计算机硬件和软件架构(Alexandridis，1986年)。这种理念最终导致了具有开放系统架构(例如面向对象)的计算机硬件和软件包的开发。宾夕法尼亚州匹兹堡卡内基梅隆大学软件工程研究所开发了一种替代的DFA方法。PLPI(Product Line Practice Initiative)引导组织从传统的一次性系统开发转向系统化、大规模的产品线重用范式。然而，随着系统的发展，PLPI仅限于构建软件组件和可重用性(CMU/SEI，2003年)。还有其他几个新兴的研究中心对软件DFA的各个方面感兴趣。例如，卡内基梅隆大学的分布式系统研究小组对识别、理解和构建有助于适应性软件系统的技术感兴趣。然而，这些努力是面向软件领域内现有系统的一个窄带。

开放系统是另一种(有限的)DFA方法，强调子系统的标准接口和模块化。这既是系统工程的一种技术方法，也是美国国防部(DoD)针对大型复杂系统采用的首选业务策略(Hanratty，1999年)。当然，DFA的问题比美国国防部定义的开放系统的范围要广得多。针对组件或子系统进行标准化或现代化的改造，特拉维夫大学(Tel-Aviv University，TAU)的研究人员设计了一种计算产品平台总设计成本的方法，其模拟不同的替代方案，并比较每个方案的总设计成本，可以指导设计团队进行系统升级。换句话说，这种方法使用了对设计工作量的估计作为架构决策的基础，而不是通常使用的组件交互的静态度量(Sered和Reich，2006年)。

---

① 本案例研究按时间顺序进行描述，因此，本小节指的是截至2010年的最新技术。

设计结构矩阵(DSM)吸引了全世界范围的研究工作(参见 Maurer 等人,2005 年;Karniel 和 Reich,2009 年)。通常,DSM 描述了系统的一些关键组成部分以及相应的信息交换和依赖性模式。换句话说,它详细说明了系统的要素以及系统内部和外部的信息流以及其他依赖性。这样,可以快速识别出哪个组件依赖于其他组件生成的信息。DSM 的主要优势在于,它可以紧凑的方式表示大量系统元素及其关系,从而突出显示数据中的重要模式(例如反馈回路和模块)。DSM 分析提供了有关如何管理复杂系统或项目的见解,突出了信息流、任务序列和迭代。它可以帮助团队根据不同相互依赖活动之间的最佳信息流来简化他们的流程。

麻省理工学院(Massachusetts Institute of Technology,MIT)的研究人员一直在研究灵活性价值的理论方法(de Neufville 等人,2004 年)。这些概念定义为“项目中的实物期权”,是通过更改技术系统的体系架构创建的。系统中的实物期权可能非常有效(Wang,2005 年)。例如,在卫星通信系统中使用实物期权可以使卫星通信系统的价值提高 25%或更多。在这种情况下,“星座”中的实物期权包括额外的定位火箭和燃料,以便实现一种可以根据需要调整容量的灵活架构(de Weck 等人,2004 年)。另外,在美国(Suh 等人,2008 年)和欧洲,对灵活性的研究很多,特别是与石油、天然气勘探(Lin 等人,2009 年)和制造业有关的灵活性(参见 Maurer 等人,2005 年;Lindemann 等人,2008 年)。

与该项目相关的另一项最新技术涉及对虚拟制造(Virtual Manufacturing,VM)的定量研究。这是一个制造企业、产品系统或客户服务模型的过程,并使用该模型进行实验以捕获其未来行为。通常,这样的模型表示虚拟系统的结构和互连性,可以对其进行仿真以了解其物理和逻辑操作。根据当前的研究和一些案例研究(参见 Ali 和 Seifoddini,2006 年)发现,业务流程模拟模型通过评估资源约束、人力利用、部门互动、提前期、不同条件下生产率等多项措施的流程绩效,可以预测拟议制造业体系结构的制造动态和业务影响。一个业务流程仿真(BPS)为其提供了机会,可以测试未来系统或业务场景设计的健壮性并进行定量和可视化的检查。

#### 5.3.5.2 使用定量方法

该项目的研究人员致力于开发下一代使用架构选项(AO)概念来构建适应性系统的定量方法。表 5.2 总结了截至 2010 年的项目技术方法,并与当前最先进的方法相比较。

表 5.2　技术方法与当前实践

| 当前实践 | 项目技术方法 |
| --- | --- |
| 狭小的系统架构概念/理念 | 该项目试图通过向商业和工程界展示重新组织架构问题(从满足某个时间点的规范到在系统的整个生命周期内提供一系列场景的最佳价值)的优势,来扩展系统架构的概念和理念 |

续表 5.2

| 当前实践 | 项目技术方法 |
|---|---|
| 缺乏系统性 DFA 方法 | 该项目计划开发一种方法,使系统工程师能够对其制造系统和产品/服务的架构适应性做出明智的判断。它定义了影响系统适应性的特性,以及使它们与当前和新兴的体系架构方法相协调的过程 |
| 没有 DFA 优化策略 | 该项目计划开发量化程序和软件工具,将未来的不确定性、风险和机遇转化为量化的价值情景。这些情景应该有助于确定使制造系统和产品/服务适应新的机会或环境的成本。该项目的目标是实现系统寿命价值提高 20%,系统寿命延长 25% |
| 工业项目不进行 DFA 评估 | 该项目计划通过在不同行业(即食品包装、机床、卡车和公共汽车、航空航天、通信和光电)开展六个实际试点项目,对在工业环境下使用 AO 方法和工具的有效性进行正式评估。研究结果将用于加强项目研究产品/服务,以及对照所述原始要求衡量试点项目的总体绩效 |

### 5.3.5.3 项目假设和理由

该项目提案是以若干假设为基础的。表 5.3 列出了这些标准及其理由。

表 5.3 项目假设和理由

<table>
<tr><th>假 设</th><th>理 由</th></tr>
<tr><td>制造业、系统产品和服务为利益相关者提供价值。这个价值随着时间的推移而减小</td><td>许多研究都表明了这一点(如 Browning 和 Honor,2005 年和 2008 年;Hundal 等人,2007 年,等)</td></tr>
<tr><td>系统必须定期升级,因为完全的更换成本往往过高。因此,系统适应性是一个很有价值的特性</td><td rowspan="2">● 上文的许多研究已经证明了这一点;<br>● 见“5.3.4.2 合作伙伴的适应性经验”</td></tr>
<tr><td>总的来说,当前的架构和设计概念解决了当前的需求,而忽略了未来未预料到的客户需求</td></tr>
<tr><td>适应性可以设计成系统,这样它们将在整个生命周期中提供最大的价值</td><td>这在许多研究中都得到了证实(见参考文献)</td></tr>
<tr><td>该项目基于两个经济学理论:交易成本理论和金融期权理论</td><td>这些理论已被广泛应用于商业和学术环境,并被充分证明是有用的。见参考文献</td></tr>
<tr><td>该项目基于架构选项(AO)理论</td><td>AO 理论在过去已经发表过,并且在数学上得到了证明</td></tr>
<tr><td>该项目基于设计结构矩阵</td><td>DSM 方法已在许多商业和学术领域中使用(例如 Maurer 等人,2005 年;Karniel 和 Reich,2009 年)</td></tr>
<tr><td>AO 理论和 DSM 都将得到扩展,以便在工业环境中有效地利用它们</td><td>这些活动计划在 WP2 中完成,即方法论开发</td></tr>
</table>

续表 5.3

| 假　设 | 理　由 |
| --- | --- |
| 有可能开发一种通用的定量方法来构建系统，以便对不可预见的未来变化进行最佳适应 | ● 基础经济和工程理论的可靠性；<br>● 基于融合科研和试点项目的项目战略；<br>● 通过选择6个试点项目领域，该方法的通用性和可定制属性得到充分“证明” |
| 为未来适应性而设计的系统将表现出更好的成本效益、更长的寿命以及更短的时间周期，从而为利益相关者提供更多的价值 | |
| 有可能提供具体证据证明该方法是通用的、可扩展的、可用的和具有成本效益的 | ● 见“5.3.4　预测目标的依据” |
| | ● 在EC支持的SysTest项目（合同号G1RD－CT－2002－00683）中，采用了可比的总体策略，获得了积极的经验 |
| | ● 科学知识、产业多样性和项目联合体的领导能力 |
| 在项目结束时，表明重新设计制造系统或产品/服务的适应性将产生：<br>● 节省20%的成本或周期时间或两者的组合；<br>● 将制造系统或产品/服务的寿命延长25% | ● 见“5.3.4.2　合作伙伴的适应性经验” |
| | ● 科学研究出现在文献中，尤其是（Hundal等人，2007年；de Weck等人，2004年；Lin等人，2009年；Suh等人，2008年；Lindemann等人，2008年） |
| | ● 在试点项目期间测量成本/时间参数 |
| | ● 模拟试点项目数据的未来预测（见“5.4.1.3　根据早期数据集推断未来目标”） |

## 5.3.6　延展阅读

- Alexandridis，1986
- Ali and Seifoddini，2006
- Black and Scholes，1973
- Browning and Honour，2005，2008
- CMU/SEI，2003
- Coase，1937
- de Neufville et al.，2004
- de Weck et al.，2004
- Engel and Browning，2006，2008
- Fricke and Schulz，2005
- Hanratty，1999
- Hundal et al.，2007
- Karniel and Reich，2009
- Lin et al.，2009
- Lindemann et al.，2008
- Maurer et al.，2005
- Sered and Reich，2006
- Suh et al.，2008
- Wang，2005

# 5.4 项目计划

细致的项目规划是工程项目成功的先决条件。为成为 AMISA 项目所做的精心准备,有助于实现该项目的大部分目标,也有助于培养一种优秀的团队精神,这种精神贯穿整个项目 3 年及以后。

由国际、国家或地区机构资助的研发项目的管理问题通常会更加复杂,因为其中许多项目都是通过财团安排运作的。一个财团通常由独立的公司和组织组成,每个财团都有自己的机构以及个人的理解和兴趣。更多的时候,这些观点并非是一致的,甚至是对立的。令人烦恼的管理问题是,在一个财团中,协调员与不同组织之间的指挥线模糊不清或根本不存在。协调员可以解释、询问、乞求或哄骗,但仅此而已。因此,全面的项目规划对于缓解组织结构固有的缺陷任重道远。

据此,本节的目的是为承担复杂科学与工程研发项目规划这一艰巨任务的工程师提供一个范例,一个模板,特别是在组织结构下。

## 5.4.1 项目计划活动

### 5.4.1.1 规划项目的逻辑进程和信息流

项目协调员利用矛盾解决方法(见“3.2.2 解决矛盾”)来领导项目的详细规划。项目计划的逻辑进程如下所述(见图 5.6)。

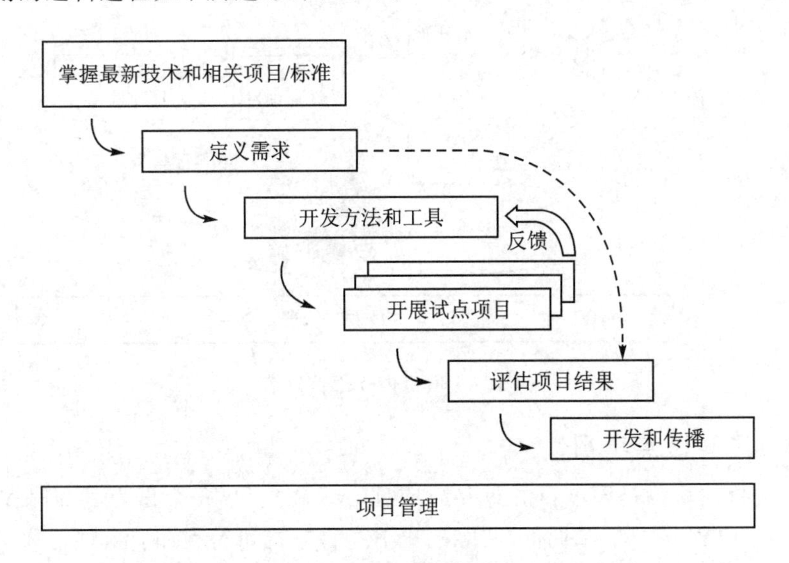


图 5.6 项目的逻辑进程

**获取相关信息**。该项目将从获取 DFA 的最新技术以及与相关 IMS 项目和欧洲标准(WP1)相关的其他信息开始。

**定义需求**。所有合作伙伴都要确定其 DFA 方法和工具需求(WP1)。

**开发方法和工具**。将创建 DFA 通用和可定制的方法和工具。该方法和工具包括根据不同用户需求定制其内置方法。根据 DFA 业务领域(即制造线、产品系统或服务业务)以及系统大小/范围和其他相关参数(WP2、WP3)进行裁剪。

**开展试点项目**。4 个行业和 2 家中小型企业将根据自己的特定需求量身定制方法,然后进行实际试验项目,以验证方法和工具的可行性。此外,如果需要,所有合作伙伴将参与调整 DFA 方法和工具,以在不同的工业环境(WP4)中进行实际实施。

**评估项目结果**。试点项目的结果将根据最初的目标和要求(WP5)进行评估。

**开发和传播**。该项目的成果将由合作伙伴利用并向公众传播(WP6)。

**项目管理**。在整个项目期间(WP7),将对项目进行管理和监控。项目协调员和工作包(Work Package,WP)负责人创建了一个流程图(见“3.6.1　流程图分析”)。计划的内部信息流以及项目与外部世界之间的计划信息流如图 5.7 所示。这包括一般的输入、输出信息以及项目交付成果。

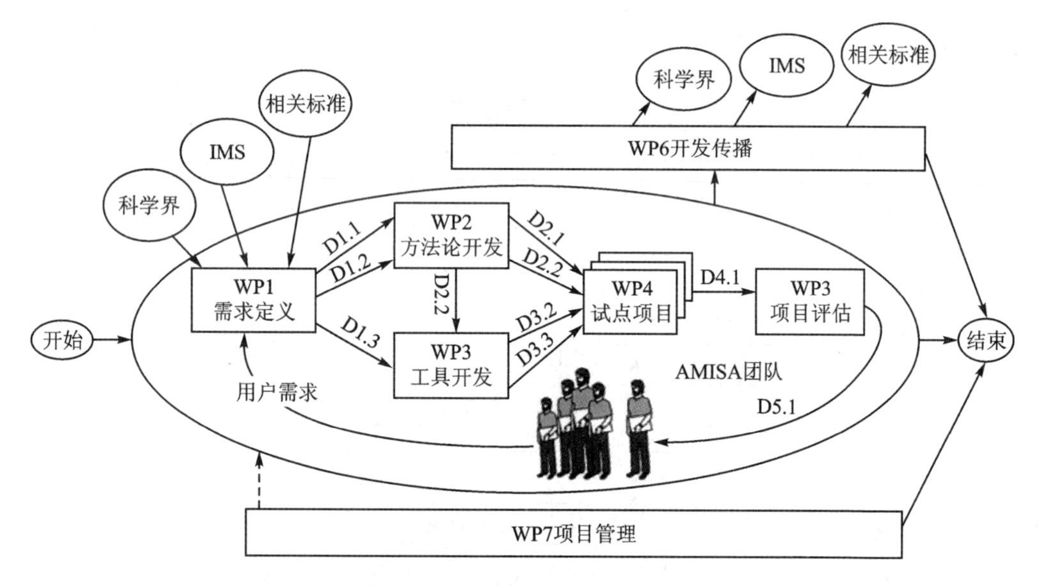


图 5.7　项目内外部信息流

### 5.4.1.2　试点项目

试点项目被认为是该项目的重要组成部分。在这里,每个试点项目都是为了评估 DFA 方法和经济模型在真正、实际的工业条件下的可行性和有效性。表 5.4 概述了原计划的 6 个试点项目。

表 5.4　6 个试点项目概况

| 公司 | 中小企业 | 业务 | 架构适应性：<br>1. 产品体系<br>2. 服务业<br>3. 生产线 | 3 | 2 | 1 |
|---|---|---|---|---|---|---|
| TPPS | | 食品包装系统 | 可生物降解的产品和减少能源/废物 | X | | |
| MAG | | 机械工具 | 太阳能组件生产系统 | X | | |
| MAN | | 卡车、公共汽车、大型发动机 | 客户服务和环保卡车发动机/排气结构 | | X | X |
| IAI | | 飞机航空电子设备/电子车辆 | 部分无人机已知需求 | | | X |
| | TTI | 通信系统 | 种类繁多的固态功率放大器 | | | X |
| | OPT | 光电系统 | 数字控制全息生产工艺 | X | | |

以下是对计划试点项目的更具体说明：

**TPPS。**Tetra Pak 试点项目是包括开发一个由相同的系统制造系统支持的整套产品。试验项目的范围包括更新几个工业生产装置以及小型、中型和大型包装线，以适应需要，并获取相关的工艺数据。

**MAG。**MAG 试点项目将为 MAG 的总控生产系统注入适应性，主要用于制造太阳能组件。

**MAN。**MAN 计划进行两个试点项目：①一个项目涉及开发适应性强的卡车或客车客户服务组织；②一个项目专注于使卡车发动机和排气结构适应尚未明确的环境需求的项目，例如欧 6 标准。

**IAI。**IAI / Lahav 选择了其新型无人地面车辆（Unmanned Ground Vehicle，UGV）作为评估该项目拟议技术的有效性的候选者。该试点项目将包括机器人车辆控制系统的设计。试点项目的范围包括自主和远程操作模式下的任务计划和操作。此外，该系统有望支持“系统的系统”概念，要求在许多 UGV 之间进行协调。

**TTI。**TTI 寻求实现其固态功率放大器（Solid State Power Amplifiers，SSPA）的灵活设计，以适应新的技术发展和根据市场需求分配的新传输频带。通过这种方式，SSPA 设计可以支持从大功率发射机到小型配电和便携式系统的各种系统。TTI 认为 SSPA 系统是评估项目拟议方法有效性的候选方案。该试验项目是设计高度适应性 SSPA 的一次尝试。

**OPT。**OPT 试图进行一个试点项目，旨在将最大的适应能力注入其全息产品/服务生产线架构中。

### 5.4.1.3 根据早期数据集推断未来目标

通常,生产线或重要系统的设计寿命为5年、10年或20年。在这样的生命周期内,更新这些参数的次数可能会很容易。然而,试点项目将在大约20个月内进行,目的是确定项目在实现未来目标方面的成败。换言之,其目的是利用相对较短的试点项目以确定为适应性而设计的系统是否可以更低的成本或更长的持续时间升级到计划外的规范。也就是说,为适应能力而设计的系统的生命周期值是否事实上增强了。

最初,该项目计划开发虚拟制造的现代定量研究,并使用选定的商用工具(如Arena、Automode、Delmia-quest等)执行离散事件工厂模拟(Discrete Event Factory Simulation,DEFS)。其目的是使用业务流程模拟(Business Process Simulation,BPS)来预测以"原样"方式设计的虚拟制造企业(或系统)的行为(仅在某个时间点满足规定的需求),并将结果与为满足未来未知需求而构建的系统的BPS(为适应性而设计)进行比较。

### 5.4.1.4 项目进度

图5.8描述了项目进度总计划的图形表示。由不同的WP生成的正式交付物被叠加在图像上。

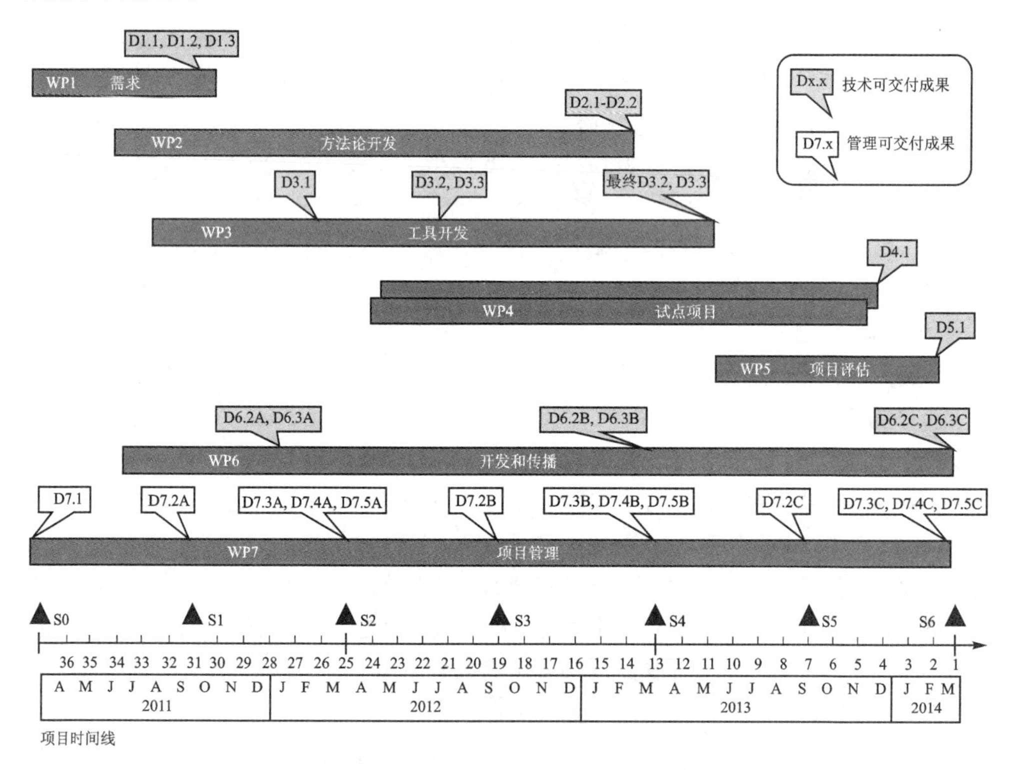


图5.8 项目进度总计划

### 5.4.1.5 工作包和任务

图5.9描述了7个工作包(WP)和项目任务的工作分解结构(Work Breakdown Structure,WBS)的图形表示。

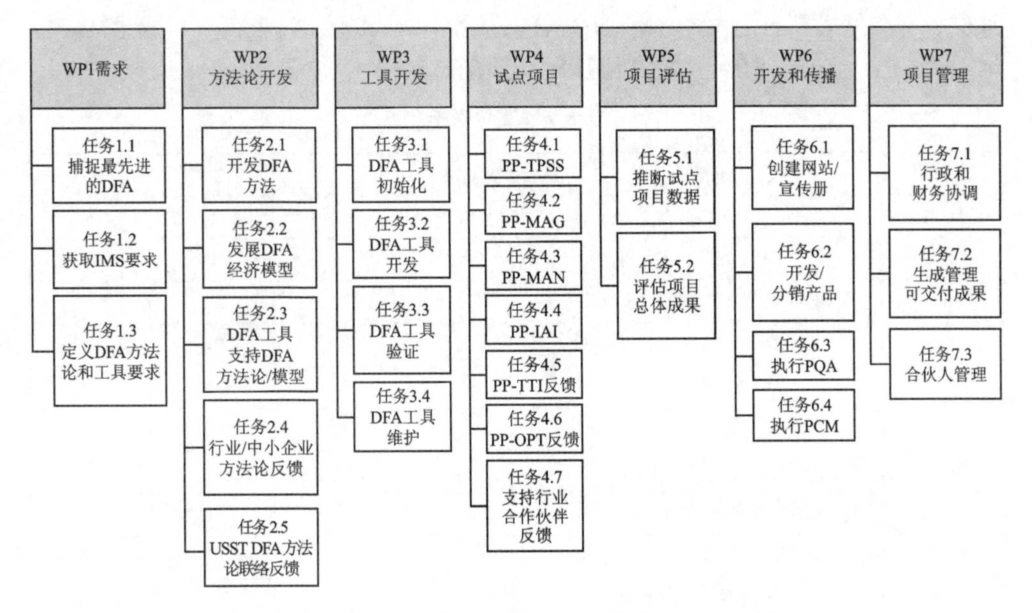


图5.9 项目任务和工作包

### 5.4.1.6 工作包清单

表5.5描述了计划中项目的工作包。该表定义了工作包的序号、标题、活动类型、工作组负责人以及每个工作组的范围以及每个工作组的开始和结束月份(活动类型为:RTD=研究与技术开发;MANAG=管理)。

表5.5 工作包列表

| WP序号 | 工作包标题 | 活动类型 | 牵头参与者 | 每月人数 | 开始月份 | 结束月份 |
|---|---|---|---|---|---|---|
| 1 | 需求定义 | RTD | MAN | 38 | 1 | 8 |
| 2 | 方法论发展 | RTD | TUM | 56 | 4 | 24 |
| 3 | 工具开发 | RTD | TAU | 41 | 5 | 27 |
| 4 | 试点项目 | RTD | IAI | 153 | 13 | 34 |
| 5 | 项目评估 | RTD | MAG | 43 | 27 | 36 |
| 6 | 开发与传播 | RTD | TPPS | 30 | 6 | 36 |
| 7 | 项目管理 | MANAGE | TAU | 27 | 1 | 36 |
|  | 总计 |  |  | 388 |  |  |

#### 5.4.1.7 交付清单

表5.6显示了计划的可交付成果。其中包括可交付成果的ID和名称,负责生成可交付成果的WP序号,可交付成果的性质以及传播级别和可交付成果的计划交付月份。可交付成果的性质是:R=报告,P=原型,O=其他。每个可交付成果的传播级别为:PU=公开,PP=仅限其他计划参与者和客户。

**表5.6 交付清单**

| 交付物ID | 交付物名称 | WP序号 | 交付物性质 | 传播水平 | 交货月份 |
|---|---|---|---|---|---|
| D1.1 | DFA最新报告 | 1 | R | RP | 6 |
| D1.2 | DFA方法论的要求 | 1 | R | RP | 6 |
| D1.3 | DFA经济模型支持工具的要求 | 1 | R | RP | 6 |
| D2.1 | DFA方法论指南(DFA-MG) | 2 | R | PU | 24,34 |
| D2.2 | DFA经济模型(DFA-EM) | 2 | R | PU | 24,34 |
| D3.1 | DFA-Tool规格和设计文件 | 3 | R | PP | 10 |
| D3.2 | 适应性设计软件工具(DFA-ST) | 3 | P | PU | 15,34 |
| D3.3 | DFA工具培训和同化套件 | 3 | O | PU | 15,34 |
| D4.1 | 报告6个试点项目及其结果 | 4 | R | PP | 33 |
| D5.1 | 评估项目总体成果 | 5 | R | PP | 35 |
| D6.1 | 宣传该项目的小册子和网站 | 6 | O | PU | 8 |
| D6.2-A | 利用和传播第1年的知识 | 6 | R | PP | 12 |
| D6.2-B | 利用和传播第2年的知识 | 6 | R | PP | 24 |
| D6.2-C | 利用和传播第3年的知识 | 6 | R | PP | 36 |
| D6.3-A | 第1年年底关于PQA和PCM的报告 | 6 | R | PP | 12 |
| D6.3-B | 第2年年底关于PQA和PCM的报告 | 6 | R | PP | 24 |
| D6.3-C | 第3年年底关于PQA和PCM的报告 | 6 | R | PP | 36 |
| D7.1 | 财团协议 | 7 | R | PP | 0 |
| D7.2-A | 第1年年中定期中期活动报告 | 7 | R | PP | 6 |
| D7.2-B | 第2年年中定期中期活动报告 | 7 | R | PP | 18 |
| D7.2-C | 第3年年中定期中期活动报告 | 7 | R | PP | 30 |
| D7.3-A | 第1年年底定期活动报告 | 7 | R | PP | 12 |
| D7.3-B | 第2年年底定期活动报告 | 7 | R | PP | 24 |
| D7.3-C | 第3年年底定期活动报告 | 7 | R | PP | 36 |
| D7.4-A | 第1年年底财务跟进 | 7 | R | PP | 12 |
| D7.4-B | 第2年年底财务跟进 | 7 | R | PP | 24 |
| D7.4-C | 第3年年底财务跟进 | 7 | R | PP | 36 |

续表 5.6

| 交付物 ID | 交付物名称 | WP 序号 | 交付物性质 | 传播水平 | 交货月份 |
|---|---|---|---|---|---|
| D7.5-A | 第1年年底定期管理报告 | 7 | R | PP | 12 |
| D7.5-B | 第2年年底定期管理报告 | 7 | R | PP | 24 |
| D7.5-C | 第3年年底定期管理报告 | 7 | R | PP | 36 |

#### 5.4.1.8 里程碑清单

表5.7列出了计划中的项目里程碑。每个里程碑都由其ID、名称和描述、负责执行该里程碑的工作包、预计出现的月份以及证明每个里程碑验证的方式来标识。

表 5.7 项目里程碑列表

| 里程碑 ID | 里程碑名称/说明 | 责任人 | 预期月份 | 验证方法 |
|---|---|---|---|---|
| M0.1 | 启动大会 | 7 | 0 | N/A。<br>相关可交付成果 D7.1 |
| M1.1 | 发起 Workshop-0,向来自两个IMS项目的代表开放:MyCar-FUTURA 和 VFF-MTP | 1 | 1 | 研讨会致力于分享对项目研究的理解:DFA、期权(金融、房地产、建筑)和 DSM 中的理论概念 |
| M1.2 | 综合 DFA 方法论需求与最新技术和当前实践 | 1 | 6 | 在通用且可定制的 DFA 方法论上达成共识。<br>相关可交付成果:D1.1,D1.2,D1.3 |
| M2.1 | 完成 DFA 方法论和经济模型的第一阶段开发 | 2 | 15 | 在通用且可定制的 DFA 上达成共识。<br>同意针对不同环境和行业的 DFA 定制规则。<br>就通用和可定制的 DFA 经济模型达成共识 |
| M2.2 | 完成 DFA 方法论和经济模型开发 | 2 | 30 | 基于在不同工业试验项目中使用的 DFA 方法和经济模型的成功评估。<br>相关交付成果:D2.1,D2.2 |
| M3.1 | 完成 DFA 软件工具的第一阶段开发 | 3 | 15 | 同意 DFA 软件工具的设计,初始界面和操作。<br>相关可交付成果:D3.1,D3.2,D3.3 |
| M3.2 | 完成 DFA 软件工具的开发 | 3 | 30 | 在各种工业试验项目中成功运行 DFA 软件工具 |

续表 5.7

| 里程碑 ID | 里程碑名称/说明 | 责任人 | 预期月份 | 验证方法 |
|---|---|---|---|---|
| M4.1 | 验证 DFA 同化活动 | 4 | 18 | DFA 同化套件，包含使用的培训材料已准备好各种试点项目中的 DFA 方法论和经济模型。<br>可以为试点项目提供持续的 DFA 支持。<br>工业试验项目已开始运行 |
| M5.1 | 在项目用户的 DFA 方法评估小组会议上，他们使用了真实的试验项目数据和 COTS 工具来执行离散事件工厂模拟(DEFS) | 5 | 34 | 以下报告的可用性：<br>● D1.2 DFA 方法的要求；<br>● D1.3 DFA 经济模型支持工具的要求；<br>● D5.1 项目总体绩效评估 |
| M6.1 | Workshop－1 项目<br>(向公众开放) | 6 | 24 | 研讨会致力于项目进展和取得的成果。<br>将讨论有关项目主题的意见以及解决技术问题的方法，这将对下一阶段的工作有所帮助。<br>相关可交付成果：D6.1，D6.2，D6.3 |
| M6.2 | Workshop－2 项目<br>(向公众开放) | 6 | 36 | 将举办研讨会，以介绍项目成果并讨论进一步的实施活动。<br>相关可交付成果：D4.1，D5.1 |
| M7.1 | 项目关闭 | 7 | 36 | 相关可交付成果：最终 D7.2，D7.3，D7.4，D7.5 |

### 5.4.1.9 员工工作总结

表 5.8 列出了项目参与者和工作包分配的工作人员工作量汇总。

**表 5.8 工作人员工作总结**

| 参与者 | 简　称 | WP1 | WP2 | WP3 | WP4 | WP5 | WP6 | WP7 | 总人数 | |
|---|---|---|---|---|---|---|---|---|---|---|
| | | | | | | | | | 月份 | 占比/% |
| 1 | TAU | 5 | 12 | 24 | 6 | 6 | 6 | 20 | 79 | 20 |
| 2 | TUM | 8 | 22 | 4 | 6 | 12 | 6 | 1 | 59 | 15 |
| 3 | TPPS | 3 | 2 | 1 | 19 | 3 | 3 | 1 | 32 | 8 |
| 4 | MAG | 4 | 4 | 4 | 24 | 6 | 3 | 1 | 46 | 12 |
| 5 | MAN | 6 | 4 | 2 | 24 | 4 | 3 | 1 | 44 | 11 |

续表 5.8

| 参与者 | 简称 | WP1 | WP2 | WP3 | WP4 | WP5 | WP6 | WP7 | 总人数 | |
|---|---|---|---|---|---|---|---|---|---|---|
| | | | | | | | | | 月份 | 占比/% |
| 6 | IAI | 4 | 4 | 2 | 26 | 4 | 3 | 1 | 44 | 11 |
| 7 | TTI | 4 | 4 | 2 | 24 | 4 | 3 | 1 | 42 | 11 |
| 8 | OPT | 4 | 4 | 2 | 24 | 4 | 3 | 1 | 42 | 11 |
| 总计 | | 38 | 56 | 41 | 153 | 43 | 30 | 27 | 388 | 100 |

## 5.4.2 详细的工作模块说明

表 5.9～表 5.15 描述了计划的每个工作包。

表 5.9 WP1：需求定义

| 开始日期 | 第1个月 | | | | | | | | |
|---|---|---|---|---|---|---|---|---|---|
| 活动类型 | RTD | | | | | | | | |
| 参与者编号 | 1 | 2 | 3 | 4 | 5（WP领导） | 6 | 7 | 8 | 总数 |
| 参与者简称 | TAU | TUM | TPPS | MAG | MAN | IAI | TTI | OPT | |
| 每位参与者的人月数 | 5 | 8 | 3 | 4 | 6 | 4 | 4 | 4 | 38 |
| WP目标 | 此WP的目的是分析行业和学术界在适应性设计(DFA)过程和实践方面的最新技术，并确定①DFA方法论；②DFA经济模型的要求项目；③所有参与该项目的行业/中小企业都需要的DFA-Tool软件 | | | | | | | | |
| 工作描述 | | | | | | | | | 参与者 |
| 任务1.1：捕获最新的DFA | 识别并收集所有代表DFA方法论的最新技术的最新研究。这将包括对以下方面的系统评价：①美国、欧洲和其他学术机构的进展；②政府组织(例如NASA,ESA)；③政府/行业合作研究(例如EC研究计划)；④行业(例如IMS组织) | | | | | | | | TAU，TUM，MAN，USST |
| 任务1.2：获取IMS要求 | 同意该项目与两个新兴IMS项目(MyCar-FUTURA和VFF-MTP)之间的协作，并获得与上述IMS项目相关的DFA方法论要求 | | | | | | | | TAU，TUM，MAN |
| 任务1.3：定义DFA方法和工具要求 | 从系统工程/ TAU角度定义需求 | | | | | | | | TAU |
| | 从机械工程/ TUM角度定义需求 | | | | | | | | TUM |
| | 从制造/食品行业的角度定义需求 | | | | | | | | TPPS |
| | 从制造/机床角度定义需求 | | | | | | | | MAG |
| | 从卡车和客车客户服务的角度定义需求 | | | | | | | | MAN |
| | 从航空电子和航空航天系统产品的角度定义需求 | | | | | | | | IAI |
| | 从信息和通信系统产品的角度定义需求 | | | | | | | | TTI |
| | 从光电设备角度定义需求 | | | | | | | | OPT |
| | 从美国学术角度定义要求 | | | | | | | | USST |

续表 5.9

| WP 交付物 | | 参与者 |
| --- | --- | --- |
| D1.1 | DFA 最新报告 | MAN |
| D1.2 | DFA 方法论的要求 | TUM |
| D1.3 | DFA 经济模型支持工具的要求 | TAU |

**表 5.10 WP2：方法论开发**

| 开始日期 | 第 4 个月 | | | | | | | | |
| --- | --- | --- | --- | --- | --- | --- | --- | --- | --- |
| 活动类型 | RTD | | | | | | | | |
| 参与者编号 | 1 | 2<br>（WP 领导） | 3 | 4 | 5 | 6 | 7 | 8 | 总数 |
| 参与者简称 | TAU | TUM | TPPS | MAG | MAN | IAI | TTI | OPT | |
| 每位参与者的人月数 | 12 | 22 | 2 | 4 | 4 | 4 | 4 | 4 | 56 |
| WP 目标 | 该工作组的目的是开发通用且可定制的 DFA 方法论和定量经济模型。最终目标是生成 DFA 方法论指南(DFA－MG)和正式的 DFA 经济模型(DFA－EM),以架构制造企业、产品系统和客户服务,以使其最佳地适应不可预测的未来变化。DFA 方法和模型是纳入一个内置的裁剪设施,该设施被认为是 DFA 改进的性质(即生产线、产品系统或服务业务)和系统类别以及其他相关参数 | | | | | | | | |

| 工作描述 | | 参与者 |
| --- | --- | --- |
| 任务 2.1：<br>开发 DFA 方法论 | 创建项目“适应性方法设计指南”(DFA－MG)。这涉及以下方面：①提出所需的最合适的程序、方法和指南,以促进在工业环境中实践 DFA 思维和 DFA 实施;②定义一套启发式规则,用于针对不同行业的 DFA 方法学定制域和系统类别;③支持六个试点项目并根据持续遇到的问题调整 DFA－MG | TAU,<br>TUM, |
| 任务 2.2：<br>开发 DFA 经济模型 | 创建适应性-经济模型项目设计(DFA-EM)。这涉及以下方面：①提出最合适、最实用的模型来量化 DFA 参数及其数学关系;②确定在工业环境中收集此类信息的实用方法;③设计是指在现实约束下寻找和优化体系结构;④支持六个试点项目,并根据持续遇到的问题调整 DFA－EM | TAU,<br>TUM |
| 任务 2.3：支持<br>DFA 方法论/模型 | 维护项目 DFA 方法。这涉及以下方面：①为 6 个试点项目提供 DFA 方法论支持,包括方法论的解释和对现场发现的任何问题的响应;②根据试点项目的实际需要,对 DFA 方法和模型进行调整和升级 | TAU,<br>TUM |

续表 5.10

| 工作描述 | | 参与者 |
|---|---|---|
| 任务 2.4：行业/MSE 方法学反馈 | 所有 4 个行业和 2 个中小企业将就 DFA 方法和 DFA 经济模式的有效性和相关问题提供反馈 | TPPS，MAG，MAN，IAI，TTI，OPT |
| 任务 2.5：USST DFA 方法论联络 | 参加正在进行的技术会议。根据美国当前的研究提供 DFA 方法论输入。查看项目合作伙伴创建的报告和演示材料 | USST |
| WP 交付物 | | 参与者 |
| D2.1 | DFA 方法论指南(DFA - MG) | TUM |
| D2.2 | DFA 经济模型(DFA - EM) | TAU |

**表 5.11 WP3：工具开发**

| 开始日期 | 第 5 个月 | | | | | | | |
|---|---|---|---|---|---|---|---|---|
| 活动类型 | RTD | | | | | | | |
| 参与者编号 | 1<br>(WP 领导) | 2 | 3 | 4 | 5 | 6 | 7 | 8 | 总数 |
| 参与者简称 | TAU | TUM | TPPS | MAG | MAN | IAI | TTI | OPT | |
| 每位参与者的人月数 | 24 | 4 | 1 | 4 | 2 | 2 | 2 | 2 | 41 |
| WP 目标 | 此 WP 的目标是构建一个包含 DFA - EM 的原型软件工具，并定制启发式的方法和规则。该 DFA 工具将由学术界和行业/中小企业合作伙伴进行评估，并在 6 个不同的行业内进行校准。不同的工业合作伙伴将保证 DFA - EM 理论在工业环境中的实际适用性以及与公司最佳实践的协调 | | | | | | | | |
| 工作描述 | | | | | | | | | 参与者 |
| 任务 3.1：DFA 工具初始化 | 该任务将启动 DFA - Tool 软件包的开发。这应包括使用现有的 DFA - Tool 要求以创建工具规格和设计。规格/设计将提交给项目合作伙伴进行评估和批准 | | | | | | | | TAU |
| 任务 3.2：DFA 工具开发 | 根据可用的要求和规格/设计来开发 DFA - Tool 软件。开发将反复进行，其中新功能和重新测试将定期进行。此外，还将向小组成员展示 DFA 工具，以验证实施的一般概念 | | | | | | | | TAU |
| 任务 3.3：DFA 工具验证和确认 | 测试 DFA - Tool 软件包。两个项目的合作伙伴(一个学者和一个行业)将正式评估 DFA 工具 | | | | | | | | TUM，MAG |
| 任务 3.4：DFA 工具维护 | 维护项目 DFA - Tool。这涉及以下几个方面：①向所有用户演示 DFA - Tool；②对用户进行 DFA - Tool 操作的培训；③回答任何用户有关软件包的使用情况；④在项目进行期间向小组成员提供维护设施；⑤根据试点项目中发生的实际需求调整和升级 DFA 软件工具 | | | | | | | | TAU，TUM，TPPS，MAG，MAN，IAI，TTI，OPT |

续表 5.11

| WP 交付物 | | 参与者 |
|---|---|---|
| D3.1 | DFA - Tool 规格和设计文件 | TAU |
| D3.2 | 适应性软件设计工具(DFA - ST) | TAU |
| D3.3 | DFA 工具培训和同化套件 | TAU |

**表 5.12 WP4: 试点项目**

| 开始日期 | 第 13 个月 | | | | | | | | |
|---|---|---|---|---|---|---|---|---|---|
| 活动类型 | RTD | | | | | | | | |
| 参与者编号 | 1 | 2 | 3 | 4 | 5 | 6 (WP 领导) | 7 | 8 | 总数 |
| 参与者简称 | TAU | TUM | TPPS | MAG | MAN | IAI | TTI | OPT | |
| 每位参与者的人月数 | 6 | 6 | 19 | 24 | 24 | 26 | 24 | 24 | 153 |
| WP 目标 | 该方案的目标是通过在不同工业部门开展实际试点项目，支持对 DFA 方法和经济模式的正式评估。具体来说，这个工作包就是包括 DFA 试点项目的选择和 DFA 方法论对具体制造业、产品系统和客户服务类的剪裁。其结果既要用于增强项目研究产品，也要用于衡量项目相对于规定的原始要求的整体绩效 | | | | | | | | |

| 工作描述 | | 参与者 |
|---|---|---|
| 任务 4.1：试点项目 TPPS | 在食品包装行业范围内选择一个实际的试点项目，优化其制造架构以实现未来的适应性。此外，为项目的具体需求定制 DFA 方法；进行一个真实的试验项目，并收集与特定领域/行业相关的适当过程数据 | TPPS |
| 任务 4.2：试点项目 MAG | 在机床行业范围内选择一个实际的试点项目，优化其制造架构以实现未来的适应性。此外，定制 DFA 方法以适应项目的特定需求；进行一个真实的试验项目，并收集与特定领域/行业相关的适当过程数据 | MAG |
| 任务 4.3：试点项目 MAN | 在卡车和客车行业领域中选择两个现实生活的试点项目，①优化其客户服务体系架构以实现未来的适应性；②优化发动机/排气结构的适应性以适应未来的环境要求。此外，定制 DFA 方法以适应项目的特定需求；进行一个真实的试验项目，并收集与特定领域/行业相关的适当过程数据 | MAN |
| 任务 4.4：试点项目 IAI | 在与 UGV 产品/服务相关的汽车电子领域中选择一个实际的试点项目，优化系统架构以实现未来的适应性。此外，定制 DFA 方法以适应项目的特定需求；进行一个真实的试验项目，并收集与特定领域/行业相关的适当过程数据 | IAI |

续表 5.12

| 工作描述 | | 参与者 |
|---|---|---|
| 任务 4.5：试点项目 TTI | 在 SSPA 的范围内为通信系统产品选择一个现实的试点项目，优化系统架构以适应未来的需求。此外，定制 DFA 方法以适应项目的特定需求；进行一个真实的试验项目，并收集与特定领域/行业相关的适当过程数据 | TTI |
| 任务 4.6：试点项目 MAN | 在制造全息产品领域中选择一个现实的试点项目，优化其制造架构以适应未来的需求。此外，定制 DFA 方法以适应项目的特定需求；进行实际的试验项目，并收集与特定领域/行业相关的适当过程数据 | OPT |
| 任务 4.7：支持行业合作伙伴 | 支持所有工业合作伙伴并提供方法上的帮助，以便：①在进行试点项目和收集有关日期的同时消除问题；②在推断所收集的数据和核实现有的每个试点项目是否达到其最初目标以及达到何种目标方面提供方法上的支持 | TAU<br>TUM |
| WP 交付物 | | 参与者 |
| D4.1 | 报告 6 个试点项目及其结果。 | IAI |

**表 5.13　WP5：试点项目**

| 开始日期 | 第 27 个月 | | | | | | | | |
|---|---|---|---|---|---|---|---|---|---|
| 活动类型 | RTD | | | | | | | | |
| 参与者编号 | 1 | 2 | 3 | 4<br>（WP 领导） | 5 | 6 | 7 | 8 | 总数 |
| 参与者简称 | TAU | TUM | TPPS | MAG | MAN | IAI | TTI | OPT | |
| 每位参与者的人月数 | 6 | 12 | 3 | 6 | 4 | 4 | 4 | 4 | 43 |
| WP 目标 | 本工作包的目的是利用从实际试点项目获得的数据，对 DFA 方法和经济模型进行正式评估。业务流程模拟(Business Process Simulation，BPS)将用于预测在每个试点项目中实施 DFA 方法的长期影响。研究结果将用于改进项目研究产品，以及根据所述的原始要求衡量项目的总体性能 | | | | | | | | |
| 工作描述 | | | | | | | | | 参与者 |
| 任务 5.1：外推试点项目数据 | 确定用于推断试点项目结果的方法和工具(通过虚拟制造过程的仿真)。此外，建立标准，以确定相对于满足项目定量目标的成功水平 | | | | | | | | TAU，TUM，MAG |
| 任务 5.2：评估总体项目成果 | 对每个工业/中小企业合作伙伴执行唯一的虚拟制造模拟，并生成一份有关项目总体绩效评估的报告 | | | | | | | | TPPS，MAG，MAN，IAI，TTI，OPT |
| WP 交付物 | | | | | | | | | 参与者 |
| D5.1 | 评估项目的整体成就 | | | | | | | | MAG |

表 5.14　WP6：开发和传播

<table>
<tr><td>开始日期</td><td colspan="9">第 6 个月</td></tr>
<tr><td>活动类型</td><td colspan="9">RTD</td></tr>
<tr><td>参与者编号</td><td>1</td><td>2</td><td>3<br>（WP 领导）</td><td>4</td><td>5</td><td>6</td><td>7</td><td>8</td><td>总数</td></tr>
<tr><td>参与者简称</td><td>TAU</td><td>TUM</td><td>TPPS</td><td>MAG</td><td>MAN</td><td>IAI</td><td>TTI</td><td>OPT</td><td></td></tr>
<tr><td>每位参与者的人月数</td><td>6</td><td>6</td><td>3</td><td>3</td><td>3</td><td>3</td><td>3</td><td>3</td><td>30</td></tr>
<tr><td>WP 目标</td><td colspan="9">本工作包的目标是促进小组内项目产品的开发，并将项目产品传播给附属 IMS 项目（MyCar－FUTURA 和 VFF－MTP）、制造业和产品系统设计界以及广大公众。此外，本工作包还负责为项目提供产品质量保证（Products Quality Assurance，PQA）和产品配置管理（Products Configuration Management，PCM）服务</td></tr>
<tr><td colspan="9">工作描述</td><td>参与者</td></tr>
<tr><td>任务 6.1：<br>创建网站/手册</td><td colspan="8">创建一个项目网站和宣传册</td><td>TUM</td></tr>
<tr><td>任务 6.2：<br>开发/传播产品</td><td colspan="8">在小组内部开发项目产品，并将其分发给制造业、产品系统设计单位以及广大公众。<br>将项目产品提供给协作的 IMS 项目（MyCar－FUTURA 和 VFF－MTP），并提供帮助。<br>举办两个向公众开放的项目研讨会：<br>① 两年末。研讨会将致力于项目进展和取得的成果。将讨论有关项目主题的意见以及解决技术问题的方法，这将对下一阶段的工作有所帮助。<br>② 在项目结束时。将举办讲习班，以介绍项目成果并讨论进一步实施的活动</td><td>TAU，<br>TUM，<br>TPPS，<br>MAG，<br>MAN，<br>IAI，<br>TTI，<br>OPT，<br>USST</td></tr>
<tr><td>任务 6.3：执行 PQA</td><td colspan="8">对所有项目的可交付成果执行 PQA</td><td>TAU，<br>TUM</td></tr>
<tr><td>任务 6.4：执行 PCM</td><td colspan="8">对所有项目的可交付成果执行 PCM</td><td>IAI</td></tr>
<tr><td colspan="9">WP 交付物</td><td>参与者</td></tr>
<tr><td>D6.1</td><td colspan="8">宣传项目的小册子和互联网站点</td><td>TUM</td></tr>
<tr><td>D6.2－A</td><td colspan="8">第 1 年知识的开发和传播</td><td>TPPS</td></tr>
<tr><td>D6.2－B</td><td colspan="8">第 2 年知识的开发和传播</td><td>TPPS</td></tr>
<tr><td>D6.2－C</td><td colspan="8">第 3 年知识的开发和传播</td><td>TPPS</td></tr>
<tr><td>D6.3－A</td><td colspan="8">第 1 年年底关于 PQA 和 PCM 结束报告</td><td>IAI</td></tr>
<tr><td>D6.3－B</td><td colspan="8">第 2 年年底关于 PQA 和 PCM 结束报告</td><td>IAI</td></tr>
<tr><td>D6.3－C</td><td colspan="8">第 3 年年底关于 PQA 和 PCM 结束报告</td><td>IAI</td></tr>
</table>

表 5.15 WP7：项目管理

| 开始日期 | 1 | | | | | | | | |
| --- | --- | --- | --- | --- | --- | --- | --- | --- | --- |
| 活动类型 | MANAGE | | | | | | | | |
| 参与者编号 | 1（WP 领导） | 2 | 3 | 4 | 5 | 6 | 7 | 8 | 总数 |
| 参与者简称 | TAU | TUM | TPPS | MAG | MAN | IAI | TTI | OPT | |
| 每位参与者的人月数 | 20 | 1 | 1 | 1 | 1 | 1 | 1 | 1 | 27 |
| WP 目标 | 本工作包的目标是为合作伙伴和项目级别执行行政和财务活动及协调 | | | | | | | | |
| | 工作描述 | | | | | | | | 参与者 |
| 任务 7.1：行政和财务协调 | 在项目层面执行行政和财务协调。这将包括：①行政管理；②规划；③协调；④监视；⑤项目的日常运行。该任务将确保有效的管理流程以及项目的财务绩效和问责制 | | | | | | | | TAU |
| 任务 7.2：生成管理可交付成果 | 在整个项目中生成合同要求的所有正式行政交付物 | | | | | | | | TAU |
| 任务 7.3：合作伙伴的管理 | 在整个项目过程中执行单个合作伙伴的管理活动 | | | | | | | | TAU，TUM，TPPS，MAG，MAN，IAI，TTI，OPT |
| | WP 交付物 | | | | | | | | 参与者 |
| D7.1 | 财团协议 | | | | | | | | TAU |
| D7.2-A | 第 1 年定期中期活动报告 | | | | | | | | TAU |
| D7.2-B | 第 2 年定期中期活动报告 | | | | | | | | TAU |
| D7.2-C | 第 3 年定期中期活动报告 | | | | | | | | TAU |
| D7.3-A | 第 1 年定期活动报告 | | | | | | | | TAU |
| D7.3-B | 第 2 年定期活动报告 | | | | | | | | TAU |
| D7.3-C | 第 3 年定期活动报告 | | | | | | | | TAU |
| D7.4-A | 第 1 年年底财务跟进 | | | | | | | | TAU |
| D7.4-B | 第 2 年年底财务跟进 | | | | | | | | TAU |
| D7.4-C | 第 3 年年底财务跟进 | | | | | | | | TAU |
| D7.5-A | 第 1 年年底定期管理报告 | | | | | | | | TAU |
| D7.5-B | 第 2 年年底定期管理报告 | | | | | | | | TAU |
| D7.5-C | 第 3 年年底定期管理报告 | | | | | | | | TAU |

### 5.4.3 风险和应急计划

该项目的总体技术方法，即开发通用和可定制的全行业 DFA 方法和定量 DFA 经济模型，以及体现经济模型的实用软件工具，是超越当前技术水平并伴随着一些风险的关键创新。小组使用因果图(见“3.5.3 因果图”)来识别潜在的项目风险。

#### 5.4.3.1 识别的风险

项目中已确定了 5 种具体风险。这些风险将在以下早期里程碑(M2.1、M3.1)和后期里程碑(M2.2、M3.2)进行处理，并采取可能的适当纠正措施。表 5.16～表 5.20 提供了已识别的风险及其相应的缓解策略。

表 5.16 风险 1：DFA 方法和经济模型的可扩展性

| 风 险 | 缓解策略 |
| --- | --- |
| 所选择的方法意味着可以开发一个通用的标准 DFA 方法和一个定量 DFA 经济模型。风险的要素是：<br>● 太笼统和含糊不清而导致不实用或太详尽而对各种用户来说不够通用。<br>● 不能扩展到不同的行业、产品系统的类别和生命周期以及项目类型。<br>● 由于难以准确预测未来人类的需求和技术发展，因此不可行 | ● 在小组中包括来自不同领域、不同行业的专家，例如工程、经济学等。<br>● 制定裁剪规则，作为面向不同工业用户的 DFA 方法和定量 DFA 经济模型的组成部分。<br>● 通过在不同行业、设计环境和项目类型中进行试点项目来评估和改进 DFA 方法论和定量 DFA 经济模型 |

表 5.17 风险 2：DFA-EM 的收敛性和准确性

| 风 险 | 缓解策略 |
| --- | --- |
| 假设选择的方法可以开发出定量的 DFA-EM，并且可以识别和量化诸如人类需求、产品成本、风险和素质以及机会参数之类的问题。风险在于 DFA-EM 可能不会收敛到不同的稳定解，因此，不同架构的优化设计只能勉强实现 | ● 研究其他领域(例如经济学、工程学、社会科学等)的现有解决方案，这些领域存在先进的领域理论并且这些参数通常被量化。特别是，将两个合作的 IMS 项目视为不同输入的来源。<br>● 尽可能使用 COTS 工具和数据库在软件中实施 DFA-EM，并根据特定环境和行业进行定制。之后，评估并校准 DFA 方法和定量 DFA-EM 基于不同行业和中小企业领域的 6 个实际试点项目 |

表 5.18 风险 3：扩展设计结构矩阵(DSM)的当前理论

| 风　险 | 缓解策略 |
| --- | --- |
| 该项目的实用性取决于对当前设计结构矩阵(DSM)理论的若干扩展。尤其是：<br>● 在 DSM 理论中提供分层属性。<br>● 在 DSM 理论中提供限制和依赖项属性。<br>● 选择最合适的模型以计算模型的组合期权价值。<br>● 考虑不同的利益相关者 | DSM 理论是当前研究的活跃领域。它用于科学、技术、经济学、医学等不同领域。<br>● 小组中所有学术机构(即 TAU、TUM 和 USST / TCU)的科学家都在广泛地工作，并发表了有关 DFA 和 DSM 相关问题的研究成果。最初的解决方案已在小组内部进行了讨论。<br>● 全世界的科学家对此类问题都感兴趣，并且正在进行与之相关的积极研究 |

表 5.19 风险 4：试点项目评估不确定性

| 风　险 | 缓解策略 |
| --- | --- |
| 选择的方法假设 DFA 方法论和 DFA 定量经济模型的评估将在各个工业部门和不同环境中正确进行。<br>● 一种风险是，由于对 DFA 方法论和经济模型的复杂性缺乏足够的了解，一些或全部试点项目无法进行 DFA 评估。<br>● 另一个风险是，不可能从仅持续 20 个月的试点项目推断长期项目目标 | ● 作为 WP2 和 WP3 的一部分，将特别关注针对不同工业部门和项目环境定制通用 DFA 方法和定量 DFA 经济模型。所有项目合作伙伴组织的代表都将参与此过程。<br>● 作为 WP3 的一部分，将开发同化套件。评估过程中的所有参与者都将接受 DFA 方法论和经济模型方面的培训，以及使上述内容适合每个评估者独特环境所需的定制过程。<br>● 通过试点项目进行 DFA 方法论和经济模型评估的演示和讨论将是首次用户组会议(定义为里程碑 M5.1)的核心。<br>● “5.4.1.3 根据早期数据集推断未来目标”中讨论了第二种风险的缓解。<br>● TAU 和 TUM 将为评估过程的这一方面提供方法论支持，因此该项目将为每个试点项目实施业务流程模拟(BPS)，以便预测虚拟制造企业的长期行为。该项目将使用现有方法和现成的商用软件来执行此过程。由于这个问题的重要性，计划中分配了相当多的人月数来证明这一点 |

表 5.20 风险 5：软件 DFA 工具开发

| 风 险 | 缓解策略 |
| --- | --- |
| 试点项目的成功在很大程度上取决于 DFA 工具的正确性，以及及时的构建、运行和维护。风险是该软件包可能无法满足用户有关以下方面的需求：<br>● 充分体现了经济模式。<br>● 准时可用。<br>● 操作并不麻烦。<br>● 试点项目的用户可以理解。<br>● 在整个项目中都对其进行了完全维护，从而导致用户完全放弃了该项目 | ● 作为 WP3 的一部分，基于软件的 DFA 工具将按照常规开发程序以迭代方式进行开发，该程序应包括需求定义、系统设计、编码、集成和正式测试。<br>● DFA 工具将在项目的整个开发过程中向项目合作伙伴进行演示，尤其是向潜在用户进行演示，并且将征求意见/批评，以使该工具尽可能易于使用且功能强大。<br>● 作为 WP3 的一部分，将开发同化套件。DFA 工具的所有用户都将参加培训课程，以学习如何操作它。<br>● 分配了足够的资金来支持个人用户的日常操作，并在项目过程中根据需要对工具进行升级。<br>● 被指派创建 DFA 工具的程序员团队经验丰富，已经构建了几个类似于此工具的专用工具(例如，在 EC 支持的系统测试项目期间创建的 VVT 工具，合同编号：G1RD - CT - 2002 - 00683) |

### 5.4.3.2 缩放风险

尝试估计了个人风险的等级，如下：

**影响**。相对于其严重性/影响，每种风险按 1(低)至 5(高)的等级进行分类。

**可能性**。根据发生的可能性，将每种风险按 1(低)至 5(高)的等级进行分类。

**总体**。通过将每种风险的严重性/影响乘以其发生的可能性来计算总体风险水平(见表 5.21)。

AMISA 协调员与工作包(WP)负责人一起，使用决策树分析(见“3.4.3 决策树分析”)来计划突发事件处理，以防实际发生一个或多个已识别风险。

表 5.21 缩放风险

| 序 号 | 已识别风险 | 严重性/影响 | 发生的可能性 | 整体风险 |
| --- | --- | --- | --- | --- |
| 1 | DFA 方法和经济模型的可扩展性 | 3 | 4 | 12 |
| 2 | DFA 经济模型的收敛性和准确性 | 5 | 3 | 15 |
| 3 | 扩展了当前的设计结构矩阵理论(DSM) | 4 | 1 | 4 |
| 4 | 试点项目评估不确定性 | 2 | 5 | 10 |
| 5 | 软件 DFA - Tool 开发 | 1 | 2 | 2 |

### 5.4.4 管理架构和程序

#### 5.4.4.1 概 述

TAU 被确定为该项目的协调员。TAU 项目将由工作包负责人和指导委员会(Steering Committee,SC)协助,指导委员会有权就项目的各个方面做出高层决策。协议描述了组织结构以及负责决策的运营机构的权利和义务。图 5.10 描绘了管理组织的整体结构。

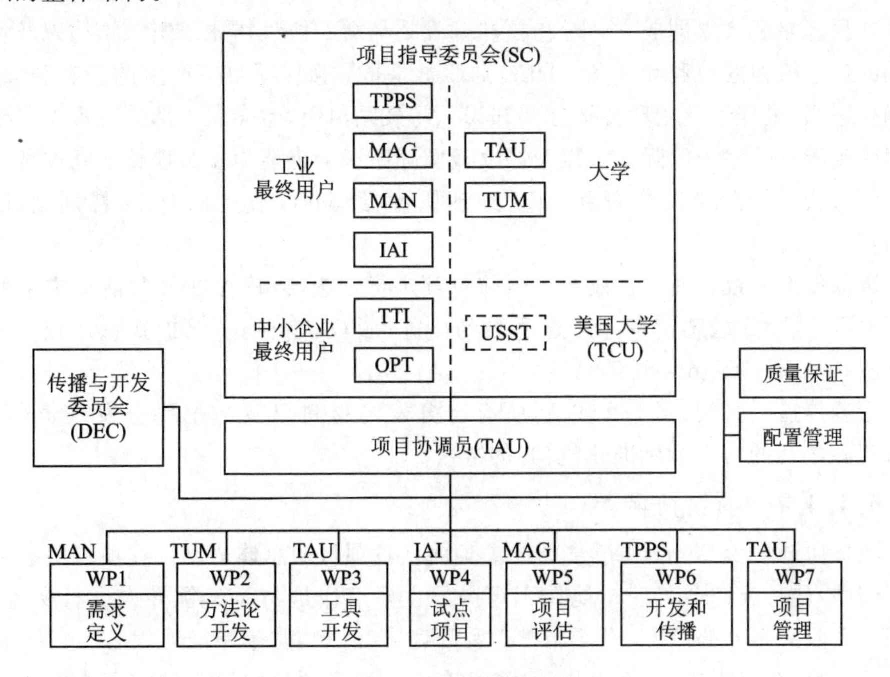


图 5.10 项目管理结构

#### 5.4.4.2 指导委员会

预计在项目开始时成立一个指导委员会(SC)。其由每个合作伙伴组织的一名高级代表组成,并由项目协调员主持。所有委员会成员均应具有多年的技术开发和参与欧盟委员会资助计划的经验。他们的作用是就项目生命周期的各个方面做出高层决策:技术、财务、进度、伙伴关系、传播和利用。指导委员会计划每年至少召开两次例会。如果需要,可以召开特别会议。更具体地说,SC 的作用如下:

**提出合同修正案**。通过一致表决,向参与者提出建议,以审查和/或修改合同和/或财团协议的条款。

**制定项目决策**。决定暂停全部或部分项目,或终止全部或部分合同,或提议排除一个或多个参与者。

**授权参与者退出**。授权参与人在 EC 合同签署后撤回。

**对参与者采取行动**。对违约的参与者采取行动,并提出建议,以在小组成员之间分派剩余的任务,并在适当的情况下,同意新的参与者加入小组。

**进行 WP 更改**。确定工作包中的更改。

**制定技术路线图**。确定该项目的技术路线图。

**批准传播**。同意新闻稿、出版物和任何传播行为。

**支持协调员**。支持协调员与委员会准备会议以及相关数据和可交付成果。

#### 5.4.4.3 传播与开发委员会

项目开始后将立即成立一个传播和开发委员会。协议描述了组织结构以及负责决策的运营机构的权利和义务。DEC 的职责是:①管理项目中产生的所有新知识;②确保适当、最佳地利用和传播这些知识。将鼓励出版,但会在内部进行审查以确保知识受到保护。多个国际会议以及国家或国际座谈会将会为发布项目期间取得的成果提供机会。日常知识管理由 DEC 经理执行(经 DEC 成员批准)。特别是,DEC 必须:

**确保传播一致**。通过在发布材料前对其进行审查,以确保在分散活动中采取的方法一致,以消除敏感信息并通过适当的措施(版权、专利等)保护知识产权(Intellectual Property Rights,IPR)。

**管理传播**。监视、维护和更新所有已分发的材料以及与主要分发渠道(包括 IMS 正在进行的协作和标准化机构)的链接。

#### 5.4.4.4 项目协调员

项目协调员为 Avner Engel 博士。他将负责项目的总体进度。在项目的整个生命周期中,他每天都会关注。他在小组内的主要工作是与 WP 领导人进行交流,从他们那里收集必要的信息,以便与 EC 项目官员(活动、财务和最终报告、审计等)以及企业内部(会议报告、进度报告等)进行有效沟通。项目协调人被定义为客户与企业之间的唯一接口,以及与项目中其他项目沟通的联络点。如果出现任何重大问题,则项目协调员有可能要求召开 SC 特别会议或合作伙伴会议。项目协调员具有的特定角色如下:

**管理财团协议**。制定并维护财团协议。

**接收和发送资金**。从委员会接收资金,并将其分配给合作伙伴,并保留分配资金的账目。

**管理项目**。确保项目按计划进行,并通过与创新有关的活动实现其科学和技术目标。

**提交可交付成果**。向委员会提交报告,审核证书和其他可交付成果。

**主持项目会议**。组织并主持指导委员会会议以及进度会议,以起草会议记录并跟踪所决定事项的执行情况。

**传播内部信息**。确保信息在参与者之间传播。

**管理项目目标**。在项目进度中管理可能的目标和目标的重新定义，并就此事项获得标准委和委员会的批准。

#### 5.4.4.5 工作包负责人的作用

工作包(WP)负责人将由负责各种工作包的小组选择。每个工作组负责人都在其工作包内管理活动，并与项目中的其他工作组协调工作。更具体地说，工作组负责人还定义了以下角色：

**管理 WP**。监督 WP 的任务、进度、事件和预算。

**传播 WP 状态**。每月向项目协调员和指导委员会提供进度状态报告。进度状态报告应包括诸如获得的成果和遇到的问题、工作计划、决策等。

**控制 WP 时间表**。从技术成果、计划交付品和费用方面控制工作包内预定的工作进展。

**收集 WP 数据**。收集、准备定期进度报告信息(技术的、程序化的)，并将其传递给项目协调员。

**通知 WP 合作伙伴**。项目协调员向参与工作组的合作伙伴传输信息。

**领导并报告 WP 问题**。主持工作包会议，并就所有相关事宜向项目协调员报告。

**支持信息流**。为了实现顺畅的上下游信息交流，项目协调员和工作组负责人之间将保持定期联系。

#### 5.4.4.6 决策机制和冲突解决

表 5.22 说明了为项目选择的决策机制。

**表 5.22 决策机制**

| | 金 融 | 技 术 | 战 略 | IPR |
|---|---|---|---|---|
| WP 领导 | 调解 | 调解 | | |
| 协调员 | 调解 | | | |
| 指导委员会 | 投票 | | | |

可以根据不同的方案(特定的投票权)来做出特定的决定(例如资金分配和项目资金流的管理)。然而，通常的或标准的方式是优选的。关于解决冲突的机制，此类项目的经验表明必须满足一定数量的标准，尤其是在项目开始之前：

**管理承诺**。公司内部最高层对项目及其目标的承诺。

**公平的平衡**。合作伙伴之间关于贡献、兴趣和预算的平衡。

**合作协议**。签署各方接受的合作协议。

所有这些标准都是在项目中预期的。但是，专门解决了两种冲突情况：①一个合作伙伴与整个项目；②一个合作伙伴与一个或几个合作伙伴。在这些情况下，计划采取以下步骤：

**由协调员进行调解**。在正式收到信件通知后的1个月内，通过协调员或其代表进行调解。

**指导委员会投票**。由SC投票（如果需要特别会议，则需要牺牲各方利益）。

#### 5.4.4.7 沟通策略

沟通策略旨在使所有合作伙伴充分了解项目状态、计划和所有其他问题，这对于合作伙伴很重要，以便使所有相关人员获得最大的透明度并增强合作的协同作用。这包括：

**书面交流**。项目协调员和工作包负责人有责任将所有来自合作伙伴的相关书面文件（报告、测试结果、出版物、会议记录等）分发给感兴趣的合作伙伴。

**口头和个人通信**。此过程对于确保伙伴之间正确的人际沟通至关重要。为方便起见，所有合作伙伴都定期组织会议。在这些会议期间，有时需要进行广泛的非正式技术讨论以及工厂和实验室访问。实际上，每次会议最少需要整整两天。

**对外沟通**。此过程由SC管理。这个想法是为了与组织外部的各方有效沟通，例如其他欧洲项目组织和DFA概念的其他潜在用户。交流战略包括以该组织的名义参加制定出版物计划、发表演讲和计划会议。外部交流将成为每个SC的主题。但是，该项目产生的技术信息应视为机密。这些结果的发布必须得到合作伙伴的同意。

#### 5.4.4.8 监控和报告状态

每个合作伙伴和每个工作包负责人应每3个月使用定期更新的详细计划向项目协调员正式报告其工作状态。报告包括有关技术进展、获得的结果（例如可交付成果）和遵守工作计划的信息。每项任务的进度状态也应按完成百分比、预计完成时间和完成任务所需的实际人、月数进行报告。

在12个月和24个月之后以及项目结束时，协调员将根据从合作伙伴收到的提交委员会的费用和已付款项，编制项目预算情况的综合概览。预算情况也要与项目启动阶段的初始成本年度计划进行比较。

计划是每3个月在项目协调员的指导下与所有合作伙伴开一次会议。当然，如果工作计划要求，则可能会在这些会议之间举行技术会议。所有交付给客户的货物都要用英文书写，并交付给所有合作伙伴。在第一次会议上，工作计划将实时对进展情况加以更新。这项更新的工作计划将成为评估进展、资源消耗、里程碑和实现项目目标的参考点。

#### 5.4.4.9 产品质量保证

产品质量保证（Product Quality Assurance，PQA）有望为项目协调员提供支持，以确保高水平的产品/可交付成果。PQA将在整个项目生命周期内进行。PQA涉及将质量纳入项目产品中。质量意味着遵守用户的外部和内部要求。确保产品质量的标准是：

**内部一致性**。内部一致性意味着：①文档中没有两个陈述相互矛盾；②给定的首字母缩写词或缩略语在整个文档中表示相同的事物；③给定的项目或概念以相同的名称在整个文档中描述。

**外部一致性**。外部一致性意味着两个或两个以上的文件彼此没有矛盾。外部一致性的要素是：①没有两个语句相互矛盾；②给定的缩写词或缩略语在所有文档中表示相同的事物；③给定的项目或概念在所有文档中同名或描述所指称相同。

**可理解性**。可理解性是指：①文档使用符合约定的标准或英语词典的大写、标点、符号和注释规则；②所有不包含在约定的标准或英语词典中的项目都被定义；③所有的首字母缩写词和缩略语在文档中第一次使用时，都先用完整的单词或术语拼写；④所有表格、数字和插图在出现之前都在文本中被调用，以便在文档中出现。

**可追溯性**。可追溯性是指一个文档和与它具有层次关系的前身文档一致。可追溯性有这些要素：①所涉文件包含或执行前身文件的所有适用规定；②后身文件中的所有材料在前身文件中都有其依据。

#### 5.4.4.10 产品配置管理

**识别**。识别产品的配置(如识别和命名所有产品)。

**存储和传播**。创建中心存储库并传播所有产品。项目组成员将向中心存储库提供项目产品。项目小组成员以及项目产品的所有其他外部用户都从这个中心仓库接收产品。

**变更控制**。系统地控制配置的更改，并在整个项目生命周期中维护配置的完整性和可追溯性。置于配置管理之下的工作产品包括所有交付给联合体成员的项目，或者项目产品的外部用户。建立了一个产品基线库，该库包含开发和演化的产品。

**变更控制委员会**。通过已经建立的变更控制委员会(Change Control Board, CCB)对产品基准库的变更进行系统的控制。

#### 5.4.4.11 及时采取纠正措施

以下要素构成管理结构反馈循环，有助于在达到最终结果之前及时采取纠正措施：

**技术经理**。协调员将充当技术经理，以确保项目中执行的各个工作包的工作产品具有一致性。他还提供了反馈并确定了所需的纠正措施。

**面对面技术会议**。在项目的早期每2～3个月一次，在项目的后期每3～4个月召开一次面对面技术会议，以便审查项目技术状况，及时采取纠正措施。

**技术电话会议**。每月安排一次技术电话会议，以便审查项目技术状况，及时采取纠正行动。

**产品质量保证(PQA)**。在整个项目生命周期中都进行了产品质量保证。PQA团队审查所有技术和管理交付物，以验证是否满足要求，并在必要时采取及时的纠正措施。

**风险经理**。协调员还应担任项目的风险经理。他审查所有风险组件的状态，并在指导会议和技术会议上进行介绍。如果需要，可制定适当的纠正措施，项目协调员负责所有纠正措施或缓解过程。

### 5.4.5 项目参与者

项目协调员进行管理形态分析（见“3.4.2 形态分析”），以便为 AMISA 项目选择最合适的合作伙伴。下面介绍每个参与者及其在项目中的角色。

#### 5.4.5.1 TAU

**背景**。特拉维夫大学（Tel Aviv University，TAU）成立于 1956 年，是以色列最大的大学。特拉维夫大学是教学和研究的主要中心，其在工程、精确科学、生命科学、医学、人文、法律、社会科学、艺术和管理学院提供广泛的学习课程。更具体地说，它包括 9 个学院，106 个系和 90 个研究所。此外，该校还对特拉维夫新学院和特拉维夫工程学院的科技设计中心进行学术监督。工科学院拥有近 100 名教职员工、2 000 名本科生和 1 000 名研究生，其教学和研究领域处于科学技术的最前沿，包括电气、机械、生物医学、软件、环境和工业工程、材料科学；其训练学生参与以色列的经济和工业，为他们提供了专业接受能力和灵活性的工具。

**在项目中的角色**。TAU 被指定为项目的协调员，包括管理和支配项目。TAU 在协调整个项目方面发挥领导作用，以确保项目的有效技术和管理，并在 EC 代表、附属 IMS 项目和项目小组之间提供有效的沟通。作为一名协调员，TAU 专注于团队领导、风险管理、财务审计和会议安排，还要特别考虑到两性平等。最初，TAU 参与生成 DFA 和工具需求。此外，TAU 在 DFA 方法的开发中占有关键地位，因此它可以用于任何特定的实际项目。此外，TAU 还负责实施、部署和维护体现 DFA 经济模型的原型软件工具。最后，TAU 是 WP3、DFA 工具开发的领导者，当然，TAU 也是 WP7、项目管理的领导者，利用其管理专业知识组织各种技术和管理会议，并生成管理文件。

#### 5.4.5.2 TUM

**背景**。慕尼黑工业大学（Technical University of Munich，TUM）是欧洲顶尖的大学之一。其致力于卓越的研究和教学、跨学科教育和积极促进有前途的年轻科学家的成长。该大学还与世界各地的公司和科研机构建立了强有力的联系。在 TUM 内，产品开发研究所通过对学生进行有效的实践教育、开发有效的产品开发方法和工具以及将知识转化为工业来支持行业。

**在项目中的角色**。最初，分配 TUM 参与生成 DFA 和工具需求。TUM 还领导了 DFA 方法的开发，因此它可以用于任何特定的实际项目中。此外，TUM 还负责收集试点项目数据，对其进行分析，并评估试点项目中实施的 DFA 方法。最终，TUM 的职责是确定合作伙伴相对于项目最初目标所取得的成功水平。最后，TUM

是 WP2 方法开发的领导者。

#### 5.4.5.3 TPPS

**背景**。TPPS 提供了完全集成的食品加工、包装和分配线以及独立设备,这些产品经过了严格测试,以确保最终用户获得最佳性能。TPPS 包装解决方案活跃在所有欧盟国家,整个加工和包装生产线自动化,培训员工并协助操作、运行,进行适当的维护和处置。其系统工程部位于意大利摩德纳,因 TPPS 公司根据 D&E 组织内系统工程的全面推出而创建。其任务是管理日益复杂的系统开发,以满足成本、进度和技术性能要求。其具体任务包括协助 D&E 组织将不同的利益相关者需求转化为系统级技术需求和目标,然后将这些需求和目标级联到子系统,定义和管理子系统之间的接口,负责完整技术解决方案的虚拟和物理集成,包括完整的需求验证。在这些任务中,TPPS 负责在整个系统生命周期内满足所有法律、环境、质量、功能和价值相关的要求。

**在项目中的角色**。最初,TPPS 被分配来参与生成 DFA 和工具需求。此外,TPPS 将 DFA 方法引入到一个现实生活项目中,该项目涉及开发用于包装液态食品的适应性生产线。在此过程中,TPPS 收集相关的过程数据并评估使用项目概念的好处。最后,TPPS 是 WP6(开发和传播)的领导者。

#### 5.4.5.4 MAG

**背景**。MAG 是一家领先的机床和系统公司,为全球耐用消费品行业提供完整的制造解决方案。该公司在 26 个生产基地拥有 4 300 多名员工,提供全方位的设备和技术,包括工艺开发、自动装配、车削、铣削、汽车动力总成生产、复合材料加工、维护、自动化和控制以及核心部件生产。这些技术服务的关键工业市场包括航空航天、汽车和卡车、重型设备、石油和天然气、铁路、太阳能、风力涡轮机生产和一般机械加工。随着制造和支持业务战略性地分布在世界各地,MAG 成为资本设备市场的领导者。越来越多的领先国际公司正依靠 MAG 令人印象深刻的创新能力来确保其技术领先地位,并为未来的挑战做好准备。MAG 的技术和工程中心位于瑞士沙夫豪森,在这里一支专业的工程师和技术人员团队正在为机床和制造业开发新颖的创新解决方案。

**在项目中的角色**。最初,MAG 被分配参与生成 DFA 和工具需求。此外,MAG 还将 DFA 方法引入到一个实际项目中,该项目涉及一条适应性机床生产线的开发。在这个过程中,MAG 收集相关的过程数据并评估使用项目概念的好处。此外,MAG 是 WP5 项目评估的领导者。

#### 5.4.5.5 MAN

**背景**。MAN Nutzfahrzeuge 集团是 MAN 集团的最大子公司,也是商用车和运输解决方案的国际领先供应商之一。其品牌包括 MAN 卡车和公共汽车,NEOPLAN 公共汽车和公共汽车底盘。MAN 集团活跃在 150 个国家/地区,是欧洲运输相关工程的领先工业参与者之一，2009年的收入约为120亿欧元。作为卡车、客车、柴油发动机、涡轮机和特种齿轮装置的供应商，MAN在全球拥有约47 700名员工(MAN Nutzfahrzeuge集团中有31 519人)。MAN的产品组合非常适合为定制提供适当的基础，因此，MAN特别适合满足超出基本车辆架构的客户的特定需求。但是，这是以高内部差异为代价的，随着公司的国际化，这种差异现在尤其明显。

**项目中的角色**。最初，MAN被分配参与生成DFA方法和工具需求。此外，MAN将DFA方法引入到两个实际项目中：①一个项目涉及可适应的卡车或公共汽车客户服务组织的开发；②一个项目专注于调整卡车发动机和排气结构，以满足尚未明确的环境需求，如欧6标准。在这个过程中，MAN收集相关的过程数据并评估使用项目概念的好处。此外，MAN是WP1需求定义的领导者。

#### 5.4.5.6 以色列航空航天工业有限公司

**背景**。以色列航空航天工业有限公司(IAI)是以色列最大的系统和子系统的工业生产商和出口商，是全球公认的商业和国防市场领导者。IAI提供了独特且具有成本效益的技术解决方案，可满足太空、空中、陆地和海洋的各种需求。这包括飞机、无人驾驶的空中和地面车辆，导弹、卫星和发射器的维护、改装和升级。IAI开发、生产和出口多种类型的子系统，包括雷达、通信、光电有效载荷、导航等。此外，IAI还参与许多其他核心技术、产品和服务。

**在项目中的角色**。最初，IAI被指定参与生成DFA和工具要求。另外，IAI将DFA方法引入了涉及开发无人地面车辆的现实生活项目中。在此过程中，IAI收集了相关的过程数据，并评估了使用项目概念的收益。此外，IAI是WP4试点项目的负责人。

#### 5.4.5.7 通信技术公司

**背景**。通信技术公司(TTI)是一家西班牙的中小企业，成立于1996年，由100名高素质的工程师组成，并得到关键实验室和制造资产的大力支持。TTI致力于太空、军事、电信、科学和信息技术领域的前沿技术。它的主要专业领域是通信，包括微波和RF技术(有源RF前端元件，诸如SSPA&LNA等特定模块以及集成设备和系统)、有源天线(移动和固定应用，完全扁平，从L到Kabands的电子扫描)和卫星系统。TTI在高级射频和微波组件的系统设计、原型设计、集成和测试方面提供专业知识，并提供诸如高电子化程度和低功耗等附加功能。RF的主要活动领域是室内外移动通信系统、大型RF集成系统、RF收发器子系统、混合集成定制电路等，并具有无线电软件多频段RF前端(UMTS、Wifi、Wimax和Galileo应用程序)、天线等背景知识。

**在项目中的角色**。最初，被分配参与生成DFA方法和工具需求。此外，TTI将DFA方法引入了涉及固态功率放大器开发的实际项目中。在此过程中，TTI收集了相关的过程数据并评估了使用项目概念的好处。

#### 5.4.5.8 OPT

**背景**。OPT 是罗马尼亚的私人中小企业公司,主要活动是应用物理学的研究、技术开发和创新,以及光电领域的先进技术开发。该领域包括 UV、VIS、IR 辐射物理、激光设备和激光技术、工业、医疗和军事应用的光电设备、数据采集系统和图像处理,以及安全设备(即伪证件分析仪、生物测定仪、夜视和热视觉)。

**在项目中的角色**。最初,OPT 被分配参与生成 DFA 方法和工具需求。此外,OPT 将 DFA 方法引入了一个实际项目,该项目涉及开发适应性强的光电生产线。在此过程中,OPT 会收集相关的过程数据并评估使用项目概念的好处。

#### 5.4.5.9 USST / TCU

**背景**。美国科学团队(The United States Scientific Team,USST)由参与适应性设计(DFA)和设计结构矩阵(DSM)的经济学家组成。他们位于得克萨斯基督教大学(the Texas Christian University,TCU),由自己的美国研究机构进行预算。

**在项目中的角色**。最初,USST 被分配参与生成 DFA 方法和工具需求。此外,USST 参与 DFA 方法论的开发。由于其在项目关键科学方面的先进知识,预计 USST 将在启动研讨会 workshop - 0(M1.1)期间扮演领导角色,该研讨会致力于分享对研究的理解:DFA(适应性设计)中的理论概念、选项、DSM(设计结构矩阵)和架构选项。

### 5.4.6 所需资源

该项目旨在开发 DFA 方法论和一种支持工具,用于设计生产线、产品系统和客户服务,以适应未来的需求。此外,该项目通过开展 6 个现实的试点项目来评估其目标的实现情况。提案中要求的财务资源将用于支付研究和技术开发(RTD)成本、管理成本、差旅费以及与硬件和软件购买相关的成本。

#### 5.4.6.1 项目范围的资金统计

项目总计划成本为 3 911 152 欧元,且计划的 EC(欧盟)申请资金总额为 2 430 000 欧元(62%)。在所要求的欧共体资金中,2 114 248 欧元(87%)专用于 RTD 工作,201 565 欧元(8%)专用于管理,114 187 欧元(5%)专用于差旅和购买硬件的支出和软件。考虑到项目中的合作伙伴数量,每个类别的支出似乎都是合理的,从而使科学和工程价值最大化。图 5.11 描述了请求的 EC 资金(欧元),分为 3 种支出类型。

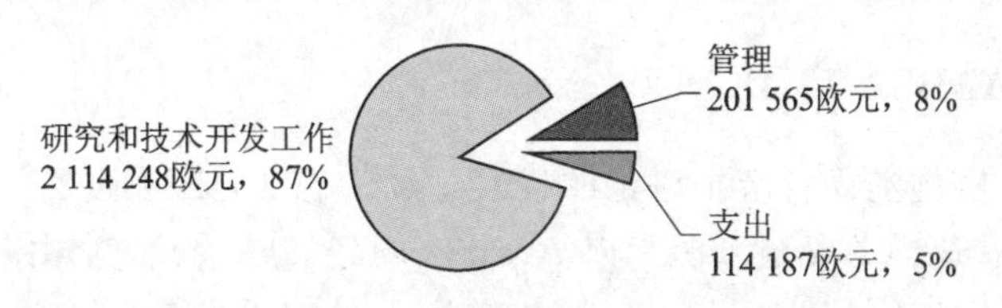


图 5.11 按资金类型分配的 EC 资金(欧元)

#### 5.4.6.2 在合作伙伴之间分配的工作量

预计该项目将需要 388 人月(PM)。其中 361(93%)PM 专门用于 RTD，27(7%)PM 用于项目管理。图 5.12 描述了合作伙伴之间计划的工作量分配。

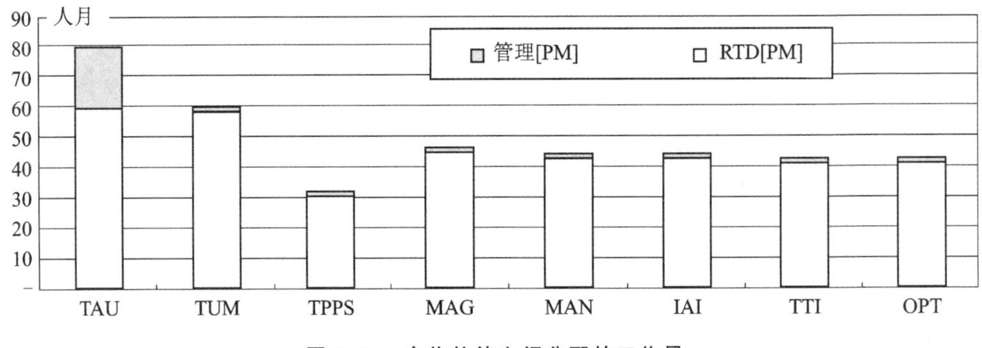


图 5.12 合作伙伴之间分配的工作量

#### 5.4.6.3 在项目期限内分配的工作量

计划有 30～40 名熟练和有经验的科学家、工程师和管理人员在项目上工作(大部分是兼职)。因此，这些人参与了过去由 EC 资助的项目，并且熟悉此类项目的动态和管理过程。图 5.13 描述了整个项目期间的总体计划工作量分布(在综合全职岗位上)。

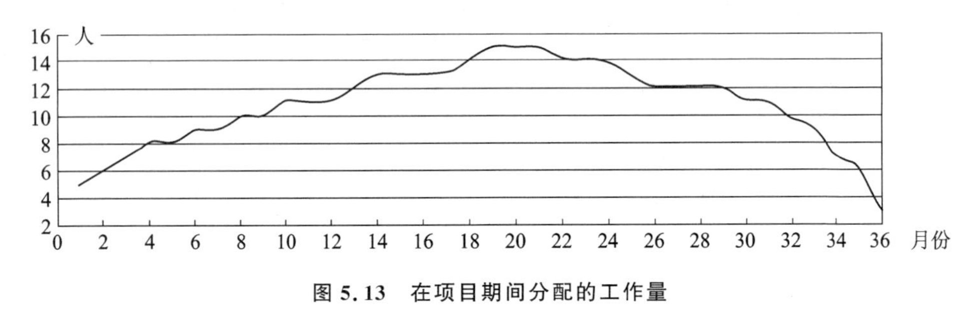


图 5.13 在项目期间分配的工作量

## 5.5 AMISA 项目

### 5.5.1 AMISA 启动

显然，为了实施前面各节中讨论的雄心勃勃的想法，必须建立一个合适的组织，并且必须确保有适当的资金来源。以 AMISA 的名义成立了一个由 8 名参与者组成的团队。在前几年获得的更深刻见识的基础上，其着手准备了一项为期 3 年，耗资

400万欧元的框架研究计划。然后,在2009年7月30日,一个由EC发起的相关呼叫[①]被取消。

AMISA团队完成了其研究计划,现在更名为"Architecting Manufacturing Industries and Systems for Adaptability(AMISA)",并于2009年12月8日提交给EC。然后,AMISA项目(编号:262907)于2010年7月1日获得批准,实际上从2011年4月1日开始(见图5.14)。AMISA项目按时结束,即3年后的2014年3月31日。有关AMISA网站的互联网参考以及MISA项目的EC说明,请参见"5.5.12 延展阅读"。

**图5.14 2011年4月在德国慕尼黑TUM举行的AMISA启动会议**

表5.23列出了AMISA的实际劳动力统计数据。请注意,在多个类别中标识了多个人。还要注意,大多数人都是在兼职的基础上支持AMISA项目的。

**表5.23 AMISA劳动力统计**

| 职位类别 | 女 士 | 男 士 | 总 计 |
|---|---|---|---|
| 科学和管理领导 | | 7 | 7 |
| 工作包负责人 | 1 | 5 | 6 |
| 经验丰富的研究人员(即博士学位持有人) | 1 | 11 | 12 |
| 博士生 | 1 | 5 | 6 |
| 其他(员工) | 3 | 13 | 16 |
| 参与AMISA的总人数(大约人数) | 6 | 41 | 47 |

① 呼叫在欧盟(EC)术语中被称为提案请求(RFP),包括:呼叫标识、呼叫标题、呼叫区域。

### 5.5.2 确定DFA的发展现状

该联盟从学术角度(贡献者：TAU和TUM)以及产业角度(贡献者：TPPS、MAG、MAN和IAI)和中小企业角度(贡献者：TTI和OPT)创建了一份适应设计(DFA)最新报告。

### 5.5.3 建立AMISA的要求

通过多步骤过程确定了对AMISA DFA方法论、DFA经济模型和DFA软件工具的要求。更具体地说,根据“3.5.6.4 定量方法：多标准决策”中所述的方法而确定。由于AMISA团队的规模和范围广泛,在需求获取过程中,流程的透明性以及所有相关利益相关者支持的共识决策都是至关重要的因素。

最初,所有合作伙伴都从自己的角度记录了需求。这些最初的需求集合被合并到一个文档中,该文档可供整个组织使用,作为进一步工作的基础。在两次需求研讨会中,每个合作伙伴都派代表出席了会议,并且对需求进行了进一步审查和描述。裁员被取消;需求受到挑战、讨论和强化。在最后一步中,本文件中的每项要求都必须通过协商一致的决定,以便得到进一步考虑。需求分析的结果被合并并分为以下8组：

① 系统架构/建模；
② 输入数据；
③ 输出数据；
④ 成本计算；
⑤ 计算规格；
⑥ 可用性；
⑦ 不确定性/风险；
⑧ 计算的透明度。

### 5.5.4 实施软件支持工具

在AMISA项目的整个生命周期内,所有工业/中小企业合作伙伴都开发并使用了实现所有相关AO功能的软件包(DFA-Tool)以及全面的用户指南(见图5.15)。任何人均可在AMISA项目公共网站上免费获得DFA工具以及用户指南和其他信息。

DFA工具包含以下主要功能：

**定义**。DFA工具支持以下定义：①所有目标系统组件以及目标系统环境；②所有内部和外部目标系统接口；③计算选项值(Option Value,OV)所需的所有相关参数；④计算与每个接口关联的接口成本(Interface Cost,IC)所需的所有参数；⑤每个组件的排除集内容；⑥目标系统变体集。

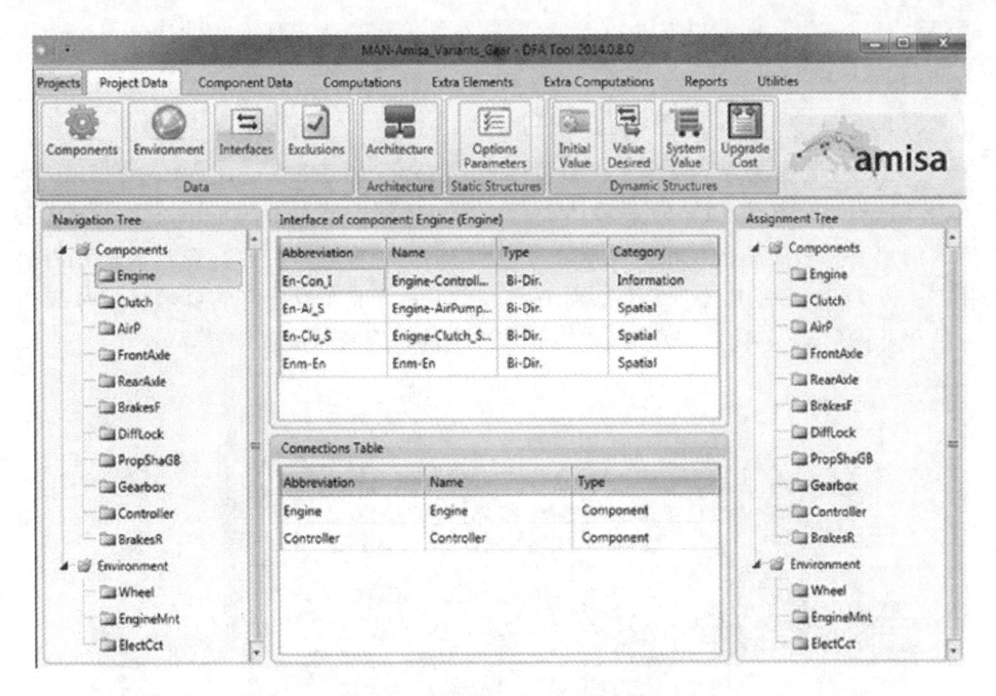


**图 5.15　示例：DFA－Tool 屏幕截图**

**计算**。DFA 工具支持以下计算：①每个组件的选项值；②每个接口的接口成本；③任何给定系统架构的架构适应性值；④建议的时间——执行目标系统升级的框架和成本。

**造型**。DFA 工具通过设计结构矩阵(DSM)支持目标系统的建模。

**优化**。DFA 工具支持优化体系架构适应性值(Architecture Adaptability Value，AAV)，这是优化目标体系架构的适应性措施。

**灵敏度分析**。DFA 工具支持对系统架构进行敏感性分析，以分析选项值和/或接口成本的变化。因此，用户可以评估最佳体系架构的鲁棒性，并确定接近最佳的替代系统体系架构。

**显示**。DFA 工具支持显示：①所有组件和接口以及与它们相关的数据；②目标系统的体系架构及其与不同类型的接口(材料、空间、能源和信息)相关联的等效 DSM 结构；③目标系统的升级信息；④目标系统的敏感性分析信息；⑤变体系统的数据。

### 5.5.5　开发 6 个试点项目

试点项目的负责人使用 SWOT(Strengths，Weaknesses，Opportunities and Threats，优势、劣势、机会和威胁)分析(参见“3.3.3　SWOT 分析”)来选择合适的试点项目。本小节简要介绍在 AMISA 项目下进行的 6 个试点项目。其中 4 个试点项目涉及重新设计向客户提供的产品系统，2 个试点项目涉及重新设计公司生产线的部分。

### 5.5.5.1 TPPS 压盖机(CAM)

TPPS 包装解决方案选择了压盖机(Cap Applicator Machine，CAM)，图 5.16 所示为其试点项目系统。CAM 是液体食品包装生产线中最关键的工作站之一。它以极高的速度将半成品包装和塑料盖放在一起，并使用快速反应的特殊胶水将它们捆扎在一起。TPPS 的中心项目是设计压盖机，以适应未来未指定的要求，例如，操作包装尺寸的容器，不同瓶盖尺寸，在实际包装上的不同瓶盖放置位置等。

图 5.16 压盖机(CAM)

TPPS 认可了其试点项目的 3 个主要观点。首先，经理们意识到他们的开发工程师应该在其目前的设计技能中加入 DFA 的概念。其次，应用 DFA 方法论需要跨学科的充分组织整合。更具体地说，估计组件的 OA 参数是一种团队努力，需要财务、营销和工程等多方面的能力。第三，DFA 方法需要适当的支持工具以及新的工程思维方式。TPPS 的管理层还认为改进的体系架构对于拥有几个关键客户的公司来说是一个重要的市场优势。

截至 2016 年，TPPS 正式采用了优化的 CAM 设计作为标准产品。他们声称其提供了显著的经济优势，因为它可以更快、更便宜地满足新客户的要求。实际上，自 2014 年以来，CAM 的生产能力在瓶盖/包装配置方面增加了一倍，瓶盖定位问题和优化的胶水应用，所有这些都需要对优化的 CAM 设计进行有限的修改。TPPS 发现使用新 CAM 客户是满意的，并指出该系统在安装两年后仍保持其原始价值。TPPS 还确认，新的 CAM 设计减少了废物的产生和自然资源的消耗(主要是制造液体食品容器所需的胶水和纸箱)。因此，TPPS 也已开始在另一个项目中使用 AAV 框架。

#### 5.5.5.2 MAG的光纤布放系统(Fiber Placement System,FPS)

在AMISA的早期阶段,MAG出售了其太阳能电池板生产子公司,而新的子公司MAG-IAS(复合材料加工技术中心)位于德国斯图加特,与欧洲委员会(EC)和AMISA联盟签订了新合同。MAG IAS选择了其光纤布放系统(FPS)(见图5.17)作为其试点项目系统。FPS是一台用于对复合材料零件中使用的具有可变丝束宽度的不同纤维材料进行定向的机器。MAG-IAS的核心问题是设计其FPS以适应未指定的未来要求,这些要求与其制造不同类型产品的能力、使用各种原始纤维材料和形状等有关。此外,MAG-IAS还在寻求降低其FPS的建设和运营成本。

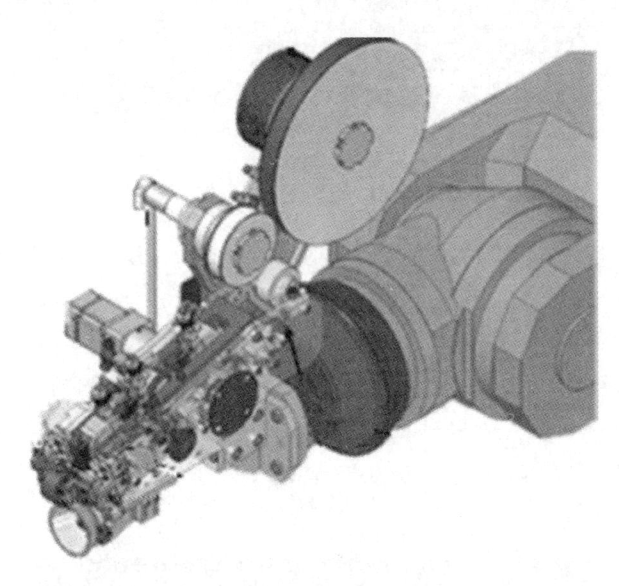

图5.17 光纤布放系统(FPS)

试点项目的发现促使MAG在选定的子系统中进一步应用了AAV模型。例如,在机器人手臂内,MAG开发了一个更深层次的模型,专注于较小的组件及其接口。该模型的见解促使MAG开发了另一种光纤布放头,以防止楔形组件依赖于丝束宽度。

在AMISA项目结束约6个月后,MAG将其纤维复合材料部门出售给了德国南部的Brötje自动化公司。尽管参与这项研究的大多数员工并未迁移到新公司,但该公司指出,到2016年年初,AAV研究成果已用于开发"Staxx Compact"——一种新型的、自动化的光纤铺设设备加工中心。

#### 5.5.5.3 MAN的卡车动力系统(Power Train,PT)

MAN Nutzfahrzeuge集团为其试点项目选择了动力系统(PT)全轮驱动的标准

MAN TGM 卡车,如图 5.18[①] 所示。PT 包括产生机械能并将其传递到车轮上的元件,以便推动车辆。MAN 的中心项目是设计卡车的动力传动系统,以适应未来的需求,其主要涉及将卡车转换为他们在亚洲、非洲和南美洲的专门市场的“第二生命”。此外,MAN 正在设法减少卡车库存中的零件数量和种类。

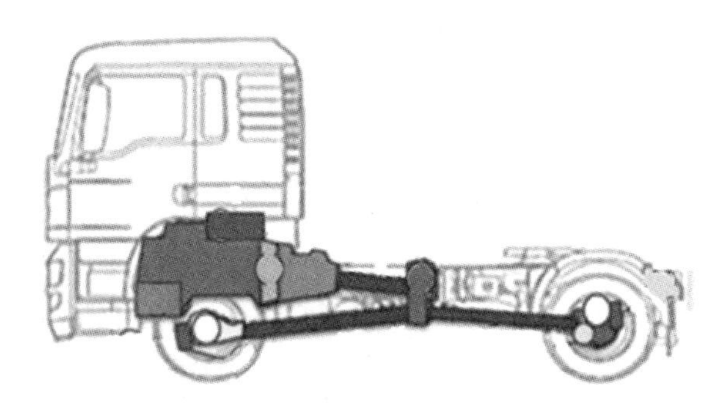

图 5.18 标准 MAN TGM 卡车动力系统(PT)

#### 5.5.5.4 IAI 的车辆定位系统(Vehicle Localization System,VLS)

以色列航天工业公司(IAI)选择其车辆定位系统(VLS)作为机器人、无人地面车辆(UGV)的试点项目系统,如图 5.19 所示。VLS 通过实时融合来自各种空间、地面和车载传感器的数据,为机器人 UGV 提供状态向量(即位置、速度、加速度和姿态数据)。IAI 最近进入了无人驾驶地面车辆领域,因此,其主要项目是设计能够适应不断变化的需求的车辆定位系统。特别是,VLS 必须能够在最小的特殊位置范围内导航 UGV 所需的准确信息。

图 5.19 无人地面车辆的定位系统(VLS)

① 在 AMISA 项目期间,MAN 选择了卡车的动力系统作为试点项目,而不是最初计划的卡车的发动机和排气系统。此外,MAN 没有履行其探索客户服务平台作为试点项目的最初承诺。

IAI已经将硬件和软件模块化视为其产品设计理念的重要方面。例如，许多IAI产品使用带有模块化电子板和标准化接口的标准计算机系统。IAI的工程文化也显著地体现了设计灵活性和适应性的重要性。这通常转化为基于相对大量的独立组件的设计。然而，IAI从本研究中了解到，拥有过多的模块对接口成本和复杂度有不利影响。因此，IAI要求其设计者最大化AAV值而不是最大化模块化。

截至2016年年初，IAI正式采用了优化的VLS。他们还开设了为期两天的DFA方法论和工具指导课程，已有约60名工程师和一线经理参加。IAI还将DFA方法应用于另一个项目，该项目再次产生了意想不到的结果：两个分包商此前曾为IAI提供两个单独的子系统进行集成，他们被提示协作一个优于和比原来两个模块成本更低的联合（单模块）子系统。

### 5.5.5.5 TTI的固态功率放大器（Solid State Power Amplifier，SSPA）

TTI Norte选择了其SSPA作为试验项目系统，该SSPA是一种使用半导体器件放大信号的发送器，如图5.20所示。TTI的目的是设计一系列SSPA，这些SSPA可以对不断变化的市场做出快速响应，同时减少开发时间和成本。TTI之所以选择其SSPA系统，是因为在各种市场中，用户需求（尤其是与输出功率和频带有关的用户需求）都在不断变化。

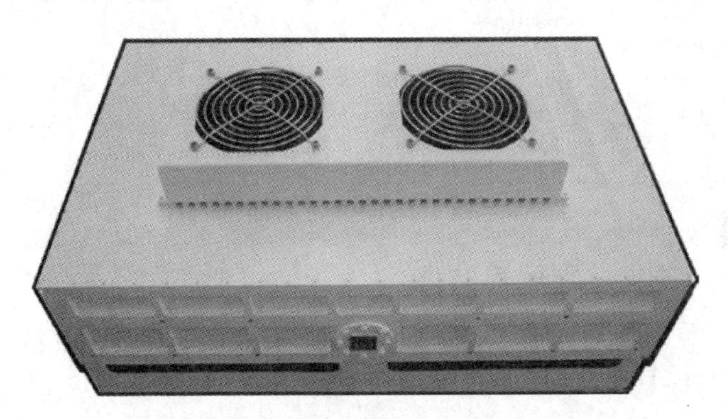

图5.20 固态功率放大器（SSPA）

到2016年年初，经过改进的SSPA已成为TTI的标准产品，并且他们还将整体的DFA方法论和优化工具应用于其他几种产品，声称利益相关者已经很好地理解了该方法，并且工程团队目前正在采用该方法。SSPA的新体系架构使TTI能够开发多个产品变体并更快、更便宜地进行升级，从而扩大了客户的选择范围，提高了TTI的响应速度。TTI指出，在2014—2016年，客户的新要求促使其对旧SSPA进行了5次重大的重新设计，而使用优化的架构仅需进行一次较小的重新设计。TTI实现了SSPA生命周期成本（由于开发和制造成本的降低）降低20%，升级提前期成本降低20%。

#### 5.5.5.6 OPT的全息图生产线(Hologram Production Line,HPL)

2001年,OPT选择了全息图生产线(HPL)(见图5.21)作为其试点项目。全息术是一种使用激光束创建3D图像的技术,该激光束将图像雕刻在敏感介质上。彩色图像是由光衍射产生的,并且生产过程中所用技术的先进性使伪造成为不可能。因此,全息图标签用于文件和产品的认证。OPT的中心项目是设计全息图生产线,以适应不断变化的客户需求以及快速发展的全息技术。

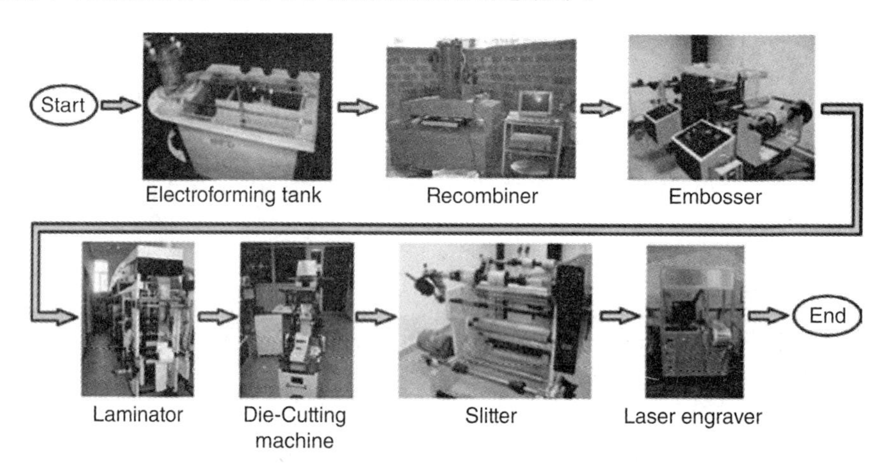


Start—开始;Electroforming tank—电铸罐;Recombiner—重新组合;
Embosser—模压机;Laminator—塑封机;Die-Cutting machine—模切机;
Slitte—分切机;Laser engraver—激光雕刻机;End—结束

图5.21 全息图生产线(HPL)

#### 5.5.5.7 总体试点项目结果

表5.24总结了6个AMISA试点项目的主要成果。AAV比较是在基础(原始)架构和改进设计之间进行的。

表5.24 6个试点项目的架构数据

| 系统 | 主要功能 | 模块的数量 | 模块间接口数 | AAV |
|---|---|---|---|---|
| 压盖机(CAM) | ● 用快速反应的胶水以很高的速度将塑料杯粘合到半成品包装上 | ● 基础:19;<br>● 改进:12 | ● 基础:90;<br>● 改进:79 | ● 基础:−8 863;<br>● 改进:−5 453;<br>● 占比:39% |
| 光纤布放系统(FPS) | ● 使用光纤布放技术控制大型复合零件的制造过程 | ● 基础:17;<br>● 改进:12 | ● 基础:18;<br>● 改进:13 | ● 基础:95;<br>● 改进:98;<br>● 占比:3% |

续表 5.24

| 系　统 | 主要功能 | 模块的数量 | 模块间接口数 | AAV |
|---|---|---|---|---|
| 卡车动力系统(PT) | ● 使用全轮驱动的 MAN TGM 卡车发电、分配和控制功率 | ● 基础：11；<br>● 改进：5 | ● 基础：34；<br>● 改进：21 | ● 基础：5 276；<br>● 改进：6 242；<br>● 占比：18% |
| 车辆定位系统(VLS) | ● 接收来自空间、陆地和舱内的数据。<br>● 分析输入数据并计算车辆位置，方向和动力学 | ● 基础：10；<br>● 改进：6 | ● 基础：20；<br>● 改进：15 | ● 基础：−19 361；<br>● 改进：−17 142；<br>● 占比：11% |
| 固态功率放大器(SSPA) | ● 放大低电平电信号；<br>● 传输/高频数据；<br>● 为内部组件供电和冷却 | ● 基础：25；<br>● 改进：18 | ● 基础：32；<br>● 改进：25 | ● 基础：967；<br>● 改进：3 586；<br>● 占比：371% |
| 全息图生产线(HPL) | ● 制造全息图标签 | ● 基础：32；<br>● 改进：22 | ● 基础：82；<br>● 改进：66 | ● 基础：9 770；<br>● 改进：10 281；<br>● 占比：5% |

## 5.5.6 生成可交付成果

在 AMISA 项目期间，共产生了 38 项技术和管理成果。所有交付成果都经过质量检查和批准(符合质量保证要求)，正式发布和存档(置于配置管理之下)，并按时交付给 EC。

## 5.5.7 AMISA 之外的规划开发

到 AMISA 项目结束时，每个工业/中小企业合作伙伴都在其试点项目中采用了 DFA 方法论和经济模型。这些组织中的每一个公司都致力于在项目结束后利用 AMISA 结果，如下所述。

**TPPS**。该公司计划将来继续将 DFA 技术引入新的开发项目中。

**MAG**。该公司计划在未来的项目中使用根据 AMISA 开发的方法和工具。

**MAN**。该公司是一家大型公司，计划与多个工程部门协调 DFA 方法的引入。现在至关重要的是，该公司已被大众集团收购，并且标准产品开发流程(Product Development Processes，PDP)必须得到整个大众集团的同意。尽管如此，其计划在不久的将来开始有组织地使开发工程师对 DFA 技术的重要性产生敏锐的认识。

**IAI**。该公司计划将 DFA 工具和方法论引入 IAI 的系统工程(Systems Engineering，SE)小组。此外，IAI 计划将 AMISA 结果纳入 IAI 的内部 SE－Intranet 站点中，创建有关 DFA 方法论和工具的特殊培训，并将其用于未来的项目中。

**TTI**。TTI 报告，已经完成了使用 AMISA 方法设计的最终 SSPA 原型。TTI

有望在以后为这种新一代 SSPA 系统找到潜在的客户。TTI 认为，促成 TTI 员工的思想转变至关重要。因此，该公司计划举办一次内部研讨会，以指导 TTI 员工了解开发适应性解决方案的重要性。

OPT 。该公司计划在未来的项目中使用 AMISA 内部开发的方法和工具。这可以帮助 OPT 扩大其生产线的能力，同时降低生产成本，尤其是在提高全息图产品质量以及增强基于激光的系统性能方面。

### 5.5.8 传播项目成果

表 5.25 总结了 AMISA 合作伙伴开展的传播活动。该表包含以下内容：①主要论文——该论文集包括由推荐期刊发表的论文以及硕士和博士学位论文；②会议论文集——该论文集包括在会议上发表的论文；③展览会和其他活动——该套件包括向第三方提供在 AMISA 下开发的产品的理论介绍和演示。

表 5.25　按类别对 AMISA 传播情况汇总

| | 主要论文 | 论文集 | 展览会和其他活动 | 总　计 |
|---|---|---|---|---|
| TAU | 4 | 4 | 2 | 10 |
| TUM | 12 | 13 | 2 | 27 |
| TPPS | | | 4 | 4 |
| MAG | | | | |
| MAN | 4 | 4 | | 8 |
| IAI | | | | |
| TTI | | | 3 | 3 |
| OPT | 1 | | 3 | 4 |
| 总计 | 16 | 17 | 14 | 47 |

### 5.5.9 评估 AMISA 项目

#### 5.5.9.1 评估问题

AMISA 项目致力于通过在不同行业中开展 6 个实际试点项目，对在工业环境中使用 AO 方法论和工具的有效性进行正式评估。预期该结果将用于增强 AMISA 研究产品，并根据最初规定的要求衡量项目的总体绩效。AMISA 研究人员面临的基本评估问题是，通常设计的生产线或大型/复杂系统的使用寿命为 5 年、10 年、20 年。但是，AMISA 内的试点项目大约在 20 个月内进行。因此，困难在于：如何使用相对较短的试点项目，以确定为适应性而设计的系统是否可以更低的成本或更长的时间升级到计划外的规格。也就是说，为适应性而设计的系统的寿命值实际上是否得到了增强。

### 5.5.9.2 评估方法

经过仔细的分析,学者得出的结论是,由于BPS模型所需输入数据的不确定性,使用业务流程模拟(BPS)的原始策略是不可靠的。

为了评估使用体系架构选择方法的有效性,AMISA联盟使用了群体决策方法(参见“3.5.5 群体决策:理论背景”“3.5.6 群体决策:实践方法”)。创建在线问卷以收集工业/中小企业合作伙伴的意见。参与者的意见基于他们在各自组织中使用AMISA方法和工具来开发设计和产品的经验。问卷包括26个问题,分为3个部分。大多数问题是多目标类型,只有一个选项可供选择。这3个部分分别是:①背景信息;②AMISA项目之前的状态;③AMISA项目知识成果的影响。第一部分的目的是了解受访者及其组织的背景信息;第二部分的目的是了解适应性的状态及其对AMISA目标相关的各种因素的影响;第三部分的目的是了解使用AMISA方法和工具如何帮助实现AMISA项目的目标。

### 5.5.9.3 项目成果汇总

评估问卷已由所有AMISA合作伙伴制作、评估和批准。此后,每个工业和中小企业合作伙伴都提供了一组或多组响应。对结果进行整理并以摘要格式显示如表5.26所列。[①]

表5.26 项目成果汇总

| 目　标 | 子目标 | 达到AMISA目标 |
|---|---|---|
| 目标1 | 更高的成本效益 | 是 |
| | 寿命更长 | 是 |
| | 缩短时间周期 | 是 |
| | 为利益相关者提供更多价值 | 是 |
| 目标2 | 通用性 | 是 |
| | 可定制性 | 是 |
| | 可扩展性 | 是 |
| | 易用性 | 是 |
| | 成本效益 | 是 |
| 目标3 | 降低20%的成本 | 部分,评估发现降低了15%的成本 |
| | 缩短20%的时间周期 | 部分,评估发现缩短了17%的周期时间 |
| 目标4 | 寿命增加25% | 部分,评估确定寿命增加17% |
| 目标5 | 减少自然资源的使用和能源消耗 | 是 |
| | 减少污染和副产品浪费 | 部分 |

① 读者可以参考“5.3.3 量化的项目目标”中所述的AMISA项目目标。

## 5.5.10 联盟会议

如前所述，参与 AMISA 项目的人员超过 40 人，有的是全职的，有的是兼职的，还有一些人在 3 年的时间里在这个项目里进进出出。需要在个人基础上交流和认识人，这被认为对项目的成功至关重要。因此，AMISA 实行了频繁的会议政策。也就是说，组织每 2～3 个月举行一次会议，共举行了 16 次会议，在每个合作伙伴的主基地举行两次会议(见图 5.22)。每个团队会议都采用了焦点小组技术(参见“3.3.5 焦点小组”)，每个参与者对相关问题都提出不同的观点。通常，这些会议持续 3 天，强调技术、管理和社会问题。

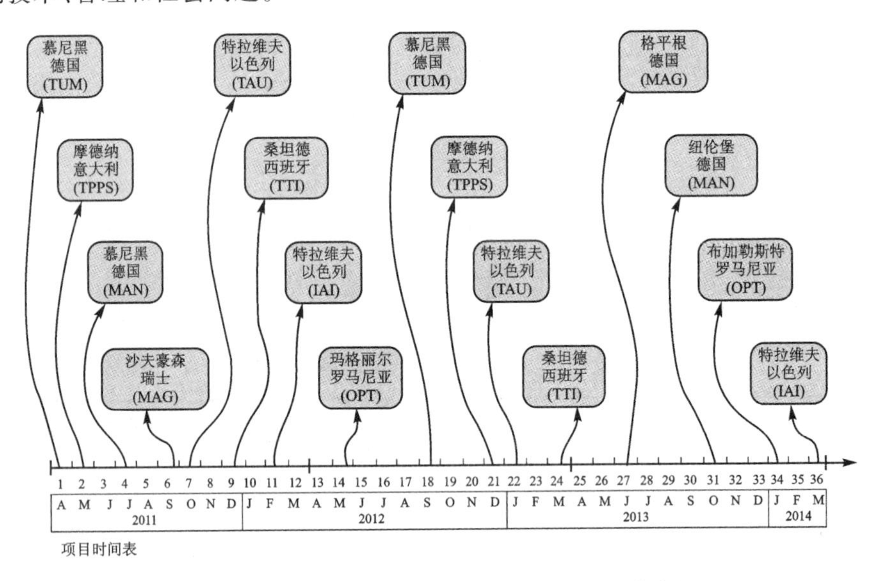


图 5.22 AMISA 组织就三年项目举行了 16 次会议

技术/管理讨论的重点是：①解决正在进行的事务上的问题；②合作伙伴在前几个月进行的工作；③在不久的将来要完成的工作(见图 5.23)。

图 5.23 2014 年 1 月在罗马尼亚布加勒斯特举行的 OPT 上的技术/管理讨论

进行工业和学术考察,以丰富参与者在主办伙伴特定工作环境中的技术知识(见图5.24)。

图5.24 2013年10月在德国纽伦堡MAN工厂的工业游览

另外,还进行了历史和文化之旅,以使访客了解托管合作伙伴所在国家/地区的悠久历史和文化,并在团队内部建立个人纽带(见图5.25)。

图5.25 游览耶路撒冷,以色列(IAI主办),2012年2月

最后,午餐和晚餐是个人聚会,这是认识彼此以及讨论技术和其他问题的绝好机会,而这不一定是正式议程上的事情(见图 5.26)。

图 5.26　2011 年 5 月在意大利摩德纳举行的 AMISA 礼节晚宴(主持 TPPS)

### 5.5.11　EC 项目摘要

以下是由 EC 计划官员 Andrea Gentili 先生撰写的项目摘要。

---

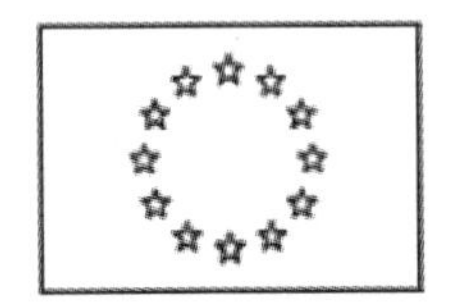

欧洲委员会研究与创新总局 D 部门关键授权技术
D.2 先进的制造系统和生物技术
布鲁塞尔,2014 年 5 月 6 日
G2/AG/aaI(2014)[①]

**文件注释**

**主题:**项目 AMISA 合同的最终评估 N° NMP2 - SL - 2011 - 262907 AMISA (IP)"Architecting Manufacturing Industries and Systems for Adaptability"

**1. 项目的主要目标**

该项目旨在开发和验证具有支持 IT 工具的通用方法,以定义系统体系架构,从而允许与利益相关者相关的经济标准(例如,最大化股东利润或最小化产品生命周期成本)以最佳方式对未来进行调整。目标系统是制造流程、复杂的产品或服务组织,由于环境不断变化,可能需要对其进行调整以应对新的要求。该项目的主要思想是在具有较低初始成本和较高适应成本的"刚性系统"与具有较高初始成本和较低适应

① Rue de la Loi 200, B-1049 Bruxelles / Wetstraat 200, B-1049 Brussels Belgium.

成本的“自适应系统”之间进行适当的权衡。

在项目期间，开发了适应性设计(DFA)方法和支持该方法实际实施的独立工具。该方法和工具被用于多个工业领域的6个实际试点项目中，目的是提供具体的证据来证明它是通用的、可定制的、可扩展的、可用的和具有成本效益的。

该项目于2014年3月31日完成，于2014年3月25日至27日举行了最后修订会议。此后，PTA(Pierre Mereau)开始执行直至2013年10月。

**2. 技术/行政方面**

AMISA组织由4家大型制造商和两家代表食品、机械、航空航天、汽车、通信和光电行业的中小企业组成，给项目带来了强烈的产业聚焦。该联盟还包括4个研究中心，这些研究中心在将工程和经济理论与工业和政府的实际应用相融合方面具有丰富的经验。

所有合作伙伴在项目进行期间一直都很活跃，并参加了不同的会议(有时会有一位以上的代表)，对所做的工作表示满意，并坚定承诺在项目结束后还要进行其他工作，以确保适当的开发项目的结果。由于AMISA专注于系统性问题，因此其预期影响远远超出了直接参与该项目的行业。因此，该项目在国际框架内运作，包括美国科学家在内，并与相关的智能制造系统(Intelligent Manufacturing System，IMS)项目进行了合作。

项目工作是按照AMISA的工作说明进行的。进度按计划进行，工作进度表得到遵守，里程碑按计划完成，所有应交付成果按时提交。这一显著成就尤其要归功于高效的项目管理和所有合作伙伴的良好协作，这些合作伙伴表现出了他们工作的高效并按预期交付了成果。

所讨论的主题具有扎实的理论基础，并且项目的挑战在于使用理论概念来制造一种可在工业上使用的方法，从而提供相关的结果，并解决理论/通用特征与实用性/相关性之间的某种困境。这是在学术合作伙伴TUM(专注于方法论)和TAU(专注于软件工具)的指导下完成的。与所谓的“美国科学团队”的合作是一个很好的倡议，可以巩固理论基础。

AMISA改变了欧洲工业的绩效，其特点是对需求的反应更快，经济和产品兼容性更佳。专为适应性而设计的制造系统或产品/服务将减少20%的成本或周期时间，并将其使用寿命延长25%。在制造过程中，这些系统将消耗更少的能源和自然资源，并减少污染和浪费。适应性强的系统也将更适应监管框架的调整(即环境、健康、安全等)。

项目的行政管理是由协调员带着关心和奉献进行的。应当注意的是，协调员已证明能够很好地管理会议，向工作包领导人分配责任，并确保所有这些领导人和相互关联的活动得到良好协调。

**3. 输出和结果**

所有项目目标均已实现，即

- 基于 DFA 方法和经济模型提出了一种通用的、可定制且定量的方法，旨在针对无法预见的变化以最佳适应性来设计系统。
- 易于使用的软件工具，支持该方法的实施。
- 通过实际项目验证方法。
- 证明该方法通用、可定制、可扩展、可用且具有成本效益。

通过实施多个版本并通过循环的方式提供反馈，工业伙伴在逐步验证和改进方法和工具方面发挥了关键作用。演示所寻求的特性(即通用、可裁剪、可使用和成本效益)是针对特定工业项目的，得到了非常有前途的结果，可以看作是在一个重要的应用范围内向更一般的特征演示迈出的第一步。

**4. 未来展望**

考虑到获得可靠的结果(即关于预测数据的不确定性)并扩大应用范围，可以在 DFA 领域中进行进一步的理论和开发工作。学术合作伙伴打算继续进行研究工作，并通过工作组将 DFA 概念引入设计课程来创造动力。

该项目的结果具有很大的潜力，可以在许多工业案例中应用。通过更好地理解体系架构系统/制造以及相关问题的工业需求，项目应用程序从中受益。所有工业伙伴都打算通过在越来越多案例中该方法的应用来在其业务活动中使用该方法。他们期望获得非常积极的影响。

目前尚无法在公开市场上对该项目成果进行商业开发。合作伙伴的目的是使结果可用，希望通过咨询，有效地使用项目中开发的方法和工具，以及进一步研究中产生的方法，预计会出现商业机会。AMISA 合作伙伴参加了“开发策略研讨会”，该研讨会在结果开发方面提供了很好的认识。研讨会之后编写的报告可以为最终的商业开发打下良好的基础。

**5. 结　论**

AMISA 是一个成功的项目，提供了良好的结果，为在理论和工业开发水平上的进一步发展探索出了可能的途径。

项目协调员在整个项目过程中都做得很好，并被证明具有良好的沟通和管理能力。

应当指出的是，合作伙伴之间的气氛非常融洽，甚至在项目本身之外也激发了良好的合作，促进了联盟之间的双边合作，并鼓励合作伙伴通过进一步开发结果和/或在工业案例中利用结果来增加项目产出。

最后，将提议将 AMISA 项目标记为“成功案例”。

安德里亚·根蒂利(Andrea Gentili)
计划主任

### 5.5.12 延展阅读

- AMISA 项目公共网站：http://amisa.eu/. Accessed：May 2017
- AMISA 项目的 EC 描述：http://cordis.europa.eu/project/rcn/98517_en.html. Accessed：May，2017

## 5.6 架构选项理论

本节的目的是描述和阐述架构选项（AO）的理论。更具体地说，本节将扩展以下 AO 组件：①财务和工程选项；②交易成本和接口成本；③体系架构适应性值；④设计结构矩阵；⑤动态系统价值建模。

### 5.6.1 财务和工程选择

无论是财务方面还是工程方面的选择，都是为未来业务注入灵活性的机制。金融期权理论（Black and Scholes，1973 年）建立了期权成本与其参数之间的定量关系。

在这里，期权是“授予所有者在指定日期或之前以指定的行使价购买或出售基础资产的权利，但不是义务的合同”，实物期权是一种类似的工程概念。它表示“在指定日期或之前，以指定价格行使某些将来的工程项目或业务决策的权利，但不是义务。”多年来，Black - Scholes 模型在金融领域和其他领域都受到评论（例如 Mathews 等人，2007 年）。例如，该模型假设一个期权在其到期日（$T$）之前不会被行使，而许多期权可以在任何将来的日期被行使；此外，它假定利率（$r$）是恒定的，通常情况并非如此。

工程选项反映了工程领域的灵活性需求。实物期权抓住了管理灵活性的价值，可以根据不断变化的环境做出决策（de Neufville 和 Scholtes，2011 年；Hommes 和 Renzi，2014 年）。实际的“内部”选项是对实际选项的扩展，该选项将选项分为“上”或“在”项目。“在”项目上的实物期权是对技术事物的财务选择，将特定系统视为“黑匣子”，而“在”项目中的实物期权是通过更改系统设计而创建的。一个“在”系统中实物期权的简单例子是汽车上的备用轮胎：它给驾驶员权利（灵活性）而没有义务在任何时候换轮胎（Wang and de Neufville，2005 年）。

AMISA 项目的科学家采用了上述一些概念，并提出了一种新的定量方法来设计对系统的适应性，以最大限度地提高其对利益相关者的终身价值（Engel 和 Browning，2006 年和 2008 年）。他们创造了术语“架构选项（AO）”来表示适应性系统的下一代体系架构设计方法（见图 5.27）。

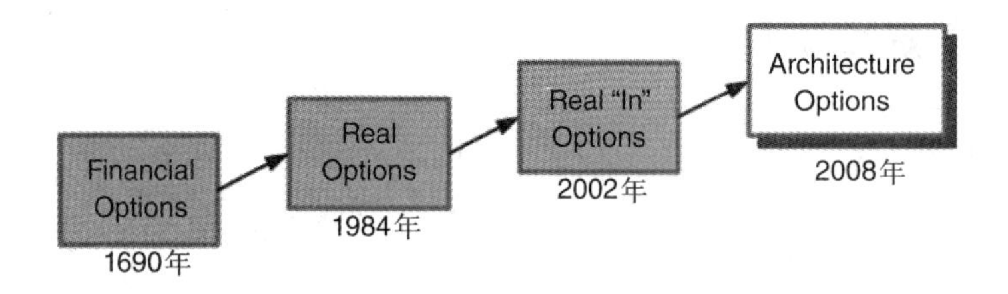


Financial Options—财务选择；Real Options—实物期权；
Real "In"Options—真实的"输入"选项；Architecture Options—架构选项

**图 5.27 财务和工程选项阶梯**

架构选项是使用 Black - Scholes 模型的一种变体，以便将其应用于工程领域，尤其是在系统的未来价值估算方面。式(1)中期权值（OV）是组件的价值增益(如果要升级组件)与预期当前升级成本之差，即

$$\mathrm{OV}=(S'-S)X\mathrm{e}^{-rT}N\left[\frac{\ln\left(\frac{S}{X}\right)+T\left(r+\frac{\sigma^2}{2}\right)}{\sigma\sqrt{T}}\right]-\sigma\sqrt{T} \tag{1}$$

式中，$S$ 是组件的当前价值，$S'$是其估计的未来价值[①](例如，升级后)，因此($S'-S$)是升级的预期收益。式(1)表示未来升级的预期当前成本。$X$ 是在将来的时间 $T$ 升级(重新设计、重新制造、重新安装等)组件的估计成本，$N(x)$为升级成本的累计标准化正态分布，$\sigma$ 是升级成本的估计年度波动性(即，衡量其变化可能性的度量，表示为该成本的一部分)，$r$ 是变化时间范围 $T$ 上的估计无风险利率。根据期权理论，OV 随着不确定性($\sigma$)和时间期限($T$)的增加而增加，因为这增加了期权在有利时机到期的可能。根据 Schilling(2000 年)的研究，具有快速技术变革速度的组件往往会增加模块化的价值。因此，与同一系统中的其他组件相比，此类组件将具有较高的 OV。

Schrieverhoff(2014 年)提出的另一种方法是使用 Monte Carlo 模拟，以确定未来系统行为的大量可能情况。这提供了在不确定的经济环境下评估系统适应性特征的方法。另一思路(Yassine，2012 年)提出了一个框架和相应的计算模型，以支持多代环境中的适应性优化，从而使适应性向前迈进了一步。Yassine 使用与两个设计参数有关的历史汽车行业数据证明了这一概念——发动机功率和车辆重量。

## 5.6.2 交易成本和接口成本

交易成本(Coase，1937 年)代表了进行经济交易所产生的直接成本以外的额外支出(例如搜索成本、议价成本、执行成本等)。该经济学理论的主要论点是，如果两

① 术语"当前价值"通常体现了组件的当前成本。而"未来价值"一词代表对未来利益相关者的价值(但不一定是成本)。例如，一台 PC 可能要花费 600 美元(即当前价值)。但是，在 5 年之内，一台具有许多改进功能的新 PC 可能与其价格相同，但其价值可能超过 1 000 美元。

家公司合并为一家,则可以大大降低两个实体(例如,两个商业企业)之间的交易成本。因此,交易成本可以用作签约或扩展公司的标记。

在工程中,接口[①]的概念,尤其是接口成本与经济学中的交易成本的概念非常相似。接口成本是除设计、制造、维护和配置系统或子系统的成本之外的额外支出。它们的成本也可以分为三类:

**搜索费用**。成本与寻找最经济有效的手段连接不同的、有时是不相关的系统或子系统有关。

**讨价还价的成本**。与谈判、设计和记录一个好的接口控制文档(Interface Control Document,ICD)以及在系统或子系统之间创建和维护物理接口相关的成本。

**执行成本**。与测试接口相关的成本,以及拒绝那些不符合ICD要求的成本。

与系统工程的其他方面一样,给定系统中接口的感知通常是灵活的,并且取决于特定的系统工程师。更具体地说,它取决于系统的大小和工程师在系统层次结构中的位置。参照图5.28(a),一个工程师可以将法兰之间的螺栓和垫圈视为接口,另一个人可以将6个法兰视为接口,而另一位工程师可以将整个设备(即带有6个法兰的三通)作为接口。类似地,如图5.28(b)所示,如果将两个或多个组件设计和制造为一个模块,则大多数接口成本将降低或几乎消除(当然,这个解决方案的适应性程度正在急剧下降)。

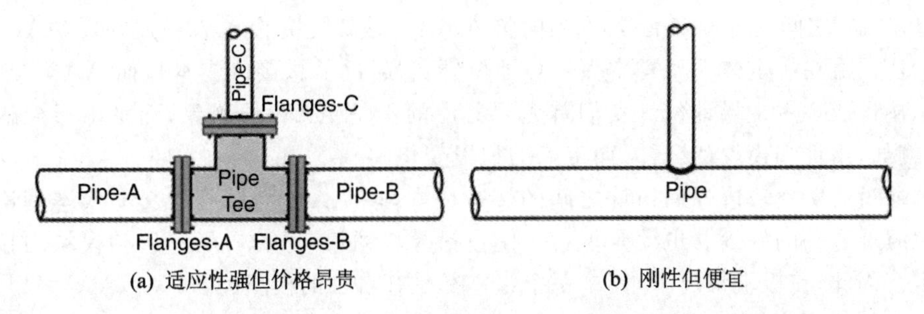


Pipe-A—管道A;Pipe—管道;Pipe-B—管道B;Pipe-C—管道C;Flanges-A—法兰A;
Flanges-B—法兰B;Flanges-C—法兰C;Pipe Tee—三通管

图5.28 管道接口示例

## 5.6.3 架构适应性价值

架构选项(AO)理论试图在单片、非自适应但价格较便宜的系统与完全自适应但昂贵的系统之间找到最佳的系统设计。通过将某些组件组合到模块中,从而降低或消除其模块内部接口成本,可以找到折中方案。特定的模块集取决于每个组件的

① 名词接口可以定义为:"独立且经常不相关的系统在此相遇并相互作用或相互交流的地方。"请参阅:http://www.merriam-webster.com/dictionary/interface,访问日期:2017年8月。

选择值和接口成本的混合，接口成本来自组件的互连。体系架构适应性值（AAV）是AO理论的核心。它是组件选项值的总和减去模块间接口成本的总和，即

$$\mathrm{AAV}=\sum_{m=1}^{M}\left[\sqrt{\sum_{i=1}^{N_m}\mathrm{OV}_i^2}-\left(\sum_{k}I_{mk}+\sum_{l}E_{ml}\right)\right] \tag{2}$$

式中，$M$ 是模块数（$M\leqslant N$），$N_m$ 是第 $m$ 个模块中的组件数，$I_{mk}$ 是模块 $m$ 中的组件到其他模块的传出接口成本，$k\neq m$（即仅模块间接口成本）和 $E_{ml}$ 是模块 $m$ 中的组件与环境之间的外部接口成本。AAV、$\mathrm{OV}_i$、$I_{mk}$ 和 $E_{ml}$ 以货币单位（例如美元、欧元等）表示。在式（2）的中括号内，第一项（平方根）是第 $m$ 个模块的期权价值，建模为其组成部分的期权价值 $\mathrm{OV}_i$ 的几何和。随着合并到模块中的组件数量的增加，模块的选项值也会增加，尽管其速率低于组件选项值的代数和。因此，当没有任何一个组件合并到任何更大的模块中时（即当 $M=N$ 时），期权价值项的总和最大；而当 $M=1$ 时，期权价值项的总和最小。

式（2）中的第二项（用小括号括起来）将与每个模块关联的模块间接口成本相加。由于每个（内部）接口都是从一个组件传出的，而又是从另一个组件传入的，因此该度量仅涵盖了传出接口的成本。随着更多组件合并到模块中，模块间接口成本降低（成为模块内接口成本，不包括在式（2）中）。当 $M=N$ 时，模块间接口成本最大，而当 $M=1$ 时，模块间接口成本最低。因此，每个模块的 AAV 均以其期权价值与其模块间接口成本之间的差额来衡量，产品的整体 AAV 是其模块的 AAV 的总和。AAV$>0$ 表示选项值在特定体系架构中占主导地位（即它超过了总接口成本），而 AAV$<0$ 则表示接口成本占主导地位。我们首先要关注的不是 AAV 的迹象，而是由于架构调整（例如，组件和模块的合并）而带来的积极变化。

通过忽略模块内任何组件之间的接口成本，该 AAV 度量可从交易成本理论中获取组件合并的好处。也就是说，$I_m$ 仅包括模块间接口成本，而不包括模块内接口成本。因此，在极端情况下，其中每个组件都是其自己的模块（$M=N$），AAV 只是将所有组件选项值的代数和减去所有接口成本的代数和（所有这些将是互模的）。这种极端的体系架构提供了最大的适应性，但是通常以最高的接口成本实现。在另一种极端情况下，所有组件都合并到一个模块中（$M=1$），AAV 是将所有组件选项值的平方和的平方根，减去外部接口成本，因为所有内部接口成本都会是模块内的（$I_m=0,\forall m$）。这种极端架构以零内部接口成本提供了最小的选件优势。最佳（最大）$\mathrm{AAV}^*$ 通常会在这两个极端之间存在（即 $1<M^*<N$）。因此，该 AAV 度量方法确认了拥有许多小型选项的好处（Merton 定理，1973 年）与维护这些选项接口成本之间的权衡。我们之所以使用它，是因为它基于期权和交易成本的理论基础，并且因为它是通过与执行各种试点项目的工程师互动而开发的。

### 5.6.4 设计结构矩阵

交易成本理论和财务期权理论的融合是通过设计结构矩阵（DSM）实现的。

DSM(参见"3.6.4 设计结构矩阵分析")表示各种类型的系统(Eppinger 和 Browning,2012 年)。例如,图 5.29 描述了体系架构及其等效的 DSM 表示。DSM 由正方形矩阵组成,该正方形矩阵标识系统的每个组件(即 AA、BB、CC)。此外,系统环境也定义为该 DSM 布局(Env)的一部分。每个组件的选项值都沿着矩阵的对角线放置(例如,组件 AA 的选项值是 200.4)。其还描述了组件之间的接口成本(例如,从 AA 到 BB 的内部接口成本为 250)和每个组件与环境之间的接口成本(例如,从 BB 到环境的外部接口成本为 40)。

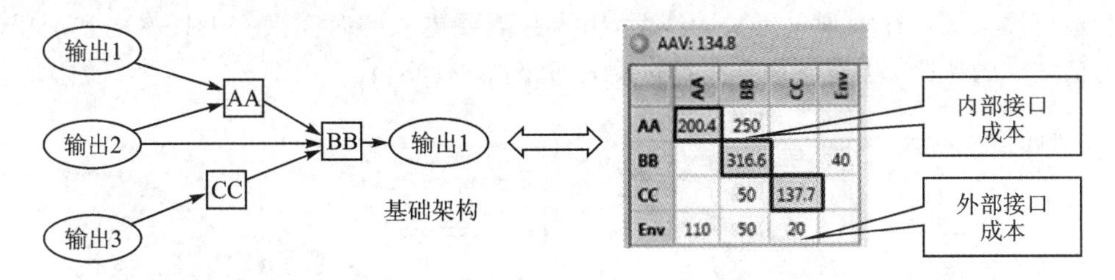


**图 5.29 设计结构矩阵(DSM):基础架构**

优化系统的 AAV(见图 5.30)可能需要将多个组件组合到一个模块中。例如,将组件 AA 和组件 BB 组合使用可消除它们之间的接口成本,为 $OV_{AA-BB}=\sqrt{200.4^2+316.6^2}=374.8$。请注意,模块的总选项值始终小于其组件的选项值的代数和。[①] 如本例所示,与基本系统相关的体系架构适应性值(AAV)从 134.8 急剧增加到在优化系统中的 242.5。

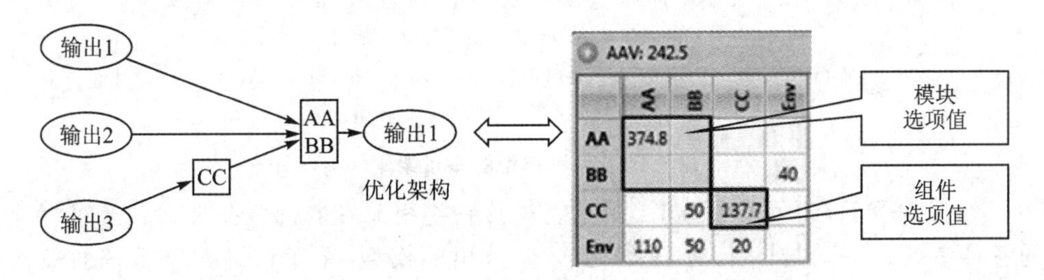


**图 5.30 设计结构矩阵(DSM):优化的体系架构**

通常,系统中的模块越多,选择就越多(代表适应性)。但是,模块越多,接口就越多(代表交易成本)。因此,新方法论遵循以下步骤:①确定所需的功能/组件;②将每个组件与未来的期权价值相关联;③确定模块之间以及模块与环境之间的每个功能接口,然后确定其成本;④使用优化技术(例如遗传算法)来确定最佳架构。

① 该陈述基于 Merton 定理(1973 年),定理指出:"期权组合比投资组合上的期权更有价值。"也就是说,许多小选择比一些大选择更可取,因为它们在行使这些选择时提供了更大的灵活性。

### 5.6.5 动态系统价值建模

利益相关者期望系统的价值会因技术机会和实现的可能及可取的东西而增加。同时，由于维护成本增加，零件报废和不再需要的产品/服务、系统价值下降。将该差异定义为“价值损失”，可以通过将系统升级到利益相关者不断变化的需求和期望上以部分抵消(见图 5.31(a))。可以看出，为适应性而设计系统可以通过两种方式提高系统的“生命周期价值”：①对系统进行频繁、小型和廉价的升级可保持其高价值；②适应性系统往往表现出更长的寿命，因为它需要更长的时间来扩大提供的和期望的值之间的差距，以适合发展全新的系统(见图 5.31(b))。

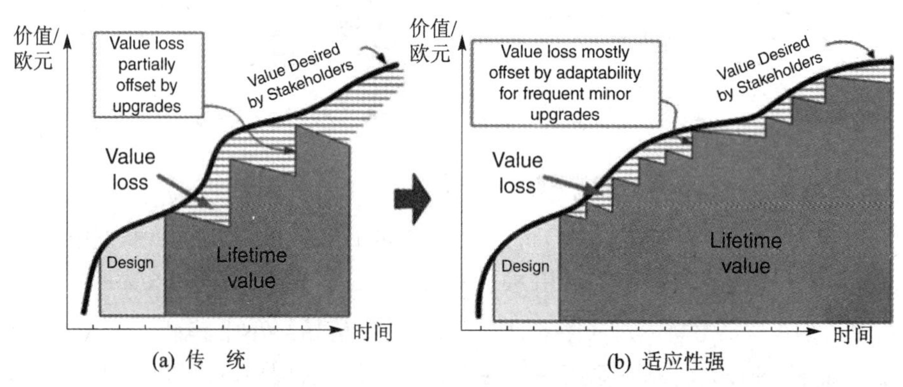


Value loss partially offset by upgrades—价值损失被升级部分抵消；
Value Desired by Stakeholders—利益相关者期望的价值；Value loss—价值损失；
Design—设计；Lifetime value—终生价值；
Value loss mostly offset by adaptability for frequent minor upgrades—
价值损失大部分被频繁小升级的适应性所抵消

**图 5.31　两种类型的体系架构①**

图 5.32 更详细地描述了与单个系统对其利益相关者的价值损失及其升级相关的各种参数。下文描述了 AMISA 科学家提出的模型，用于估计升级系统的最佳时间。

**初始系统值**(Initial System Value，ISV)。初始系统值以货币单位(例如，美元、欧元等)衡量。假设系统对利益相关者的初始价值(交付时)等于开发、制造和部署系统成本的总和。

**期望值**(Value Desired，VD)。利益相关者期望的价值以货币单位计量。由于预期经济增长(Economic Growth，EG)和技术进步(Technological Advances，TA)的增加，该值趋于随时间的推移而增加。

$$VD_i(t)=ISV+f_{EG_i}(t)+f_{AT_i}(t) \tag{3}$$

① 该图改编自 *Browning and Honour*，2005 年，2008 年。

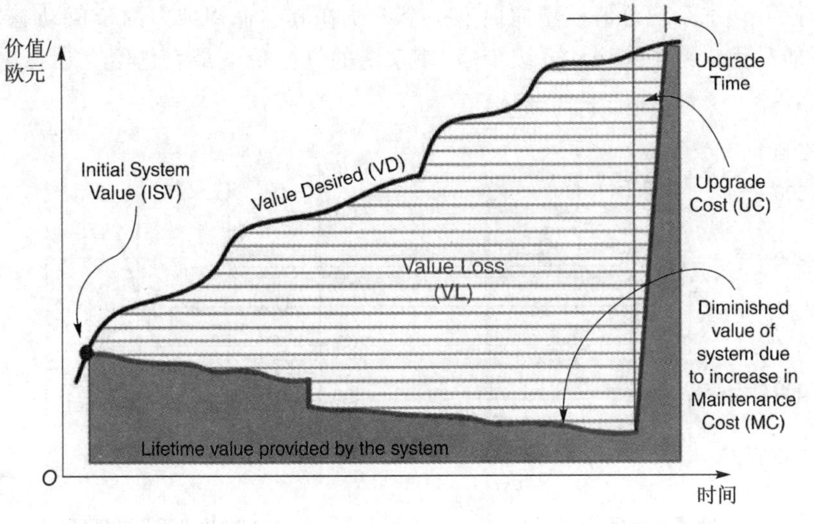


Initial System Value (ISV)—初始系统值(ISV);Value Desired (VD)—期望值(VD);

Value Loss (VL)—价值损失(VL);Upgrade Time—升级时间;Upgrade Cost (UC)—升级费用(UC);

Diminished value of system due to increase in Maintenance Cost (MC)—

由于维护成本(MC)的增加,系统的价值降低;

Lifetime value provided by the system—系统提供的生命周期价值

**图 5.32 动态值范式**

**维护成本(Maintenance Cost,MC)**。维护成本以货币单位计量。由于硬件和软件的磨损成本(Wear-Out Costs,WC)以及组件和基础设施的老化成本(Obsolescence Costs,OC)的增加,该成本趋于增加。

$$MC_i(t)=f_{WC_i}(t)+f_{OC_i}(t) \tag{4}$$

**价值损失(Value Loss,VL)**。利益相关者的价值损失以货币单位计量。在第 $i$ 个升级 $t_{i-1}\to t_i$ 之前的时间段内,瞬时值损失等于所需的累计值加上系统的维护成本(见图 5.33(a))。

$$VL_i(t)=\int_{t_i-1}^{t_i}[VD_i(t)+MC_i(t)]dt \tag{5}$$

**升级费用(Upgrade Cost,UC)**。系统的升级费用等于其升级开发和生产费用(Development and Production Costs,DPC)加上其暂停的服务成本(Suspension of Service Costs,SSC)。换句话说,它们包括升级发生时对现有系统造成的任何中断成本。

$$UC_i(t)=DPC_i(t)+SSC_i(t) \tag{6}$$

**最佳升级策略**。系统升级时,应在 $n$ 个升级周期内使系统生命周期升级的价值损失和升级成本之和最小。因此,仅在 UC≤VL 时进行升级才是有意义的。注意,过早地升级可能会比其他升级更快地实现预期的价值增值(见图 5.33(b))。

$$\mathrm{Min}\left(\sum_{i=1,2,\cdots}^{n}|VL_i(t)-UC_i(t)|\right) \tag{7}$$

**结论**。动态系统价值模型捕捉了一个系统在其生命周期内的价值动态。最终，目标可能是优化系统架构和升级策略，使系统的终生价值最大化给有动态需求的利益相关者。

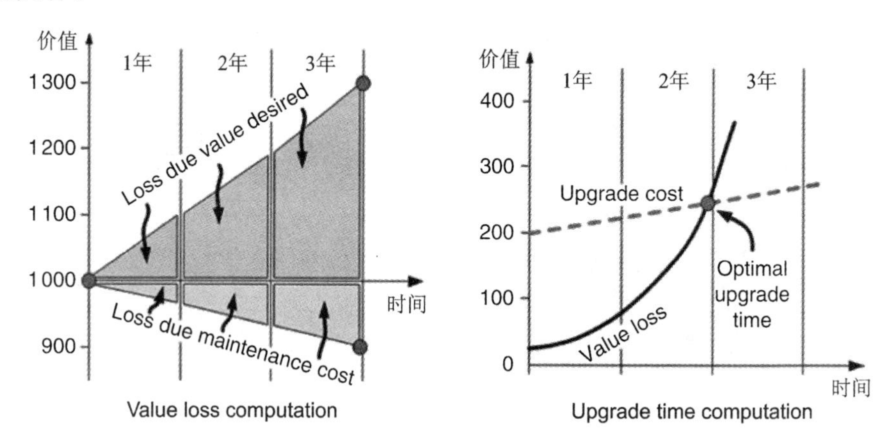


Loss due value desired—期望损失价值；Loss due maintenance cost—维修费用损失；
Value loss computation—价值损失计算；Upgrade cost—升级费用；Value loss—价值损失；
Optimal upgrade time—最佳升级时间；Upgrade time computation—升级时间计算

**图 5.33 估算价值损失和最佳升级时间**

当然，动态系统价值模型是对各种可能产生影响的成本的简化，因此它必须在每个特定项目期间进行评估，并针对特定环境进行调整。然而，它的一般观点似乎是成立的。这种方法在预测未来变量时也容易受到限制。这种脆弱性随着一个项目的经济、社会和技术趋势的演变而增加。然而，粗略的预测总比没有好。读者还应该注意到，任何实际的升级决策都是一个"选项"。一旦获得有关成本和价值的实际信息，它就提供了"权利而非义务"来行使它。

## 5.6.6 延展阅读

- Black and Scholes, 1973
- Browning and Honour, 2005, 2008
- Coase, 1937
- de Neufville and Scholtes, 2011
- Engel and Browning, 2006, 2008
- Engel and Reich, 2015
- Engel et al., 2016
- Eppinger and Browning, 2012
- Hommes and Renzi, 2014
- Mathews et al., 2007
- Merton, 1973
- Schilling, 2000
- Schrieverhoff, 2014
- Wang and de Neufville, 2005
- Yassine, 2012

## 5.7 架构选项示例

本节的目的是描述架构选项(AO)的实现示例。该示例遵循正式的13个步骤，旨在支持实践工程师使用免费软件工具(DFA-Tool)进行适应性设计(DFA)，这使它们与AO理论的数学复杂性隔离开来(见图5.34)。

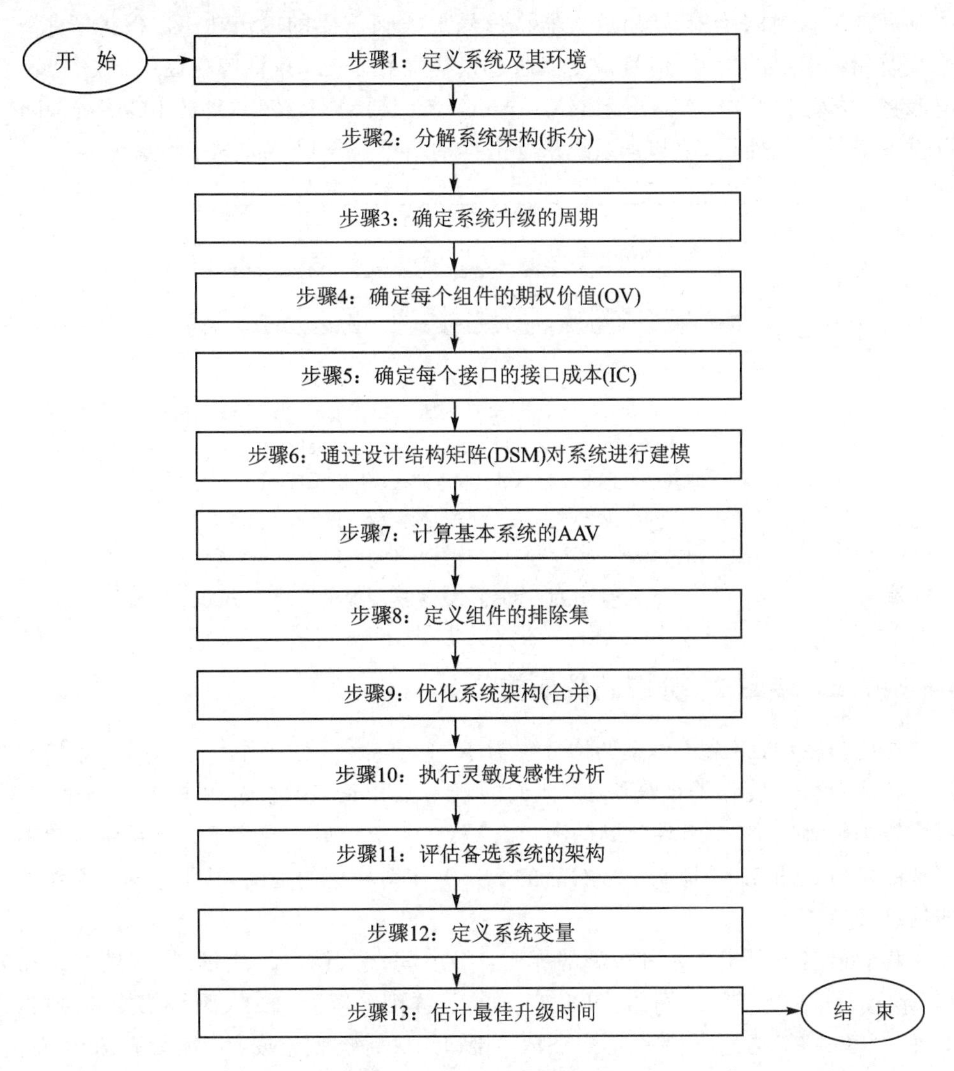


图5.34 一般架构选项过程

该示例描述了固态功率放大器(SSPA)，这是由TTI Norte开发的使用半导体器件来放大信号的发射器。

### 5.7.1　步骤1：定义系统及其环境

在这个步骤中，系统、与其边界和环境被正式定义。SSPA环境由交流电源、射频输入信号和射频放大输出信号组成。SSPA还与PC连接，以便接收操作员的命令，并发送状态信息供操作员监控。一个典型的SSPA包含6个子系统：一个控制单元和电源、一个前置放大级、一个放大级、一个保护子系统、一个信号检测器和一个冷却子系统(见图5.35)。当从外部源接收到射频信号时，前置放大器监测、控制并将其衰减到适当的范围，然后放大器将信号放大到需要的输出功率。保护子系统去除杂散和不需要的信号，信号检测器通过采样监控输出，并将信息提供给控制单元。电源将外部的交流电(Alternating Current，AC)转换成直流电(Direct Current，DC)，以供各个子系统使用，冷却子系统从外部推动新鲜空气以冷却SSPA系统。

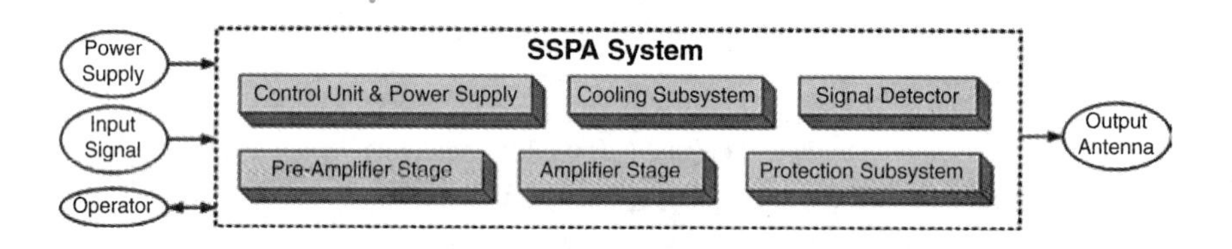


Power Supply—电源；SSPA System—SSPA系统；Input Signal—输入信号；
Output Antenna—输出天线；Operator—操作员；
Control Unit & Power Supply—控制单元和电源；Cooling Subsystem—冷却子系统；
Signal Detector—信号检测器；Pre-Amplifier Stage—前置放大器级；
Amplifier Stage—放大器级；Protection Subsystem—保护子系统

**图5.35　初始SSPA系统架构**

### 5.7.2　步骤2：分解系统架构

在此步骤中，将系统体系架构分解为 $N$ 个组件(拆分操作)。在这里，系统架构师应将注意力扩展到子系统级别(他们的正常工作重点)之外，并扩展到组件级别。系统架构师确定 $N$ 个组件之间的接口，以及在系统扩展的粒度下跨越系统边界的任何外部接口。图5.36描绘了分解后的SSPA体系架构的框图，其中包括子系统之间的信息接口。

我们最多可以定义4种类型的界面：①空间；②材料；③能量；④信息(Pimmler和Eppinger，1994年)。例如，图5.37描绘了详细分解的SSPA系统架构和接口(以下称为“基础”架构)。但是，对于SSPA，接口由3种类型组成：①能量流；②信息流；③空间(此模型忽略了物质流，即整个SSPA系统中的空气流)。

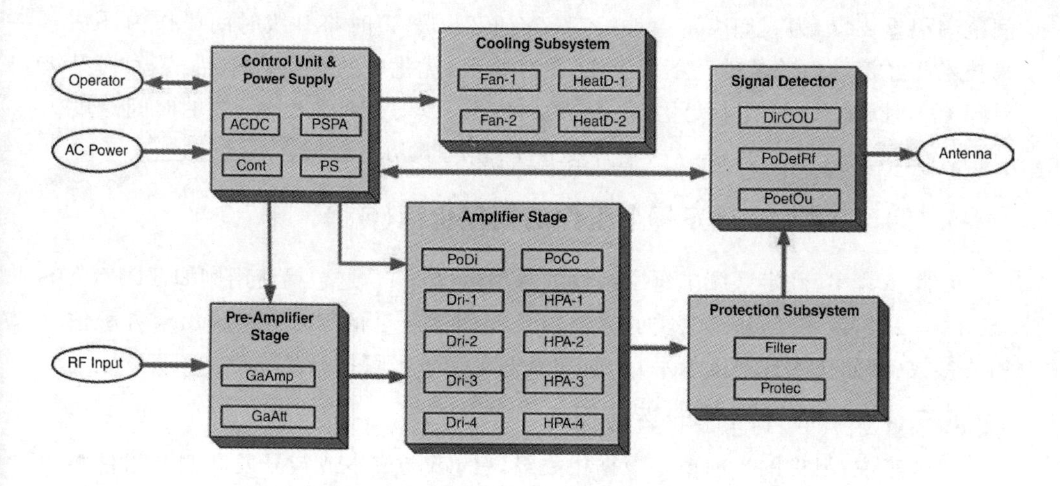


Operator—操作员;AC Power—交流电;RF Input—射频输入;
Control Unit & Power Supply—控制单元和电源;
Pre-Amplifier Stage—前置放大器级;Cooling Subsystem—冷却子系统;
Amplifier Stage—放大器级;Signal Detector—信号检测器;
Protection Subsystem—保护子系统;Filter—过滤;Protec—保护;Antenna—天线

**图 5.36 分解后的 SSPA 系统架构(信息流)**

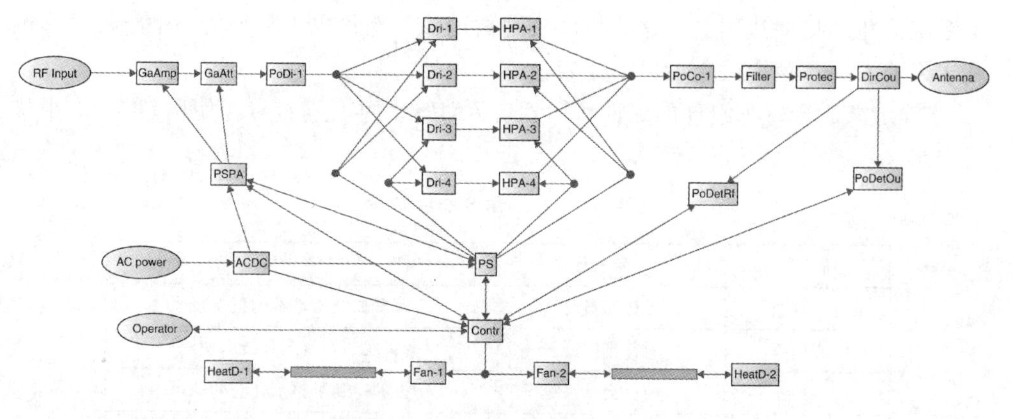


RF Input—射频输入;AC power—交流电;Operator—操作员;
GaAmp—放大器;Contr—控制;Filter—过滤;Antenna—天线

**图 5.37 "基本"SSPA 系统架构及接口**

## 5.7.3 步骤 3:确定系统升级的周期

在此步骤中,确定了系统升级的粗略预期时间范围。通常,来自管理、财务、市场、销售和工程组织的代表讨论这些问题,或者最好使用 Delphi(德尔菲)法这样的既定方法(参见"3.5.1 Delphi 法")来商定系统升级的预期时间。选择合适的升级时间范围很重要，因为人们决定组件的期权价值（步骤 4）时将升级时间段作为评估未来技术和经济动力的基础。不管怎样，在计算上，优化后的系统结构（步骤 9）对升级时间——时域估计的微小变化，并不特别敏感。以 SSPA 为例，升级的时间跨度为 5.3 年，有关人员得出结论，这一估计反映了现实的、历史数据。

### 5.7.4 步骤 4：确定每个组件的期权价值（OV）

在此步骤中，确定系统中每个组件的选项值（OV）。这包括使用例如 TRIZ（Altshuller，1984 年）和 Delphi 之类的方法以及使用修改后的 Black - Scholes 方程估算相关参数（例如技术成熟度水平）。通过以下 4 个子步骤执行此步骤：

#### 5.7.4.1 估计组件的当前值

一般来说，组件的当前值是根据相关组件的市场成本或与开发和制造组件相关的成本估算的。例如，SSPA 的控制系统板的当前值是 1 798 个货币单位（Monetary Units，MU）。

#### 5.7.4.2 估计组件的未来值

AMISA 科学家扩展了现有的 TRIZ 理论，并开发了一种使用技术预测方法（参见“3.6.3 技术预测”）估算组件的未来值的系统方法[①]。本质上，TRIZ 理论定义了一套控制技术系统演化的“扩展法则”。技术系统的解决方案（请参阅：“附录 B 技术系统演化的扩展法则”）。这些扩展法则被用作一个检查表来评估每个组件并预测其未来的发展。该方法包含以下元素：

① 定义适合每个组件的 S 曲线阶段。AMISA 的工业参与者使用表 5.27 中描述的定义。

表 5.27 通用 S 曲线阶段

| 阶 段 | 名 称 | 含 义 |
| --- | --- | --- |
| 1 | 初始概念 | 观察和报告基本的科学概念 |
| 2 | 首先实施 | 首次商业实施和技术使用 |
| 3 | 社会认可 | 技术得到了整个社会的认可 |
| 4 | 资源下降 | 支持该技术的资源开始减少 |
| 5 | 技术最大化 | 技术发挥最大潜力 |
| 6 | 技术下降 | 技术使用率下降 |
| 7 | 新兴技术 | 出现了新的和改进的技术 |

② 检查每个 TRIZ：通过技术系统演化的扩展法则[②]（参见表 5.28 和“附录 B

① 另见：Shishko 等人（2004 年）和 Mann（2003 年）。
② 用户可以选择使用第 4.2.2 小节的“系统演化法则”中所述的技术系统演化法则。

技术系统演化的扩展法则”)，以确定在相关时间范围内可能演化并影响组件价值的相关技术和/或业务参数。

表5.28 技术体系演进的扩展法则

| TRIZ扩展法则 | | TRIZ扩展法则 | |
|---|---|---|---|
| 1 | 系统融合 | 12 | 行动协调 |
| 2 | 相似系统合并 | 13 | 空间协调 |
| 3 | 卷积系统合并 | 14 | 参数协调 |
| 4 | 替代系统合并 | 15 | 可控性 |
| 5 | 逆系统集成 | 16 | 动态化 |
| 6 | 不同系统的集成 | 17 | 过渡到超级系统 |
| 7 | 组合多个系统 | 18 | 提高系统完整性 |
| 8 | 流导率 | 19 | 人的可替代性 |
| 9 | 形状/形式协调 | 20 | 系统的不平衡演化 |
| 10 | 时间与节奏协调 | 21 | 技术总体进步 |
| 11 | 材料协调 | | |

③ 利用S曲线方法评估技术和业务参数的初始(I)和未来(F)S曲线改进阶段(Christensen，1992年，Bejan和Lorente，2011年)。

④ 估计每个参数相对于其他参数的权重，确保总权重等于1.0。

⑤ 计算每个参数的初始和最终加权因子及其对应的总计。

⑥ 根据组件的当前值(S)，计算其预期的未来值($S'$)和预期的增益($S'-S$)。

例如，图5.38描绘了将执行SSPA控制系统板选件时的技术预测和期望的价值增加：①L1、L2和L3列描述了相关的TRIZ扩展预测法则；②P列表示与升级此组件有关的特定选件参数；③I和F列表示与每个选件参数相关的初始和最终S曲线阶段；④W列标识与每个选件相关的相对权重参数；⑤W * I和W * F列对初始和未来期权的加权值求和。

考虑TRIZ法则10相关的通信速度参数(时间与节奏协调)。当系统的一个组件的节奏与其他组件更加同步时，就会出现此法则，从而提高了整个系统的性能。在这种情况下，系统的电子部分工作效率相当低。但是，预计在接下来的5.3年(升级时间)内，通信带宽和速度将会提高，这将有助于更好地利用SSPA系统。给定SSPA控制系统板的当前值：$S=1\ 798$ MU，以及升级选项的加权值，SSPA控制系统板的未来值和收益计算如下：

$$\text{Futurevalue}=S'=S\frac{\sum\limits_{i=1,2,\cdots}F_i\times W_i}{\sum\limits_{i=1,2,\cdots}I_i\times W_i}=1\ 798\times\frac{4.95}{2.30}=3\ 870\ \text{MU}$$

$$\text{Gain}=S'-S=3\ 870-1\ 798=2\ 072\ \text{MU}$$

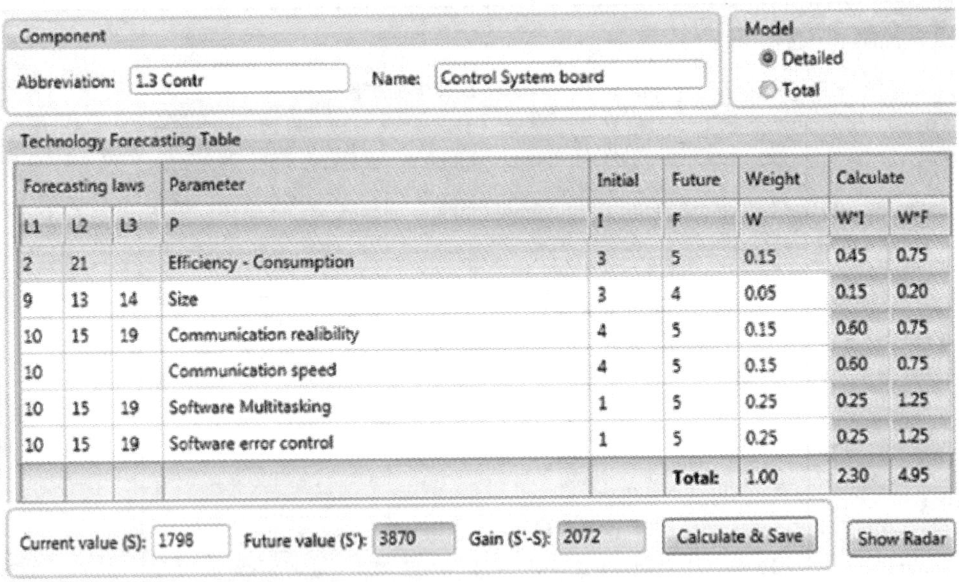

Component

Abbreviation: 1.3 Contr　Name: Control System board

Model: ◉ Detailed ○ Total

Technology Forecasting Table

| Forecasting laws | | | Parameter | Initial | Future | Weight | Calculate | |
|---|---|---|---|---|---|---|---|---|
| L1 | L2 | L3 | P | I | F | W | W*I | W*F |
| 2 | 21 | | Efficiency - Consumption | 3 | 5 | 0.15 | 0.45 | 0.75 |
| 9 | 13 | 14 | Size | 3 | 4 | 0.05 | 0.15 | 0.20 |
| 10 | 15 | 19 | Communication realibility | 4 | 5 | 0.15 | 0.60 | 0.75 |
| 10 | | | Communication speed | 4 | 5 | 0.15 | 0.60 | 0.75 |
| 10 | 15 | 19 | Software Multitasking | 1 | 5 | 0.25 | 0.25 | 1.25 |
| 10 | 15 | 19 | Software error control | 1 | 5 | 0.25 | 0.25 | 1.25 |
| | | | | | Total: | 1.00 | 2.30 | 4.95 |

Current value (S): 1798　Future value (S'): 3870　Gain (S'-S): 2072　Calculate & Save　Show Radar

图 5.38　SSPA 控制系统板技术预测

#### 5.7.4.3　估算组件的升级成本

考虑到将执行该选项，每个组件未来的预期升级成本是基于一个经典项目管理成本模型(见图 5.39)计算的。总的升级成本是通过总结与开发、测试和生产系统中每个相关组件有关的所有劳动力、材料和其他费用来估算的。

例如，图 5.40 描述了估计的 SSPA 控制系统板升级成本。升级 10 个 SSPA 单元的非循环(NRE)材料成本为 246 MU(即每个单元每次升级为 24 MU)。同样，每个 SSPA 单元升级的循环(RE)材料成本为 17 MU。在这种情况下，SSPA 控制系统板的总升级成本估计为 615 MU。

#### 5.7.4.4　计算组件的选项值

最后，必须估计在系统升级的时间范围内预期的无风险利息价值和每个组件的波动性。计算股市交易中的波动性几乎是一件直截了当的事情。但是，在工程设计中，估计组件的波动性通常是结构性问题。AMISA 科学家进行了战略假设、表面处理和测试(SAST)分析(参见“3.5.2　SAST 分析”)，以便捕获和商定工程中波动性的含义。此后，使用修改后的 Black-Scholes 模型(参见“5.6.1　财务和工程选择”)来计算每个组件的期权价值。对于 SSPA 控制系统板，期望值收益(2 072 MU)、升级成本(615 MU)、波动率(19.7%)、期望升级时间范围(5.3 年)和期望无风险利率(3.9%)的期权价值为 1 574 MU(见图 5.41)。

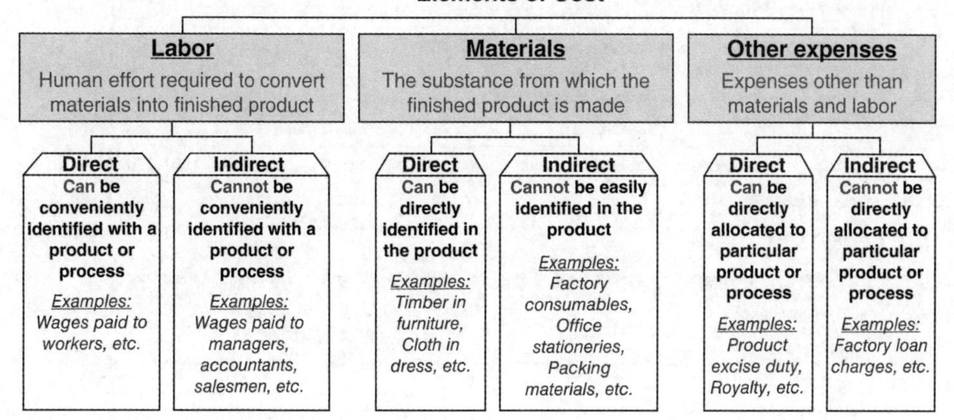


Elements of Cost—成本要素；Labor—劳动力；

Materials—用料；Other expenses—其他费用；

Human effort required to convert materials into finished product—将材料转换为成品所需的人力；

The substance from which the finished product is made—制成成品的物质；

Expenses other than materials and labor—材料和人工以外的费用；

Direct—直接；Indirect—间接；

Can be conveniently identified with a product or process—可以方便地与某种产品或工艺鉴别；

Cannot be conveniently identified with a product or process—不能方便地与某种产品或工艺鉴别；

Can be directly identified in the product—能直接在产品中鉴别；

Cannot be easily identified in the product—不能在产品中鉴别；

Can be directly allocated to particular product or process—可以直接分配到特定的产品或过程；

Cannot be directly allocated to particular product or process—不能直接分配给特定的产品或过程；

Examples：Wages paid to workers，etc.—例如：支付给工人的工资等；

Examples：Wages paid to managers，accountants，salesmen，etc.—例如：付给经理、会计、销售人员的工资；

Examples：Timber in furniture，Cloth in dress，etc.—例如：家具用木材，服装用布料等；

Examples：Factory consumables，Office stationeries，Packing materials，etc.—例如：工厂消耗品、办公文具、包装材料等；

Examples：Product excise duty，Royalty，etc.—例如：产品消费税、版税等；

Examples：Factory loan charges，etc.—例如：工厂贷款费用等

**图 5.39 经典的项目管理成本模型**

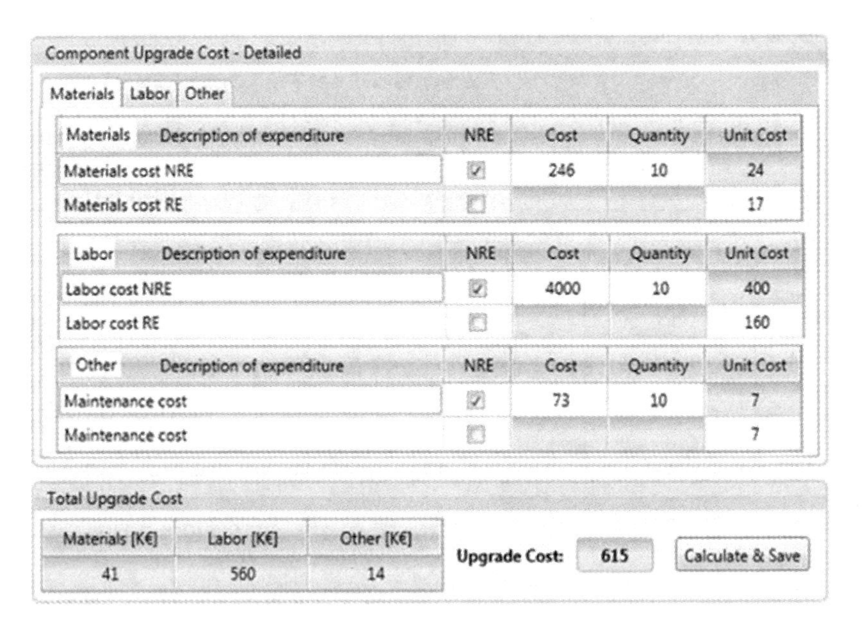


图 5.40　SSPA 控制系统板升级成本

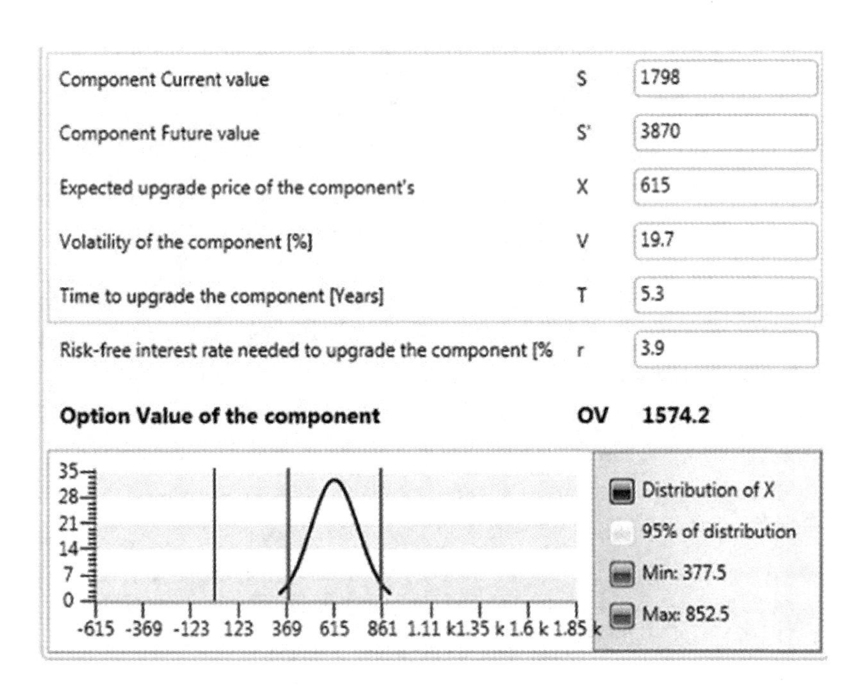


图 5.41　计算组件选项值

### 5.7.5 步骤5：确定每个接口的接口成本(IC)

在此步骤中，还基于经典项目管理成本核算模型来计算每个接口的成本。更具体地说，例如，使用 Delphi 方法，其通过对每个接口的整个生命周期(即在开发、生产、维护和处置期间)的所有人工、材料和其他费用进行汇总来估算成本。图5.42描述了 SSPA I4 DC 线路控制系统接口的接口成本计算。生命周期每个阶段的单位数量及其成本都是估算值。在这种情况下，SSPA 的生命周期需要13个接口单元(即开发阶段1个，生产阶段10个，使用/维护阶段2个)，总成本为283 MU，因此每个接口成本为21 MU。

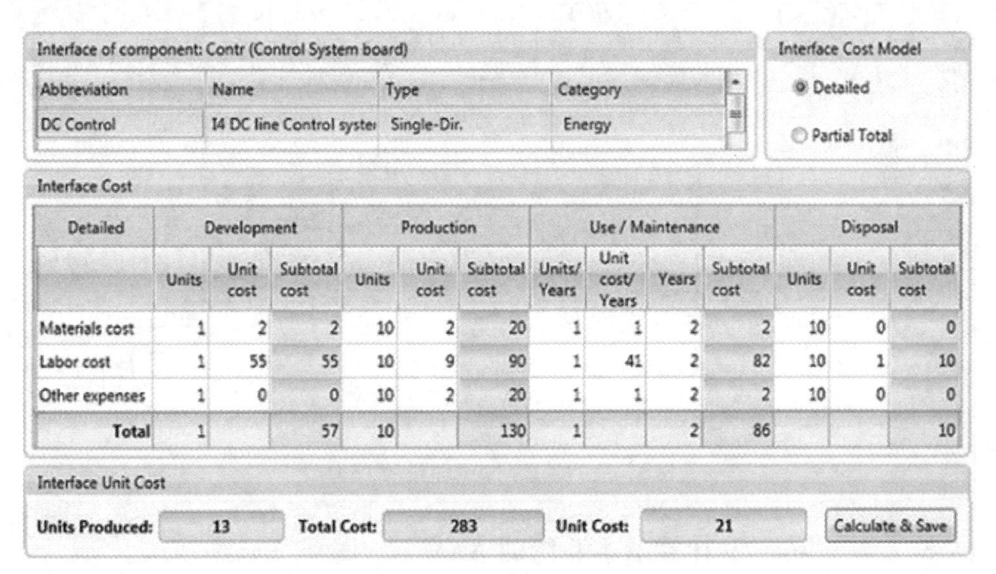

Interface of component: Contr (Control System board)

| Abbreviation | Name | Type | Category |
|---|---|---|---|
| DC Control | I4 DC line Control syste | Single-Dir. | Energy |

Interface Cost Model: Detailed / Partial Total

Interface Cost

| Detailed | Development | | | Production | | | Use / Maintenance | | | | Disposal | | |
|---|---|---|---|---|---|---|---|---|---|---|---|---|---|
| | Units | Unit cost | Subtotal cost | Units | Unit cost | Subtotal cost | Units/ Years | Unit cost/ Years | Years | Subtotal cost | Units | Unit cost | Subtotal cost |
| Materials cost | 1 | 2 | 2 | 10 | 2 | 20 | 1 | 1 | 2 | 2 | 10 | 0 | 0 |
| Labor cost | 1 | 55 | 55 | 10 | 9 | 90 | 1 | 41 | 2 | 82 | 10 | 1 | 10 |
| Other expenses | 1 | 0 | 0 | 10 | 2 | 20 | 1 | 1 | 2 | 2 | 10 | 0 | 0 |
| Total | 1 | | 57 | 10 | | 130 | 1 | | 2 | 86 | | | 10 |

Interface Unit Cost

Units Produced: 13 Total Cost: 283 Unit Cost: 21 Calculate & Save

图5.42 与 SSPA 控制系统板相关的接口成本

### 5.7.6 步骤6：通过设计结构矩阵(DSM)对系统进行建模

在此步骤中，将通过设计结构矩阵(DSM)对整个 SSPA 系统进行建模。每个组件的 OV 沿 DSM[①] 的对角线放置，并且将 IC 放置在对角线之外的适当单元中。两个指定系统组件之间的接口被分类为内部接口，而系统组件与外界之间的接口被分类为外部接口。DSM 的约定是，输出接口是水平标识的，而输入接口是垂直标识的。最多可以创建5个 DSM 变体来反映每种类型的接口，以及一个“组合 DSM”来显示所有类型接口的综合成本所产生的总体接口成本。例如，图5.43描述了基本的 SSPA 系统。组件 ACDC 的选项值为47.4MU，并且具有3个输出接口(即 Contr 组件为21 MU，PS 组件为24 MU，SPSA 组件为17 MU)。ACDC 组件还有一个来自

① 注意：某些选项可能会执行也可能不会执行(即将来不一定会升级所有组件)。

环境的传入接口(即 55 MU)。

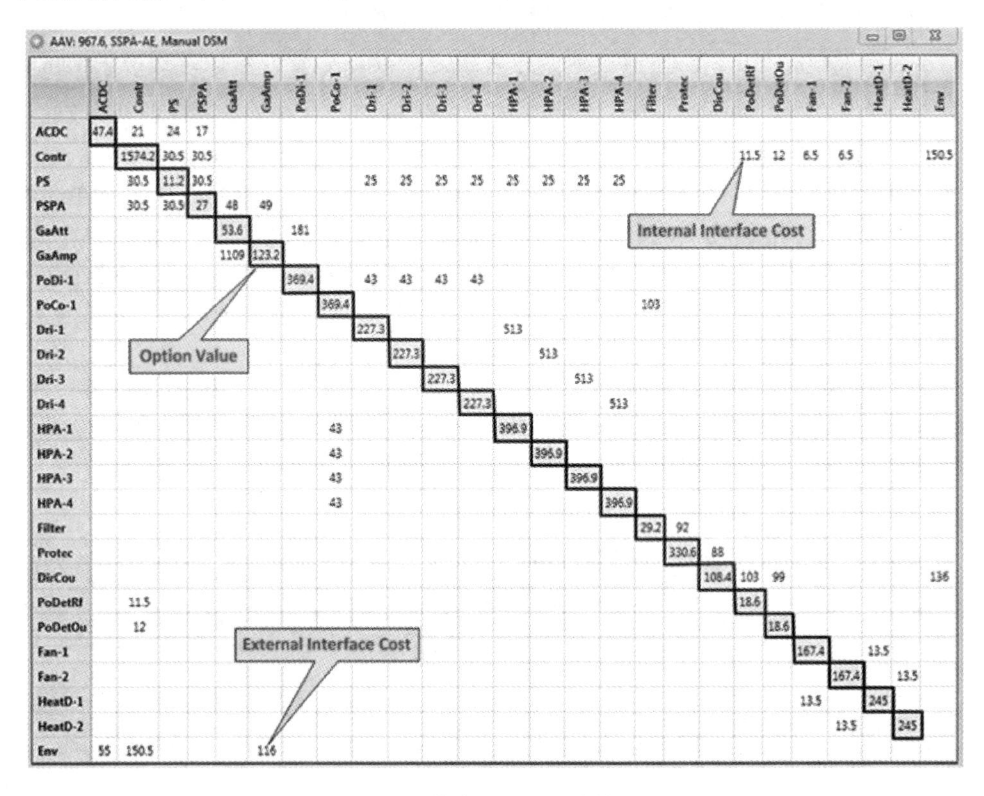


| | ACDC | Contr | PS | PSPA | GaAtt | GaAmp | PoDi-1 | PoCo-1 | Dri-1 | Dri-2 | Dri-3 | Dri-4 | HPA-1 | HPA-2 | HPA-3 | HPA-4 | Filter | Protec | DirCou | PoDetRf | PoDetOu | Fan-1 | Fan-2 | HeatD-1 | HeatD-2 | Env |
|---|---|---|---|---|---|---|---|---|---|---|---|---|---|---|---|---|---|---|---|---|---|---|---|---|---|---|
| ACDC | 47.4 | 21 | 24 | 17 | | | | | | | | | | | | | | | | | | | | | | |
| Contr | | 1574.2 | 30.5 | 30.5 | | | | | | | | | | | | | | | | 11.5 | 12 | 6.5 | 6.5 | | | 150.5 |
| PS | | 30.5 | 11.2 | 30.5 | | | | | 25 | 25 | 25 | 25 | 25 | 25 | 25 | 25 | | | | | | | | | | |
| PSPA | | 30.5 | 30.5 | 27 | 48 | 49 | | | | | | | | | | | | | | | | | | | | |
| GaAtt | | | | | 53.6 | | 181 | | | | | | | | | | | | | | | | | | | |
| GaAmp | | | | | 1109 | 123.2 | | | | | | | | | | | | | | | | | | | | |
| PoDi-1 | | | | | | | 369.4 | | 43 | 43 | 43 | 43 | | | | | | | | | | | | | | |
| PoCo-1 | | | | | | | | 369.4 | | | | | | | | | 103 | | | | | | | | | |
| Dri-1 | | | | | | | | | 227.3 | | | | 513 | | | | | | | | | | | | | |
| Dri-2 | | | | | | | | | | 227.3 | | | | 513 | | | | | | | | | | | | |
| Dri-3 | | | | | | | | | | | 227.3 | | | | 513 | | | | | | | | | | | |
| Dri-4 | | | | | | | | | | | | 227.3 | | | | 513 | | | | | | | | | | |
| HPA-1 | | | | | | | | 43 | | | | | 396.9 | | | | | | | | | | | | | |
| HPA-2 | | | | | | | | 43 | | | | | | 396.9 | | | | | | | | | | | | |
| HPA-3 | | | | | | | | 43 | | | | | | | 396.9 | | | | | | | | | | | |
| HPA-4 | | | | | | | | 43 | | | | | | | | 396.9 | | | | | | | | | | |
| Filter | | | | | | | | | | | | | | | | | 29.2 | 92 | | | | | | | | |
| Protec | | | | | | | | | | | | | | | | | | 330.6 | 88 | | | | | | | |
| DirCou | | | | | | | | | | | | | | | | | | | 108.4 | 103 | 99 | | | | | 136 |
| PoDetRf | | 11.5 | | | | | | | | | | | | | | | | | | 18.6 | | | | | | |
| PoDetOu | | 12 | | | | | | | | | | | | | | | | | | | 18.6 | | | | | |
| Fan-1 | | | | | | | | | | | | | | | | | | | | | | 167.4 | | 13.5 | | |
| Fan-2 | | | | | | | | | | | | | | | | | | | | | | | 167.4 | | 13.5 | |
| HeatD-1 | | | | | | | | | | | | | | | | | | | | | | 13.5 | | 245 | | |
| HeatD-2 | | | | | | | | | | | | | | | | | | | | | | | 13.5 | | 245 | |
| Env | 55 | 150.5 | | | | 116 | | | | | | | | | | | | | | | | | | | | |

图 5.43 “基本”SSPA 系统的 DSM

## 5.7.7 步骤 7：计算基本系统的 AAV

在此步骤中，计算基础架构的适应性值(AAV)(参见“5.6.3 架构适应性价值”中的式(2))。在这种情况下，基本的 SSPA 架构产生的 AAV 值为 967.6 MU。这种架构具有很强的适应性，但需要在接口的设计、测试、制造、维护和处置方面进行大量投资。

## 5.7.8 步骤 8：定义组件的排除集

在此步骤中，指定了不能与其他集合(即排除集合)组合的某些组件组。团队负责人使用概念图方法(参见“3.2.4.1 概念图”)来确定其试点项目的组件排除集。例如，固定部件与移动部件、系统内物理定位在不同位置的部件、由不同承包商生产的部件、在不同生产单元内组装的部件等，表 5.29 描述了 SSPA 子系统、组件和排除集。例如，AMP 集合中的任何组件都可以与同一 AMP 集合中的任何一个或多个组件组合，但不能与分配给任何其他集合的任何组件组合。

表 5.29 SSPA 子系统、组件和排除集

| 子系统和环境 | 零件 | 简称 | 排除集合 | | | | | | | |
|---|---|---|---|---|---|---|---|---|---|---|
| | | | AC/DC | AMP | 控制 | 冷却 | 过滤器 | 电源 | 前置放大 | 保护 |
| 控制单元和电力供应 | AC/DC 转换器 | ACDC | X | | | | | | | |
| | 控制系统板 | Contr | | | X | | | | | |
| | HPA 及驱动电源 | PS | | | | | | X | | |
| | 用于前置放大器的电源 | PSPA | | | | | | X | | |
| 前置放大器 | 可变增益衰减器 | GaAtt | | | | | | | X | |
| | 增益放大器 | GaAmp | | | | | | | X | |
| 放大器级 | 功率分配器 1 | PoDi - 1 | | X | | | | | | |
| | 功率合成器 1 | PoCo - 1 | | X | | | | | | |
| | 驱动 1 | Dir - 1 | | X | | | | | | |
| | 驱动 2 | Dir - 2 | | X | | | | | | |
| | 驱动 3 | Dir - 3 | | X | | | | | | |
| | 驱动 4 | Dir - 4 | | X | | | | | | |
| 大功率放大器 | 大功率放大器 1 | HPA - 1 | | X | | | | | | |
| | 大功率放大器 2 | HPA - 2 | | X | | | | | | |
| | 大功率放大器 3 | HPA - 3 | | X | | | | | | |
| | 大功率放大器 4 | HPA - 4 | | X | | | | | | |
| 保护系统 | SSPA 过滤器 | Filter | | | | | X | | | |
| | SSPA 保护器 | Protec | | | | | | | | X |
| 信号检测器 | 定向耦合器 | DirCou | | | | | X | | | |
| | 功率检测器反射信号 | PoDetRf | | | | | X | | | |
| | 功率检测器输出信号 | PoDetOu | | | | | X | | | |
| 冷却系统 | 风扇 1 | Fan - 1 | | | | X | | | | |
| | 风扇 2 | Fan - 2 | | | | X | | | | |
| | 散热器 1 | HeatD - 1 | | | | X | | | | |
| | 散热器 2 | HeatD - 2 | | | | X | | | | |
| 环境 | 外部射频输入 | External RF | | | | | | | | |
| | 天线 | Antenna | | | | | | | | |
| | 交流电源 | AC power | | | | | | | | |
| | 控制电脑 | Operator | | | | | | | | |

### 5.7.9 步骤 9：优化系统架构(合并)

在此步骤中，通过搜索和评估可选组件、分配给模块的方法来优化系统的 AAV。这里的目标是在不损失太多选项值的情况下降低接口成本。文献中讨论了许多架构聚类算法，例如 Quan 和 Kim(2012 年)。对于 AMISA，优化是通过遗传算法完成的。选择此优化技术是因为它自然地处理了整数编程，并且被 AMISA 团队发现可以很好地解决类似问题(例如 Sered 和 Reich，2006 年)。

如上所述，不允许跨排除集组合组件。显然，这样的约束降低了优化搜索的有效性，产生的潜在架构数量大大减少。图 5.44 描绘了 SSPA 的优化架构 DSM，产生了 3 586.7 MU 的 AAV，相对于 967.6 MU 的"基本"AAV 有了很大的改进。

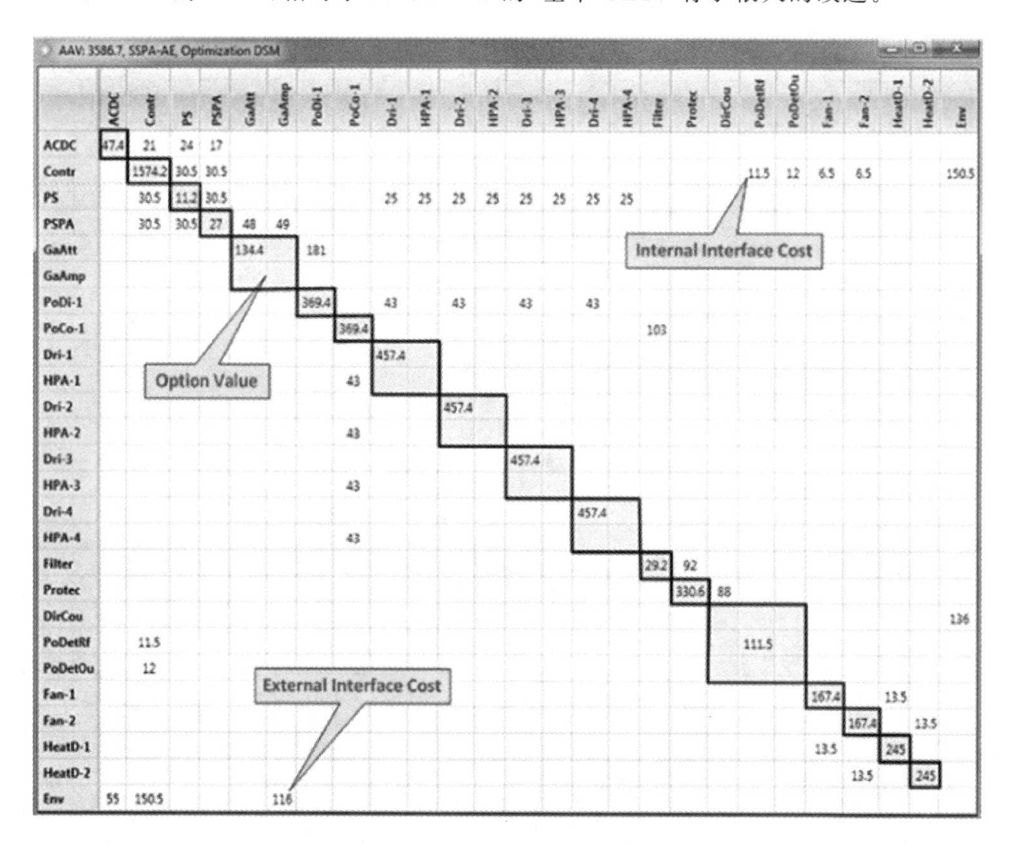


**图 5.44　SSPA 优化架构 B 的 DSM**

同样，优化的 SSPA 体系架构 B 的相应框图如图 5.45 所示。

改进的设计包括：

① 在前置放大器阶段，组合增益衰减器和增益放大器消除接口的放大器(印刷电路板(PCB)和波导 PCB 过渡)。

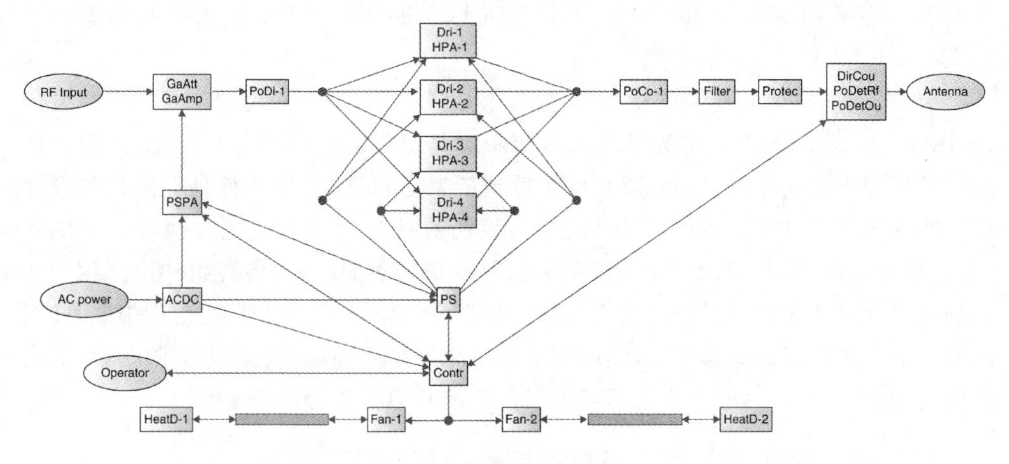


RF Input—射频输入;AC power—交流电;Operator—操作员;Antenna—天线

**图 5.45 SSPA 优化架构的框图 B**

② 在放大器级阶段,组合四组驱动器和高功率放大器(High Power Amplifiers, HPA)。图 5.46(a)显示了系统的这一部分。波驱动器和高功率放大器(HPA)最初作为单独的模块存在,接口由两个过渡插头和一个波导管组成。模块间接口意味着跨组织边界的协调、生产中的额外装配和其他接口成本。在图 5.46(b)所示的新架构中,两个组件合并为一个模块(共享一个印刷电路板)。结果,接口被内部化,接口成本被消除。

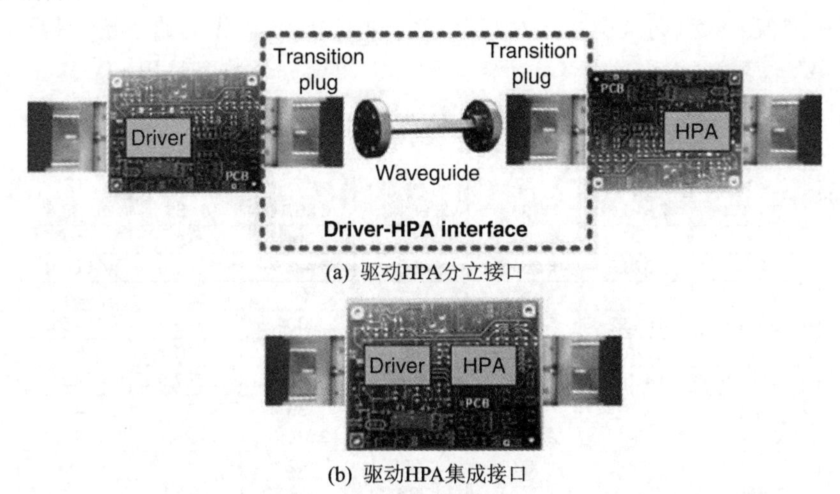


Transition plug—转换插头;Waveguide—波导管;
Driver-HPA interface—驱动程序 HPA 接口;Driver—驱动

**图 5.46 在 SSPA 放大器阶段合并驱动程序和 HPA**

③ 在信号检测器内，将定向耦合器与两个功率检测器组合在一起，从而省去了原来的波导 PCB 接头和连接器。

AAV 模型的优化直接推动了这些变化。例如，关于驱动程序和 HPA 的组合（见图 5.46），最初的设计者假设未来将使用这些组件的不同组合。因此，他们选择使用了一种昂贵波导接口的解决方案。看到最大化的 AAV 架构使他们意识到设计这种特殊的适应性到产品中是不经济的，因为这些选项不太可能被执行。在使用 AAV 模型之前，产品架构师无法从系统的角度来判断 DFA 的各种组件级选项。工程师在设计上往往相当保守。真正重新审视一个工作设计、一个正在生产中的系统，或者一个正在进行的操作程序，实属罕见。优化器不受预先确定概念的限制，可能会提出新的体系架构，这些体系架构可以产生有趣和通常有价值的见解。

## 5.7.10 步骤 10：执行灵敏度感性分析

在此步骤中，进行灵敏度分析，以评估输入参数估计中的变化如何影响优化架构集。AMISA 科学家进行了帕累托分析（参见“3.4.5 帕累托分析”），该分析表明：①进行灵敏度分析，使每个 OV 和 IC 都可以独立波动，属于 NP - Hard 类问题（Fortnow，2013 年）；②进行更有限的灵敏度分析就足够了。因此，进行了有限的灵敏度分析，从而在一定范围内同时更改所有组件的选项值和所有接口成本。这种简化还基于这样一个假设，即专家的自然倾向是一致、乐观或悲观地估计所有参数。

图 5.47 描绘了一个 7×7 的矩阵，其中所有的 OV 和 IC 都是逐渐变化的，每个都在其标准值±60%的范围内。对每个 OV 和 IC 集计算优化的系统架构，共创建 49 组 AAV。例如，优化灵敏度分析矩阵中左上角第一个数字是用 OV 因子 1.6 和 IC 因子 0.4 计算的，得出 AAV＝8 472.1 MU。

| OV因子 \ IC因子 | 0.40 | 0.60 | 0.80 | 1.00 | 1.20 | 1.40 | 1.60 |
|---|---|---|---|---|---|---|---|
| 1.60 | 1<br>8 472.1 | 2<br>7 810.6 | 3<br>7 396.2 | 5<br>6 981.8 | 7<br>6 567.4 | 9<br>6 153 | 12<br>5 738.6 |
| 1.40 | 4<br>7 206.9 | 6<br>6 678.9 | 8<br>6 264.5 | 11<br>5 850.1 | 14<br>5 435.7 | 16<br>5 021.3 | 19<br>4 606.9 |
| 1.20 | 10<br>5 961.6 | 13<br>5 547.2 | 15<br>5 132.8 | 18<br>4 718.4 | 21<br>4 304 | 23<br>3 889.6 | 26<br>3 475.2 |
| 1.00 | 17<br>4 829.9 | 20<br>4 415.5 | 22<br>4 001.1 | 25<br>3 586.7 | 28<br>3 172.3 | 30<br>2 757.9 | 33<br>2 343.5 |
| 0.80 | 24<br>3 698.1 | 27<br>3 283.7 | 29<br>2 869.3 | 32<br>2 454.9 | 35<br>2 040.5 | 37<br>1 626.1 | 40<br>1 211.7 |
| 0.60 | 31<br>2 566.4 | 34<br>2 152 | 36<br>1 737.6 | 39<br>1 323.2 | 42<br>908.8 | 44<br>494.4 | 46<br>80 |
| 0.40 | 38<br>1 434.7 | 41<br>1 020.3 | 43<br>605.9 | 45<br>191.5 | 47<br>–222.9 | 48<br>–637.3 | 49<br>–1 051.7 |

图 5.47 SSPA 的优化灵敏度分析

上面的过程最终产生了两个独特的优化架构(A 和 B)：两组 OV－IC 组合产生了一个单一的架构 A，而 47 个 OV－IC 组合产生了一个架构 B(见图 5.48)。

OV因子
1.60 A B B B B B B
1.40 A B B B B B B
1.20 B B B B B B B
1.00 B B B B B B B
0.80 B B B B B B B
0.60 B B B B B B B
0.40 B B B B B B B
0.40 0.60 0.80 1.00 1.20 1.40 1.60
IC因子

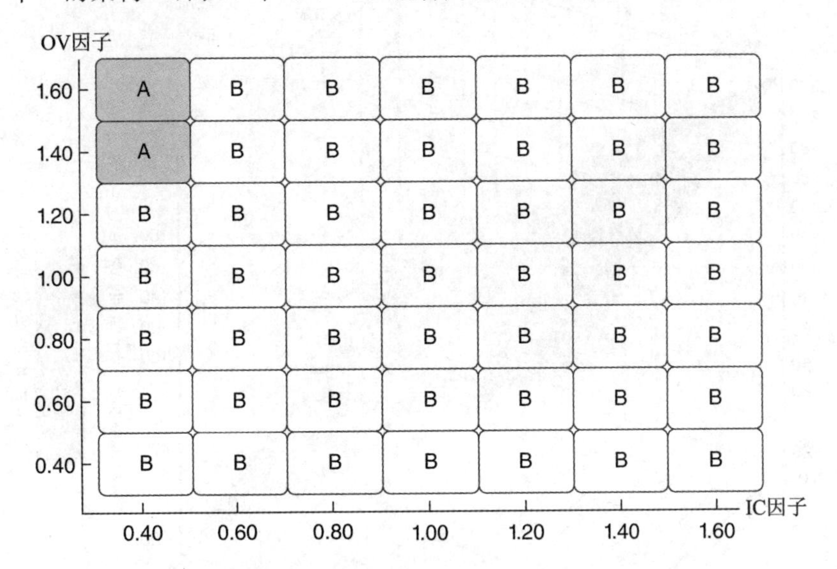

**图 5.48 两种新兴的独特优化 SSPA 架构**

架构 B 周围的区域如图 5.49 所示。实际上，这是一个线性平面，相对于地平线倾斜了 67.7°，如图 5.50 所示。值得注意的是，在线性平面上，倾斜是显著的。也就是说，较小的倾斜度表明 AAV 值的空间变异性较小(期望的属性)。

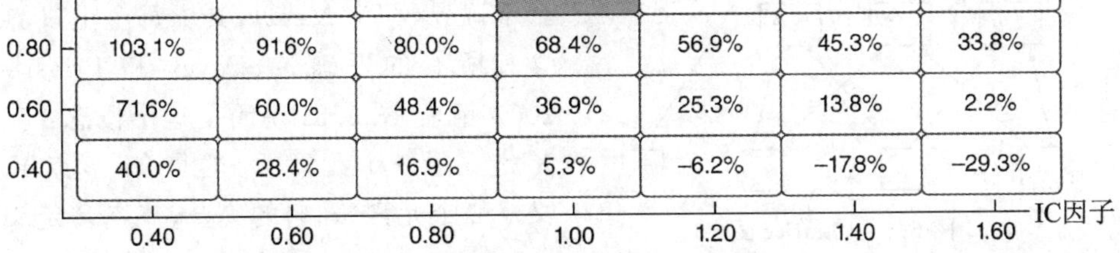

OV因子
1.60 229.3% 217.8% 206.2% 194.7% 183.1% 171.6% 160.0%
1.40 197.8% 186.2% 174.7% 163.1% 151.6% 140.0% 128.4%
1.20 166.2% 154.7% 143.1% 131.6% 120.0% 108.4% 96.9%
1.00 134.7% 123.1% 111.6% 100% 88.4% 76.9% 65.3%
0.80 103.1% 91.6% 80.0% 68.4% 56.9% 45.3% 33.8%
0.60 71.6% 60.0% 48.4% 36.9% 25.3% 13.8% 2.2%
0.40 40.0% 28.4% 16.9% 5.3% –6.2% –17.8% –29.3%
0.40 0.60 0.80 1.00 1.20 1.40 1.60
IC因子

**图 5.49 SSPA 架构 B 的邻域(数值呈现)**

采用 Lattice 图对这些结果进行分析。Lattice 图由节点和边组成。图中的每个节点定义了一组元素，每个边定义了节点之间的关系，其中沿着图的边向上移动对应着更具包容性的节点。从数学上讲，格表示多元数据和代数结构，满足一定的公理化

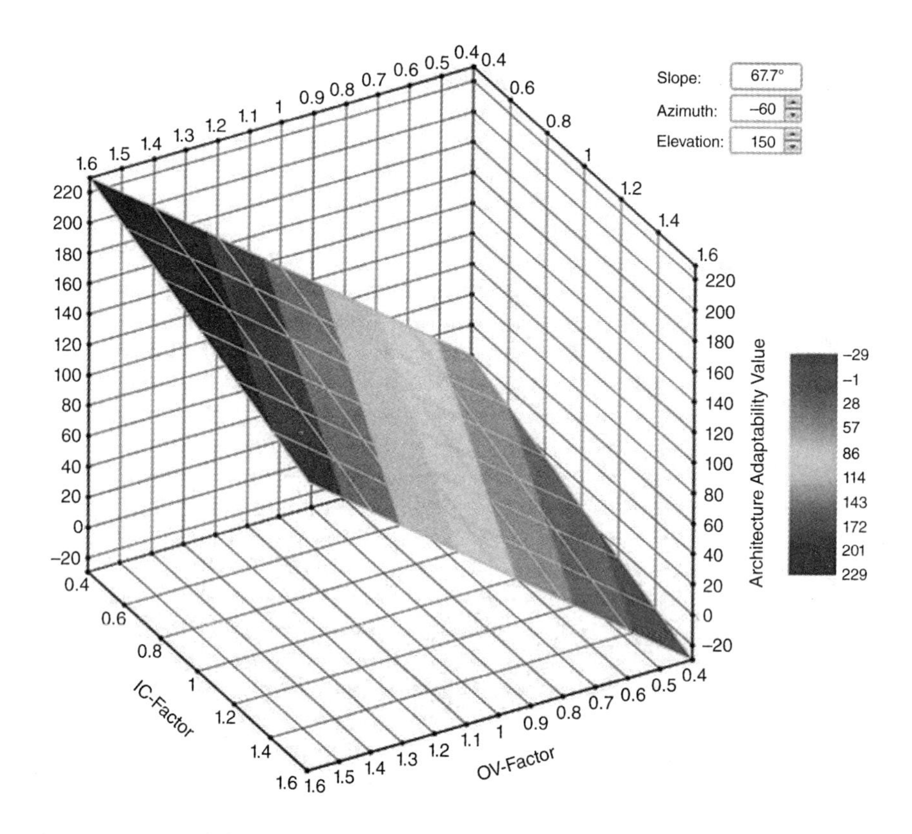


Slope—斜率；Azimuth—方位角；Elevation—高度；OV-Factor—OV 因子；
IC-Factor——IC 因子；Architecture Adaptability Value—架构适应性价值

**图 5.50　SSPA 架构 B 的邻域(图形表示)**

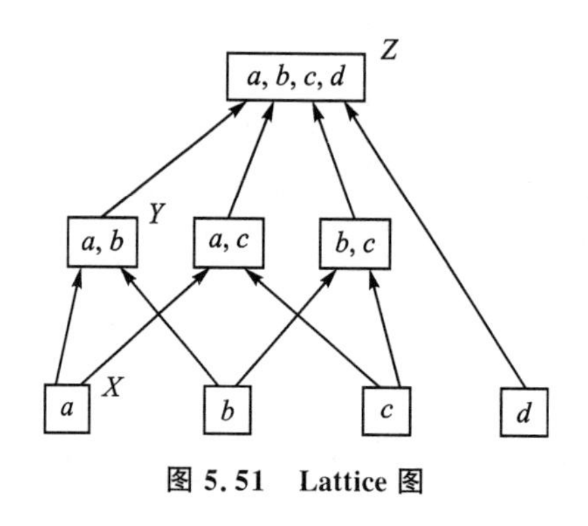


**图 5.51　Lattice 图**

恒等式。特别地，它的数据是一个部分有序的集合，其中任意两个或多个节点：①具有一个上确界(称为 Join)；②具有一个下确界(称为 Meet)，其中每个上确界包含其所有的下确界(Davey 和 Priestley，2002 年)。图 5.51 说明了这个概念：节点 $X$ 定义了一个元素$\{a\}$的集合，节点 $Y$ 定义了 2 个元素$\{a,b\}$的集合，节点 $Z$ 定义了 4 个元素$\{a,b,c,d\}$的集合。

图 5.52 描述了灵敏度分析中出现的基本架构和两种独特的优化系统架构。沿着图的边缘向上移动对应于更具包容性的体系架构。每个节点标识一个模块，该模块对应于单个组件或组件的组合集。架构 A 由 22 个模块组成，架构 B 由 18 个模块组成。新出现的优化体系架构表明，这两种解决方案是非常健壮的，因为它们彼此之间没有显著差异。

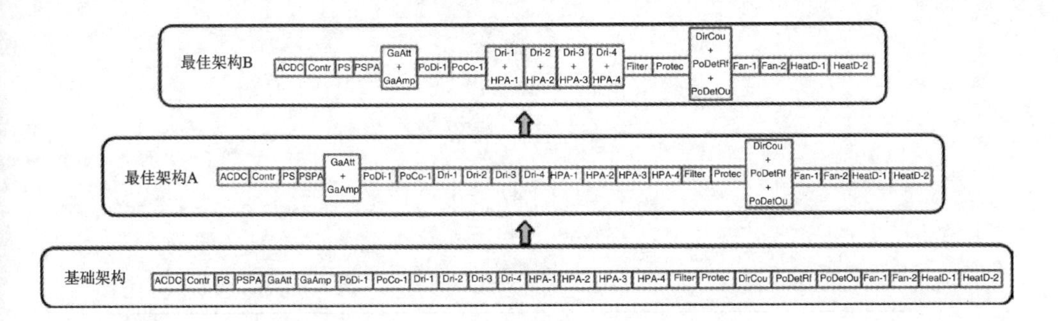


图 5.52 Lattice 图：两种新兴的最佳 SSPA 架构

### 5.7.11 步骤 11：评估备选系统架构

在此步骤中，将评估备用系统架构，并选择和实施最理想的架构。这是通过要求工程、营销、销售和金融组织预测在典型的时间范围内切换到优化架构的含义（所有成本和收益）来实现的。例如，表 5.30 总结了“基本”系统与两种替代体系架构之间的差别。可以看出，相对于“基础”架构，这两种优化架构中的每一种都明显地表现出更好的 AAV。

表 5.30 3 种可供选择的 SSPA 系统结构的区别

| 可供选择的系统架构 | “基本”架构 | 优化架构 A | 优化架构 B |
|---|---|---|---|
| 组件数量 | 25 | 25 | 25 |
| 模块数量 | 25 | 22 | 18 |
| 等价最优解 | N/A | 2/49 | 47/49 |
| 表面倾角 | N/A | 79.4 | 67.7 |
| 体系架构适应性值（MU） | 967.6 | 2 202.0 | 3 586.7 |
| 体系架构适应性值（因子） | 1.00 | 2.27 | 3.70 |

在这两种优化架构中，架构 B 似乎是首选。首先，在 OV－IC 集合的 49 个组合中，47 个组合导致了这种特殊的体系结构解决方案。这可能被解释为一种指示，在输入数据不精确的情况下，这种架构非常健壮。此外，架构 B 显示了最高的 AAV（3 586.7 MU）和最低的表面倾斜角（67.7°），所有迹象表明这是一种稳健的解决方案。

此处的观点是，系统架构师可以进一步改变 OV－IC 值，从而提炼出几种具竞争性的体系架构。例如，将 OV－IC 设置为与其标称值相差±80％的范围，即可总共创建 7 个独特的最佳架构。沿着图的边缘（从 A～G）向上移动对应于设计更具包容性的体系架构解决方案（见图 5.53）。此外，系统架构师可以综合考虑生产、市场竞争、客户偏好等多方面的知识，做出明智的架构决策。

根据历史数据，SSPA 系统的制造商创建了 2015—2022 年的销售和改造预测方

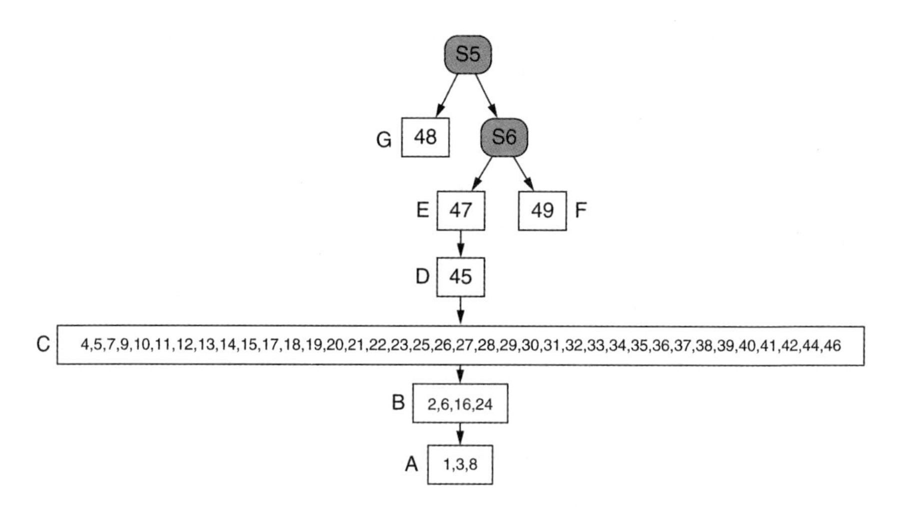


**图 5.53　7 种接近最优的 SSPA 架构**

案。表 5.31 说明了过渡到适应性设计所节省的资金。一些节省的资金直接来自取消 SSPA 接口(2%)。然而,大部分的节省(70%)发生在较短和较便宜的升级和改造过程,以适应新的要求,主要是来自新客户的 SSPA 所需的结果。因此,上述 8 年节省的总资金为 28%。

**表 5.31　节省的资金——8 年预测**①

| | 原始设计/MU | 适应性设计/MU | 节省/MU | 节省/% |
|---|---|---|---|---|
| 开发成本 | 750 000 | 224 000 | 526 000 | 70 |
| 生产成本 | 1 210 000 | 1 188 000 | 22 000 | 2 |
| 合计 | 1 960 000 | 1 412 000 | 548 000 | 28 |

### 5.7.12　步骤 12: 定义系统变量

在此步骤中,可以定义一个 SSPA 变量。更具体地说,SSPA 变量被设计为以 40 W 而不是 10 W 的功率向天线供电。图 5.54 描述了这种变量系统:提供了较大的 40 W 电源(ACDS 40 W)以及可以处理 40 W 输出负载(Contr 40 W)的控制器。此外,还配置了更多的驱动器(x. DRI)和大功率放大器(x. HPA),以及更多的冷却(x. Fan)和加热(x. HeatD)组件。定义变型系统后,可以完全相同的方式优化其 AAV,作为全新的"基本"系统。

---

① 对 TTI 公司未来 8 年的财务节约预测具体涉及公司未来的经营计划。这个数值并不是来源于 SSPA 系统的升级时间范围。

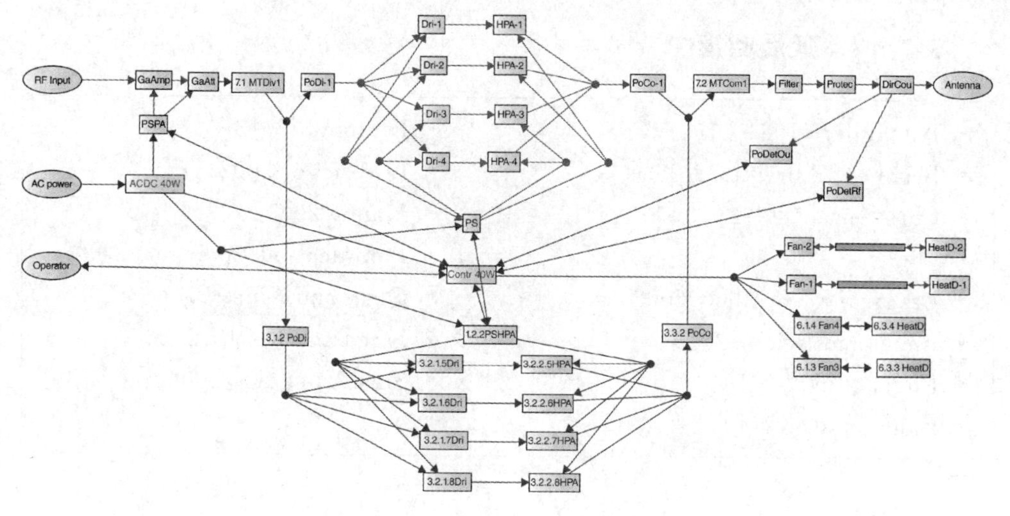


图 5.54 SSPA 40W 变型基本配置

## 5.7.13 步骤13：估算最佳升级时间

最后，在这一步中，可以使用动态值范式来估计系统的最佳升级时间(参见“5.6.5 动态系统价值建模”)。对于SSPA，由相关工程师、经理、营销人员和销售代表估算的动态参数如下：

① 初始系统值(ISV)≥40 000 MU。

② 经济增长(EG)≥年斜率=3.0%；年波动率=1.0%。

③ 技术进展(TA)≥年斜率=5.0%；年波动率=1.0%。

④ 磨损成本(WC)≥年斜率=4.0%；年波动率=1.0%。

⑤ 报废成本(OC)≥年斜率=3.0%；年波动率=1.0%。

根据这些数据，最佳的升级策略是在运行30个月后，费用为17 000 MU(见图5.55)。注意，这个时间框架明显短于由管理、金融、营销、销售、工程等代表在步骤3中估计的初始时限。

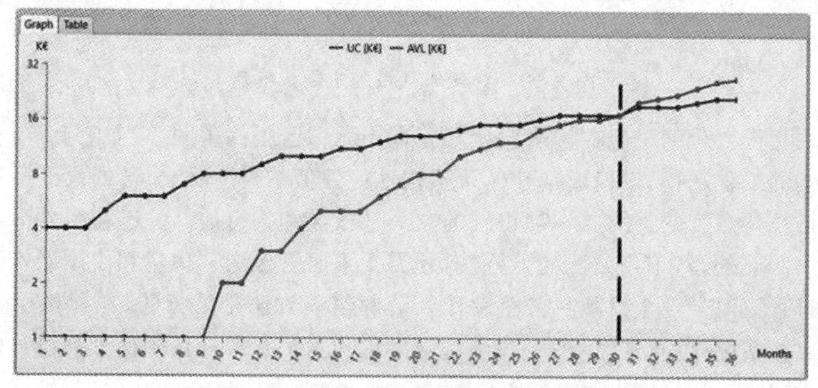


图 5.55 SSPA 最佳升级时间

### 5.7.14 延展阅读

- Altshuller, 1984
- Bejan and Lorente, 2011
- Christensen, 1992
- Cooke, 1991
- Davey and Priestley, 2002
- Engel and Reich, 2015
- Engel et al. , 2016
- Engel et al. , 2012
- Fortnow, 2013
- Loveridge, 2002
- Mann, 2003
- Pimmler and Eppinger, 1994
- Quan and Kim, 2012
- Sered and Reich, 2006
- Shishko et al. , 2004

## 5.8 AMISA 文章末注

如前所述,AMISA 的故事是一项典型的创造和创新事业。在此之后的几年里,Avner Engel、Tyson Browning、Shalom Shachar 与其他工程师和管理人员一起成为了这项工作的指导者,即特拉维夫大学的 Avner Engel,得克萨斯基督教大学的 Tyson Browning 和以色列航空航天工业公司的 Shalom Shachar(见图 5.56)。

Avner Engel

Tyson Browning

Shalom Shachar

图 5.56 AMISA 项目的主要参与者

模块化最大化的思想在许多设计和管理团队中已根深蒂固。当 AMISA 参与者提出他们的工程选择、接口成本和体系架构适应性值的概念时,公司的设计师和经理最初是持怀疑态度的。需要一种正式的方法来指导和支持他们关于将组件分配给模块的决定。此外,对于该方法的可行性,还需要说服管理层。构建和使用架构选项方法论的过程应对了 3 个挑战:它使设计人员确信该方法是可行的,并提供了实际的设计解决方案(有些直观,但另一些则非常出色和出乎意料),且获得了新设计的管理批准。

AMISA参与者的最终项目报告证实，优化的架构选择方法确实有帮助，它可以优化产品的适应性，提高成本效益，延长使用寿命并增加整体价值。他们的报告中提到，通过DFA方法进行产品升级可以缩短开发周期并降低成本。AMISA合作伙伴认为该方法具有通用性、可扩展性、可裁剪性和实用性。欧盟委员会认为，这一研究传递了欧洲产业绩效的“阶梯变化”，其特点是对市场需要的反应性更高，产品和服务更经济兼容。

但是，随着本书的出版，实际情况如下：

① 开展了一个具有典范意义的创造和创新研究项目——AMISA，涉及学术界、工业界和中小企业。

② AMISA演示了使用AO的“适应性设计”方法的有效性。

③ 问题的复杂性要求必须使用计算机化的支持工具（即DFA-Tool）来确定一个或多个最佳系统架构。

④ 任何人都可以免费获得软件工具和全面的用户指南。

⑤ 该项目及其结果已在各类贸易期刊、会议、展览和互联网上发布。

⑥ 部分AMISA合作伙伴似乎了解设计系统对未来升级的重要性，但是，没有人，没有任何AMISA合作伙伴，也没有其他任何人真正将这种方法纳入他们的日常系统设计操作中。

作者一直在努力解决这个问题。产生这种结果的一个合理原因可能是，机构以及许多工程师本质上都非常保守，他们将尽最大努力保持在自己的舒适区内，而不管向他们提供的任何事实和数字（即他们将倾向于忽略新的想法）。另一个可能的原因是复杂的软件工具必须在组织愿意使用它们之前，经历广泛的商业化。同样重要的是，将新技术引入组织必须有专门的内部或外部专家陪同，他们可以提供长期、持续的支持，以确保问题在出现时得到快速有效的解决。

## 5.9 参考文献

[1] Alexandridis A N. Adaptable Software and Hardware: Problems and Solutions. IEEE Computer, 1986, 19(2): 29-39.

[2] Ali A S, Seifoddini H. Simulation Intelligence and Modeling for Manufacturing Uncertainties. Proceedings of the 2006 Winter Simulation Conference, Monterey, California, December 3-6, 2006.

[3] Altshuller S G. Creativity as an Exact Science: The Theory of the Solution of Inventive Problems. Boca Raton, FL: CRC Press, 1984.

[4] Bejan A, Lorente S. The constructal law origin of the logistics S curve. Journal of Applied Physics, 2001, 110, 024901.

[5] Black F, Scholes M. The pricing of options and corporate liabilities. Journal of Political Economy, 1973, 81: 3.

[6] Browning T R, Honour E C. Measuring the life-cycle value of enduring systems. Systems Engineering, 2008, 11(3): 187-202.

[7] Browning T R, Honour E C. Measuring the Lifecycle Value of a System. INCOSE International Conference, Rochester, New York, July 10-14, 2005.

[8] Christensen C M. Exploring the limits of the technology S-curve. Production and Operations Management, 1992, 1(4): 334-366.

[9] CMU/SEI-2003-TN-017. Software Engineering Institute Carnegie Mellon University Pittsburgh, PA. (2003)[2017-05]. http://www. sei. cmu. edu.

[10] Coase R. The nature of the firm. Economica, 1937, 4(16): 386-405.

[11] Cooke R M. Experts in Uncertainty: Opinion and Subjective Probability in Science. Oxford: Oxford University Press, 1991.

[12] Davey B A, Priestley H A. Introduction to Lattices and Order. Cambridge University Press, 2002.

[13] de Neufville R, Scholtes S. Flexibility in Engineering Design. Cambridge, MA: MIT Press, 2011.

[14] de Neufville R. et al. Uncertainty Management for Engineering Systems Planning and Design. MIT Engineering Systems Division, 2004.

[15] de Weck O, de Neufville R, Chaize M. Staged deployment of communications satellite constellations in low earth orbit. Journal of Aerospace Computing, Information, and Communication, 2004, 1(4): 119-136.

[16] Engel A, Browning T. Designing Systems for Adaptability by Means of Architecture Options, INCOSE—2006, the 16th International Symposium, Florida, USA, July 9-13, 2006.

[17] Engel A, Browning R T. Designing systems for adaptability by means of architecture options. Systems Engineering Journal, 2008, 11(2): 125-146.

[18] Engel A, Reich Y. Advancing architecture options theory: Six industrial case studies. Systems Engineering Journal, 2015, 18(4): 396-414.

[19] Engel A, Browning R T, Reich Y. Designing products for adaptability: Insights from four industrial cases. Decision Sciences Journal, 2017, 48(5): 875-917.

[20] Engel A, Reich Y, Browning T R, Schmidt D. Optimizing system architecture for Adaptability, International Design Conference—DESIGN-2012, Dubrovnik, Croatia, May 21—24, 2012.

[21] Engel A. Verification, Validation and Testing of Engineered Systems(Wiley

Series in Systems Engineering and Management). Hoboken, NJ: John Wiley & Sons, 2010.

[22] Eppinger S D, Browning T R. Design Structure Matrix Methods and Applications. Cambridge, MA: The MIT Press, 2012.

[23] Fortnow L. The Golden Ticket: P, NP, and the Search for the Impossible Hardcover. Princeton, NJ: Princeton University Press, 2013.

[24] Fricke E, Schulz A P. Design for Changeability (DfC): Principles to Enable Changes in Systems Throughout Their Entire Lifecycle. Systems Engineering, 2005, 8(4): 342-359.

[25] Hanratty M. Open systems and the systems engineering process. Acquisition Review Quarterly, Winter, 1999.

[26] Hommes Q D V E, Renzi M J. Product Architecture Decision Under Lifecycle Uncertainty Consideration: A Case Study in Providing Real-time Support to Automotive Battery System Architecture Design, Technology and Manufacturing Process Selection. London: Springer, 2014.

[27] Hundal M, Ehrlenspiel K, Kiewert A, et al. Cost Efficient Design. Berlin: Springer, 2007.

[28] Karniel A, Reich Y. From DSM-based planning to Design Process Simulation: A review of process-scheme logic verification issues. IEEE Transactions on Engineering Management, 2009, 56(4): 636-649.

[29] Lin J, de Weck O, de Neufville R, et al. Designing Capital-Intensive Systems with Architectural and Operational Flexibility Using a Screening Model. COMPLEX'2009, Shanghai, China, February 23—25, 2009.

[30] Lindemann U, Maurer M, Braun T. Structural Complexity Management: An Approach for the Field of Product Design. Springer, 2008.

[31] Loveridge D. Experts and Foresight: Review and experience. Paper 02-09, PRES, The University of Manchester, UK. June, 2002.

[32] Mann D L. Better technology forecasting using systematic innovation methods. Technological Forecasting and Social Change, 2003, 70(8): 779-795.

[33] Mathews S, Datar V, Johnson B. A practical method for valuing real options: The Boeing approach. Journal of Applied Corporate Finance, 2007, 19 (2): 95-104.

[34] Maurer M, Deubzer F, Kreimeyer M, et al. MOFLEPS—Modeling Flexible Product Structure. The 7th International Dependency Structure Matrix (DSM) Conference, Seattle, Washington, USA, Oct 4—6, 2005.

[35] Merton R C. Theory of rational option pricing. Bell Journal of Economics and

Management Science, 1973, 4(1): 141-183.

[36] Pimmler U T, Eppinger S D. Integration analysis of product decompositions. Working Paper # 3690-94-MS. MIT Sloan School of Management, Cambridge, MA, 1994.

[37] Quan N, Kim H M. A Functionally Aware Product Schematic Clustering Algorithm, ASME, International Design Engineering Technical Conferences and Computers and Information in Engineering Conference (pp. 1011-1021). American Society of Mechanical Engineers, 2012.

[38] Schilling M A. Toward a general modular systems theory and its application to interfirm product modularity. Academy of Management Review, 2000, 25(2): 312-334.

[39] Schrieverhoff P. Valuation of Adaptability in System Architecture. Ph. D. dissertation, Technische Universität München, 2014.

[40] Sered Y, Reich Y. Standardization and modularization driven by minimizing overall process effort. Computer-Aided Design, 2006, 38(5): 405-416.

[41] Shishko R, Ebbeler D H, Fox G. NASA technology assessment using real options valuation. Systems Engineering, 2004, 7(1): 1-12.

[42] Suh E S, Furst M R, Mihalyov K J, et al. Technology infusion: An assessment framework and case study. DETC2008-49860, Proceedings of IDETC/CIE 2008, ASME 2008 International Design Engineering Technical Conferences, New York, New York, USA, August 3—6,2008.

[43] Wang T, de Neufville R. Real options "in" projects. Real options conference. Paris, France, 2005, June.

[44] Wang T. Real Options "in" Projects and Systems Design Identification of Options and Solution for Path Dependency. PhD Dissertation, Massachusetts Institute of Technology, Cambridge, Massachusetts, USA,2005.

[45] Yassine A A. Parametric design adaptation for competitive products. Journal of Intelligent Manufacturing, 2012, 23: 541-559.

# 附录 A　生命周期流程与推荐的创造性方法

表 A.1 描述了系统的生命周期流程与推荐的创造性方法。

> 读者应注意，第 3 章中描述的大多数创新方法可以帮助系统工程师执行这些生命周期流程中的大部分。但是，本书还是提供了一些更适合于特定的生命周期流程的单独的创造性方法。

**表 A.1　系统生命周期流程与推荐的创造性方法**

| Recommended creative methods / Life cycle processes | 3.2.1 Lateral thinking | 3.2.2 Resolving contradictions | 3.2.3 Biomimicry innovation | 3.2.4.1 Concept map | 3.2.4.2 Concept fan | 3.2.4.3 Mind-mapping | 3.3.1 Classical brainstorming | 3.3.2 Six thinking hats | 3.3.3 SWOT analysis | 3.3.4 SCAMPER analysis | 3.3.5 Focus groups | 3.4.1 PMI analysis | 3.4.2 Morphological analysis | 3.4.3 Decision trees | 3.4.4 Value analysis / engineering | 3.4.5 Pareto analysis | 3.5.1 Delphi method | 3.5.2 SAST analysis | 3.5.3 Cause-and-effect | 3.5.4 Kano model analysis | 3.5.5 Group decisions: Theory | 3.5.6 Group decisions: Practice | 3.6.1 Process map | 3.6.2 Nine-screens | 3.6.3 Technology forecasting | 3.6.4 DSM analysis | 3.6.5 FMEA analysis | 3.6.6 Anticipatory failure | 3.6.7 Conflict analysis |
|---|---|---|---|---|---|---|---|---|---|---|---|---|---|---|---|---|---|---|---|---|---|---|---|---|---|---|---|---|---|
| 2.3.1.1 Acquisition process | | X | | X | X | | X | | | | X | | | | | | | | | | | | | | | | | | |
| 2.3.1.2 Supply process | | X | | X | X | | X | | | | X | | | | | | | | | | | | | | | | | | |
| 2.3.2.1 Life cycle model management process | | | | | | X | | X | | | | | | | X | | X | | | | | | X | | X | | | | |
| 2.3.2.2 Infrastructure management process | | | | | | X | | X | | | X | | | | | | | | X | | | | | | | | X | | |
| 2.3.2.3 Portfolio management process | X | | | | | | X | X | | | | | | | | X | X | | X | | | | | | X | | | | X |
| 2.3.2.4 Human resource management process | | | | | | X | | | | | | | | X | | X | | | | | | | | | X | | | | X |
| 2.3.2.5 Quality management process | | | X | | | | X | | | X | | | | | | | | | | X | | | | X | | | | | |
| 2.3.2.6 Knowledge management process | X | | | | | X | | | X | | X | | | | X | | | | | | | | | | | X | | | |
| 2.3.3.1 Project planning process | | | | X | | | | | | | | | X | | X | | | X | | | | | | | | X | | X | |
| 2.3.3.2 Project assessment and control process | | X | | | | | | | | | | X | | | | | | X | | | X | X | | | | | | | X |
| 2.3.3.3 Decision management process | | | | | | | | | X | X | | | X | | | | | | | X | | | X | | | | | | |
| 2.3.3.4 Risk management process | | | X | | | | | | | | | | | X | | | | | X | X | | | | | | | X | X | |
| 2.3.3.5 Configuration management process | | | | | | | | | | | | | | X | | | | | | | | | | | | X | | | |
| 2.3.3.6 Information management process | | | X | | | | | | | | | X | | | | | X | | | X | X | X | | | | X | | | |
| 2.3.3.7 Measurement process | | | | | | | | X | | | X | | | | | | | X | | | | | | | | | X | X | |
| 2.3.3.8 Quality assurance process | | | X | | | | X | X | | | | | | | | | | | | X | X | X | | | | | X | | |
| 2.3.4.1 Business or mission analysis process | X | | X | | X | | | | X | X | | | | | | X | | | | X | | | | X | | | | | X |
| 2.3.4.2 Stakeholder needs and requirements definition process | X | | X | | X | | | | X | X | | | | | | X | | | | X | | | | X | | | | | |
| 2.3.4.3 System requirements definition process | X | X | | | | | X | X | | | | | X | X | | | | | | | | | X | | | | | X | |
| 2.3.4.4 Architecture definition process | X | X | X | X | | | | | | | | X | | | X | | | | X | | | | | X | X | | | | |
| 2.3.4.5 Design definition process | | | | X | | | X | | | | | | | X | | | X | | X | | | | X | | | | | | |
| 2.3.4.6 System analysis process | | | | | X | | | | | | | X | | | | X | | | X | | | | | X | X | X | | | |
| 2.3.4.7 Implementation process | X | X | | | X | | X | | | | | | X | | | | | X | | | | | X | | X | | | X | |
| 2.3.4.8 Integration process | | | | | | | | | | | | | | X | X | X | | | X | | | | X | | | X | | | |
| 2.3.4.9 Verification process | | X | | | | | | | | | | | | X | X | | | | | X | X | X | X | | | | X | X | |
| 2.3.4.10 Transition process | | | | | | X | | | | | | | X | | X | | X | | | | | | | | X | | | | |
| 2.3.4.11 Validation process | | X | | | | | | | | | | | | X | X | | | | | X | X | X | X | | | | X | X | |
| 2.3.4.12 Operation process | | | | | | | X | X | | | X | | | | X | | | | | | | | | | | | | X | X |
| 2.3.4.13 Maintenance process | | | | | | | | | | | | | | X | | X | X | | | | | | X | | | | X | X | |
| 2.3.4.14 Disposal process | X | X | X | | X | | | X | | | | | | X | | | | | | X | | | | | X | | | | |

表注：

Recommended creative methods:推荐的创造性方法；

Life cycle processes:生命周期流程；

3.2.1 Lateral thinking: 3.2.1 横向思维；

3.2.2 Resolving contradictions:3.2.2 解决矛盾；

3.2.3 Biomimicry innovation:3.2.3 仿生工程；

3.2.4.1 Concept map:3.2.4.1 概念图；

3.2.4.2 Concept fan:3.2.4.2 概念扇；

3.2.4.3 Mind-mapping:3.2.4.3 思维导图；

3.3.1 Classical brainstorming:3.3.1 经典头脑风暴；

3.3.2 Six thinking hats:3.3.2 六顶思考帽；

3.3.3 SWOT analysis:3.3.3 SWOT 分析；

3.3.4 SCAMPER analysis:3.3.4 SCAMPER 分析；

3.3.5 Focus groups:3.3.5 焦点小组；

3.4.1 PMI analysis: 3.4.1 PMI 分析；

3.4.2 Morphological analysis:3.4.2 形态分析；

3.4.3 Decision trees analysis:3.4.3 决策树分析；

3.4.4 Value analysis/engineering:3.4.4 价值分析/价值工程；

3.4.5 Pareto analysis:3.4.5 帕累托分析；

3.5.1 Delphi method:3.5.1 Delphi 法；

3.5.2 SAST analysis:3.5.2 SAST 分析；

3.5.3 Cause-and effcct:3.5.3 因果图；

3.5.4 Kano model analysis:3.5.4 卡诺模型分析；

3.5.5 Group decisions: Theory:3.5.5 群体决策:理论背景；

3.5.6 Group decisions: Practice:3.5.6 群体决策:实践方法；

3.6.1 Process map analysis:3.6.1 流程图分析；

3.6.2 Nine-screens analysis:3.6.2 九屏分析；

3.6.3 Technology forecasting:3.6.3 技术预测；

3.6.4 DSM analysis:3.6.4 设计结构矩阵分析；

3.6.5 FMEA analysis:3.6.5 失效模式影响分析；

3.6.6 Anticipatory failure analysis:3.6.6 预期失效分析；

3.6.7 Conflict analysis and resolution:3.6.7 冲突分析与解决；

2.3.1.1 Acquisition process:2.3.1.1 采购过程；

2.3.1.2 Supply process:2.3.1.2 供应过程；

2.3.2.1 Life cycle model management process:2.3.2.1 生命周期模型管理流程；

2.3.2.2 Infrastructure management process:2.3.2.2 基础架构管理流程;

2.3.2.3 Portfolio management process:2.3.2.3 项目组合管理流程;

2.3.2.4 Human resource management process:2.3.2.4 人力资源管理流程;

2.3.2.5 Quality management process:2.3.2.5 质量管理流程;

2.3.2.6 Knowledge management process:2.3.2.6 知识管理流程;

2.3.3.1 Project planning process:2.3.3.1 项目计划流程;

2.3.3.2 Project assessment and control process:2.3.3.2 项目评估和控制流程;

2.3.3.3 Decision management process:2.3.3.3 决策管理流程;

2.3.3.4 Risk management process:2.3.3.4 风险管理流程;

2.3.3.5 Configuration management process:2.3.3.5 配置管理流程;

2.3.3.6 Information management process:2.3.3.6 信息管理流程;

2.3.3.7 Measurement process:2.3.3.7 测量流程;

2.3.3.8 Quality assurance process:2.3.3.8 质量保证流程;

2.3.4.1 Business or mission analysis process:2.3.4.1 业务或任务分析流程;

2.3.4.2 Stakeholder needs and requirements definition process:2.3.4.2 利益相关者的需求和要求定义流程;

2.3.4.3 System requirements definition process:2.3.4.3 系统需求定义流程;

2.3.4.4 Architecture definition process:2.3.4.4 体系架构定义流程;

2.3.4.5 Design definition process:2.3.4.5 设计定义流程;

2.3.4.6 System analysis process:2.3.4.6 系统分析流程;

2.3.4.7 Implementation process:2.3.4.7 实施流程;

2.3.4.8 Integration process:2.3.4.8 整合流程;

2.3.4.9 Verification process:2.3.4.9 验证流程;

2.3.4.10 Transition process:2.3.4.10 过渡流程;

2.3.4.11 Validation process:2.3.4.11 验证流程;

2.3.4.12 Operation process:2.3.4.12 操作流程;

2.3.4.13 Maintenance process:2.3.4.13 维护流程;

2.3.4.14 Disposal process:2.3.4.14 处置流程

# 附录 B　技术系统演化的扩展法则

在 AMISA 项目期间,使用了扩展的技术系统演化法则①。此扩展也已嵌入到 DFA 工具中。本附录描述了这 21 条法则,其中每个法则定义了使系统提高其理想度的独特机制(见图 B.1)。

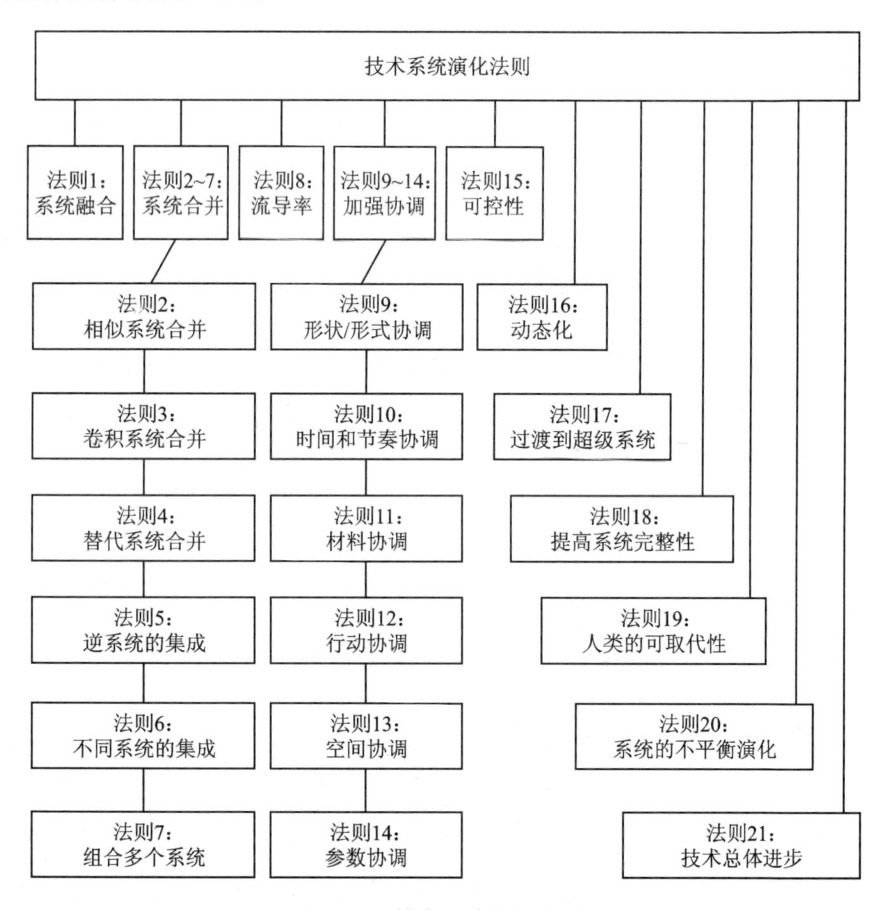


**图 B.1　技术系统演化法则**

① 经过修改后被采纳:Lyubomirskiy A,Litvin S S. Lows of technical systems evolution,GEN3 Partners,Feb. 2003(А. Любомирский,С. Литвин,Законы развитиятехнических систем,GEN3 Partners,Февраль 2003)。

# B.1　法则 1：系统融合

系统融合法则代表了系统演化的一种模式，在这种模式中，组成系统要素的数量往往会随着时间的推移而减少，而系统本身的性能不会下降。组件数量的减少通常伴随着系统成本的降低，两者都导致了系统理想性的提高。

系统的功能能力通常是通过将有用功能重新分配到系统的其余单元来保持的(此过程称为系统合并)。其他情况下，某些内部的系统功能可能会完全消失，而不会影响系统的外部功能。

**例如：**

一家生产带有液压扭矩转换器的传动系统公司在过去的 30 年中能够将零件数量连续减少 70%(见图 B.2)。

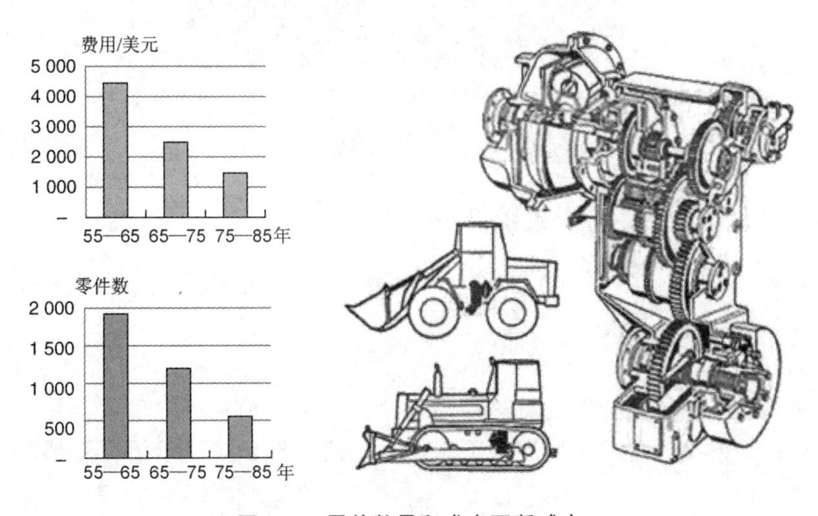


图 B.2　零件数量和成本不断减少

# B.2　法则 2～7：系统合并

系统合并的法则描述了系统演化的模式，其中几个系统合并为一个系统，比原始的单个系统更具优势。这些法则有几种表现形式，如下：

## B.2.1　法则 2：相似系统合并

在设计新系统时，当两个或两个以上相似系统合并在一起时，相似系统合并法则就产生了。

**例如：**

双体船将两个(或更多)船体结合在一起，以提高系统稳定性并减小整体系统阻力(见图 B.3)。

塞勒姆渡轮 Nathaniel Bowditch 驶近马萨诸塞州塞勒姆的码头。

图 B.3　双体船

### B.2.2　法则 3：卷积系统合并

在新系统的设计中，当两个或两个以上不相关的系统特征同时发生变化时，就产生了卷积系统合并法则。

**例如：**

两种具有不同物理特性的材料共同作用会产生一种独特的现象。在此，由两个不同导体组成的热电偶在不同温度下会产生电压。图 B.4 显示了恒温器/燃气阀中的热电偶连接。

图 B.4　热电偶

### B.2.3　法则 4：替代系统合并

在设计一个新系统时，当两个或两个以上的系统具有相互对立的优点和缺点时，就产生了替代系统合并法则。

**例如：**

普通的钉子很容易被锤打，但不能很好地固定两个木制零件。一个普通的螺丝可以更好地固定两个木制零件，但是插入和拧紧相对困难。这两个系统的结合是螺旋钉，它既具有普通钉的优点又具有螺钉的优点（见图 B.5）。

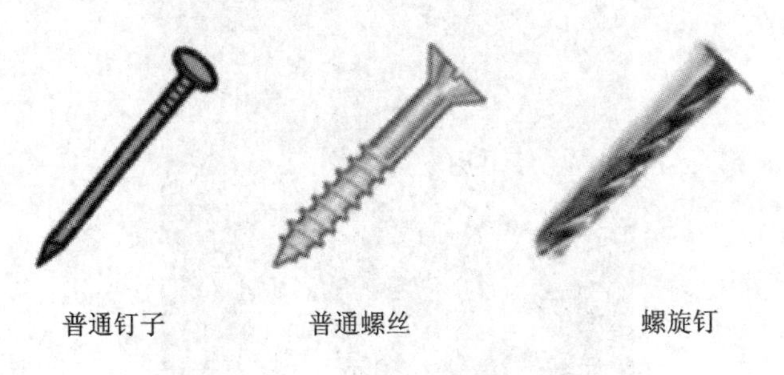


图 B.5　介于钉子和螺丝的中间件

## B.2.4　法则 5：逆系统的集成

当两个或两个以上具有对立特性的系统组合在一个新系统的创建中时，逆系统的集成法则就产生了。这样的组合系统可以增加原有单个系统的有效性、可控性和运行范围。

**例如：**

集成铅笔和橡皮擦。使用集成系统，可以在纸上绘图或书写，需要时进行擦除（见图 B.6）。

图 B.6　铅笔和橡皮

## B.2.5　法则 6：不同系统的集成

当两个或两个以上不相关的系统结合在一起以利用彼此的资源时，不同系统的集成法则就产生了。

**例如：**

塔的设计用于将通信天线放置在较高的高度。此外，塔楼还包括一间很高的餐厅。在这种情况下，天线塔和餐厅之间没有任何功能性联系，但设计人员把在高空建造通信天线的需求，与顾客在用餐时看到广阔区域的愿望结合在一起。

图 B.7 显示了位于澳大利亚首都堪培拉黑山的黑山塔。

图 B.7　黑山塔

## B.2.6　法则 7：组合多个系统

当为单个应用程序设计的多个系统被组合在一起以创建一个具有原始单个系统组合功能的系统时，就产生了组合多个系统的法则。

**例如：**

4 个相关系统：复印机、扫描仪、打印机和传真机合并为一个系统（见图 B.8）。

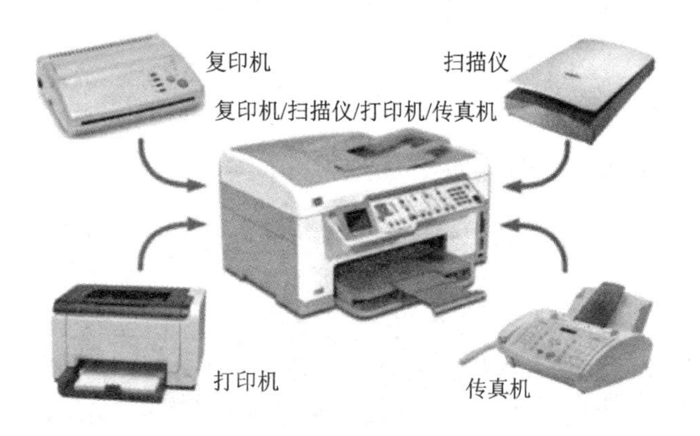


图 B.8　复印机、扫描仪、打印机和传真机合并

# B.3 法则 8: 流导率

流导率法则代表了系统演化的一种模式,在这种模式中,系统包含一个或多个物质流、能量流或信息流,并以一种更有效的方式进行演化。这类系统的演化主要有两条流。

## B.3.1 法则 8 A: 增加有用流的积极影响

通常情况下,流的每次转换(例如,物质从一种状态转移到另一种状态、改变能量类型、改变信息呈现方式)都伴随着一些损失。因此,减少转换的数量通常会提高系统效率。

**例如:**

在柴油发电机中,能量从化学能流向机械能,然后流向电能。但是,在燃料电池中,能量从化学能直接流向电能。因此,从能源角度来看,燃料电池通常比柴油发电机更高效(见图 B.9)。

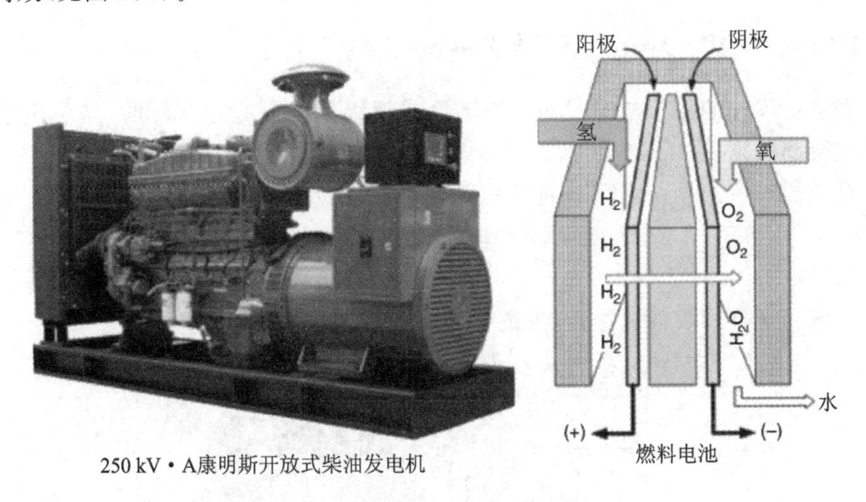


图 B.9 柴油发电机和燃料电池发电

## B.3.2 法则 8 B: 减少有害流的负面影响

许多系统流不是我们所希望的甚至是有害的(例如,汽车产生的废物和污染)。根据流导率法则,随着系统的发展,此类流量会减少。

**例如:**

催化转化器是用于将内燃机的有毒废气排放转化为无毒物质的设备。从 1975 年开始,许多汽油动力汽车中就安装了催化转化器(见图 B.10)。

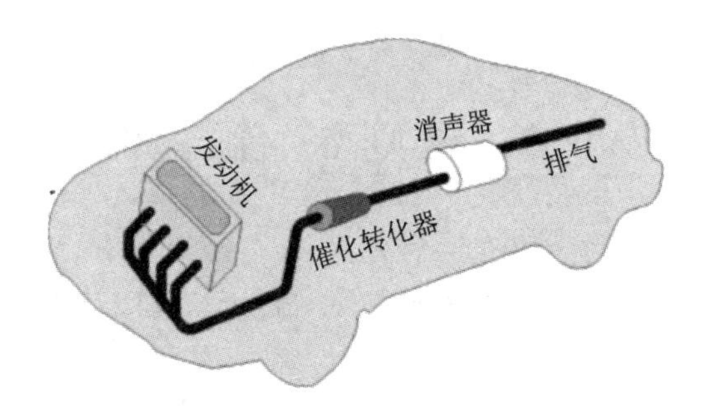


图 B.10　减少汽车污染

# B.4　法则 9～14：加强协调

加强协调法则描述了随着时间的流逝，子系统的某些特性会更好地匹配其他子系统或更好地匹配超级系统（即环境）的系统演化模式。术语“协调”关系到偏好或一个参数相对于另一个参数的值。这些法则有以下几种表现形式：

## B.4.1　法则 9：形状和形式协调

当系统零件的形状或形式与其他零件或超级系统更好地匹配时，就会出现形状与形式协调法则。

系统的形状必须与内部系统元素的形式、特征和特性相一致，才能优化系统的操作。

**例如：**

螺栓和螺母螺纹的标准化（见图 B.11）。

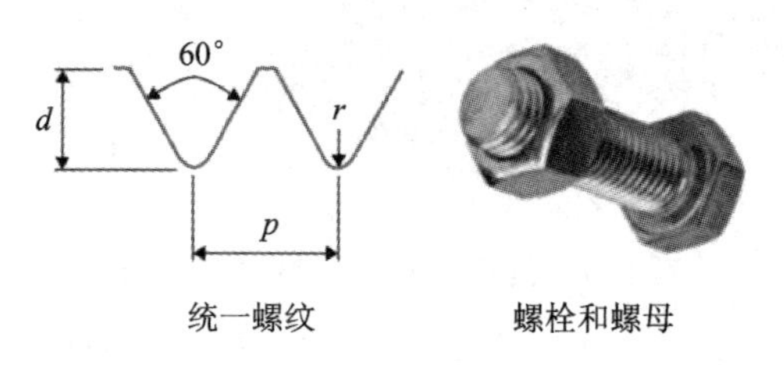


图 B.11　标准化

## B.4.2　法则 10：时间和节奏协调

当不同组件的节奏变得与其他组件更加同步时，就会出现时间和节奏协调法则，因此整个系统在内部与其他系统同步运行。这可以大大提高效率和吞吐量。

**例如：**

ACA(Atacama Compact Array)产生多源信息，这些信息必须完全同步才能从阵列中获得单个图像。ACA 位于智利北部 ALMA 高地，由 4 根 12 m.长的天线和 12 根 7 m 长的天线组成(见图 B. 12)。

图 B. 12 欧洲南方天文台

### B. 4. 3 法则 11：材料协调

随着时间的推移，不同组成部分的不同材料逐渐相互协调，材料协调法则就产生了。

整个系统趋于更和谐地运行，从而提高了效率和吞吐量。

**例如：**

内燃机中的曲轴是将线性活塞运动转换为往复旋转运动的子系统。曲轴具有围绕其旋转的线性轴，在发动机缸体内装有多个轴承。曲轴由钢制成，轴承由青铜合金制成。这种材料的组合已经发展成为承受力最大化和摩擦最小化的最佳机械解决方案(见图 B. 13)。

图 B. 13 曲 轴

### B.4.4　法则 12：行动协调

当系统以这样一种方式进化，即系统的几个动作被协调，产生更有效的结果，并且经常使用更少的资源时，行动协调法则就产生了。

**例如：**

增强现实技术（Augmented Reality，AR）是基于对物理、真实世界环境的实时直接观察，适当的计算机生成的图形元素叠加在该环境上。

图 B.14 是一个地形视频，上面有地图叠加图，显示了在尤马试验场直升机飞行期间的地标和其他指标。

图 B.14　增强现实技术(AR)

### B.4.5　法则 13：空间协调

当一个系统进化到使其各部分的空间或位置更适合于实现更有效的过程的目标时，空间协调法则就产生了。

**例如：**

生产线是在工厂中建立的一组顺序操作，在工厂中对材料进行精炼以生产出适合后续消费的最终产品。

图 B.15 显示了甜甜圈生产线。

图 B.15 甜甜圈生产线

### B.4.6 法则 14：参数协调

当系统演化并发展为更协调的状态时，就会出现参数协调法则。这样的系统在其组件之间以及系统与超级系统之间表现出更好的协调性。

**例如：**

火车的物理参数（高度、宽度、重量等）必须与铁路、铁路配电、网桥、铁路平台等保持协调。

图 B.16 是一列电气牵引集装箱货运列车，位于英格兰沃里克郡努尼顿附近的西海岸干线上。

图 B.16 集装箱货运列车

# B.5 法则15：可控性

当系统演化到一个更可控的操作系统时，可控性法则就产生了。这种不断发展的系统允许越来越多的外部控制，这些外部控制会修改系统行为，使其与系统本身或超级系统或环境的不断变化的参数保持一致。

**例如：**

① 1830年在英国巴斯建造的静态（不受控制的）克利夫兰大桥；②外控塔桥，位于英国伦敦，建于1892年（见图B.17）。

(a) 克利夫兰大桥

(b) 伦敦塔桥

图B.17 桥梁的设计演变

# B.6　法则 16：动态化

当系统演化包含越来越多的行为状态时，就会产生动态化法则。这种不断发展的系统能够以不同的操作模式存在，以适应不同的需求和环境条件。

通常，随着系统的发展，它们可以从一种状态转移到另一种状态，以便利用系统在每种状态下的特性。

**例如：**

①古代中国的伞具有单一的散布状态；②具有两种状态的折叠伞：展开或折叠；③紧凑的迷你雨伞，表现出 3 种状态：展开、对折或折叠(见图 B.18)。

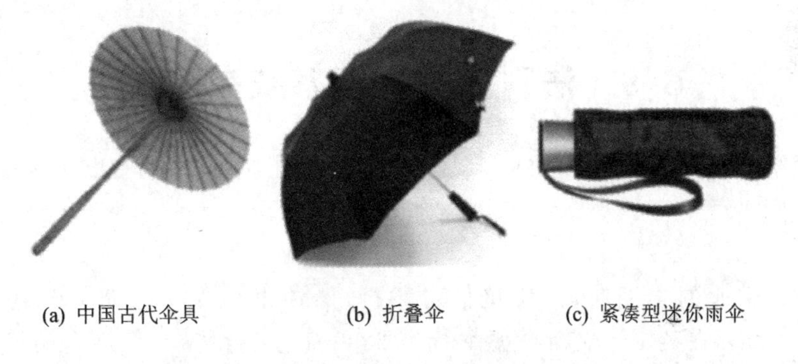

(a) 中国古代伞具　　(b) 折叠伞　　(c) 紧凑型迷你雨伞

图 B.18　阳伞和雨伞的演变

# B.7　法则 17：过渡到超级系统

当系统演化和发展到耗尽本地资源并且系统与其他系统(或与超级系统)集成，并在环境中继续演化时，就会出现过渡到超级系统的法则。

**例如：**

①一种基于陀螺仪的自给自足的惯性导航系统(INS)；②基于卫星的全球定位系统(GPS)(见图 B.19)。

(a) 陀螺仪

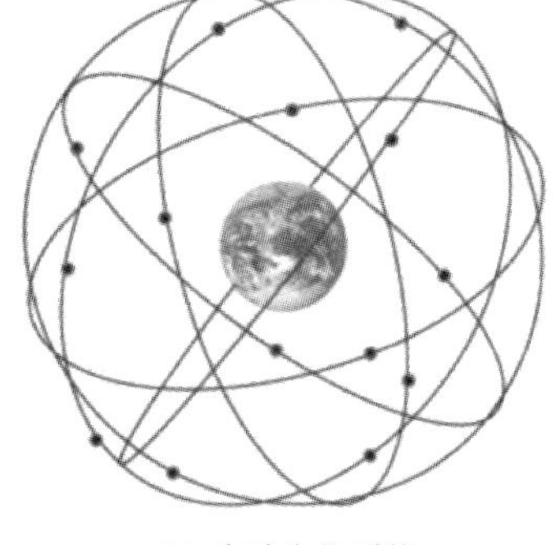

(b) 全球定位系统

图 B.19　系统与超级系统集成

## B.8　法则 18：提高系统完整性

当系统不断发展以至于它们对环境的依赖性越来越低时，就会出现提高系统完整性的法则。

**例如：**

①在航空业的早期阶段，飞机低空飞行，燃油很容易与空气中的氧气结合（见图 B.20(a)，在英国达克斯福德举行的 2008 年“飞行传奇”航展上的德哈维兰 DH.90）。②当飞机在更高的高度飞行时，早期的发动机无法在稀薄的大气层中燃烧燃料，因此飞机发动机配备了压缩空气的压缩机，并提供了足够浓度的氧化剂（见图 B.20(b)，澳洲航空波音 747－400ER）。③为了飞越大气层，特殊的引擎和策略已经发展到放弃使用空气，因此车辆（火箭）本身携带足够的氧化剂。因此，系统变得不受环境影响而可以持续运行（见图 B.20(c)，美国国家航空航天局肯尼迪航天中心发射的 AS－203 火箭，1966 年。）

(a) 德哈维兰DH.90

(b) 澳洲航空波音747-400ER

图 B.20　提高系统完整性

(c) NASA AS-203火箭

图 B.20 提高系统完整性(续)

## B.9 法则 19：人类的可取代性

当系统发展和进步到可以自我支配和控制的程度时,就会出现人类可取代性法则。

系统或超级系统开始做出自己的决定,人类将会从系统控制周期中完全消失或担任一般的监督职位。

**例如：**

无人驾驶汽车是将人员转移到控制系统并独立工作的系统的典型示例。

沃尔沃汽车集团(Volvo Car Group)启动了一项世界独一无二的瑞典试点项目,在公共道路上使用自动驾驶汽车(见图 B.21)。

图 B.21 无人驾驶汽车

# B.10 法则 20：系统的不平衡演化

理想情况下，系统的所有组件应以相同的速度发展。当系统的不同部分以不均匀的速度发展时，就会出现系统演化不平衡法则。也就是说，系统的某些部分比其他部分发展得更快。

这可能导致系统组件之间发生矛盾，从而可能降低系统效率。

**例如：**

生产于 20 世纪初期的汽车，其发展主要集中在汽车的机械方面。最终，在 20 世纪 50 年代，系统中增加了电气组件，直到 20 世纪 80 年代后期及以后才添加了汽车电子系统，以提高安全性、驾驶舒适性和可靠性(见图 B.22)。

1919 年，福特 Model - T Pickup

图 B.22 旧汽车

# B.11 法则 21：技术总体进步

有时，系统的元素会随系统的其他部分一起改进。

**例如：**

在电路板上，生产出了更统一的电阻，市场上可以买到更小的电子元件，也可以买到更可靠的半导体。在这种情况下,可以制造改进的系统并提供给用户(见图 B.23)。

**图 B.23　x86 计算机的 VLSI 输入/输出芯片**

# 附录C 缩略语列表

AADS(Analog Air Data System)模拟大气数据系统

AAV(Architecture Adaptability Value)架构适应性价值

ADC(Air Data Computer)航空数据计算机

ADT(Air Data Terminal)空中数据终端

AFD(Anticipatory Failure Determination)预期失效分析

AHRS(Attitude, Heading, Roll, System)姿态,航向,滚转,系统

AMISA(Architecting Manufacturing Industries and Systems for Adaptability)面向设计性的架构制造业和系统

AO(Architecture Option)架构选项

API(Application program interface)应用程序接口

APMI(Alternative Plus-Minus-Interesting)替代方案利弊

AR(Augmented Reality)增强现实技术

ASC(Average Satisfaction Coefficient)平均满意度系数

AUV(Autonomous Underwater Vehicle)自主水下航行器

AV(Air Vehicle)航空器

AVB(Air Vehicle Bus)机上总线

BD(Business Dictionary)商业词典

BDS(Biomimicry Design Spiral)仿生设计螺旋

BPS(Business Process Simulation)业务流程模拟

CAIB(Columbia Accident Investigation Board)哥伦比亚事故调查委员会

CCB(Change Control Board)变更控制委员会

CEO(Chief Executive Officer)首席执行官

CIM(Cyclic Innovation Model)循环创新模型

CM(Configuration Management)配置管理

CMM(Capability Maturity Model)能力成熟度模型

CMMI(Capability Maturity Model Integration)能力成熟度模型集成

COTS(Commercial Off-the-Shelf)商业成品组件

CPU(Central Processing Unit)中央处理器

CSB(Control System Board)系统控制板

DAESEO(Developing Adaptable Embedded Systems for Economic Opportunities)开发适应经济机遇的嵌入式系统

DCF (Discounted Cash Flow)净现金流

DEC(Digital Equipment Corporation)数字设备公司

DEC(Dissemination and Exploitation Committee)传播和开发委员会

DEFS(Discrete Event Factory Simulation)离散事件工厂仿真

DFA(Design for Adaptability)适应性设计

DI(Dissatisfaction Index)不满指数

DM(Decision Maker)决策者

DoD(Department of Defense)国防部

DoE(Department of Energy)能源部

DPI(Dots Per Inch)每英寸点数

DPT(Direct Personalized Treatment)直接个性化治疗

DSM(Design Structure Matrix)设计结构矩阵

EC(European Commission)欧盟

EC(Engineering Choice)工程选择

ECU(Electronic Control Unit)电子控制单元

EES(Economic, Environmental, and Social)经济,环境和社会

EFR(External Factors Ratio)外部因素比率

EGI(Embedded GPS-INS)嵌入式 GPS-INS

EIRMA(European Industrial Research Management Association)欧洲工业研究管理协会

EQ(Emotional Quotient)情商

ESA(European Space Agency)欧洲航天局

EW(Electronic Warfare)电子战

FCS(Future Combat Systems)未来战斗系统

FDA(Food and Drug Administration)食品药品管理局

FDI(Foreign Direct Investment)外商直接投资

FLIR(Forward-Looking Infrared)前视红外

FM(Frequency Modulated)调频

FMEA(Failure Mode Effect Analysis)失效模式影响分析

FOT(Financial Option Theory)金融期权理论

FP5(Fifth Framework Program)第五框架计划

FTE(Full-Time Equivalent)全日制

GCS(Ground Control System)地面控制系统

GDM(Group Decision-Making)集团决策

GDP(Gross Domestic Product)国内生产总值

GDT(Ground Data Terminal)地面数据终端

GERD(Gross Expenditure on R&D)研发经费总额

GII(Global Innovation Index)全球创新指数

GMCR(Graph model for Conflict Resolution)冲突解决图模型

GPS(Ground Positioning System)全球定位系统

GSM(Global System for Mobile Communications)全球移动通信系统

HDD(Hard Disk Drive)硬盘驱动器

HEV(High-Energy Visible)高能可见

HGP(Human Genome Project)人类基因组计划

HUD(Head-Up Display)平视显示器

IAI(Israel Aerospace Industries)以色列航空航天工业

IAW(In Accordance With)符合

IBM(International Business Machine)国际商务机器

IC(Integrated Circuits)集成电路

IC(Interface Cost)接口成本

ICD(Interface Control Document)接口控制文件

ICMM(Innovation Capability Maturity Model)创新能力成熟度模型

ICT(Information & Communication Technology)信息通信技术

IEC(International Electrotechnical Commission)国际电工委员会

IEEE(Institute of Electrical and Electronics Engineers)电气电子工程师学会

IFF(Identification Friend or Foe)敌我识别

IFR(Ideal Final Result)最终理想解

IFR(Internal Factors Ratio)内部因素比率

ILS(Integrated Logistics Support)综合物流支持

IMS(Intelligent Manufacturing System)智能制造系统

INCOSE(International Council on Systems Engineering)国际系统工程理事会

INS(Inertial Navigation System)惯性导航系统

IPR(Intellectual Property Right)知识产权

ISO(International Organization for Standardization)国际标准化组织

IST(Information Society Technologies)信息社会技术

JV(Joint Venture)合资企业

LASERS(Light Amplification by Stimulated Emission of Radiation)受激辐射发射光放大

LORAN(Long-Range Navigation)远程导航

LT(Lateral Thinking)横向思维

MCDM(Multicriteria Decision-Making)多准则决策

MDM(Multiple Domain Matrix)多域矩阵

MIT(Massachusetts Institute of Technology)麻省理工学院

MMI(Man-Machine interface)人机界面

MOMP(Multiple Objectives-Multiple Participants)多目标,多参与者

MSI(Medium-scale integration)中规模整合

MTBF(Mean Time Between Failures)平均无故障间隔时间

MULE(Multifunctional Utility/Logistics and Equipment)多功能公共事业/物流和设备

NASA(National Aeronautics and Space Administration)美国国家航空航天局

NCES(National Center for Education Statistics)国家教育统计中心

NDI(Non Developmental Items)非发展项目

NPV(Net Present Value)净现值

NSF(National Science Foundation)国家科学基金会

NUF(Non Useful Functions)无用功能

OECD(Organization for Economic Cooperation and Development)经济合作与发展组织

OV(Option Value)期权价值

PCM(Product Configuration Management)产品配置管理

PCT(Patent Cooperation Treaty)专利合作条约

PDP(Product Development Processes)产品开发流程

PLPI(Product Line Practice Initiative)产品线实践计划

PM(Person Months)人月

PMI(Plus-Minus-Interesting)添加/删减/兴趣点

PPP(Purchasing Power Parity)购买力评价

PQA(Product Quality Assurance)产品质量保证

QA(Quality Assurance)质量保证

QFD(Quality Function Deployment)质量功能部署

QM(Quality Management)质量管理

R&D(Research and Development)研发

RF(Radio Frequency)射频

RFC(Requests for Change)变更请求

RFP(Request for Proposal)征求建议书

RFV(Requests for Variance)要求差异

ROI(Return on Investment)投资回报率

RPN(Risk Priority Number)风险优先级指数

RS(Rhizophora Stylosa)根茎线虫

RTD(Research, Technological Development & Demonstration)研究,技术开发和演示

SAE(Society of Automotive Engineers)汽车工程师学会

SAST(Strategic Assumptions, Surfacing and Testing)战略假设的浮现和测试

SC(Steering committee)指导委员会

SCAMPER(Substitute, Combine, Adapt, Modify, Put, Eliminate, Reverse)替换,组合,适应,修改,再利用,消除,反向

SE(Systems Engineering)系统工程

SEI(Software Engineering Institute)软件工程学院

SFIN(Skane Food Innovation Network)食品创新网络

SI(Satisfaction Index)满意度指数

SII(Standards Institution of Israel)以色列标准协会

SIPOC(Supplier, Input, Process, Output, Customer)供应商,输入,过程,输出,客户

SLS(Space Launch System)太空发射系统

SME(Small and Medium Enterprise)中小企业

SMTF(Swedish Marine Technology Forum)瑞典海洋技术论坛

SR(Short Range)短程

SSI(Small-Scale Integration)小型整合

SSPA(Solid State Power Amplifier)固态功率放大器

STEM(Science, Technology, Engineering, and Mathematics)科学,技术,工程和数学

STH(Six Thinking Hats)六顶思考帽

STS(Space Transportation System)太空运输系统

SWOT(Strengths, Weaknesses, Opportunities, and Threats)优势,劣势,机会和威胁

TAU(Tel-Aviv University)特拉维夫大学

TCT(Transaction Cost Theory)交易成本理论

TCU(Texas Christian University)德州基督教大学

TED(Technology Entertainment and Design) 科技娱乐与设计

TRIZ(Theory of Inventive Problem solving)发明问题解决理论

TRL(Technology Readiness Levels)技术准备水平

TRW(Thompson Ramo Wooldridge)汤普森·拉莫·伍尔德里奇

TUM(Technical University of Munich)慕尼黑工业大学

UAV(Unmanned Air Vehicles)无人机

UF(Useful Functions)有用的功能

UGV(Unmanned Ground Vehicle)无人车

UV(Ultraviolet)紫外线

VA(Value Analysis)值分析

VE(Value Engineering)价值工程

VE-QFD(Value Engineering-Quality Function Deployment)价值工程-质量功能部署

VM(Virtual Manufacturing)虚拟制造

VR(Virtual Reality)虚拟现实

VVT(Verification, Validation, and Testing)验证,确认和测试

WBS(Work Breakdown Structure)工作分解结构

WP(Work Package)工作包

WRT(With Respect To)关于

WSM(Weighted Score Matrix)加权得分矩阵